Der Nationalsozialismus als Problem der Gegenwart

BEITRÄGE ZUR AUFARBEITUNG DER NS-HERRSCHAFT

Herausgegeben von Joachim Perels

BAND 3

PETER LANG
EDITION

Joachim Perels

Der Nationalsozialismus als Problem der Gegenwart

PETER LANG
EDITION

Bibliografische Information der Deutschen Nationalbibliothek
Die Deutsche Nationalbibliothek verzeichnet diese Publikation in der Deutschen Nationalbibliografie; detaillierte bibliografische Daten sind im Internet über http://dnb.d-nb.de abrufbar.

ISSN 2192-7189
ISBN 978-3-631-62068-7 (Print)
E-ISBN 978-3-653-05571-9 (E-Book)
DOI 10.3726/978-3-653-05571-9

Peter Lang Edition ist ein Imprint der Peter Lang GmbH.

Peter Lang – Frankfurt am Main · Bern · Bruxelles · New York · Oxford · Warszawa · Wien

Diese Publikation wurde begutachtet.

www.peterlang.com

Zur Erinnerung an meinen Vater, Friedrich Justus Perels (1910–1945),
Justitiar der Bekennenden Kirche an der Seite Dietrich Bonhoeffers,
beteiligt an der Verschwörung des 20. Juli 1944,
am 22./23. April 1945 von der SS ermordet.

Von Bischöfen der evangelischen Kirche und vom Bundesgerichtshof
wurde nach 1945 die Legitimität des Widerstandes gegen die NS-Diktatur
in Abrede gestellt.

Vorwort

Vor über 50 Jahren schrieb Theodor W. Adorno: „Der Nationalsozialismus lebt nach, und bis heute wissen wir nicht, ob bloß als Gespenst dessen, was so ungeheuerlich war, dass es am eigenen Tode noch nicht starb, oder ob es gar nicht erst zu Tode kam." Diese Feststellung, die damit zusammenhängt, dass der Nationalsozialismus nicht durch eine Revolution von innen überwunden wurde, ist bis heute relevant. Der Nationalsozialismus ist noch immer ein Problem der Gegenwart. Das zeigen die Beiträge dieses Bands. Sie verknüpfen drei Gesichtspunkte: die Aufhellung der Herrschaftsstrukturen des Dritten Reiches, die Vergegenwärtigung von Positionen der Opposition gegen Hitler und der Emigration und die Kritik der vielfältigen politisch bis heute wirksamen Verdrängungen der NS-Herrschaft.

Diese analytischen Perspektiven werden an Hand von historischen, juristischen und theologischen Fragestellungen verfolgt, deren Gegenstand die Struktur des Dritten Reichs und die Geschichte des Umgangs mit dem Nationalsozialismus ist. Im Vordergrund steht die Kritik an Umdeutungen der despotischen Struktur NS-Herrschaft: von der Relativierung des Antisemitismus über die Umwandlung des Hitlerregimes in einen Rechtsstaat bis zur Ausblendung der Auswirkungen der fast vollständigen Übernahme des Justizapparats des Dritten Reichs, durch den die Geltung rechtsstaatlicher Prinzipien bei der Ahndung der Gewaltverbrechen, vor allem durch die systematische Auflösung des Täterbegriffs für nationalsozialistische Massenmörder, vielfach unterminiert wurde.

Die politischen Zielsetzungen des außen- und innenpolitischen Widerstands gegen Hitler, die insbesondere das Prager Manifest und der Kreisauer Kreis formulierten, waren für einen Neuanfang in Deutschland unabdingbar: die Aufhebung der kapitalistischen Grundlagen des Hitlerregimes und die Verfolgung der NS-Verbrechen.

Als ein roter Faden, der die Beiträge verbindet, fungiert das Grundgesetz, das die rechtliche Negation der NS-Herrschaft durch die Bindung des demokratischen Staates an die Achtung der Freiheitsrechte – vom Recht auf Leben bis zur Meinungsfreiheit – unverbrüchlich festlegt und die Wirtschaftsordnung des Nationalsozialismus nicht fortschreibt, sondern eine gemeinwirtschaftliche Ordnung ermöglicht.

Joachim Perels Hannover, 2. Juli 2014

Gedruckt wird das Buch mit freundlicher Unterstützung der IG Metall und der Rosa-Luxemburg-Stiftung. Eine Lesereise wird von der Holtfort-Stiftung und der Rosa-Luxemburg-Stiftung gefördert.

Inhaltsverzeichnis

I. Aufsätze

Der Nationalsozialismus und seine Überwindung

Die NS-Despotie – ein Volksstaat? Erkenntnisgewinn und ideologische Tendenzen bei Götz Aly

I.

Unter den Historikern, die verdrängte Fragestellungen der deutschen Geschichte zum Thema machen, gehört Götz Aly zweifellos in die erste Reihe. Von seinen Untersuchungen, die sich überwiegend durch eine intensive Aufarbeitung nicht veröffentlichter oder der allgemeinen Wahrnehmung entzogener Quellen auszeichnen, zeigt dies insbesondere das gemeinsam mit Susanne Heim veröffentlichte Buch „Vordenker der Vernichtung“,[1] das die ideologische Mitwirkung von Historikern in der nationalsozialistischen Politik der Aussonderung und Vernichtung der Juden herausarbeitet.[2] Die wissenschaftspolitische Pointe ist dabei, dass ein Teil jener Historiker in der Bundesrepublik ohne Schwierigkeiten zu prägenden Figuren ihres Fachs wurden, wie beispielsweise Werner Conze.

Das Buch „Hitlers Volksstaat“,[3] das in der deutschen Öffentlichkeit eine außerordentliche Resonanz fand,[4] folgt wiederum dem detektivischen Erkenntnisinteresse Götz Alys. Es arbeitet die bisher nur begrenzt wahrgenommene Verwendung jüdischen Eigentums und Vermögens für den Krieg des Hitler-Regimes systematisch heraus, analysiert die steuerrechtliche Bevorzugung der unteren Schichten und lenkt den Blick auf den – kaum in seiner Bedeutung erkannten – Indikator der allgemeinen Sparquote, an der man die Massenloyalität in bestimmtem Maße ablesen kann.

Der Erkenntnisgewinn der Untersuchung, die sich auf eine Auswertung weitverzweigter Quellen stützt, ist jedoch – in einem eigentümlichen Gegensatz von exakter empirischer Analyse und unkritischer Interpretation – mit einer fragwürdigen Gesamtanalyse der NS-Herrschaft verbunden, die dessen Ideologie z.T. affirmativ verdoppelt, die Ausgrenzungsformen des Regimes analytisch unzureichend wahrnimmt und am Ende sogar den Stellenwert des Antisemitismus für die Struktur der NS-Diktatur verkennt.

---

1 Götz Aly/Susanne Heim, Vordenker der Vernichtung. Durchgesehene Auflage Frankfurt/M. 1993.

2 Ebd., S. 102 ff. passim.

3 Götz Aly, Hitlers Volksstaat. Frankfurt/M. 2005.

4 Vgl. das Heft Soziale Geschichte. Zeitschrift für die historische Analyse des 20. und 21. Jahrhunderts H. 3/2005.

II.

Die staatliche Verwendung geraubten jüdischen Eigentums war, wie Götz Aly minuziös nachweist, kein Nebenprodukt der nationalsozialistischen Verfolgungsmaßnahmen. Sie bildete eine zentrale Säule der Kriegspolitik des NS-Regimes, die im Zusammenwirken von Finanzministerium, Wehrmacht und Auswärtigem Amt mit dem Ziel betrieben wurde, die ökonomischen Existenzgrundlagen der Juden für die Finanzierung des Krieges zu verwenden. Während das Finanzministerium Pläne für eine Sanierung des Haushalts durch den amtlich angeordneten Raub des Eigentums der verfolgten Juden ausarbeitete, lag die Federführung für die Erfassung, Zusammenführung und Deportation der Juden in den europäischen Ländern in den Händen des Auswärtigen Amts. Ob es sich um Frankreich, um Belgien, um Holland, um Griechenland, um Italien, um Ungarn oder um Serbien handelte, der judenfeindliche Mechanismus ist in allen Fällen der gleiche. In einer Meldung der *Neuen Zürcher Zeitung* vom 3. August 1944 wird er folgendermaßen beschrieben: „Bei der Arisierung jüdischer Unternehmen in Ungarn ist der behördlich festgesetzte Kaufpreis sofort in bar zu bezahlen, was zeigt, dass die Aktion in Deutschland eine gewisse fiskalische Bedeutung (Erleichterung der Kriegsfinanzierung) hat.“[5]

Im besetzten Frankreich wird die Planung der Enteignung der Juden in einem arbeitsteiligen Prozess zwischen den leitenden Funktionsträgern des Staatsapparats bis in einzelne festgelegt: „Am 16. Oktober besprachen sich […] der damalige Oberkommandierende der Wehrmacht, von Brauchitsch, der Chef der Wirtschaftsabteilung des Militärbefehlshabers, Michel, der Chef der Verwaltungsabteilung, Werner Best, und der einstige österreichische Minister Guido Schmidt. Das Treffen fand im Pariser Hotel Ritz statt; laut Protokoll einigten sich die Beteiligten auf folgendes Vorgehen: ‚Ministerialdirigent Michel berichtet über den Stand der unsererseits gegen die jüdischen Geschäfte im franz. Gebiet geplanten Maßnahmen an Hand des bereits ausgearbeiteten Verordnungsentwurfs‘. Von Brauchitsch begrüßte die Vorschläge ‚auf der ganzen Linie‘, bat allerdings um ‚Beschleunigung der Maßnahmen‘ […].“[6]

Eine kriegswichtige Funktion vor Ort, die auch der Stabilisierung der Unterstützung des Regimes diente, war mit der Deportation der Juden in ganz Deutschland verbunden. Sie zielte darauf, die einstigen Wohnungen der Juden für ausgebombte Deutsche nutzbar zu machen. Der Gauleiter Hamburgs, Karl Kaufmann, berichtete, er sei im September 1941 „nach einem schweren Luftangriff an den Führer herangetreten mit der Bitte, die Juden evakuieren zu lassen,

5 Götz Aly (Anm. 3), S. 317.
6 Götz Aly (Anm. 3), S. 242.

um zu ermöglichen, dass wenigstens zu einem gewissen Teil den Bombengeschädigten wieder Wohnungen zugewiesen werden können."[7] Bei Kaufmann heißt es: „Der Führer hat unverzüglich meiner Anregung entsprochen und die entsprechenden Befehle zum Abtransport der Juden erteilt."[8] Welche Bedeutung die Rechtlosstellung der Juden im Prozess der Deportation hatte, wird auf der Wannseekonferenz vom 20. Januar 1942 zur Koordinierung der Vernichtung der Juden sichtbar, die wesentlich von den leitenden Beamten der Reichskanzlei, des Reichssicherheitshauptamts, des Auswärtigen Amts, des Reichsjustizministeriums und der Reichsministeriums des Inneren geplant wurde. Auf der Konferenz erwähnte Reinhard Heydrich ausdrücklich die – für die Bombenopfer der Deutschen wichtige – „Wohnungsfrage und sonstige sozial-politische Notwendigkeiten."[9]

Für die Massenunterstützung, die eine nicht zu unterschätzende Voraussetzung für die Verübung der großen Verbrechen ist, hat Götz Aly einen bislang wenig beachteten Indikator analytisch erschlossen: die Steuerpolitik. Gezeigt wird, dass die unteren Schichten für die Finanzierung der Kriegsausgaben sehr viel weniger belastet wurden als die Oberschichten. Die meisten Einkommensbezieher mussten keine zusätzlichen Leistungen für die Finanzierung der Kriegswirtschaft erbringen, während die wirtschaftlichen Oberschichten zur Kasse gebeten wurden: „75 Prozent der innerdeutschen Kriegslasten (entfielen) auf Unternehmen und Bezieher hoher Einkommen,"[10] während „nicht wenige deutsche Familien im Krieg über höhere Einkünfte als im Frieden" verfügten.[11]

Der Erfolg der nationalsozialistischen Politik der systematischen Sicherung der Massenloyalität läßt sich mit besonderer Deutlichkeit an der Sparquote in den Jahren der NS-Herrschaft ablesen. Die Höhe der Sparquote indiziert das Vertrauen in die zukünftige, für die Lebensplanung des einzelnen wichtige Politik des Regimes. Auf dem Höhepunkt der Macht der NS-Diktatur in den Jahren von 1939 bis 1943 bleibt die Sparquote auf einem hohen Niveau,[12] während sie mit der sich steigernden Niederlage der Wehrmacht und den Auswirkungen des alliierten Bombenkriegs sinkt, aber gleichwohl noch in der ersten Hälfte des Jahres 1944 recht stabil bleibt.[13] Dies verweist darauf, dass das Regime selbst in seiner Endphase noch einer starken Rückhalt in der Bevölkerung, vor allem aber in den Funktionseliten hatte.

---

7 Götz Aly (Anm. 3), S. 139.
8 Götz Aly (Anm. 3), S. 140.
9 Götz Aly (Anm. 3), S. 140.
10 Götz Aly (Anm. 3), S. 78.
11 Götz Aly (Anm. 3), S. 89.
12 Götz Aly (Anm. 3), S. 335 ff.
13 Götz Aly (Anm. 3), S. 335 ff.

III.

Die kritische Analyse bislang weniger beleuchteter Formen nationalsozialistischer Herrschaftsausübung, die Götz Alys Buch auszeichnet, steht in einem vollständigen Widerspruch zu jenen Begriffsbildungen und Beschreibungen der politischen und sozialen Realität des NS-Systems, die dessen Selbstbild verdoppeln. An den von Götz Aly ins Zentrum gerückten Kategorien, mit deren Hilfe er die Struktur des NS-Staats zu erfassen sucht, wird dies deutlich.

Im Titel des Buchs ist vom „Volksstaat Hitlers" die Rede, obgleich der Begriff Volksstaat eine genaue geschichtliche Bedeutung besitzt, die im Gegensatz zur souveränen Diktatur des Dritten Reiches steht, die auf der Aufhebung der persönlichen und politischen Freiheitsrechte und des demokratischen Gesetzgebungsverfahrens beruht. Es war Hugo Preuß, auf den der Entwurf für die Weimarer Reichsverfassung zurückgeht, der den seinerzeit gebräuchlichen Begriff des Volksstaats verwendet hat, um die Differenz zwischen dem wilhelminischen Obrigkeitsstaat und der Weimarer Demokratie zu markieren.[14] So ist es eine ideologische Entstellung der Realität der Diktatur der Regierung Hitler, wenn sie mit einem Begriff bezeichnet wird, der das von den Nationalsozialisten bekämpfte und gestürzte demokratische System bezeichnete. In der bis heute unübertroffenen, bei Götz Alys nicht einmal im Literaturverzeichnis auftauchende Gesamtanalyse der politischen und juristischen Struktur des NS-Staats von Ernst Franekel[15] wird, abgeleitet aus der Herrschaftslogik des Systems, konkret gezeigt, dass das NS-Regime (bis auf die Sphäre der privaten, die Juden ausschaltenden Wirtschaft) ein Maßnahmenstaat war, der die wichtigsten, in der Weimarer Republik verbürgte Rechtsgarantien zur Disposition der Exekutivgewalt stellte. Juden, Demokraten, Sozialisten und Kommunisten und viele andere wurden dem Regelwerk „bürokratisierter Rechtlosigkeit" (Fraenkel), dem Gegenteil eines Volkstaats, ausgesetzt. Wer dies System als Volksstaat kennzeichnet, das tatsächlich von den sogenannten aufbauenden Kräften der Bevölkerung und den tragenden Eliten eine breite Massenunterstützung erfuhr, die jedoch nicht auf der Basis rechtsstaatlich-demokratischer Formen der Austragung politischer und gesellschaftlicher Konflikte entstanden war, sondern durch eine Diktatur, die sich wesentlich auf von oben erzeugte Akklamationsformen gründet, verkennt die Herrschaftsrealität des nationalsozialistischen Systems.

---

14 Hugo Preuß, Volksstaat oder verkehrter Obrigkeitsstaat. In: Berliner Tageblatt 14.11.1918, abgedruckt in: Gerhard A. Ritter/Susanne Miller, Die deutsche Revolution 1918–1919. Frankfurt/M. 1968, S. 292 ff.

15 Ernst Fraenkel, Der Doppelstaat, Frankfurt/M. 1974 (1941).

Götz Aly führt seine die Machtprinzipien des NS-Regimes weitgehend ausklammernde Begriffsbildung in mehrfacher Hinsicht fort. Er betrachtet das Dritte Reich durchgehend als einen „modernen Sozialstaat“,[16] der von der „Tendenz zum sozialen Ausgleich“,[17] einer zur Schau gestellten „Politik der sozialen Gerechtigkeit“[18] bestimmt sei. Der Begriff des Sozialstaats aber, den Götz Alys dadurch erfüllt sieht, dass die abhängigen Schichten vielfache soziale Vergünstigungen – von Ehestandsdarlehen bis zu umfassenden Steuerentlastungen im Krieg – erfahren, wird für Formen paternalistischer Machtsicherung einer Diktatur verwendet. Der Begriff des sozialen Rechtstaats steht für das Gegenteil. Hermann Heller hat ihn 1929 systematisch entwickelt, um demokratisch legitimierte Teilhabeformen in einer durch das Parlament „vergesetzlichten“ Wirtschaft zu begründen,[19] in diametralen Gegensatz zu einem Regime, das die Voraussetzungen sozialer Mit- und Selbstbestimmung der abhängig Beschäftigten durch die Zerstörung der Koalitionsfreiheit und der Arbeiterorganisationen beseitigt. Ein Sozialstaat, der auf der rechtlichen Entmündigung der Arbeiterschaft beruht, hat mit einem modernen Sozialstaat, wie er im Grundgesetz verankert ist (Art. 20 Abs. 1 GG), nicht das geringste zu tun. Insofern verfehlt auch dieser Begriff die Realität des politischen Herrschaft im Dritten Reich. Die ökonomische Ordnung ist vielmehr, unabhängig von dem von Götz Alys hervorgehobenen sozialen Vergünstigungen, durch eine verschärfte Klassenpolarisierung bestimmt, durch die die Lage der unteren Schichten, nachdem ihre Organisationen ausgeschaltet waren, sich im Vergleich zur Weimarer Republik verschlechterte. In Franz Neumanns großer, bis heute maßgebenden Untersuchung der Gesamtstruktur der NS-Herrschaft,[20] die Götz Aly ebenfalls nicht im Literaturverzeichnis aufführt, wird die Verschlechterung der sozialen Lage der abhängig Beschäftigten an der Entwicklung der Lohnrate veranschaulicht: „Das wirtschaftliche Wachstum (ist im Hitler-Regime) auf Kosten der Arbeiter und Angestellten erfolgt [...] 1929 machte das Einkommen aus Löhnen und Gehältern 56,7 Prozent des gesamten Volksvermögens aus; 1932 waren es 56,9 Prozent. Obwohl 1932 das ärgste Jahr der Wirtschaftskrise war, ging das Einkommen aus Kapitalvermögen viel stärker zurück als die Einkünfte aus Löhnen und Gehältern abnahmen – ein klarer Beweis für die defensive Stärke der Gewerkschaften. Demgegenüber sank der Anteil der Löhne und Gehälter unter dem Nationalsozia-

---

16 Götz Aly (Anm. 3), S. 338.

17 Götz Aly (Anm. 3), S. 335.

18 Götz Aly (Anm. 3), S. 37.

19 Hermann Heller, Rechtsstaat oder Diktatur (1929). In: ders., Gesammelte Schriften Bd. II. Hrsg. von Christoph Müller. Tübingen 1992, S. 443 ff.

20 Franz Neumann, Behemoth, Struktur und Praxis des Nationalsozialismus (1942/44), Frankfurt/M. 1977.

lismus trotz der zahlenmäßigen Zunahme der Beschäftigten, trotz des Wachtums des Produktionsvolumens und des Volkseinkommens auf 53,6 Prozent."[21] An der Schere zwischen den Einkommen aus Gehältern und Löhnen und aus Kapitalvermögen und anderen Formen privaten Eigentums kann die Verschärfung des Klassenantagonismus abgelesen werden: „Die Einkünfte aus Löhnen und Gehältern steigen von 1932 bis 1938 um 66,1 Prozent, während die übrigen Einkommen um 146,4 Prozent zunahm."[22] Insofern war der Nationalsozialismus alles andere als ein moderner Sozialstaat. Das NS-Regime hielt die Massen durch Brot und Spiele bei der Stange auf der Basis der Zerstörung gesellschaftlicher Teilhabeformen, durch die die – insbesondere für die Finanzierung der Rüstungsproduktion erforderliche – Absenkung der Lohnrate möglich wurde.

Am Ende wird von Götz Aly die gesamte soziale Ordnung des Dritten Reiches mit den Begriffen charakterisiert, die von der Regierung Hitler zur Legitimation ihres Systems eingesetzt wurden. Die NS-Herrschaft firmiert als „nationaler Sozialismus",[23] der als wirkliche Volkgemeinschaft erscheint. Unkritisch wird der Propagandaminister Hitlers, Joseph Goebbels, zitiert, um das ideologisch propagierte Ziel des Regimes, das „vom Egalitätsdenken"[24] bestimmt sei, mit der Realität gleichzusetzen: „Der Nationalsozialismus muss eine Erneuerung durchmachen. Noch sozialistischer als früher haben wir uns an das Volk anzuschließen. Das Volk muss auch immer wissen, dass wir seine gerechten und großzügigen Sachwalter sind."[25] Aly gibt die sozialen Vorstellungen der Nationalsozialisten als gesellschaftliche Realität aus.

Den Begriff des Sozialismus verwendet er in direktem Gegensatz zu dessen in der Arbeiterbewegung ausgebildeten Form. Sozialismus hieß gesellschaftliche Aneignung des privatkapitalistischen Produktionsprozesses, mit anderen Worten: Konstituierung eines Systems der umfassenden demokratischen Selbstregierung der Produzenten.[26] Hiervon kann in der NS-Diktatur, die die Formulierung der Ziele gesellschaftlicher Selbstbestimmung durch ein umfassendes System der Repression unterbunden hat, keine Rede sein. Im Prager Manifest der SPD, das Rudolf Hilferding, der führende Theoretiker der Weimarer Sozialdemokratie, verfasst hat, wird 1934 der Ideologie eines nationalen Sozialismus – Aly spricht von einem „Rückbau der Klassenschranken"[27] – der Spiegel vorgehalten: „Der

21 Franz Neumann (Anm. 20), S. 502.
22 Franz Neumann (Anm. 20), S. 504 f.
23 Götz Aly (Anm. 3), S. 346, S. 15, S. 39 passim.
24 Götz Aly (Anm. 3), S. 52.
25 Götz Aly (Anm. 3), S. 75
26 Vgl. etwa das Heidelberger Programm der SPD von 1925, abgedruckt in: Wolfgang Abendroth, Aufstieg und Krise der deutschen Sozialdemokratie. Frankfurt/M. 1964, S. 107 ff.
27 Götz Aly (Anm. 3), S.

Nationalsozialismus leugnet in seiner Theorie die Klassenkämpfe, seine Praxis verschärft sie auf das grausamste. Seine Herrschaft bedeutet eine unerhörte Steigerung der sozialen Gegensätze, ein neues Erhitzen des Kessels bei gewaltsamer Verschließung aller Ventile. Die Unterdrückung aller Organisationen der Arbeiter und Angestellten, ihre völlige Entmachtung, überlieferte sie der Willkür des Großkapitals, in dessen Interessen die Diktatur die Staatsmacht gestellt hat."[28] Auch mit der schon erwähnten Steuerpolitik, durch die überwiegend die oberen Schichten zur Finanzierung des Krieges herangezogen wurden,[29] ist keine grundlegende soziale Umgestaltung verbunden. Das System privater Aneignung der gesellschaftlichen Produktion, das Gegenteil einer sozialistischen Ordnung, bleibt umfassend bestehen.[30]

Indem die Ideologie der Volksgemeinschaft, die für Teile der Bevölkerung eine tatsächliche Bedeutung hatte, von Götz Aly mit dem Wort von der „Gefälligkeitsdiktatur"[31] zur Systemstruktur der Nationalsozialismus erklärt wird, gerät in einer außerordentlichen, die Leiden von Millionen Menschen außer Acht lassenden Blickverengung, die Wahrnehmung der Ausgrenzungspolitik der Despotie an den Rand der Aufmerksamkeit.[32] Bei Aly heisst es: „Bei aller Unduldsamkeit (ein bemerkenswerter Euphemismus, der die Mordpraxis des Regimes sprachlich nicht enthält J.P.) gegenüber Sozialisten, Juden und Abweichlern empfanden die(!) Deutschen Hitler nicht – wie sich im Rückblick leicht vermuten ließe- als unerbittlichen Ausgrenzer, sondern als großen Integrator."[33] Aus der Hypostasierung der Einheit von Hitler und Volk resultiert, dass die Verbrechen des Regimes, die von Vertretern der politischen Opposition angeprangert wurden,[34] bei Aly nur im nachhinein als Verbrechen erscheinen: „Im nachhinein wird die Rassenlehre des Nationalsozialismus als pure(!) Anleitung zum Hass, Mord und Totschlag verstanden. Doch für Millionen Deutsche lag das Attraktive in dem an sie adressierten völkischen Gleichheitsversprechen."[35] So bleibt außer Betracht, dass dies sog. Gleichheitsversprechen, das für die sogenannten aufbauenden

28 Zit. in: Wolfgang Abendroth, Aufstieg und Krise der deutschen Sozialdemokratie, Anhang, Frankfurt am Main 1964, S. 115.

29 Götz Aly (Anm. 3), S. 77 ff.

30 Franz Neumann (Anm. 20), S. 269 ff., Horst Dreier, Wirtschaftsraum-Großraum-Lebensraum, in: Raum und Recht. Festschrift 600 Jahre Würzburger Juristenfakultät, Berlin 2002,S. 47 ff.

31 Götz Aly (Anm. 3), S. 49.

32 Vgl. hierzu vor allem Michael Wildt, Alys Volksstaat. Hybris und Simplizität einer Wissenschaft, Mittelweg 36 H. 3/2005, S. 69 ff.

33 Götz Aly (Anm. 3), S. 25

34 Vgl. Dietrich Bonhoeffer/Friedrich Justus Perels, Bericht über Massendeportationen jüdischer Mitbürger (1941), in: Dietrich Bonhoeffer, Konspiration und Haft, 1940–1945. Werke Bd. 16. Hrsg. von Gütersloh 1996, S. 212 ff. Dies, Eingabe an die Wehrmacht (1941), in: ebd. S. 228 ff.

35 Götz Aly (Anm. 3), S. 28.

Kräfte galt, mit der Erzeugung eines umfassenden Systems rechtlich sanktionierter Ungleichheit verbunden ist, in dem nicht nur die Juden, sondern viele andere – von den Arbeitern über die psychisch Behinderten bis zu oppositionellen Vertretern der Kirchen – ausgegrenzt wurden. Die Abschaffung des Gleichheitssatzes war die Signatur der NS-Herrschaft.[36]

Wenn Götz Aly doch einmal auf Verfolgungen politischer Widerstandsgruppen zu sprechen kommt, geschieht dies in einer Weise, dass ihr Stellenwert relativiert wird. Nachdem er herausgestellt hatte, dass „knapp 7000 Mitarbeiter der Gestapo ausreichten, um 60 Millionen im Auge zu behalten",[37] nennt er, um die geringe Bedeutung der Verfolgung zu bezeichnen, eine einzige Zahl: „Nach dem Anfangsterror waren [...] am Jahresende 1936, also nach knapp vier Jahren des Konsolidierung, nur noch 4761 Häftlinge (in Konzentrationslagern) eingesperrt – einschließlich der Alkoholkranken und Kriminellen."[38] Ganz abgesehen davon, dass im Jahr 1936 die Olympiade in Deutschland stattfand und das Regimes sich der Welt als ein offenes, nicht durch Repressionen charakterisiertes Land zu präsentieren versuchte, lässt Götz Aly, dessen Stärke sonst in akribischer Empirie liegt, völlig die Justiz außer Acht, die in jener Zeit vornehmlich für die Verfolgung der politischen Oppositionellen eingesetzt wurde. In der einschlägigen Untersuchung von Ralph Angermund[39] wird festgehalten, dass die Zahl der politischen Häftlinge in deutschen Gefängnissen und Zuchthäusern im April 1939 etwa 122000 betragen habe.[40] In seiner materialreichen Studie über „Funktion und Umfang des Widerstands der Arbeiterbewegung gegen das Dritte Reich" berichtet Abendroth,[41] dass 1935 „fast 21000 Funktionäre der Arbeiterbewegung „wegen illegaler Arbeit zu Zuchthaus- und Gefängnisstrafen, 110 zum Tode verurteilt"[42] wurden. „1936 wurden 117oo Kommunisten und 1400 Angehörige der anderen sozialistischen Gruppen verhaftet, 1937 8000 Kommunisten und 750 Sozialisten anderer Richtungen."[43]

Die weitreichendste Konsequenz der Verzerrung der Wahrnehmung der maßnahmenstaatlichen, auf die Entrechtung großer Teile der Bevölkerung ganz Europas errichteten NS-Herrschaftsstruktur, der Millionen Menschen unabhängig

---

36 Franz Neumann (Anm. 20), S. 517.

37 Götz Aly (Anm. 3), S. 27.

38 Götz Aly (Anm. 3), S. 27. Daß Götz Aly für die Alkoholkranken eine biologische, gleichsam unpolitische Sonderkategorie bildet, erzeugt den Eindruck, die Alkoholkranken würden anders als die Oppositionellen möglicherweise aus eher nachvollziehbaren Gründen ins KZ gesperrt.

39 Ralph Angermund, Deutsche Richterschaft 1919–1845, Frankfurt am Main 1990.

40 Ralph Angermund (Anm. 39), S. 133.

41 Abgedruckt in dem Band Wolfgang Abendroth, Die Aktualität der Arbeiterbewegung, hrsg. v. Joachim Perels, Frankfurt am Main 1985, S. 183 ff.

42 Ebd. S. 116 f.

43 Ebd. S. 117

von Kriegshandlungen zum Opfer fielen, besteht darin, dass Götz Aly den Antisemitismus, die Staatsdoktrin des Hitlerregimes, die zur Rechtfertigung der Diskriminierung, Verfolgung und Ermordung der Juden Europas diente, lediglich streift, nicht aber systematisch in seine Untersuchung einbezieht.[44] Auf diese Weise wird ein zentrales Antriebsmoment des Regimes, das für die vom tradierten Antisemitismus bestimmten Eliten – vom Militär, von der Ministerialbürokratie, von Vertretern der Kirchen, von Professoren – mit der NS-Diktatur in bestimmtem Maße verband und das Oppositionspotential einschränkte, fast gänzlich zum Verschwinden gebracht.

Das ökonomische Motiv des staatlich organisierten Raubs an den Juden, das Aly ins Zentrum rückt, ist nur ein Moment in dem umfassenden Prozess der Vernichtung der Juden, der ohne die ideologische Gewalt des Antisemitismus nur unzureichend analysiert werden kann. Auf die Mechanismen des von der Regierung Hitler tagtäglich propagierten Antisemitismus richtet Aly keinen analytischen Blick. Bei Horkheimer und Adorno, deren „Dialektik der Aufklärung"[45] ebenfalls nicht im Literaturverzeichnis vorkommt, finden sich die klarsten Funktionsbestimmungen des nationalsozialistischen Antisemitismus. Er ist ein umfassendes System der Projektion, das die Opfer in Täter verkehrt: Die Juden „werden vom absolut Bösen als das absolut Böse gebrandmarkt [...] Im Bild des Juden, das die Völkischen vor der Welt aufrichten, drücken sie ihr eigenes Wesen aus. Ihr Gelüste ist ausschließlich Besitz Aneignung, Macht ohne Grenzen, um jeden Preis."[46] Der Angriff auf die Juden „den die falsche gesellschaftliche Ordnung aus sich herausproduziert",[47] hat seinen innersten Grund darin, dass die Juden als Repräsentanten der Gedankenwelt des Alten Testaments, in deren Zentrum die irdische Hoffnung auf eine Welt, in der „Gerechtigkeit und Friede sich küssen"[48] steht, bekämpft werden. Rabbiner Robert Raphael Geis hat dies so formuliert: „Der Mann, der als unser bitterster Feind aufstand, der ein Drittel der Judenheit in den grausigsten Tod schickte, er nahm uns sehr ernst, wahrlich blutig ernst [...]. Er sah in seiner vereinfachenden Manier durch alle unsere Existenzformen hindurch bis zum tiefsten Kern unseres Wesens. Der Jude, das war der Mensch, aus dem in jedem Augenblick die Visionen der Propheten wiederaufsteigen konnten. Der Jude, das war für ihn der Mensch, der

44 Vgl. auch M. Wildt (Anm. 32), S. 75

45 Max Horkheimer, Theodor W. Adorno, Dialektik der Aufklärung. Amsterdam 1947.

46 Ebd. S. 199.

47 Ebd. S. 199.

48 Psalm 85,11, vgl. Helmut Gollwitzer: ... daß Gerechtigkeit und Friede sich küssen. Aufsätze zur politischen Ethik Bd. 2, hrsg. von Andreas Pangritz, München 1988.

nicht müde wurde, an eine Welt der Gerechtigkeit und des Völkerfriedens zu glauben. Der Jude war der Mensch des sozialen Mitleidens.“[49]

IV.

Da Götz Aly die herrschafts- und gesellschaftskritischen Kategorien zur Analysen der NS-Systems allein in den empirischen, auf die ökonomische Entrechtung der Juden bezogenen Teilen seiner Untersuchung festhält, ansonsten aber die NS-Ideologie vielfach mit der Realität verwechselt, bereitet er auch den Boden für eine revisionistische Deutung des Dritten Reiches. Sie ist dadurch charakterisiert, dass der Versuch der kritischen Erkenntnis der Totalität der nationalsozialistischen Herrschaft, der die großen Arbeiten von Ernst Fraenkel, Franz Neumann, Raul Hilberg, Saul Friedländer, Henry Friedlander, Hans Mommsen, Ian Kershaw und Hans-Ulrich Wehler auszeichnet, durch überwiegend wertfreie, z.T. affirmative Einzelbetrachtungen ersetzt.[50] Dies führt zu einem Rückschritt in der Wahrnehmung jenes Systems, für das Franz Neumann den treffendsten, aus dem Alten Testament entlehnten Begriff geprägt hat: Das NS-System ist ein „Behemoth“ – „eine Herrschaft der Gesetzlosigkeit und Anarchie, welche die Rechts wie die Würde der Menschen verschlungen hat.“[51]

---

49 Robert Raphael Geis, Gedenkrede für die Opfer des Nationalsozialismus (1950), in: ders., Gottes Minorität, München 1971, S. 159 f.

50 Vgl. dazu Joachim Perels, Entsorgung der NS-Herrschaft? Hannover 2004, S. 31 f.

51 Franz Neumann (Anm. 20) S. 16

Der SS-Staat und die sozialistische Antwort. Arbeiten Eugen Kogons

I.

Nach der Befreiung aus dem Konzentrationslager Buchenwald schrieb Eugen Kogon von Juni bis Dezember 1945 das analytisch und moralisch maßgebende Buch über das System der deutschen Konzentrationslager – den *SS-Staat.*[1] Im Vorwort begreift Kogon es als Teil eines kritischen Selbstreflexionsprozesses der deutschen Gesellschaft, ohne den ein Neubeginn, der die politischen und sozialen Wurzeln der nationalsozialistischen Herrschaft abschneidet, nicht möglich ist. Es kam darauf an, „den Prozeß der Selbstbesinnung einzuleiten, den die Welt, an aber erster Stelle Deutschland, dringend von Nöten hat."[2]

Neun Jahre später, 1954, publizierte Kogon, mittlerweile Professor für Politische Wissenschaft an der Technischen Hochschule Darmstadt, einen Artikel, der das Scheitern seiner Nachkriegserwartungen zum Ausdruck bringt. Angesichts der „Wiederkehr der Gestrigen", die sich „einzeln auf den hohen, reihenweise auf den mittleren Sesseln der Verwaltung, der Justiz, der Verbände nieder(lassen)" und in der Wirtschaft „ohnehin die Hebel in ihren sicheren Händen (halten)", spricht er davon, daß „allzuviele 131er" – jene Schichten des Dritten Reiches, die im Wege des Gesetzes zur Artikel 131 des Grundgesetzes in den Staatsapparat inkorporiert wurden – über „allzuviele 45er bereits gründlich gesiegt" haben.[3] Der Prozeß der Aufarbeitung der NS-Despotie ist in den fünfziger Jahren besonders mit dem Aufstieg und der Rehabilitierung der traditionellen Eliten, die ihre frühere Rolle in eine technisch-neutrale umdeuteten, weitgehend zum Erliegen gekommen,[4] Kogons Tätigkeit nach 1945, sein Wirken als Publizist, Redakteur und Wissenschaftler, ist zwischen den Polen einer Aufklärung über die Mechanismen der NS-Herrschaft, ihrer politischen, sozialen und seelischen Überwindung und den gesellschaftlichen Tendenzen, die einem umfassenden Neubeginn nach 1945 entgegenwirken, angesiedelt.

---

1 Eugen Kogon: Der SS-Staat. Das System der deutschen Konzentrationslager. München, S. 1946.

2 A.a.O., S. X.

3 Eugen Kogon: Beinahe mit dem Rücken zur Wand, in: Frankfurter Hefte H. 9/1954, S. 641.

4 Vgl. Norbert Frei: Vergangenheitspolitik. Die Anfange der Bundesrepublik und die NS-Vergangenheit, München 1996; Joachim Perels: Das juristische Erbe des „Dritten Reiches", Beschädigungen der demokratischen Rechtsordnung, Frankfurt a.M. 1999.

II.

Der *SS-Staat* wurde zu einem Grundbuch über das NS-System. Das hatte vielerlei Gründe. Bedeutsam war, daß Kogon auch unter den Bedingungen der Terrorstukturen des Konzentrationslagers, denen er selbst ausgesetzt war, die ungewöhnliche, christliche Fähigkeit besaß, seine Feinde und Peiniger nicht zu hassen,[5] auch wenn er sie selbstredend entschieden ablehnte und bekämpfte. Unter dieser Voraussetzung konnte er die Verhältnisse im Konzentrationslager unpolemisch darstellen.[6] Sein Buch genügt einem hohen Wahrheitsanspruch. Die nüchterne Genauigkeit, die den Gegenstand des Schreckens am ehesten trifft, teilt Kogon mit anderen, von exilierten Juristen und Philosophen verfaßten, ebenso wegweisenden Büchern über die NS-Herrschaft – mit Ernst Fraenkels *Doppelstaat,* mit Franz Neumanns *Behemoth* und mit Hannah Arendts Studie über *Ursprünge und Elemente totaler Herrschaft.*[7]

Das Gewicht des *SS-Staates* wurde dadurch verstärkt, daß Kogon seine Darstellung politisch profilierten Mithäftlingen, Kommunisten, Sozialdemokraten, einem Zentrumsmann zum kritischen Gegenlesen vorgelegt hatte.[8] Von den Opfern konnte die Nazi-Diktatur eher erkannt werden als in manch anderer kontemplativer wissenschaftlicher Untersuchung. Das Moment des Handelns, selbst noch im Konzentrationslager, ist für Kogons Erkennen konstitutiv. Schon in seiner Jugend, in der er, aufgewachsen im katholischen Milieu Münchens, geprägt von Benediktinern und Dominikanern, den Wunsch hatte, als Missionar zu wirken und Menschen für die Botschaft Jesu zu gewinnen, bildete sich seine handlungsorientierte Charaktereigenschaft heraus.[9] Als in Buchenwald sein Leben auf des Messers Schneide stand und er durch die Solidarität von politischen Häftlingen vor einem Todestransport bewahrt wurde, gelang es ihm, in einem tollkühnen Akt, einen SS-Arzt, dem er sich als Schreiber zur Verfügung stellte, durch seine intellektuelle Gesprächskraft zu neutralisieren.[10] Mit Hilfe seines

---

5 Vgl. Eugen Kogon: Meine Entwicklung im Glauben, In: ders.: Liebe und tu was du willst Reflexionen eines Christen, Gesammelte Schriften, Bd. 4, hg. von Michael Kogon und Gottfried Erb, Weinheim 1996, S. 50 f.

6 Vgl. Eugen Kogon, Der SS-Staat (Anm. 1), S. XII f.

7 Ernst Fraenkel: Der Doppelstaat (1941), Frankfurt a.M. 1974; Franz Neumann: Behemoth, Struktur und Praxis des Nationalsozialismus (1942/ 44), Köln 1977; Hannah Arendt: Ursprünge und Elemente totaler Herrschaft (1951), Frankfurt a.M. 1962.

8 Vgl. Eugen Kogon: Der SS-Staat (Anm. 1), S. XII f.

9 Vgl. Eugen Kogon: Meine Entwicklung (Anm. 5), S. 40 ff.

10 Vgl. Eugen Kogon: Abkommandiert zur Liquidation. In: ders.: „Dies merkwürdige wichtige Leben", Begegnungen, in: Gesammelte Schriften, Bd. 6, hrsg. von Michael Kogon und Gottfried Erb, Weinheim 1997, S. 55 ff.; Eugen Kogon: Die Rettung, ebd., S. 59 ff.; Eugen Kogon: Ein Sturmbannführer wird umgedreht, ebd., S. 63 ff.

Feindes konnte er sich retten. Kogon fügt der exakten Beschreibung der Übermacht der Zwangsverhältnisse ein Moment äußerst relativer, aber existierender Handlungsmöglichkeiten hinzu – hierzu gehörte auch das von politischen Häftlingen organisierte Abhören ausländischer Rundfunksender, die über das Näherrücken der Front der Befreier berichteten.[11]

Die Machtstruktur des Konzentrationslagers besteht in der Abwesenheit jeglicher rechtlicher Schutzpositionen der Häftlinge: „Eine Welt für sich, ein Staat für sich – eine Ordnung ohne Recht, in die der Mensch geworfen wurde, der nun mit allen Tugenden und Lastern – mehr Lastern als Tugenden – um die nackte Existenz … kämpfte" – dabei auch der „Arroganz der Mithäftlinge" ausgeliefert.[12]

Die Form, in der der Häftling bei seiner Ankunft im Lager behandelt wurde, enthielt das ganze System vollendeter Rechtlosigkeit, die es möglich machte, die Menschen in wehrlose Objekte zu verwandeln, für die das Recht auf Leben nicht galt. Eine sog. „Empfangszeremonie" beschreibt Kogon so: „Meist stürzte sich sofort ein Rudel herumlungernder Scharführer lüstern auf die neue Beute. Es regnete Schläge und Fußtritte, die ‚Neuen' wurden mit Steinen beworfen und mit kaltem Wasser begossen; wer lange Haare oder einen Bart hatte, wurde daran zu Boden gerissen; Krawattenträger hatten ebenfalls nichts zu lachen, wenn sie gewürgt wurden. Dann hieß es stundenlang mit dem ‚Sachsengruß': die Arme hinter dem Kopf verschränkt, häufig auch noch in Kniebeuge, vor der Politischen Abteilung ausharren – in Kälte, Regen oder Sonnenglut ohne Essen, ohne Trinken, ohne austreten zu dürfen. Dabei konnte jeder SS-Mann mit den Erschöpften treiben, was ihm beliebte."[13] Die Wirkung der Aufnahme im Konzentrationslager, bei dem er einen überlebenswichtigen Schutzmechanismus ausbildet, charakterisiert Kogon mit den Worten: „Es gab nicht sehr viele Personen, die diesen Prozeß der Willensbrechung und menschlicher Entwürdigung ohne inneren Schaden überstanden. Mancher konnte sich seine inneren Werte nur dadurch bewahren, daß er gleichsam eine Bewußtseinsspaltung vornahm, indem er seinen Körper willenlos der Willkür preisgab und sein eigentliches Selbst psychologisch und objektiv beobachtend absentierte."[14]

---

11 Eugen Kogon: Von der Befreiung, a.a.O., S. 71 f.; Eugen Kogon, Der SS-Staat (Anm. 1), S. 260 f.

12 Eugen Kogon: Der SS-Staat (Anm. 1), S. IX.

13 A.a.O., S. 40 f.

14 A.a.O., S. 44.

III.

Die frühe Rezeption des 1946 in München erschienenen *SS-Staates* zeugt von dessen epochemachender Bedeutung. Politisch exponierte Philosophen der Emigration, Max Horkheimer und Hannah Arendt, und einer der einflußreichsten Theologen der Bekennenden Kirche, Hans Joachim Iwand, eigneten sich 1946/47 sogleich Kogons Buch an. Dies zeigt, welche intellektuelle Verbindung zwischen Vertretern der Emigration und den Opponenten des NS-Regimes sich nach 1945 ausbildete.

Max Horkheimer, der das Projekt zur Erforschung der Bedingungsfaktoren nationalsozialistischer Herrschaft mit der Entwicklung der Kategorie des „faschistischen" (später „autoritär" genannten) Charakters in Gang gebracht hatte,[15] nannte in einem Brief vom 24. Mai 1947 Kogons Buch „eines der aufschlußreichsten und erschütterndsten" Dokumente, die er über das „Dritte Reich" gelesen habe – zumal er „seinen eigenen Platz in der Welt" dadurch bestimmt hatte, daß er „seit den ersten Hitler-Jahren stets ein Exemplar der Lagerordnung des Konzentrationslagers Esterwegen in seiner Schreibtischschublade behielt."[16] Horkheimer, der nach Deutschland an die Frankfurter Universität zurückkehrte, weil er den minoritären Gruppen der überlebenden Opfer und Gegner des NS-Regimes zur Seite stehen wollte,[17] schließt mit Eugen Kogon, mit dem er schon 1948 Rundfunkgespräche zu führen beginnt, eine persönliche Freundschaft. Für Horkheimer ist er der Zeuge eines anderen Deutschland, mit dem sich ein ins Exil Getriebener verbinden konnte.

Hannah Arendt, die in einem 1944 geschriebenen Aufsatz über „Organisierte Schuld" Kategorien für die unverstellte Erkenntnis der geschichtlich unvergleichlichen staatlichen Morde und der systematischen Beteiligung von Nicht-Verbrechern an den großen Verbrechen entwickelt,[18] hatte den *SS-Staat* schon in den Fahnen gelesen. Sogleich hatte sie versucht, eine englische Übersetzung des Buches für den Schocken Verlag in Gang zu bringen.[19] In ihrem bereits erwähn-

---

15 Vgl. Theodor W. Adorno u.a.: Der autoritäre Charakter (1950). Amsterdam 1968; Max Horkheimer: Briefwechsel 1941–1948. Gesammelte Schriften, Bd. 17, hrsg. von Gunzelin Schmid Noerr. Frankfurt a.M. 1996. S. 739.

16 Max Horkheimer: Briefwechsel 1941–1948 (Anm. 15), S. 814.

17 A.a.O., S. 1027.

18 Hannah Arendt: Organisierte Schuld (1944). In: dies.: Sechs Essays, H. 1, Heidelberg 1948, S. 33 f.

19 Hannah Arendt: Karl Jaspers: Briefwechsel 1926–1969, hrsg. von Lotte Köhler und Hans Saner. München 1985. S. 123.

ten 1951 erschienenen Hauptwerk „Ursprünge und Elemente totale Herrschaft" stützt sie sich mehrfach auf Kogons Analyse.[20]

Hans Joachim Iwand, der im Protestantismus den Schuldanteil des kirchlichen Bürgertums an der Stabilisierung und Rechtfertigung der NS-Herrschaft ins Zentrum rückte,[21] veröffentlichte in der *Zeit* vom 14. August 1947 eine Besprechung des *SS-Staates,* die Kogons Beschreibung der von der SS praktizierten Unmenschlichkeit ohne schnellen Trost der Wahrnehmung zu öffnen suchte: „Wenn man dieses Buch gelesen hat, wenn man ein wenig ... ermessen hat, was hier an Qual gelitten ... wurde – und wenn man daran denkt, daß dies alles Seite an Seite, Wand an Wand mit einer in unbesorgten Daseinsgenuß dahinlebenden Gesellschaft geschah (erkennt man), daß unsere Tränen, unser Erwachen, unser Verurteilen und Entrüsten, ... zu spät kommt."[22]

IV.

Als das NS-Regime mit dem Sieg der Alliierten zerschlagen und Kogon von den Amerikanern aus dem Konzentrationslager befreit wurde, entwickelte er Grundsätze für einen Kontinuitätsbruch mit dem Dritten Reich, durch den die „Bedingungen der Humanität" (Kogon) geschaffen werden sollten.

Die Verantwortung der politischen Führung des NS-Regimes und der sie tragenden Schichten für das System des Grauens stand für Kogon an erster Stelle. Auf einer Kundgebung der CDU vom 11. November 1945, deren Gründungsmitglied Kogon war, erklärte er: „Die Niederlage von 1945 kann zum Ausgangspunkt des größten Segens für die deutsche Nation werden, wenn das Volk erkennt, daß es an dieser Tragödie selbst schuld war. (...) Diejenigen, die sich aktiv schuldig gemacht haben, müssen wirklich raus aus Ämtern und Stellungen."[23] Im Schlußkapitel des *SS-Staats,* an dem Kogon in jener Zeit arbeitete,

---

20 Vgl. Hannah Arendt: Ursprünge und Elemente totaler Herrschaft (Anm. 7), S. 640, 652, 657, 658, 664.

21 Jürgen Seim: Hans Joachim Iwand. Biografie. Gütersloh 1999, S. 289 ff.; Hartmut Ludwig: Die Entstehung des Darmstädter Wortes. In: Junge Kirche 1977, Beiheft 8/9.

22 Jürgen Seim: Hans Joachim Iwand (Anm. 2). S. 330. – Im hannoverischen, von Hanns Lilje herausgegebenen Sonntagsblatt vom 19.10.1952 wurde allerdings der SS-Staat als „reeducation-Buch", das „zu schmal angelegt" sei, abgewertet. Vgl. Axel Schildt: Solidarisch mit der Schuld des Volkes. Die öffentliche Schulddebatte und das der Kirchen in Niedersachsen nach dem zweiten Weltkrieg. In: Bernd Weisbrod (Hg.): Rechtsradikalismus in der politischen Kultur der Nachkriegszeit. Hannover 1995, S. 286.

23 Eugen Kogon: Frankfurter Rede, gehalten auf der ersten Kundgebung der CDU am 11. November 1945. In: ders.: Die restaurative Republik. Zur Geschichte der Bundesrepublik Deutschland,

wurde die vielfaltige Verantwortung und daraus folgende moralische und rechtliche Haftung für die Ausübung der terroristischen Staatsgewalt bestimmt:

> Kein Deutscher, der nicht gewußt hätte, daß es Konzentrationslager gab. Kein Deutscher, der sie für Sanatorien gehalten hätte (...). Alle Deutschen, die Zeugen der vielfältigen antisemitischen Barbarei geworden, Millionen, die vor brennenden Synagogen und in den Straßenkot gedemütigten jüdischen Männern und Frauen gleichgültig, neugierig, empört oder schadenfroh gestanden haben (...). Kaum ein Deutscher, dem nicht bekannt gewesen wäre (...), daß im Lande unentwegt hingerichtet wurde (...). Viele Geschäftsleute, die mit der Lager-SS in Lieferbeziehungen standen, die vom SS-Wirtschafts-Verwaltungs-Hauptamt KL [Konzentrationslager-]-Sklaven für ihre Werke anforderten (...), Medizinprofessoren, die mit Himmlers Versuchsstationen, Kreis- und Anstaltsarzte, die mit professionellen Mördern zusammenarbeiteten (...). Zahlreiche höhere Wehrmachtsoffiziere, die über die Massenliquidierungen russischer Kriegsgefangener in den KL, außerordentlich viele deutsche Soldaten und Feldgendarmen, die über die entsetzlichen Greueltaten in Lagern, Städten und Dörfern des Ostens Bescheid gewußt haben.[24]

Kogon trennt die Aufarbeitung der kriminellen Struktur des NS-Regimes von dem Problem der Überwindung der Massenbasis des Nationalsozialismus systematisch ab. Die ideologische NS-Loyalität, die in erheblichem Maße nach dem Ende der Diktatur fortexistierte – 1946 hielten 40 % der Bevölkerung des Nationalsozialismus für eine gute Idee, die nur schlecht ausgeführt worden war[25] –, sucht Kogon dadurch zu überwinden, daß er in den *Frankfurter Heften,* die in jener Zeit mit einer Auflage von 50.000 weite Verbreitung fanden, für diejenigen Nazi-Gefolgsleute, die keine kriminellen Handlungen begangen hatten, ein „Recht auf politischen Irrtum" einforderte.[26] Damit sollte die geistige Umkehr zur Demokratie für die Masse der sog. Mitläufer erleichtert werden. Die Forderung enthielt einen politischen pädagogisch wahren Kern – als Integrationsangebot gegenüber denjenigen, in denen nationalsozialistische Einstellungen latent und gebrochen fortexistierten. Sein Gedanke war allerdings mit einer allzu versöhnlichen Randunschärfe verbunden: die ideologischen Handlanger der Diktatur, die niemanden getötet, aber die Diskriminierungs- und Mordpraxis des Regimes umfassend legitimiert hatten, konnten möglicherweise durch das proklamierte Recht auf politischen Irrtum entlastet werden – auch dann wenn sie ihre einstige Haltung nicht selbstkritisch überwanden, sondern in Schweigen begruben oder auf ein autoritäres „Normalmaß" reduzierten.

Gesammelte Schriften, Bd. 3, hg. von Michael Kogon und Gottfried Erb. Weinheim 1996, Bd. 3. S. 17 f.

24 Eugen Kogon: Der SS-Staat (Anm. 1), S. 331 f.

25 Anna J. Merrit/Richard L. Merrit (Hg.): Public Opinion in Occupied Germany. Urbana 1970. S. 295.

26 Eugen Kogon: Das Recht auf politischen Irrtum (1947). In: Ders.: Die unvollendete Erneuerung, hrsg. von Hubert Habicht, Frankfurt a.M. 1964, S. 50 ff.

Die gesellschaftliche Konzeption des Neubeginns entstammt den Diskussionen mit den politischen Köpfen der Arbeiterbewegung im Konzentrationslager, nachdem er in den Jahren zuvor, trotz einer gewissen Nähe zu den Gewerkschaften, unter dem Einfluß von Othmar Spann den restaurativen Gedanken des korporativen Staates verfochten hatte.[27] Nur eine neue, dem NS-System vollständig entgegengesetzte Gesellschaftsordnung, die über die politische Negation hinausgehend dessen soziale Grundlagen zu beseitigen suchte, war für Kogon die angemessene Antwort auf das Dritte Reich. In einem Aufsatz von 1947 drückte er diese Intention mit dem Wort vom „Sozialismus der Freiheit" aus. Der Begriff enthält eine Abgrenzung: die privatwirtschaftliche Struktur, die den Aufstieg des Nationalsozialismus – die Mitfinanzierung der zur „Vernichtung des Marxismus" angetretenen NSDAP durch die Industrie ist hierfür ein Indiz[28] – sollte aufgehoben werden: „Nur eine vernünftige Sozialisierung bietet uns die Gewähr dafür, daß jene Machtgruppen … ausgeschaltet bleiben, die uns in diesem Hause morgen schon wieder vergewaltigen möchten."[29]

Kogons Begriff des Sozialismus ist explizit gegen dessen diktatorisch entstellte Form gerichtet, wie er vor allem in der Sowjetunion, dem „NKWD-Staat" (Kogon), als Herrschaft der autokratischen Führungsschicht über die Gesellschaft ausgebildet war. Sozialismus meinte die Kombination von gesellschaftlicher Selbstverwaltung, demokratisch legitimierter, gegen die Dominanz des Profitprinzips gerichteter Planung verbunden mit Marktmechanismen. Den Kern eines derartigen Sozialismus faßt Kogon in den Satz: „(D)ie Arbeitenden selbst … (sollen) vorzugsweise zu Trägern der Wirtschaft werden."[30]

V.

Kogons Konzeption zur Überwindung der NS-Herrschaft geriet in dem Maße ins Abseits, in dem sich die überkommenen gesellschaftlichen Machtverhältnisse fast einschränkungslos wiederherstellten.

Der Prozeß der Selbstaufklärung über die terroristische Struktur des Dritten Reiches wird von den erstarkenden einstigen Mitträgerschichten des Regimes – von der Beamtenschaft, über die Privatwirtschaft bis zu den Kirchen und Univer-

27 Vgl. Eugen Kogon: Meine Entwicklung im Glauben (Anm. 5), S. 47 f., S. 50.

28 Georg Wolfgang Felix Hallgarten: Hitler, Reichswehr und Industrie. Frankfurt a.M. 1962, S. 79 ff.; Aufruf der NSDAP vom 10.3.1933. in: Walther Hofer: Der Nationalsozialismus. Dokumente 1933–1945. Frankfurt a.M. 1957, S. 55.

29 Eugen Kogon: Der Weg zu einem Sozialismus der Freiheit in Deutschland (1947). In: ders.: Die unvollendete Erneuerung (Anm. 26), S. 63.

30 A.a.O., S. 47.

sitäten – vielfach blockiert.[31] Diese zunehmende Wahrnehmungsverweigerung hatte Kogon, wiederum im Schlußkapitel des *SS-Staats*, bereits beim Namen genannt: „Wie hat das deutsche Volk auf das Unrecht reagiert? Als Volk überhaupt nicht." Diese Feststellung der Dominanz eines „organisierten Unbußfertigkeit" (Iwand), die mit den zeitgenössischen Beobachtungen von Hannah Arendt und Max Horkheimer übereinstimmt,[32] verbindet Kogon mit Erfahrungen, die er nach der Befreiung aus dem Konzentrationslager machte: „Wo immer man in Deutschland heute, sei es in der Straßenbahn oder im Eisenbahnabteil von Kriegsgefangenen hört, denen es im Sommer 1945 in einzelnen Lagern teilweise schlecht ging, ... spricht das Herz in den Worten mit – empört oder mitleidvoll Berichte aus Konzentrationslagern erwecken in der Regel höchstens Staunen oder ungläubiges Kopfschütteln; sie werden kaum zu einer Sache des Verstandes, geschweige denn zum Gegenstand aufwühlenden Empfindens."[33]

Kogons 1947 formuliertes Postulat eines mit der bewußten Abwendung vom Nationalsozialismus verbundenen Rechts auf politischen Irrtum lief im Zuge der gescheiterten Ausschaltung der Funktionseliten, denen eine innerlich halbdistanzierte Mitläufer-Rolle zugemessen wurde, ins Leere. Mit der gängigen Interpretation der Kategorie des Mitläufers wurde die überzeugte Aufrechterhaltung der NS-Herrschaft durch dessen politische Anhängerschaft zum Verschwinden gebracht. John H. Herz zeigte, daß den Mitläufern im Entnazifizierungsverfahren nicht etwa ein Irrtum zugute gehalten wurde. Ihre NS-Haltung wurde umgedeutet: Der frühere Polizeipräsident von Nürnberg, verantwortlich für das November-Pogrom von 1938, ein Industrieller, der KZ-Häftlinge als Arbeitskräfte ausbeutete, ein Propagandist, der die Rassenpolitik glorifizierte – alle diese Nazis – und die Beispiele zeigen nur eine Tendenz – wurden als bloße Mitläufer eingestuft,[34] für die per definitionem eine kritische Selbstreflexion überflüssig schien. Der Begriff der Entnazifizierung veränderte sich: Nicht mehr die Ausschaltung der aktiven Nazis, sondern die Entproblematisierung ihrer einstigen NS-Haltung hieß nun Entnazifizierung.[35]

Der Gedanke einer gesellschaftlichen Neuordnung, der in den Sozialisierungsermächtigungen und Sozialisierungsaufträgen der Landesverfassungen zum

---

31 Frei, Vergangenheitspolitik (Anm. 4); Perels, Erbe (Anm. 4).

32 Hannah Arendt: Besuch in Deutschland 1950. Die Nachwirkungen des Naziregimes. In: dies.: Zur Zeit. Politische Essays. hrsg. von Marie-Luise Knott. Berlin 1986. S. 43 ff.; Horkheimer, Schriften (Anm. 15), S. 739 f., S. 827 ff., S. 925 ff., S. 984, S. 990.

33 Eugen Kogon, SS-Staat, S. 330 f.

34 John H. Herz: The Fiasco of Denazification in Germany. In: Political Science Quartely, H. 63/1948. S. 583 f.

35 Ebd., S. 590, Anm. 108.

Ausdruck kam,[36] verlor mit der ersten mehrheitsgestützten bürgerlichen Regierung Konrad Adenauers seine Bedeutung. Eine „restaurative Epoche", wie sie Kogons Mitstreiter Walter Dirks in einem großen Aufsatz von 1950 bezeichnete, hatte sich etabliert.[37] Diese Epoche war, trotz der Konstitutierung des Grundgesetzes, dadurch charakterisiert, daß der Zusammenhang von kritischer Selbstreflexion der NS-Zeit und der Idee gesellschaftlicher Neugestaltung zerriß, Im Mehrheitsspektrum der Gesellschaft und des Staates dominierte Mitte der fünfziger Jahre, trotz der Entschädigungsgesetzgebung für NS-Opfer und des Wiedergutmachungsabkommens mit Israel, die Politik des Vergessens – vor allem der Verbrechen, die wenige Jahre zuvor in den Nürnberger Nachfolgeprozessen der Vereinigten Staaten gegen Funktionsträger der Justiz, der Militärführung, der Einsatzgruppen etc. öffentlich thematisiert und geahndet wurden.[38]

VI.

In dieser Periode konnte Kogon nur begrenzt gestaltend wirksam werden. Er formulierte Gegenpositionen zur herrschenden Entwicklung der Bundesrepublik.

Der rechte Begriff des Christentums wurde unter dem erstarkenden Einfluß der Kirchen, die das NS-Regime vorgeblich intakt überstanden hatten, für Kogon zum Politikum. Gegenüber der Tendenz, eine bestimmte Lesart des Christentums zur Rechtfertigung und Durchsetzung politischer Machtinteressen einzusetzen – symptomatisch war Adenauers Äußerung im Bundestagswahlkampf 1957, daß es darum gehe ob Deutschland mit der CDU christlich bleibe oder bei einem Sieg der SPD kommunistisch werde –[39] nahm Kogon, längst nicht mehr in der CDU, die Haltung eines jesuanisch bestimmten Kritikers ein. Er markiert die Differenz von staatlicher und kirchlicher Macht und der Botschaft des Evangeliums. Sein christliches Verständnis dringt durch die verzerrte Gestalt eines Herrenchristentums hindurch und bezieht sich direkt auf die biblischen Quellen: In Jesus von Nazareth ist „Gott sichtbar geworden (…). Die Auferstehung hat sein Beispiel beglaubigt; der Prozeß der ‚Reichswerdung' zum uns vorbestimmten diesseitigen und jenseitigen wahren Menschsein ist seither in Gang gesetzt."[40] Aus dem Blickwinkel des Menschensohns hält Kogon seiner mit der Regierungspolitik

---

36 Wolfgang Abendroth: Das Grundgesetz. Pfullingen 1966, S. 19 ff.

37 Walter Dirks: Der restaurative Charakter der Epoche. In: Frankfurter Hefte, H. 9, 1950. S. 942 ff.

38 Frei, Vergangenheitspolitik (Anm. 4); Perels, Erbe (Anm. 4).

39 Stimme der Gemeinde, H. 14, 1957. Sp. 431 f. m.w.Nachw.

40 Eugen Kogon: Ein neues Verständnis des Erlösungsgeschehens. In: Kogon, Liebe (Anm. 5), S. 71.

Adenauers vielfach liierten Kirche ihr Versagen im Dritten Reich vor, dem sie sich nicht selbstkritisch gestellt hatte. Er entwickelt damit Maßstäbe für ein politisch verantwortliches Christentum, das die Gesetze der Welt nicht widerspiegelt, sondern transzendiert: „Mit dem großen geschichtlichen Wort ‚Es ist Dir nicht erlaubt!' ist die kirchliche Autorität in Deutschland dem Tyrannen nicht entgegengetreten. Keineswegs hat die Kirche ... mit dem ganzen Gewicht ihrer Bedeutung, angesichts der heuchlerischen oder zynischen Zertrampelung von Menschenrechten, angesichts der hohnvollen Verletzung von Treu und Glauben allerorten, angesichts millionenfacher Knechtung und barbarischer Tötungen gerufen ...: ‚Du sollst nicht morden' (...). ‚Kluges' Schweigen, ängstliches Dulden, beständiger Versuch, mit schriftlichen Eingaben rein kirchliche Rechte zu wahren ... deckte das Opfer jener Tausenden von Kaplänen, Pfarrern, Ordensleuten ... zu (...).“[41]

Kogons christliche Motivation und seine politische Position bedingen sich. Die Bergpredigt, deren Weisungen auf ein anderes Gemeinwesen, auf einen neuen Äon hinzielen, in dem ein bestimmtes menschliches Handeln eingefordert wird – „Selig sind die Sanftmütigen, selig sind, die Barmherzigkeit üben, selig sind die Friedensstifter“ (Mt. 5,5,7,9) – ist für Kogon „die positivste und produktivste Herausforderung – der kühnste Entwurf in der Geschichte der Menschen – der göttliche Entwurf für ihn.“[42] Es ist bezeichnend, daß große christliche Gegner des NS-Regimes, Eugen Kogon wie Dietrich Bonhoeffer, aus der Erfahrung des staatlich organisierten Grauens, dem sie zusammen mit anderen durch ihren Widerstand ein Ende setzen wollten, die Bergpredigt als Zentrum der Glaubenspraxis begreifen.[43] Sie entzieht der mit Herrschaftsinteressen verbundenen Kirche die Deckung durch die Bibel.

Auch auf staatsrechtlichem Gebiet bezieht Kogon eine Gegenposition. Er legt den Widerspruch von Grundgesetz und politischer Herrschaft offen. An der größten, von 1960 bis 1968 geführten verfassungspolitischen Auseinandersetzung in der Geschichte der Bundesrepublik, am Kampf um die Notstandsgesetze, wird für Kogon deutlich, daß die geplante Regelung des Ausnahmezustands darauf zielt, das Programm von Bundeskanzler Erhard zu realisieren, eine formierte Gesellschaft autoritär durchzusetzen, die die legalen Handlungsmöglichkeiten der Gewerkschaftsbewegung zugunsten einer sogenannten Rationalität des

41 Eugen Kogon: Die Kirchen in der Hitlerzeit: ein bedenkenreiches Mittun-Nichtmittun. In: Kogon, Liebe (Anm. 5), S. 214 f.

42 Eugen Kogon: Die Provokation der Bergpredigt – Einweisung in die Humanität. In: Kogon, Liebe (Anm. 5), S. 66.

43 Dietrich Bonhoeffer: Nachfolge. München ^{2}1940. S. 55 ff.

ökonomischen Gesamtprozesses in der Krise zur Disposition stellt.[44] In den von der CDU-Regierung vorgelegten Gesetzentwürfen erblickt Kogon den Geist Carl Schmitts, der im NS-Regime die Gestalt der Rechtfertigung einer normativ ungebundenen Staatsgewalt annahm.[45] Im Jahre 1965 schrieb Kogon das Vorwort zu einer in hoher Auflage verbreiteten Broschüre der führenden juristischen Opponenten der Notstandsgesetze. Die geplanten Notstandsgesetze, die damals vor allem die Koalitionsfreiheit der Gewerkschaften und die demokratische Entscheidungskompetenz des Parlaments bedrohten, hatten eine eindeutige Funktion: „Ein alter deutscher Drang … verband sich, insbesondere über die Ministerialbürokratie der hohen Ränge mit dem massiven bürgerlichen Klasseninteresse, den erreichten gesellschaftlichen Zustand und jene Entwicklung, die ihm entspricht, bestens zu erhalten."[46]

Dem Antikommunismus, lange Jahre dominierendes Legitimationsmuster der Bundesrepublik, setzte Kogon eine Alternative entgegen. Gerade weil er, schon auf Grund seiner Erfahrung mit dogmatisch verhärteten, kaltherzigen kommunistischen Häftlingen[47] und seiner Verwerfung des autoritären Machtsystems des sogenannten „realen Sozialismus", als Sympathisant des Sowjetsystems unverdächtig war, konnte er um so glaubwürdiger die soziale Funktion des Antikommunismus ins Blickfeld der Kritik rücken.

Die außenpolitische Doktrin der Bundesrepublik, daß Sowjetrußland eine „Expansions- und Aggressionspolitik" betreibe – so formulierte es Adenauer am 7. Februar 1952 im Deutschen Bundestag – konfrontierte Kogon mit der historischen Realität, „daß der Sowjet-Union in Jalta die Einflußzone zugestanden worden war … , daß sie aber … nirgends die zwischen ihr und den Westalliierten vereinbarte Trennungslinie der Systeme, die Demarkationslinie quer durch Europa und durch Deutschland, überschritt."[48] Blockierte der Antikommunismus rationale Beziehungen zu den Ländern des Ostblocks, die am meisten unter der Nazi-Herrschaft gelitten hatten, deren territoriale Ordnung vor allem im Blick auf die Oder-Neiße-Linie aber nicht anerkannt wurde, so führte er innenpolitisch dazu, die politische Betätigungsfreiheit von Kommunisten einzuschränken oder schließlich ganz auszuschalten: durch eine Strafrechtspraxis, die sich weniger an

44 Eugen Kogon: Der Ausbau des autoritären Leistungsstaates in der Bundesrepublik. In: Kogon, Republik (Anm. 23), S. 144 ff.

45 Carl Schmitt: Politische Theologie. Berlin 1934. Ders.: Positionen und Begriffe im Kampf mit Weimar – Genf – Versailles (1940). Berlin 1994.

46 Eugen Kogon/Wolfgang Abendroth/Heinrich Hannover/Helmut Ridder/Jürgen Seifert: Der totale Notstandsstaat. Frankfurt a.M. 1965. S. 4.

47 Eugen Kogon, SS-Staat (Anm. 1), S. 254 f.

48 Eugen Kogon: Die Funktion des Antikommunismus in der Bundesrepublik Deutschland. In: Kogon, Republik (Anm. 23), S. 202.

der Verletzung konkreter Rechtsgüter als an einer kommunistischen Gesinnung orientierte[49] – eine „höchst fragwürdige Praxis".[50] Als Leiter des politischen Fernseh-Magazins *Panorama* brachte Kogon im Jahre 1964 eine Sendung von Lutz Lehmann zu dieser Struktur der juristischen Generalausgrenzung von Kommunisten, deren Parteigänger er im Konzentrationslager einst auch als äußerst hilfsbereit, ja als Lebensretter erfahren hatte.[51] Damit gelang eine öffentliche Problematisierung der politischen Justiz.

Nimmt man den außenpolitischen Immobilismus in den Beziehungen zu Osteuropa und die innenpolitische Ächtung von Kommunisten zusammen, so ist Eugen Kogons Resümee, daß das „Hauptnegativum der antikommunistischen Prinzipienpraxis der Verlust der produktiven politischen Vorstellungsweit war, nicht von der Hand zu weisen."[52] Die Feindbestimmung gegen Kommunisten konnte auf Kritiker von Adenauers Politik der westdeutschen Wiederbewaffnung übertragen werden, die wie die Gesamtdeutsche Volkspartei Gustav Heinemanns, deren Plakate 1953 mit dem Satz „Von Moskau bezahlt" überklebt wurden, Alternativen zur Politik Adenauers formulierten. Der blinde Antikommunismus immunisierte die Außenpolitik gegen die – etwa in der Stalin-Note vom März 1952 oder im Deutschland-Plan der SPD von 1959 angelegten – Konzeption zur Milderung oder Überwindung der Blockkonfrontation.[53]

VII.

In einer Zeit, in der der ökonomisch-technische Selbstlauf des Kapitalismus von der Industrie über die bürgerlichen Parteien bis hin zu der mit Gerhard Schröder sich neo-liberal häutenden SPD zum Programm erhoben wurde, wirken Kogons gesamtgesellschaftliche Diagnosen und Perspektiven höchst gegenwartsnah. Das Verhältnis von politischer Gestaltungsmöglichkeit und ökonomischen Zwängen beschrieb Kogon in einem Beitrag über die „historische Funktion der Technik": „Die Politik, vermeintlich souverän, geriet völlig in den Sog der einseitigen wirtschaftlich-technischen Rationalität (...). Mittlerweile sind die fundamentalen

49 Alexander von Brünneck: Politische Justiz gegen Kommunisten in der Bundesrepublik Deutschland 1949–1968. Frankfurt a.M. 1978; Diether Posser: Anwalt im Kalten Krieg. Ein Stück deutscher Geschichte in politischen Prozessen. München 1991, S. 191 ff., S. 298 ff.

50 Eugen Kogon, Funktion (Anm. 48), S. 204.

51 Lutz Lehmann: Legal und Opportun. Politische Justiz in der Bundesrepublik. Berlin 1966; Kogon, SS-Staat (Anm. 1), S. 255.

52 Eugen Kogon, Funktion (Anm. 48), S. 204.

53 Vgl. etwa Gustav Heinemann: Verfehlte Deutschlandpolitik. Irreführung und Selbsttäuschung, Artikel und Reden. Frankfurt/M. 1966, S. 136 ff.

Nachteile und Gefährdungen unserer einseitigen Entwicklung zutage getreten, deren Rationalität beschränkt, ja partiell in gesamtgesellschaftliche Irrationalität eingebettet ist (...) Sozialpolitik muß mit Milliarden Aufwendungen den Vernachlässigungen und Schädigungen begegnen, um deren Entstehung sich die Erfolgswirtschaft und die technische Rationalität nicht kümmern. (...) Existenzunsicherheit und -unruhe müssen als Preis des Fortschritts hingenommen werden. Der totale Selbstruin ... durch die Zerstörung des Gleichgewichts der Natur ist nicht mehr auszuschließen."[54]

Um dieser Entwicklung entgegenzutreten, rückt Kogon eine Gruppe als potentiellen Träger gesamtgesellschaftlicher Rationalität in den Blick, die von der traditionellen Arbeiterbewegung eher an der Seite des Kapitals angesiedelt wurde: die Ingenieure. Die von ihm initiierte und ausgewertete Untersuchung des Bewußtseins von Ingenieuren – auf die Umfrage seiner Forschungsgruppe gingen 28.000 Antworten ein – mündet in eine strategisch gerichtete Gesellschaftsanalyse, in der – wie in seinen Entwürfen zur Umgestaltung der privatwirtschaftlichen Grundlagen der NS-Diktatur nach 1945 – das soziale Ganze zur Veränderung ansteht. Im Vorwort zu seinem – zu Unrecht fast vergessenen – Buch *Die Stunde der Ingenieure* schrieb Kogon: „Das Buch ... soll dazu beitragen, der Technologischen Intelligenz voll zum Bewußtsein zu bringen, was ihre Aufgabe ist. (...) Gegen eine mechanistische und vorwiegend quantitative Betrachtung des Lebens (ist) eine bessere, nämlich durchwegs humane Rationalisierung zu bewirken. (...) Das setzt in der Technologischen Intelligenz einen neuen Denkstil in einem überfachlichen Problembewußtsein voraus ..., wenn vom Gesichtspunkt der Humanisierung als gesellschaftspolitischer Norm die sinnvollen Fragen gestellt werden."[55]

Eugen Kogons Schriften sind durch seine Lebensgeschichte beglaubigt Er verkörpert eine Kontinuität des Denkens, in dem sich die Erfahrung der nationalsozialistischen Herrschaft, die ihn in seinen Träumen immer wieder heimsuchte, und der geistige Kampf für einen humanen Sozialismus, dessen Zivilisationsstufe noch nirgends erreicht ist, verbinden. Kogon war seiner Zeit voraus. Er ist es bis heute geblieben.

54 Eugen Kogon: Die historische Funktion der Technik in der Sicht des Politologen. In: Eugen Kogon – ein politischer Publizist in Hessen. Hrsg. von Hubert Habicht. Frankfurt a.M. 1982. S. 428.

55 Eugen Kogon: Die Stunde der Ingenieure. Technologische Intelligenz und Politik. Düsseldorf 1976. S. VI f.

Abkehr vom Europagedanken des politischen Widerstands gegen Hitler

I.

Wenn man die Frage nach der Entwicklung des Europagedankens im politischen Widerstand stellt, dann muss man sich vergegenwärtigen, was der Kern des nationalsozialistischen Herrschaftssystems war. Grundlegend ist die Analyse von Ernst Fraenkel, dem sozialdemokratischen jüdischen Anwalt, der 1938 noch emigrieren konnte und dadurch dem Holocaust entrann. Er schrieb, gleichsam unter den Augen der Gestapo, das Buch „Der Doppelstaat“, das 1941 auf Englisch erschien.[1] Die Grundthese, die er empirisch anhand von Gerichtsentscheidungen, Gesetzen und Verordnungen des NS-Systems entwickelt, besteht darin, dass der nationalsozialistische Staat auf der einen Seite ein so genannter Normenstaat war, der die Verkehrsregeln des bürgerlichen Privatrechts für die deutschen Staatsbürger (nicht für die Juden) aufrecht erhielt. Das Zivilrecht – wie die Grundbuchordnung und andere Normen – galt weiter, um die kapitalistischen Produktions- und Austauschbedingungen zu sichern.[2] Aber der größte Teil der Rechtsordnung, der den politischen Bereich betrifft, der sich auf die Gesetzgebungskompetenz des Parlaments und das System der Grundrechte bezieht, wurde zur Disposition der Diktatur gestellt. Diese Regierungsform bezeichnet Fraenkel als Maßnahmenstaat, der persönliche und staatsbürgerliche Freiheiten zu den jeweiligen politischen Zwecken beseitigt. Die Kompetenz-Kompetenz liegt beim Maßnahmenstaat. Er hat die übergreifende Funktion, während der Normenstaat nachrangige Bedeutung hat. Auf den Prinzipien des Doppelstaats beruht das ganze System, sowohl in der Innenpolitik wie in der Außenpolitik. Opfer der Aufhebung der Rechtsgarantien werden die politisch Oppositionellen, die Juden, die Roma und Sinti, die psychisch Behinderten, deren Recht auf Leben, die wichtigste zivilisatorische Schutzposition, systematisch zerstört wurde.

Außenpolitisch wurde mit den Instrumentarien des Maßnahmenstaats das Völkerrecht, vor allem im Krieg gegen den Osten, umfassend beseitigt. Dagegen richtete sich die Position von Helmuth James Graf von Moltke, dem spiritus rector des Kreisauer Kreises, der als Jurist in der Abwehr bei Canaris arbeitete. Er verfasste eine Denkschrift über die Behandlung sowjetischer Kriegsgefange-

1 Ernst Fraenkel, Der Doppelstaat (1941), Frankfurt/M. 1974.

2 Franz Neumann, Behemoth. Struktur und Praxis des Nationalsozialismus (1942/44), Köln 1977, S. 307 ff., 344 ff., 415.

ner,[3] die Canaris übernahm und an Generalfeldmarschall Keitel, den Chef des Oberkommandos der Wehrmacht, schickte. In der Eingabe heißt es: „Das Genfer Kriegsgefangenenabkommen gilt zwischen Deutschland und der UdSSR nicht, daher gelten lediglich die Grundsätze des allgemeinen Völkerrechts über die Behandlung von Kriegsgefangenen. Diese haben sich … dahin gefestigt, dass Kriegsgefangenschaft weder Rache noch Strafe ist, sondern lediglich Sicherheitshaft, deren einziger Zweck es ist, die Kriegsgefangenen an der weiteren Teilnahme am Kampf zu hindern. Dieser Grundsatz hat sich im Zusammenhang mit den bei allen Heeren geltenden Anschauungen dahin entwickelt, dass es der militärischen Auffassung widerspricht, Wehrlose zu töten oder zu verletzen. … Die … beigefügten Anordnungen für die Behandlung sowjetischer Kriegsgefangener gehen von einer grundsätzlich anderen Auffassung aus."[4] Die Position von Canaris stieß bei Keitel auf entschiedene Ablehnung: „Die Bedenken entsprechen den soldatischen Auffassungen vom ritterlichen Krieg. Hier handelt es sich um die Vernichtung einer Weltanschauung. Deshalb billige ich diese Maßnahmen und decke sie."[5]

Das maßnahmenstaatliche Denken wurde in der Außenpolitik durch Carl Schmitt konzipiert, der, auch wenn sein Einfluss in den NS-Institutionen nach 1936 geringer wurde, maßgeblich die Überwindung des geltenden Völkerrechts betrieb, das die Beziehungen der Staaten auf das Prinzip der Gleichberechtigung gründete und den Machtinteressen des nationalsozialistischen Staates entgegenstand: Es gilt – übereinstimmend mit der Politik Hitlers – nicht mehr das Prinzip der Souveränität der Staaten, sondern es gilt das Prinzip des Großraums und der Großraum ist größer als das Territorium der jeweiligen Staaten.[6] Damit war noch vor dem Krieg die Souveränität anderer Staaten durch Nazi-Deutschland als der europäischen Hauptmacht in Frage gestellt. Diese Theorie diente dazu, die Niederreißung völkerrechtlicher Schranken zu Lasten unzähliger anderer Staaten zu legitimieren. Sie fungierte als Überbau für eine imperialistische Politik.

---

3 Freya von Moltke/Michael Balfour/Julian Frisky, Helmut James von Moltke 1907–1945, Stuttgart 1975, S. 169 f.

4 Fall 12. Das Urteil gegen das Oberkommando der Wehrmacht, Militärgerichtshof V der Vereinigten Staaten, (1948), Berlin 1961, S. 67.

5 Ebd.

6 Carl Schmitt, Der Reichsbegriff im Völkerrecht (1939), in: ders., Positionen und Begriffe im Kampf mit Weimar – Genf – Versailles (1940), Berlin 1994, S. 344 f.; Carl Schmitt, Die Raumrevolution, Das Reich, 29.9.1940.

II.

Gegen die diktatorische Aufhebung von Rechtsschranken richtete sich der Europagedanke des politischen Widerstandes. Schon in Äußerungen des Widerstandes vor dem Krieg findet sich die Verwerfung imperialistischer Machtpolitik. In der Erklärung der Deutschen Volksfront von 1936 heißt es: „Das Recht, das an Stelle der Gewalt das staatliche und private Leben Deutschlands beherrschen soll, wird auch maßgebend für die Gestaltung der Beziehungen unter den Völkern sein. Internationale wirtschaftliche Zusammenarbeit tritt an die Stelle der das gesamte Wirtschaftsleben zerstörenden Autarkie."[7] Das Gewicht dieser Erklärung beruht auf dem breiten Spektrum der Unterzeichner, das von Rudolf Breitscheid, dem Vorsitzenden der SPD-Fraktion im Reichstag, Paul Merker, dem Vertreter der KPD und Willy Brandt, dem Vertreter der SAP und Intellektuellen wie Emil Julius Gumbel, Klaus Mann und Ernst Bloch reicht. In dem letzten Brief des kommunistischen Leiters der Widerstandsgruppe in Berlin, Robert Uhrig, von 1944, findet sich ein Satz, der den Gedanken eines gewaltüberwindenden Friedens zwischen den Staaten zum Ausdruck bringt: „Mein letzter Gedanke gilt einer freien Menschheit."[8] Als ob Kant die Feder Uhrigs geführt hätte, spricht er nicht vom Ziel der proletarischen Revolution, sondern von jener freien Menschheit, die eine Chiffre für ein anderes Europa ist, das den mörderischen maßnahmenstaatlichen Nationalismus aufhebt. Entsprechend hatte Moltke in der Tradition des Völkerrechtsdenkens der Aufklärung 1941 in einer Denkschrift vier Prinzipien formuliert: „Das Ende der Machtpolitik, das Ende des Nationalismus, das Ende des Rassengedankens, das Ende der Gewalt des Staates über den Einzelnen." Positiv zielt dies auf eine „Verfassung des europäischen Gesamtstaates", auf „Schaffung europäischer politischer Koordinationsinstanzen", und auf die „Einführung eines gesamteuropäischen höchsten Gerichts."[9] Abschließend heißt es in einer Denkschrift Kreisauer Kreises von 1943, die den Rahmen der Privatwirtschaft überschreitet: „Die europäische Wirtschaft muß von den überkommenen nationalstaatlichen Beschränkungen befreit werden ... Der kommende Frieden kann nur dauerhaft sein, wenn die Wirtschaft den politischen Bedürfnissen gemäß richtig geordnet wird." Korrespondierend dazu soll sich

---

7 Aufruf an das deutsche Volk. Bildet die deutsche Volksfront für Frieden, Freiheit und Brot (1936), in: Peter Altmann u.a., Der antifaschistische Widerstand 1933–1945 in Bildern und Dokumenten, Frankfurt/M. 1975, S. 126.

8 Brief von Robert Uhrig an seine Frau vom 21. August 1944, in: An die Lebenden. Letzte Briefe deutscher Widerstandskämpfer, Leipzig o.J. (1959), S. 300.

9 Helmut James Graf von Moltke, Ausgangslage, Ziele und Aufgaben. Denkschrift vom 24.4.1941, in: Ger van Roon, Neuordnung im Widerstand. Der Kreisauer Kreis innerhalb der deutschen Widerstandsbewegung, Dokumentenanhang, München 1967, S. 510, 517.

eine „europäische Planwirtschaft", die sich auf der Basis der Vergesellschaftung der jeweiligen Schlüsselindustrien entwickelt, herausbilden.[10]

Auch andere Widerstandskämpfer entwickelten einen vergleichbaren Europagedanken. In einer Denkschrift des katholischen Widerstandskämpfers, des Paters Max Joseph Metzger von 1942 zur Nachkriegsordnung Europas steht ebenfalls die Gleichberechtigung der Staaten im Zentrum. In der Denkschrift heißt es: „Die Friedenspolitik nach außen anerkennt und achtet in vollstem Umfang die Lebensrechte fremder Völker und … verwirklicht freiwillig eine Abrüstung (bis auf eine Polizeitruppe zur Aufrechterhaltung der inneren Ordnung) zugunsten einer überstaatlichen Wehrmacht, die im Dienst eines unparteiischen Organs, Vereinigte Staaten von Europa, einen gerechten Frieden unter den Staaten zu schützen übernimmt."[11]

Im konservativen Spektrum des Widerstands wird mit Blick auf Europa eine traditionelle außenpolitische Position vertreten. Deutschland müsse die führende Macht Europas werden. Der Anspruch auf die Kolonien und auf die Grenzen von 1914 wird aufrechterhalten. Der Großmachtgedanke – nicht der Europagedanke – dominiert in dieser, mit den Namen von Carl Goerdeler, Johannes Popitz und Ulrich von Hassel verbundenen Gruppe. Die Kategorien des Großraumdenkens, das andere Staaten völkerrechtlich der Machtsphäre der Großmacht Deutschland unterwirft, finden durch Johannes Popitz, der mit Carl Schmitt eng verbunden war, Eingang in die konzeptionelle Planung.[12] Freilich vollziehen Vertreter des konservativen Widerstandes wie Goerdeler kurz vor dem 20. Juli 1944 eine Wendung. Die Hypostasierung des deutschen Machtstaates wird aufgegeben. In der geplanten Regierungserklärung des designierten Regierungschefs Goerdeler steht ein Satz, in dem die Abkehr vom Nationalismus zum Ausdruck kommt: „Eine … Zusammenarbeit (der Staaten) ist nur möglich, wenn sie auf ein festes System anerkannter Rechtsgrundsätze gestellt ist. … Wenn Völker, die unter den verschiedenen Bedingungen leben, sich an der größten Aufgabe, nämlich dem harmonischen Ausgleich aller Kräfte beteiligen wollen, ist die Beachtung bestimmter Spielregeln geboten." Am Ende heißt es: „… Zu einer … Zusammen-

10 Ebd., S. 552, 578, 518.

11 Max Joseph Metzger, in: Das Gewissen steht auf. Lebensbilder aus dem deutschen Widerstand 1933–1945, hrsg. v. Annedore Leber in Zusammenarbeit mit Willy Brandt und Karl Dietrich Bracher, Berlin 1954, S. 184.

12 Hermann Graml, Die außenpolitischen Vorstellungen des deutschen Widerstands, in: Widerstand im Dritten Reich, hrsg. v. Hermann Graml, Frankfurt/M. 1984, S. 92 ff., 110.

ordnung im Kleinen wie im Großen sind wir, die Selbständigkeit aller Staaten, so wie sie sich im Laufe der Geschichte entwickelt haben, anerkennend bereit."[13]

III.

Angesichts der Verbrechen des Nazi-Regimes wird eine der Gedankenwelt der Aufklärung verpflichtete Rechtsverständnis proklamiert. In der – auf dem Papier gebliebenen – Regierungserklärung der Verschwörer des 20. Juli heißt es: „Erste Aufgabe ist die Wiederherstellung der vollkommenen Majestät des Rechts."[14] Das hieß, dass das Recht nicht mehr dem Staat untergeordnet, sondern übergeordnet ist. Dieser Gedanke ist vor allem in den Denkschriften des Kreisauer Kreises systematisch entwickelt worden. Moltke schreibt 1943: „Im Zusammenhang mit dem Kriege sind zahlreiche Verletzungen des Rechts begangen worden. Sie sind nach Art, Ausmaß und Willensrichtung schwerwiegend und verabscheuenswert. Ihre Bestrafung ist zur Wiederaufrichtung der Herrschaft des Rechts und damit des Friedens in Deutschland und in der Völkergemeinschaft dringendes Gebot ... Es ist daher die Schaffung einer rückwirkenden deutschen Strafbestimmung nötig, welche im ordentlichen Rechtszuge den Rechtsschänder mit Freiheitsstrafe oder mit der Todesstrafe belegt."[15]

Die Position des Widerstands zur rechtsstaatlichen Ahndung von Staatsverbrechen findet im Kontrollratsgesetz Nr. 10 vom 20. Dezember 1945 der Alliierten ihre Entsprechung, insbesondere mit dem Tatbestand des Verbrechens gegen die Humanität, der den Staatsverbrechen die Deckung durch die despotischen Herrschaftsregeln entzieht und den Maßstäben des rechtsstaatlichen Straf- und Verfassungsrechts unterwirft. Die gleiche Festlegung findet sich in der geplanten Regierungserklärung des 20. Juli 1944. Dort heißt es: „Soweit etwa der Staat durch Gesetz Handlungen seiner eigenen Organe nachträglich für straffrei erklärt hat, die in Wahrheit strafwürdig sind, werden diese Befreiungsbestimmungen als mit der Natur des Rechts unvereinbar aufgehoben und die Verantwortlichen zur Rechenschaft gezogen werden."[16] Diese Position wurde nach 1945 durch die alliierte Justiz Rechtswirklichkeit. Im Nürnberger Juristenprozess der Vereinigten Staaten wurde der amtierende Justizminister Schlegelberger für

13 Vorbereitete Rundfunkansprache (Entwurf Goerdeler), in: 20. Juli 1944, bearbeitet von Hans Royce, neu bearbeitet und ergänzt von Erich Zimmermann und Ernst-Adolf Jacobsen, Bonn o.J. (1960), S. 165 f.

14 Entwurf einer Regierungserklärung, ebd., S. 167.

15 Helmut James Graf von Moltke, Deutsche Beteiligung an der Bestrafung für Schandtaten, 14.6./23.7./1943, in: Roon (Anm. 9), S. 553 f.

16 Regierungserklärung (Anm. 14), S. 167.

die Schaffung von Nazi-Normen wie die Verordnung gegen Polen und Juden von 1941 und dem Nacht- und Nebelerlass von 1942, die die Menschen zu schutzlosen Objekten staatlicher Willkür machten, zur Rechenschaft gezogen.[17]

Eine weitere Festlegung des Kreisauer Kreises geht später in die alliierte Gesetzgebung zur Ahndung der NS-Staatsverbrechen ein. Zur „Bestrafung der Rechtsschänder" heißt es in der juristischen Programmatik der Kreisauer: „Bei einer auf Befehl begangenen Rechtsschändung ist der Befehl kein Strafausschließungsgrund, es sei denn, dass es sich um eine unmittelbare Bedrohung von Leib und Leben des Täters handelt oder ein sonstiger Zwang vorliegt. ... Insbesondere ist der Befehl kein Strafausschließungsgrund, wenn der Täter durch sein Verhalten vor, bei oder nach der Tat erwiesen hat, dass er den Befehl billigt."[18] Entsprechend wird im Kontrollratsgesetz Nr. 10 die Mitwirkungsbereitschaft zum Kriterium der strafrechtlichen Verantwortung für die Begehung staatlicher Verbrechen: „Die Tatsache, dass jemand unter dem Befehl seiner Regierung oder seines Vorgesetzten gehandelt hat, befreit ihn nicht von der Verantwortlichkeit für ein Verbrechen; sie kann aber als strafmildernd berücksichtigt werden" (Art. II 4b). In einer anderen Bestimmung heißt es: „Eines Verbrechens ... für schuldig erachtet (wird), wer ... durch seine Zustimmung daran teilgenommen hat" (Art. II 2).

Diese rechtsstaatliche Qualifizierung von NS-Tätern wurde in der Rechtsprechung der Bundesrepublik ganz überwiegend negiert. Aus Tätern wurden in einem systematischen Umdeutungsprozess Gehilfen, die vom nationalsozialistischen Motivationszusammenhang abgetrennt wurden und vorgeblich keinen eigenes Interesse am Taterfolg hatten[19] – wie der Adjutant des Konzentrationslagers Auschwitz, wie Leiter mobiler Tötungskommandos wie für die Anstaltsmorde verantwortliche Ärzte. Von den mobilen Tötungskommandos, die im Osten die Juden ermordeten, wurden lediglich 10% als Täter qualifiziert, aber 90% als bloße Gehilfen eingestuft. Die Teilexkulpation von NS-Tätern durch ihre Zurückstufung zu Gehilfen steht in direktem Gegensatz zu rechtsstaatlichen Positionen des politischen Widerstands, der die Aushöhlung des Rechts auf Leben durch die Minimierung der Verantwortung für die nationalsozialistischen Verbrechen ausschließen wollte.

Für den Kreisauer Kreis war die Überwindung des Nationalsozialismus – wie für die amerikanische Regierungsplanung, die darauf zielte, 220.000 NS-

---

17 Joachim Perels, Der Nürnberger Juristenprozess im Kontext der Nachkriegsgeschichte, in: ders., Das juristische Erbe des „Dritten Reiches", Frankfurt/M. 1999, S. 57 ff.

18 Bestrafung für Schandtaten (Anm. 15), S. 554.

19 Hierzu umfassend Kerstin Freudiger, Die juristische Aufarbeitung von NS-Verbrechen, Tübingen 2002, S. 143–270, auch zu Folgenden.

Funktionsträger auszuschalten[20] –, mit personellen Konsequenzen verbunden. Theodor Steltzer, Mitglied des Kreisauer Kreises, formulierte sie 1944 so: „An eine künftige deutsche Regierung müssen das deutsche Volk und das Ausland folgende Forderung stellen: Ihre Vertreter dürfen nicht durch den Hitlerismus kompromittiert sein, sondern müssen nachweislich in Gegnerschaft zu ihm gestanden haben."[21] Wenn man sich jedoch die durch das Ausführungsgesetz zu Art. 131 des Grundgesetzes 1951 erfolgte Inkorporation der Beamtenschaft der Diktatur in den demokratischen Rechtsstaat vor Augen führt, kann von einem personellen Bruch mit dem Hitler-Regime im Staatsapparat der Bundesrepublik nicht gesprochen werden.[22] Die Folgen für die Suspendierung und Begrenzung der demokratischen Rechtsordnung in der frühen Bundesrepublik waren insbesondere im Blick auf die Verfolgung der NS-Verbrechen erheblich. Dies galt für große von der Strafverfolgung ausgeschlossene Komplexe der nationalsozialistischen Staatskriminalität wie der Justizverbrechen, der Kriegsverbrechen und der justiziellen Verfolgung der Juden.[23] In einem Interview in der „Zeit" hat Helmut Schmidt diese Tendenz zur Exkulpation von bestimmtem NS-Verbrechern deutlicher als jeder andere führende Politiker angesprochen: „Tatsächlich sind wir Deutschen unter Adenauer und später unter Erhard und Kiesinger, auch noch unter Brandt mit den schlimmen Nazis ein bisschen zu menschenfreundlich umgegangen." Und Schmidt setzt im Blick auf die Zusammensetzung des Exekutivapparats, der vielfach NS-Verbrecher aktiv schützte, hinzu: „Unter Adenauer strotzte das ganze Bundeskanzleramt von Nazis."[24]

Die Abwehrmechanismen, die sich im Umgang mit den nationalsozialistischen Verbrechen mit Gründung der Bundesrepublik ausbilden, entsprechen der Stimmung der Mehrheit der deutschen Bevölkerung. Schon gleich nach Kriegsende bildet sich diese Tendenz heraus. Eugen Kogon gibt im Schlusskapitel seines „SS-Staats" entsprechende Beobachtungen wieder. Sie fanden in zeitgenössischen Umfragen, denen zufolge weit über die Hälfte der Befragten dem Satz zustimmten „Der Nationalsozialismus war eine gute Idee, die aber schlecht ausgeführt wurde" ihre Entsprechung.[25] Kogon schreibt: „Wo immer man in Deutschland heute, sei es in der Straßenbahn oder im Eisenbahnabteil oder im

20 Zur Archäologie der Demokratie. Analysen politischer Emigranten im amerikanischen Geheimdienst. 1943–1945, Band 1, hrsg. v. Alfons Söllner, Frankfurt/M. 1982, S. 154 ff.

21 Roon (Anm. 9), S. 593.

22 Joachim Perels, Die Übernahme der Beamtenschaft des Hitler-Regimes, in: ders., Entsorgung der NS-Herrschaft?, Hannover 2004, S. 137 ff.

23 Joachim Perels, Einleitung, in: Entsorgung der NS-Herrschaft? (Anm. 22), S. 18 f.

24 Die Zeit vom 30.8.2007.

25 Public opinion in occupied Germany, hrsgg. v. Anna J. Merrit/Richard L. Merrit, Urbana 1970, S. 295.

Warteraum des Zahnarztes oder sonst wo von Kriegsgefangenen hört, denen es im Sommer 1945 in einzelnen Lagern teilweise schlecht ging, so dass die Sorge weit verbreitet war, es könnte durchwegs und überall und dauernd ähnlich sein, da spricht das Herz in den Worten mit – empört oder mitleidsvoll. Berichte aus den Konzentrationslagern erwecken in der Regel höchstens Staunen oder ungläubiges Kopfschütteln; sie werden kaum zu einer Sache des Verstandes, geschweige denn zu einem Gegenstand aufwühlenden Empfindens … In Weimar haben NSV-Schwestern Buchenwälder KZ-Gefangenen, die nach einem Luftangriff im Februar 1945 Verschüttete ausgruben und Aufräumungsarbeiten leisten, selbst einen Schluck Wasser verweigert."[26]

Kogon resümiert: „Wie hat das deutsche Volk auf das Unrecht reagiert? Als Volk überhaupt nicht."[27]

IV.

Unübersehbar ist, daß sich nach 1945 auch eine starke politische Tendenz zur Überwindung der gesellschaftlichen Grundlagen der NS-Herrschaft formiert. Sie schlägt sich in den Länderverfassungen nieder. Den schärfsten Bruch mit dem Hitler-Regime markiert die hessische Verfassung vom 1. April 1946. Die Verfassung negiert durch die explizite Inkorporation des Völkerrechts die maßnahmenstaatliche Unterjochung anderer Länder. So heißt es: „Die Regeln des Völkerrechts sind bindende Bestandteile des Landesrechts, ohne dass es ihrer ausdrücklichen Umformung in Landesrecht bedarf. Kein Gesetz ist gültig, das mit solchen Regeln oder mit einem Staatsvertrag im Widerspruch steht" (Art. 67). Damit ist auch der Briand-Kellogg-Pakt von 1929, der den Angriffskrieg verbot, unmittelbarer Bestandteil des hessischen Landesrechts.

Als Antwort auf das privatwirtschaftliche System der NS-Diktatur konstituiert die hessische Verfassung ein anderes Wirtschaftssystem, das den Kapitalismus und den Großgrundbesitz in ein gemeinwirtschaftliches System transformiert. In weitgehender Übereinstimmung mit den – die privatwirtschaftliche Ordnung negierenden – Wirtschaftsgrundsätzen des Kreisauer Kreises trifft die Verfassung diese Festlegungen: „Die Sozial- und Wirtschaftsordnung beruht auf der Anerkennung der Würde und der Persönlichkeit des Menschen" (Art. 27). „Jeder Missbrauch der wirtschaftlichen Freiheit, insbesondere zur monopolistischen Machtzusammenballung und zur politischen Macht ist untersagt. Vermögen, das die Gefahr solcher Missstände wirtschaftlicher Freiheit in sich birgt, ist auf

---

26 Eugen Kogon, Der SS-Staat, München 1946, S. 330 f.

27 Ebd., S. 336.

Grund gesetzlicher Bestimmung in Gemeineigentum zu überführen … Bei festgestelltem Missbrauch wirtschaftlicher Macht ist in der Regel die Entschädigung zu versagen.“ (Art. 39)

Die Verfassung geht aber noch über diese Schrankenziehung für wirtschaftliche Macht hinaus. Durch Verfassungsakt werden Teile der kapitalistisch strukturierten Industrie sozialisiert: „Mit Inkrafttreten dieser Verfassung werden in Gemeineigentum überführt: der Bergbau, … die Betriebe der Eisen- und Stahlerzeugung, die Betriebe der Energiewirtschaft und das an Schienen oder Oberleitungen gebundene Verkehrswesen, vom Staat beaufsichtigt oder verwaltet (werden) die Großbanken und Versicherungsunternehmen“ (Art. 41). Die Landwirtschaft unterliegt einem parallelen Struktureingriff: „Nach Maßgabe besonderer Gesetze ist der Großgrundbesitz, der nach geschichtlicher Erfahrung die Gefahr politischen Missbrauchs oder die Begünstigung militaristischer Bestrebungen in sich birgt, im Rahmen einer Bodenreform einzuziehen“ (Art. 42).

Die Überwindung der Wirtschaftsordnung des Nationalsozialismus findet 1946/47 ihre Entsprechung in der gesamten Verfassungsgebung Europas. Die Nachkriegsverfassungen Frankreichs und Italiens sind auf die Herstellung eines Systems sozialer Würde, das die Teilnahme aller am wirtschaftlichen Prozess beinhaltet, gerichtet.[28]

Die Linie der Wiederbelebung des Völkerrechts und der Umgestaltung der bürgerlichen Wirtschaftsordnung findet auch – zum Teil modifiziert – im Grundgesetz ihren Niederschlag. So heißt es in direkter Abkehr von der imperialistischen Großraumdoktrin des NS-Systems, die die territoriale Integrität der Staaten außer Kraft setzte: „Die allgemeinen Regeln des Völkerrechts sind Bestandteil des Bundesrechts. Sie gehen den Gesetzen vor und erzeugen Rechte und Pflichten unmittelbar für die Bewohner des Bundesgebietes“ (Art. 25 GG). Dem entspricht die Inkraftsetzung des Verbots des Angriffskrieges, das von der NS-Regierung mit Füßen getreten wurde: „Handlungen, die geeignet sind und in der Absicht vorgenommen werden, das friedliche Zusammenleben der Völker zu stören, insbesondere die Führung eines Angriffskrieges vorzubereiten, sind verfassungswidrig. Sie sind unter Strafe zu stellen“ (Art. 26 GG).

Das Grundgesetz konstituiert, anders als die hessische Verfassung, keine gemeinwirtschaftliche Wirtschaftsordnung, aber es ermöglicht die Schaffung einer gemeinwirtschaftlichen Ordnung durch einfaches Parlamentsgesetz. So heißt es in dem – heute fast aus dem Bewusstsein getilgten – Art. 15 GG: „Grund und

---

28 Joachim Perels, Die historischen Wurzeln der europäischen Einigung und die gegenwärtige Konstituierung der Verfassung, in: Konstitutionalisierung und Governance in der EU – Perspektiven einer europäischen Verfassung, München 2006, S. 33 ff., hrsg. v. Christiane Lemke/Jutta Joachim/Ines Katenhusen, Münster 2006, S. 33 ff.

Boden, Naturschätze und Produktionsmittel können zum Zwecke der Vergesellschaftung durch ein Gesetz, das Art und Ausmaß der Entschädigung regelt, in Gemeineigentum oder in andere Formen der Gemeinwirtschaft überführt werden." Art. 14 Abs. 1 GG garantiert das Eigentum. Sein Inhalt wird aber durch den demokratischen Gesetzgeber und nicht durch den privaten Eigentümer bestimmt. Das Eigentum soll, im Gegensatz zum share-holder-Kapitalismus, zugleich dem Wohl der Allgemeinheit dienen (Art. 14 Abs. 2 GG). Wichtiger ist schließlich die Bestimmung, dass die Entschädigung nicht in Form einer Vollentschädigung zu erfolgen hat, sondern es kann abgewogen werden zwischen den Interessen der Allgemeinheit und demjenigen, dem das Eigentum entzogen wird (Art. 14 Abs. 3 GG). Damit ist ein breites Spektrum von Möglichkeiten für die Veränderung der privatwirtschaftlichen Ordnung – von der vollständigen Entschädigung bis zur stark reduzierten Entschädigung – gegeben. Dies wurde auch in der frühen Staatrechtslehre der Bundesrepublik so gesehen.[29]

Einen diese Regelungen umspannenden Artikel muss man noch hinzunehmen. Das Grundgesetz hat in Art. 20 Abs. 1 in Verbindung mit Art. 28 den Rechtsgrundsatz des sozialen und demokratischen Rechtsstaates normiert, der auf eine bestimmte, insbesondere mit dem Denken von Hermann Heller verbundene Tradition zurückgreift, die darauf zielt, in der Wirtschaftsordnung gesellschaftliche Gleichheit durch Teilhabeformen der abhängig Beschäftigten in Form einer „Vergesetzlichung der Wirtschaft" zu schaffen.[30] Diese Norm genießt absoluten Bestandsschutz auch gegenüber dem verfassungsändernden Gesetzgeber. Das heißt, die Möglichkeit der Konstituierung einer demokratisch legitimierten Wirtschaftsordnung darf verfassungsrechtlich ebenso wenig angetastet werden wie die Würde des Menschen (Art. 79 Abs. 3 GG). In diesen beiden Bestimmungen wird die Abkehr von der NS-Herrschaft verfassungsrechtlich besonders deutlich.

In der Bundesrepublik sind vor allem im Bereich der Ahndung der nationalsozialistischen Verbrechen und der demokratischen Kontrolle der Wirtschaft die Positionen von 1945/46 zurückgedrängt worden.

In der für alle westeuropäischen Staaten geltenden Menschenrechtskonvention (ERMK) von 1950 wird die Ahndung von Staatsverbrechen, die durch juristische Instrumente, Gesetze und Verordnungen begangen wurden, normativ ausdrück-

---

29 Hans Peter Ipsen, Enteignung und Sozialisierung (1951), in: ders., Über das Grundgesetz, Tübingen 1988, S. 100 ff.; Wolfgang Abendroth, Zum Begriff des demokratischen und sozialen Rechtsstaats im Grundgesetz der Bundesrepublik Deutschland (1954), in: ders., Antagonistische Gesellschaft und politische Demokratie, Neuwied 1972, S. 109 ff.; Alexander v. Brünneck, Die Eigentumsgarantie des Grundgesetzes, Baden-Baden 1984, S. 96 ff., zur Ausweitung der Eigentumsgarantie, ebd., S. 293 ff.

30 Hermann Heller, Rechtsstaat oder Diktatur (1929), in: ders., Gesammelte Schriften, Band 2, hrsg. v. Christoph Müller, Tübingen 1992, S. 443 ff.

lich ermöglicht. So wird in der ERMK der Artikel, der den Grundsatz enthält „Keine Strafe ohne Gesetz", für Terrornormen der Diktatur, für das System „bürokratisierter Rechtlosigkeit" (Fraenkel), völkerrechtlich außer Kraft gesetzt. Ausdrücklich heißt es: „Dieser Artikel schließt nicht aus, dass jemand wegen einer Handlung oder Unterlassung verurteilt oder bestraft wird, die zur Zeit ihrer Begehung nach den von den zivilisierten Völkern anerkannten allgemeinen Rechtsgrundsätze strafbar war" (Art. 7 Abs. 2 ERMK). Dies entspricht der schon erwähnten Formulierung von Moltke, dass gegenüber staatlichen Rechtsschändungen das rechtsstaatliche Strafrecht eingesetzt werden muss, um die Rechtsordnung wiederherzustellen. Auch die Vollversammlung der Vereinten Nationen machte sich am 11. Dezember 1946 diesen Rechtsgedanken zu Eigen.[31] Im Kontrollratsgesetz Nr. 10 vom 20. Dezember 1945 war dieser zivilisatorische, despotische Normen außer Kraft setzende Rechtsgrundsatz so formuliert worden: „Verfolgungen aus politischen, rassischen oder religiösen Gründen (sind strafbar) … ohne Rücksicht darauf, ob sie das nationale Recht, in welchem die Handlungen begangen worden sind, verletzen" (Art. II 1c).

V.

Die Geltung des europäischen Völkerrechts in der Rechtsordnung der Bundesrepublik wurde 1952 von der Regierung Adenauer in einer zentralen Frage unterbunden. Die Transformierung des bereits erwähnten Art. 7 Abs. 2 der Europäischen Menschenrechtskonvention in die Rechtsordnung der Bonner Republik wurde abgelehnt.[32] Die Begründung lautete in Übereinstimmung mit den Verteidigern der Hauptkriegsverbrecher,[33] dass in der Europäischen Menschenrechtskonvention das Rückwirkungsverbot – Keine Strafe ohne Gesetz – verletzt werde. Damit aber wurde den nationalsozialistischen Diskriminierungs- und Ausrottungsnormen Gültigkeit zuerkannt, die rechtsstaatliche Kategorie „gesetzlichen Unrechts"[34] negiert und die Bindung des Staates an die Freiheitsrechte,

---

31 Joachim Perels, Probleme der Ahndung völkerrechtswidriger Staatsverbrechen im 20. Jahrhundert, in: Kriegsverbrechen im 20. Jahrhundert, hrsg. v. Wolfram Wette/Gerd. R. Überschär, Darmstadt 2001, S. 21.

32 Bekanntgabe über das Inkrafttreten der Konvention zum Schutz der Menschenrechte und Grundfreiheiten, BGBl. II, 1954, S. 14.1 Ziff. 1.

33 Der Prozess gegen die Hauptkriegsverbrecher vor dem internationalen Strafgerichtshof, Band I, Nürnberg 1947, S. 186 ff.

34 Gustav Radbruch, Gesetzliches Unrecht und übergesetzliches Recht (1946), in: ders., Der Mensch im Recht, Göttingen 1961, S. 111 ff.

wie sie das Grundgesetz normiert, für die rechtliche Bewertung der Gewaltpraxis des Hitler-Regimes unterbunden.

Diese Position der Bundesregierung wird in der höchstrichterlichen Rechtsprechung zum politischen Widerstand gegen das Dritte Reich wirksam. 1956 spricht der Bundesgerichtshof in einer rechtskräftigen Entscheidung den Vorsitzenden SS-Richter Dr. Thorbeck frei.[35] Er hatte im KZ Flossenbürg am 8./9. April 1945 in einem so genannten Standgerichtsverfahren, in dem der Kommandant des Konzentrationslagers als Beisitzer fungierte, die Widerstandskämpfer Pfarrer Bonhoeffer, Admiral Canaris, General Oster und andere, die das System der Schändung des Rechts zu stürzen suchten, wegen Hoch- und Kriegsverrat zum Tode verurteilt. Das Urteil wurde mit den Worten gerechtfertigt, dass man auch dem nationalsozialistischen Staat „das Recht auf Selbstbehauptung" zubilligen müsse.[36] Der Bundesgerichtshof inthronisierte die Gewaltomnipotenz des despotischen Staates, gegen dessen Prinzipien sich das Grundgesetz mit der Bindung der öffentlichen Gewalt an die Grundrechte (Art. 1 Abs. 3 GG) konstituierte. Rechtsschändung wurde zu Recht travestiert. Erst 1998 – über 40 Jahre später – hob der Deutsche Bundestag die Unrechtsurteile des Nationalsozialismus per Gesetz auf.

Parallel zur Rechtfertigung der juristischen Gewaltformen der NS-Diktatur wurde die von der Privatwirtschaft im Dritten Reich durch die Einführung des Führerprinzips im Betrieb praktizierte Unterdrückung sanktionsfrei gestellt. Schon 1945 war Carl Schmitt, der führende Jurist des Dritten Reiches in einem Gutachten einer Haftung der Industrie für Verbrechen mit der Behauptung entgegengetreten, die Wirtschaft habe im Unterschied zur nationalsozialistischen Führung lediglich unpolitische Funktionen ausgeübt, aus der sich keine rechtliche Verantwortung ergeben könne.[37] In der Rechtsprechung des Bundesgerichtshofs von 1964 zur Frage der Entschädigung von Zwangsarbeitern, die in der privaten Industrie des Dritten Reiches ausgebeutet wurden, wird in Übereinstimmung mit Carl Schmitt die Abtrennung der Wirtschaft vom nationalsozialistischen Herrschaftszusammenhang festgeschrieben. Das Subjekt des Zwangsarbeiterverhältnisses sei nicht die Industrie, die doch die Zwangsarbeiter immer wieder angefordert hatte,[38] sondern das Deutsche Reich, das aber erst im Falle

---

35 Joachim Perels, Die schrittweise Rechtfertigung der NS-Justiz, in: ders., Das juristische Erbe des „Dritten Reiches" (Anm. 17), S. 181 ff.

36 BGH, in: Justiz und NS-Verbrechen, Band VIII, hrsg. von Christiaan Fredrik Rüter, Amsterdam 1975, S. 352.

37 Carl Schmitt, Das internationale Verbrechen des Angriffskrieges und der Grundsatz „nullum crimen, nulla poena sine lege" (1945), hrsg. v. Helmut Quaritsch, Berlin 1994, S. 48, 49, 74.

38 Ulrich Herbert, Fremdarbeiter. Politik und Praxis des „Ausländer-Einsatzes" in der Kriegswirtschaft des Dritten Reiches, Berlin 1985.

eines Friedensvertrages als Anspruchsgegner in Frage komme.[39] Mit dieser Auflösung der tatsächlichen Verantwortlichkeit wurde die legitimatorische Sicht der Industrie übernommen. Die Herrschaft der Privatwirtschaft über die Zwangsarbeiter blieb rechtlich folgenlos. Erst durch die Regierung Schröder wurde die Entschädigung von Zwangsarbeitern außerhalb eines Gerichtsverfahrens geregelt – über 50 Jahre nach der Beendigung des Zweiten Weltkriegs, als schon viele ehemalige Zwangsarbeiter nicht mehr lebten

VI.

In der europäischen Rechtsentwicklung wirkt die Gedankenwelt des Widerstandes nach und wird negiert.

In der Europäischen Verfassung, die durch die Beschlüsse der Regierungschefs in Lissabon in nur formal veränderter Weise im Jahre 2007 auf den Weg der Ratifizierung gebracht worden ist, wird die in der Bundesrepublik vorherrschende Restriktion der Aufarbeitung von NS-Staatsverbrechen überwunden und gleichzeitig die Konzeption eines sozialen Europa den Maximen des Neoliberalismus geopfert.

Für die Ahndung von Staatsverbrechen, einem Korrelat zur Herrschaft des Rechts, ist die in ihrer Tragweite kaum erkannte Regelung des Art. II Abs. 2 von fundamentaler Bedeutung. Die Bestimmung, dass das Rückwirkungsverbot nicht ausschließt, dass „eine Person wegen einer Handlung oder Unterlassung verurteilt oder bestraft wird, die zur Zeit ihrer Begehung nach allgemeinen, von der Gesamtheit der Nationen anerkannten Grundsätzen strafbar war" (Art. II-49 Abs. 2), nimmt den in der Nachkriegsperiode entwickelten Gedanken auf, dass auch juristische Terrorakte der Staatsgewalt der umfassenden Sanktion unterliegen. Diese Rechtsposition, die, wie schon erwähnt, als so genannte „Nürnberg-Klausel" Eingang in die Europäische Menschenrechtskonvention von 1950 fand, wird uneingeschränkt europäisches Verfassungsrecht, das nun auch die Bundesrepublik explizit bindet. Damit ist die Aushöhlung der in Art. 25 des Grundgesetzes festgelegten Inkorporation des Völkerrechts in die Rechtsordnung der Bundesrepublik nach über 50 Jahren beendet.

Der soziale Bereich, für den eine ganze Reihe wichtiger Schutzgarantien für die in abhängigen Beschäftigungsverhältnissen Tätigen festgelegt worden sind (Art. II-27–II-34), wird ausschließlich als privatwirtschaftliche Ordnung verfasst. Sie bildet den nicht einmal durch Staatszielbestimmungen begrenzten Inhalt der

39 Benjamin B. Ferencz, Lohn des Grauens. Die verweigerte Entschädigung für jüdische Zwangsarbeiter, Frankfurt/M. 1981, S. 43 ff., 59, 105.

genuin bürgerlichen Verfassung. In der Präambel der Charta der Grundrechte werden als Verfassungsprinzipien Rechtsstaatlichkeit und Demokratie genannt, während der Gedanke des sozialen Rechtsstaats, der im Grundgesetz als nicht veränderbare Leitnorm verankert ist, als Bezugspunkt fehlt. Die Nicht-Rezeption dieser Verfassungstradition, die mit der europäischen Arbeiterbewegung und ihrem sozialphilosophischen Denken verbunden ist und die auch in westdeutschen Landesverfassungen ihren Niederschlag als Eingriffsermächtigung im Blick auf die private Wirtschaftsordnung gefunden hat,[40] ist äußerst folgenreich: Die unternehmerische Freiheit wird nach dem Gemeinschaftsrecht und den einzelstaatlichen Rechtsvorschriften und Gepflogenheiten ausdrücklich als Grundrecht anerkannt (Art. II-16). Mit dieser Vorschrift wird die Gedankenwelt des sozialen Rechtsstaats negiert und die private Wirtschaftsordnung zum verfassungsrechtlich alternativlosen Gesellschaftssystem hypostasiert.

Dies birgt Gefahren für die auf neue demokratische und rechtsstaatliche Grundlagen gestellten politischen Prozesse in Europa. Jürgen Habermas hat die Möglichkeit der Aushöhlung demokratischer Strukturen als Folge der ungebremsten Marktdynamik exemplarisch diagnostiziert: „Die Steuern auf Spitzeneinkommen, Kapital und Gewerbe sind in den OECD-Gesellschaften so weit gesunken, dass sich der aus Gewinnsteuern erzielte Anteil am gesamten Steueraufkommen seit Ende der achtziger Jahre drastisch verringert hat und zwar zu Ungunsten des Anteils an Verbrauchssteuern und aus Einkommensteuern der Normalverdiener.“[41] Anders als im Grundgesetz, das die Garantie des Eigentums nicht zur Unternehmerfreiheit überhöht, sondern die inhaltliche Ausgestaltung des Eigentums in die Hand des demokratischen Gesetzgebers legt (Art. 14 Abs. 1 S. 2 GG), findet der rechtlich vermittelte politische Prozess in Europa seine Schranke an den Sonderinteressen der privaten Ökonomie. Kurz: „Der weitgehende Verzicht auf die politische Gestaltung der sozialen Verhältnisse und die Bereitschaft, normative Gesichtspunkte zugunsten der Anpassung an vermeintlich unausweichliche systemische Imperative des Weltmarktes einzuziehen, beherrschen die öffentliche Arena der westlichen Welt.“[42]

Angesichts des Zurückbleibens der Sozialunion gegenüber der politischen Union hat der Blick auf die Gedankenwelt des Widerstands gegen Hitler und die kapitalismuskritische Verfassungsentwicklung der unmittelbaren Nachkriegszeit nach wie vor aktuelle Bedeutung.[43]

---

40 Wolfgang Abendroth, Das Grundgesetz, Pfullingen 1966, S. 19 ff.

41 Jürgen Habermas, Die postnationale Konstellation und die Zukunft der Demokratie, in: ders., Die postnationale Konstellation. Politische Essays, Frankfurt/M. 1998, S. 106.

42 Ebd., S. 22.

43 Perels, Die historischen Wurzeln (Anm. 28).

Der heutige Protestantismus und das weltkritische Erbe der Bekennenden Kirche

I.

Das Darmstädter Wort des Bruderrats der Evangelischen Kirche in Deutschland von 1947, das von maßgeblichen Exponenten der Bekennenden Kirche, vor allem von Martin Niemöller, Karl Barth und Hans Joachim Iwand formuliert wurde, benennt die Irrwege des Protestantismus im Blick auf dessen Einordnung in die NS-Diktatur und seiner Blindheit gegenüber der vom Nationalsozialismus bekämpften Arbeiterbewegung.[1]

Bei ihren Abgrenzungen gegenüber dem Allmachtsanspruch des nationalsozialistischen Staates – von der Barmer Theologischen Erklärung von 1934, die die Autonomie von Schrift und Bekenntnis ins Zentrum rückte, bis zur Denkschrift von 1936, die die Staatsdoktrin des Antisemitismus verwarf und das System der Konzentrationslager als rechtstaatswidrig anprangerte[2] – wurde die Verfolgung der Arbeiterbewegung und die Bekämpfung ihrer politischen Ziele durch das Hitler-Regime für die Bekennende Kirche niemals zum Thema. Als mit der Reichtagsbrandverordnung vom 28. Februar 1933 die Funktionäre der Arbeiterparteien und der Gewerkschaften zum Freiwild der nationalsozialistischen Exekutivbehörden wurden und mit den Bücherverbrennungen vom 10. Mai 1933 die Schriften von Marx und Kautsky, die die Emanzipation der Arbeiterschaft aus fremdbestimmten Verhältnissen zum Gegenstand hatten, den Flammen übergeben wurden, gibt es darauf in der evangelischen Kirche einschließlich der späteren Protagonisten der Bekennenden Kirche wie Martin Niemöller und Hanns Lilje, die sich politisch auf die Seite des neuen Regimes schlagen, keinerlei Kritik.[3] Dies hängt damit zusammen, dass die Glieder der

---

1 Hartmut Ludwig, Die Entstehung des Darmstädter Wortes. Beiheft zu Heft 8/9 1977 der Jungen Kirche.

2 Barmer theologische Erklärung, in: Kirchliches Jahrbuch 1933–1944, hrsg. v. Joachim Beckmann, Gütersloh 1948, S. 63 ff., Erklärung der Vorläufigen Leitung an den Führer und Reichskanzler, ebd., S.130 ff.

3 Karl Dietrich Bracher, Wolfgang Sauer, Gerhard Schulz, Die nationalsozialistische Machtergreifung, 2. Aufl., Köln 1962, S. 82 ff., S. 175 ff., „Wider den undeutschen Geist". Die Kundgebung Berliner Studenten zur Bücherverbrennung. in: Die Zerstörung der deutschen Politik. Dokumente 1871–1933, hrsg. v. Harry Pross, Frankfurt/M 1959, S. 101 f., Joachim Perels, Die Zerschlagung der Gewerkschaften 1933. Schutz des Kapitalismus durch Beseitigung der Koalitionsfreiheit, in: ders., Befreiung aus gesellschaftlicher Unmündigkeit. Beiträge zur Geschichte und Theorie der Arbeiterbewegung, Frankfurt/M 2011, S. 25 ff., M. Niemöller, Predigt am

Bekennenden Kirche – man denke an Präses Koch oder Bischof Wurm, die Fraktionsführer der Deutsch Nationalen im Preußischen und im Württembergischen Landtag waren – zum oftmals deutschnational geprägten Bürgertum gehörten, deren Partei mit Hitler zunächst koalierte. Zwar traten Vertreter der Deutschnationalen – wie Carl Goerdeler – gegenüber Rechtsverletzungen des Regimes oftmals entschieden auf,[4] aber die Arbeiterbewegung lag außerhalb ihres Horizonts, auch außerhalb des Horizontes der Bekennenden Kirche insgesamt. So lösten auch die massenhaften Prozesse gegen Vertreter der illegalen Arbeiterbewegung in den 30er Jahren, die sich dagegen formierte, dass die Diktatur durch die Zerschlagung der Gewerkschaften sich in den Dienst des Großkapitals gestellt hat,[5] keinerlei Protest aus. Als Martin Niemöller in einem Gespräch gefragt wurde, woran es gelegen hatte, dass die Bekennende Kirche für die Leiden der Sozialdemokraten und Kommunisten, kein Ohr hatte, antwortete er: „Es lag [...] im wesentlichen daran, dass die Kirche und die Kirchen beschränkt blieben auf das, was wir heute die bürgerliche Gesellschaft nennen. Kommunisten und Sozialdemokraten, die im Dritten Reich zu leiden hatten, waren ja Menschen, die im normalen Alltagsleben des Bürgers überhaupt nicht vorkamen und infolgedessen auch nicht vermisst wurden, wenn sie eingesperrt wurden."[6]

II.

Hans Joachim Iwand hatte während der NS-Herrschaft das theologische Selbstverständnis der Bekennenden Kirche vielfach bestimmt. Er hatte auch eine Interpretation der Theologie Luthers erarbeitet, um Martin Niemöller im KZ dazu zu bringen, nicht den von ihm ins Auge gefassten und die protestantisch Opposition schwächenden Weg eines Wechsels zur katholischen Kirche zu gehen. Als Iwand Pfarrer in Dortmund wird, nimmt er – im Unterschied zur bisherigen Handlungsweise der Bekennenden Kirche – Kontakt zu einer illegalen Gruppe

5. März 1933 in Berlin-Dahlem, St. Annenkirche, in: ders., Dahlemer Predigten. Kritische Ausgabe, hrsg. v. Michael Heymel, Gütersloh 2011, S. 103 ff., Hanns Lilje, Christus im deutschen Schicksal, Berlin 1933, S. 3.

4 Gerhard Ritter, Carl Goerdeler und die deutsche Widerstandsbewegung, Stuttgart 1954, S. 61 ff.

5 Ralph Angermund, Deutsche Richterschaft 1919–1945, Frankfurt/M 1919, S. 133 ff., Wolfgang Abendroth, Historische Funktion und Umfang des Widerstands der Arbeiterbewegung gegen das Dritte Reich, in: Die Aktualität der Arbeiterbewegung, hrsg. v. Joachim Perels, Frankfurt/M 1985, S. 103 ff., Wolfgang Abendroth, Aufstieg und Krise der deutschen Sozialdemokratie, vierte Auflage, Anhang, Das Prager Manifest von 1934, Köln 1978, S. 128 ff.

6 Junge Christen befragen die Kirchen. Zwei Gespräche. Kirchenpräsident D. Martin Niemöller befragt von Joachim Perels, Weihbischof Walter Kampe befragt von Hermann Precht, München 1968, S. 10.

der Arbeiterbewegung auf, zu der insbesondere Pazifisten und Sozialisten gehörten. Die Bedeutung dieser Erfahrung, die noch dadurch verstärkt wurde, dass er in seinem Pfarrhaus Bibelstunden für holländische Zwangsarbeiter abhielt – einige von ihnen waren aus dem Lager geflohen und er versteckte sie[7] – drückte Iwand mit den Worten aus: „Ich lernte eine neue Welt kennen, die Welt der echten, von einem großen, aus Gott geborenen Ziel getragenen Sozialisten. In meinem eigenen Leben wurde mir durch diese Begegnung soviel geschenkt, dass ich es in wenigen Worten nicht sagen kann."[8] Damit weitet sich sein oppositioneller theologischer Horizont. zur Kritik der privatwirtschaftlichen Grundlagen des Dritten Reiches. Das NS-System des totalitären Monopolkapitalismus, das die privaten Aneignungsformen der gesellschaftlichen Produktion zu Lasten der Millionen ökonomisch Fremdbestimmten, despotisch sichert,[9] beginnt für Iwand noch während der NS-Herrschaft theologisch zu hinterfragen: Die wirtschaftlichen Grundlagen der NS-Diktatur stehen im Gegensatz zum Evangelium, dessen Botschaft den vom Reichtum ausgeschlossenen, ins Elend gebannten Armen gilt (Lk 6,20).

III.

Martin Niemöller erteilte im August 1945 der autoritären Tradition des Protestantismus eine Absage. Er bezeichnete die Demokratie, die auch die Existenzvoraussetzung der Arbeiterbewegung ist, als die dem Christentum adäquate Regierungsform. Es kam mehrfach zu Treffen zwischen führenden Vertretern der SPD – von Kurt Schumacher bis Adolf Arndt und Ludwig Metzger – und Vertretern der Bekennenden Kirche. Wichtigster Repräsentant war Hans Joachim Iwand, dessen Gewicht dadurch verstärkt wurde, dass er Vorsitzender des theologischen Ausschusses des Bruderrats war. Seine Grundposition entwickelte er nicht in einem politischen Manifest, sondern in der Auslegung der Bergpredigt in den Göttinger Predigtmeditationen. Die Bergpredigt, in der die Armen, im Gegensatz zu den Reichen, selig gepriesen werden (Lk. 6,20,24-25), bildet den Bezugspunkt für Iwands Orientierung: „Die Forderungen Jesu und die des Sozialismus berühren sich in der Tat, es sind dieselben Worte in der Negation, aber die Position ist einen andere [...] und doch dieselbe Forderung, dieselbe Spra-

---

7 Jürgen Seim, Hans Joachim Iwand. Eine Biographie, Gütersloh 1999, S. 283.

8 Briefliche Mitteilung von Hartmut Ludwig im Schreiben an Joachim Perels vom 31.März 2012: Eintrag von Iwand in das Gästebuch der Gersdorf vom 1. Mai 1945.

9 Franz Neumann, Behemoth. Struktur und Praxis des Nationalsozialismus (1942/44), Köln 1977, S. 425 ff.

che."[10] Auf einer im Auftrag des Rates der EKD einberufenen Tagung in Detmold am 9. und 10. Januar 1946, an der Vertretern der Bekennenden Kirche und der SPD teilnahmen, entwickelte der Sozialdemokrat Adolf Grimme, verantwortlich für kulturelle Angelegenheiten der Regierung des Landes Niedersachsen, religiöser Sozialist und politischer Widerstandskämpfer in der Gruppe der Roten Kapelle, den gleichen auf die Weisungen der Bergpredigt bezogenen Gedanken einer Verbindung von christlichem Glauben und der Kritik des Kapitalismus: „Die Kirche kann nicht ein Leben nach der Bergpredigt lehren und zugleich den Kapitalismus zulassen."[11] Dass aber genau dies auch in der Bekennenden Kirche geschehen war, hat zu einem grundlegenden Versagen im Umgang mit einer Gesellschaft geführt, die durch die ökonomische Verfügungsmacht Weniger charakterisiert ist. In der Antwort von Iwand an Grimme heißt es: „Es wäre unsere christliche Pflicht gewesen, an der Wandlung der Gesellschaft und der Wirtschaft mitzuarbeiten. […] 1933 hat sich das Bürgertum nicht um die zertretenen Gewerkschaften […] gekümmert. Und ebenso wenig hat sich die Kirche um sie gekümmert. […] Die Sozialisten und Kommunisten haben weithin die christlichen Aufgaben übernommen, die wir nicht einmal gesehen haben. […] Die Christen müssen Brüderlichkeit erst noch lernen."[12] Das aber heißt für Iwand: „Es geht um eine neue Ordnung eines wahrhaft menschlichen Daseins, es geht um die Anerkennung des Rechts, das im Sozialismus liegt, vor Gott."[13] Als der Detmolder Kreis von Vertretern der SPD und der Bekennenden Kirche vom 16. bis 18. Juli 1947 erneut tagte, konkretisierte er die erarbeiteten theologischen Grundpositionen, die sich mit den programmatischen, auf einen gesellschaftliche Neuordnung gerichteten Zielsetzungen der Sozialdemokratie und in mancher Beziehung auch denen der CDU verbanden: „Die Vertreter der evangelischen Kirche bekannten die historische Schuld der Kirchen in einer allzu einseitigen Bindung an Besitz, Bürgerlichkeit und reaktionären Konservativismus. […] Man erkannte die Berechtigung einer Bodenreform, eines Lastenausgleichs […] und einer Verstaatlichung der Schlüsselindustrien an."[14]

---

10 Seim (Anm. 7), S. 322 m.w.Nachw., zu Iwands für Niemöller bestimmter Schrift von 1941 Glaubensgerechtigkeit nach Luthers Lehre, s. Seim, ebd. S. 255 ff.

11 Ebd. S. 309 f. Zu Niemöllers Haltung zur Demokratie nach der Überwindung der NS-Herrschaft vgl. Martin Niemöller, Rede auf der Kirchenversammlung in Treysa 1945, in: Reden 1945–1954, Darmstadt 1958, S. 15, Martin Niemöller, Die politische Verantwortung des Christen im akademischen Stand (1946), ebd., S. 92.

12 Ebd. S. 310.

13 Ebd. S. 311.

14 Ludwig (Anm. 1), S. 18.

IV.

Das Darmstädter Wort des Bruderrats vom 8. August 1947 steht in einem bestimmten Kontext. Es geht auf die Initiative Hans Joachim Iwands und seiner Perspektive einer christlichen Neubesinnung für ihre Aufgaben in der Welt nach der Katastrophe des Dritten Reiches zurück. Freilich kommt im Darmstädter Wort – wie schon in der Stuttgarter Schulderklärung – die Shoa als Anfrage an die evangelische Kirche nicht vor, obgleich Iwand in seinen Beiträgen der Nachkriegszeit eine aus der Schuld gegenüber den Juden resultierende neue Haltung zum Volk Gottes vielfach zum Thema macht.[15]

Im Zentrum steht für Iwand die theologische Gegenposition zum wiedererstehenden, in der Kirche vielfach anzutreffenden Nationalismus. Dieser Nationalismus lässt das Versagen der tragenden Schichten in der NS-Diktatur durch die Hypostasierung der vom Nationalsozialismus angeblich unterschiedenen deutschen Nation aus dem Blick treten. Helmut Thielickes, Mitarbeiter des Ratsvorsitzenden der EKD Bischof Wurm, bringt diese Tendenz in seiner Karfreitagspredigt von 1947 besonders deutlich zum Ausdruck. Die Schuldfrage, die sich in der Stuttgarter Erklärung vom Oktober 1945 auf das Versagen der Bekennenden Kirche im Dritten Reich bezog, wird umgekehrt. Ihr Adressat sind die Alliierten, ohne die Deutschland nicht von der NS-Herrschaft befreit worden wäre. In der wirkungsmächtigen Predigt ist von der „Schuld der anderen“, vom „Unrecht der Besatzungsmächte“ die Rede, die „als Höllenhund“ in der Kontinuität der NS-Diktatur vorgeblich weiterwirkten.[16]

Parallel dazu wurden im mainstream der evangelischen Kirche das gesellschaftliche Gefüge und die bürgerlichen Funktionseliten der NS-Diktatur nicht in Frage gestellt. Der Ratsvorsitzende der EKD Bischof Wurm schrieb 1946 einen Brief an die amerikanische Militärregierung, der die „Schuldbelastung einzelner Berufsstände“ in Abrede stellte, „insbesondere gewisser Staats- und Kommunalbeamter“, der „Juristen, Wirtschafter“ und „Berufsoffiziere“, die wie die Soldaten insgesamt „einen ausgesprochen unpolitischen Berufsstand“ gebildet hätten. Ingesamt treffe diese Schichten kein „schuldhaftes Verhalten“ im Hitler-Regime.[17]

---

15 Seim (Anm. 7), S. 315, S. 344 ff.

16 Helmut Thielicke, Predigt am Karfreitag 1947 in der Markuskirche zu Stuttgart, in: Die Schuld der Anderen. Ein Briefwechsel zwischen Helmut Thielicke und Hermann Diem, Göttingen 1948, S. 5 ff., S. 10.

17 Rat der Evangelischen Kirche in Deutschland. Der Vorsitzende 26. April 1946, An die amerikanische Militärregierung, in: Kirchliches Jahrbuch 1945–1948, hrsg. v. Joachim Beckmann, Gütersloh 1950, S. 191 ff., S. 194.

Dies geschah auf dem Hintergrund des sich vor aller Augen vollziehenden Hauptkriegsverbrecherprozesses von 1945/46, in dem die Separierung der Funktionseliten der Diktatur von den verbrecherischen Handlungen des Regimes ihrer Haltlosigkeit überführt wurde, insbesondere im Blick auf die von der Wehrmacht praktizierte völkerrechtswidrige Kriegsführung gegen die Sowjetunion.[18] Dagegen wird im Darmstädter Wort der Sache nach Front mit den Worten gemacht, ganz in Übereinstimmung mit der bis heute maßgebenden zeitgenössischen Analyse der NS-Herrschaft, die die bestimmende Rolle der tragenden Schichten in Wirtschaft, Beamtenschaft und Militär in der NS-Diktatur konkret herausarbeitete.[19] Die kritische Stellung zu den bürgerlichen Trägerschichten des Dritten Reiches kommt in dem Entwurf Karl Barths für das Darmstädter Wort besonders deutlich zum Ausdruck. Er ist zwar nicht wörtlich übernommen worden, hat aber die Endfassung gedanklich beeinflusst. Im Entwurf Barths für die These 3 heißt es: „Wir sind in die Irre gegangen, indem wir uns als Kirche mit den konservativen Mächten (Monarchie, Adel, Großgrundbesitz, Großindustrie) verbündeten, indem wir die christliche Freiheit preisgaben, Lebensformen zu ändern, wenn das Leben der Menschen sie zu ändern forderte, indem wir das Recht zur Revolution ablehnten, die Entwicklung zur nihilistischen Diktatur aber duldeten und guthießen."[20]

Aus der Kritik an der Bindung der Kirche an die bürgerlichen Trägerschichten resultiert ein biblische Perspektive, die den Blick für die Nöte der Armen und Entrechteten öffnet. In den Aufzeichnungen Dietrich Bonhoeffers im Gefängnis, der die Integration der Kirche in die Machtstrukturen des Hitler-Regimes pronociert kritisierte, ist die Blickrichtung des Darmstädter Worts bereits vorgebildet: „Es bleibt ein Erlebnis von unvergleichlichem Wert, dass wir die grossen Ereignisse der Weltgeschichte einmal von unten, aus der Perspektive der Ausgeschalteten, Beargwöhnten, schlecht Behandelten, Machtlosen, Unterdrückten und

---

18 Das Urteil von Nürnberg. Grundlage eines neuen Völkerrechts, München 1946, S. 119 (Generalstab und OKW), S. 130ff (Wilhelm Keitel, Chef des Oberkommandos der Wehrmacht), S. 166 f., Alfred Jodl (Chef der Operationsabteilung des Oberkommandos der Wehrmacht), S. 166 f.

19 Neumann (Anm. 9) S. 425 ff., S. 460 f.

20 Ludwig (Anm. 2) S. 30. Die These 3 des Darmstädter Worts lautet: „Wir sind in die Irre gegangen, als wir begannen, eine ‚christliche Front' aufzurichten gegenüber notwendig gewordenen Neuordnungen im gesellschaftlichen Leben der Menschen. Das Bündnis der Kirche mit den das Alte und Herkömmliche konservierenden Mächten hat sich schwer an uns gerächt. Wir haben die christliche Freiheit verraten, die uns erlaubt und gebietet, Lebensformen abzuändern, wo das Zusammenleben der Menschen solche Wandlung erfordert. Wir haben das Recht zur Revolution verneint, aber die Entwicklung zur absoluten Diktatur geduldet und gutgeheißen." Ludwig (Anm. 2), S. 1.

Verhöhnten, kurz der Leidenden sehen gelernt haben."[21] In der 5. These des Darmstädter Worts wird dieser Gedanke auf Erkenntnisse der marxistischen Lehre bezogen, die es durch die Infragestellung der kapitalistischen Gesellschaft ermöglicht, die „gottlosen Bindungen dieser Welt"[22] zu transzendieren. Jesu Eintreten für die Armen, denen er das Reich Gottes verheißt, wird zum Richtpunkt, der die Bindung der Kirche an die bürgerliche Gesellschaft und ihren Staat aufhebt: „Wir sind in die Irre gegangen, als wir übersahen, dass der ökonomische Materialismus der marxistische Lehre die Kirche an den Auftrag und die Verheißung im Diesseits hätte gemahnen müssen. Wir haben es unterlassen, die Sache der Armen und Entrechteten gemäß dem Evangelium von Gottes kommenden Reich zur Sache der Christenheit zu machen."[23]

Die weltkritische Blickrichtung des Bruderrats stößt auf vielfältige und heftige Ablehnung bei Repräsentanten der Evangelischen Kirche. Bischof Dibelius hatte die Diktatur Hitlers unter Bezugnahme auf Luthers Invektiven gegen die aufständischen Bauern 1933 in einer Predigt in der Nikolaikirche in Anwesenheit des preußischen Ministerpräsidenten Göring mit gewissen Einschränkungen legitimiert. Das schloß die Akzeptanz der Zerstörung der Arbeiterbewegung ein. Er sprach in der Kontinuität seines bisherigen antisozialistischen Denkens davon, dass das Darmstädter Wort eine „schwere Zumutung" sei, weil „wir genau dasjenige als eigene Schuld benennen sollen, wogegen wir ein Leben lang angekämpft haben."[24] Hans Asmussen, Leiter der Kirchenkanzlei, verwirft das Darmstädter Wort total. Er zeiht es einer „DC-Theologie mit umgekehrtem Vorzeichen".[25] So wird die biblisch (und nicht etwa ideologisch) begründete Wahrnehmung der Existenzweise der Armen und der Brückenschlag zu der im Dritten Reich verfolgten Arbeiterbewegung abgewehrt. Die vielfältige Ablehnung, die das Darmstädter Wort in der wieder etablierten Kirche des gesellschaftlichen Status

---

21 Dietrich Bonhoeffer, Widerstand und Ergebung (1951), hrsg. v. Eberhard Bethge, München 1990, S. 26, Dietrich Bonhoeffer, Ethik. Das Schuldbekenntnis (1940–1943) hrsg. v. Eberhard Bethge, München 1949, S. 47 ff. „Die Kirche bekennt, die willkürliche Anwendung brutaler Gewalt, das leibliche und seelische Leiden unzähliger Unschuldiger, Unterdrückung, Haß und Mord gesehen zu haben, ohne ihre Stimme für sie zu erheben, ohne Wege gefunden zu haben, ihnen zur Hilfe zu eilen. Sie ist schuldig geworden am Leben der schwächsten und wehrlosesten Brüder Jesu Christi." Ebd., S. 50.

22 Barmer theologische Erklärung (Anm. 2), S. 64.

23 Ludwig (Anm. 1), S. 1.

24 Ludwig (Anm. 2), S. 8, Otto Dibelius, Predigt bei der Eröffnung des Reichstags am 21. März 1933 in der Potsdamer Garnisonskirche, auszugsweise abgedruckt in: Der deutsche Faschismus in Quellen und Dokumenten, hrsg. v. Reinhard Kühnl, Köln 1975, S. 222, hierzu s. auch Robert Neumann, Hitler – Aufstieg und Untergang des Dritten Reiches. Ein Dokument in Bildern, München 1961, S. 61.

25 Ludwig (Anm. 2), S. 9.

quo auslöst, werden vom Vorsitzenden des Rats der EKD überboten. Als gäbe es das Prinzip des Priestertums aller Gläubigen nicht und der Rat wäre eine Art katholischer Glaubenskongregation insistierte Bischof Wurm darauf, dass „die endgültige Fassung und Veröffentlichung [des Darmstädter Wort] dem Rat [hätte] vorgelegt werden müssen.“[26]

V.

Die im Darmstädter Wort zum Ausdruck kommende den alten Äon transzendierende Dimension des durch das Neue Testament bestimmten christlichen Glaubens, wird auch in den großen theologischen Arbeiten der Vertreter der Bekennenden Kirche von Hans Joachim Iwand, Karl Barth und Helmut Gollwitzer wirksam.

Hans Joachim Iwand hat in der Festschrift für Martin Niemöller von 1952 in einer Art theologischer Grundlegung des Darmstädter Worts in einer Auslegung der die Welt und ihre Hierarchien verneinenden Botschaft des Evangeliums ins Zentrum gerückt. Er schrieb: „Das Evangelium [...] denkt gar nicht daran, das, was in dieser Gesellschaft an sogenannten Ordnungen vorhanden ist, zu glorifizieren und ihr ‚Zerbrechen‘ zu beklagen. [...] Die Ordnungen und Bindungen, in denen die Menschen leben, seien es nun Ehe oder Staat, sei es Besitz oder Familie, können von Haus aus nichts anderes als ‚gottlose Bindungen‘ sein. In diesen Ordnungen ist die Verkehrtheit dieses Äons fixiert und zum Regelfall erhoben. Hier ist das Gebunden- und Versklavtsein an die Mächte und Gewalten dieses Äons zum unvermeidlichen Schicksal erklärt, das Gefängnis zum ‚Zu-Hause-Sein‘ des Menschen ungelogen. [...] Hinter den Zaubersprüchen von den Ordnungen steht dieser Herr nicht, dahinter steht der ‚Fürst dieser Welt‘, der will, dass alles so bleibt wie es ist, der Nicht-Gott, der sich nur zu gern mit dem Namen Gottes schmückt.“[27]

Im Bezugsrahmen des Darmstädter Worts analysiert auch Karl Barth in dem 1951 abgeschlossenen Band der „Kirchlichen Dogmatik“ die Struktur des kapitalistischen Arbeitsverhältnisses. Er knüpft an die sozialkritische Blickrichtung Jesajas an, der den wirtschaftlich Mächtigen ihre gesellschaftliche Funktion vor Augen führt: „Was Ihr den Armen geraubt, ist in Eurem Hause“ (Jesaja 3,14). Bei Barth heißt es: „[Es] ist nicht zu leugnen, dass der Arbeitsprozess [...] in unserer heutigen westliche Welt noch kräftigen Gestalt auf dem Prinzip der Aus-

26 Ludwig (Anm. 2), S. 10.

27 Hans Joachim Iwand, Kirche und Gesellschaft, in: Bekennende Kirche. Martin Niemöller zum 60. Geburtstag, hrsg. v. Joachim Beckmann und Herbert Mochalski, München 1952, S. 109 f.

beutung der Einen durch die Andren beruht. [...] Die Besitzer der Produktionsmittel haben die Möglichkeit] selber mehr zu verdienen, als ihnen auf Grund ihrer Arbeit als Initianten und Leitern des Ganzen zukäme und jene weniger verdienen zu lassen, als es ihrer höher oder geringer qualifizierten, aber jedenfalls für das Ganze gleich unentbehrlichen Mitarbeit und ihrem Lebensbedarf angemessen wäre. Das ist das soziale Unrecht [...]"[28]

Diese biblische Sichtweise gewichtiger Gruppen der Bekennenden Kirche in der frühen Bundesrepublik steht im Gegensatz zur tradierten, mit den jeweiligen Herrschaftsverhältnissen im Einklang befindlichen Rolle der Kirche. Helmut Gollwitzer, der einen gewichtigen Anteil am christlich-marxistischen Dialog hat, arbeitet ebenfalls in einer Festschrift für Martin Niemöller in einem knappen historischen Abriss Strukturen der weltlichen Rückbildung der Kirche und der Preisgabe der gesellschaftlichen Implikationen des Evangeliums heraus: „Seit Konstantin [übernehmen] die vorher in der Kirche abnehmenden Oberschichten die Regie in der Großkirchen. Sie beschränken den lebensändernden Einfluss des Evangeliums auf punktuelle Momente der politischen Moral, auf den Widerstand gegen die Entwicklung des Zinswesens und die offizielle Ehemoral; sie befördern die Spiritualisierung und die Individualisierung der christlichen Heilsbotschaft und der christlichen Ethik und die Dogmatisierung, d.h. das Verständnis des Glaubens als eines Fürwahrhaltens kirchlicher Lehren und die Verhüllung der von der Urkirche noch deutlich gesehenen gesellschaftlichen Implikationen des Evangeliums. Die Reformation hat Missstände, die aus der Funktion der Kirche als Agentur der Oberschichten im Mittelalter resultierten, z.T. überwunden, mit der Individualisierung und Dogmatisierung (auch bei Luther) nicht wirklich zu brechen vermocht, und machte die Kirche z.T. [...] zu einer Agentur der Mittelschichten."[29]

Die von Theologen der Bekennenden Kirche ins Zentrum gerückten weltkritische Weisungen des Evangeliums, die schon in der Barmer Erklärung von 1934 mit dem Verwerfen der als gottlos qualifizierten weltlichen Bindungen im Mittelpunkt stehen, werden in der EKD unter dem Ratsvorsitzenden Wolfgang Huber im Blick auf das Kirchenverständnis und der Gestaltung der sozialen Ordnungen durch die unkritische Übernahme von Prinzipien des alten Äon um ihre Wirkung gebracht.

In dem Impulspapier des Rates der EKD „Kirche der Freiheit" wird die Selbstbegründung der Kirche im wesentlichen auf betriebswirtschaftliche Maxi-

---

28 Karl Barth, Kirchliche Dogmatik III/4, 2. Auflage Zürich 1957, S. 622, s. auch S. 610, S. 623.

29 Helmut Gollwitzer, Die gesellschaftlichen Implikationen des Evangeliums, in: Christliche Freiheit im Dienst am Menschen. Ein Themenband zum 80. Geburtstag von Martin Niemöller, hrsg. v. Karl Herbert, Frankfurt/M. 1972, S. 147.

men gegründet, an denen sich ein privatwirtschaftlicher Betrieb orientiert. Im Vorwort von Wolfgang Huber zu dem Papier heißt es: „Das gemeinsam verantwortet Gerechtigkeitshandeln [wird] in diesem Text nicht eigens thematisiert."[30] Dieser Satz enthält die ganze Problematik der Grundsatzveröffentlichung des Rates. Eine evangelische Kirche, die zur Formulierung ihres Selbstverständnisses den Begriff der Gerechtigkeit ausklammert, der von Jesus in der Bergpredigt allein in zwei Seligpreisungen im Zentrum steht und den Begriff menschenwürdiger Existenz zum Inhalt hat, verleugnet ihren Auftrag.

Die Übernahme der Maßstäbe der weltlichen Ordnung schlägt sich in zentralen Positionen des Papiers nieder. Entsprechend den betriebswirtschaftlichen Maximen, die Kosten zu senken und den Wert der Waren und Dienstleistungen zu erhöhen, wird auch die Kirche als eine Institution angesehen, die ihre Aufgabe durch „ein verlässliches Qualitätsmanagement" erfüllen solle, das die „evangelischen Kernangebote" stabilisiert und in ihrer Wirkung steigert. An der quantitativ messbaren Erhöhung gottesdienstlicher Kasualien bemisst sich der Wert kirchlicher Arbeit,[31] dessen theologisch begründeter Gehalt, die Verkündigung des Evangeliums; das biblische Ziel einer sozial gerechten, aus der Perspektive der Armen gegründeten Ordnung tritt nicht in den Blick. Das aber führt dazu, dass, wie es bei Iwand heißt, „die Kirche, und zwar die Kirche in ihrem äußeren Bestande, in ihren Traditionen und Ordnungen, der Ort sein [wird], wo das Wort Gottes untergehen kann."[32]

Wenn die frohe Botschaft ihre weltkritische Dimension verliert, ist es konsequent, dass sich die Kirche zu einem bildungsbürgerlichen Grundkurs zurückbildet. Das Postulat, die Menschen „mit den elementaren Wissensbestandteilen der evangelischen Frömmigkeit vertraut zu machen"[33] bleibt kontemplativ und löst die für den Glauben konstitutive Frage der Nachfolge Jesu auf. Sie wird in der Gestalt der bloßen Aneignung religiösen Wissens stillgelegt. Dies steht im Widerspruch zu den Weisungen des Neuen Testaments, die durch die Einheit von Glauben und Nachfolge bestimmt sind. Die falsche Trennung von Glauben und Tun verwirft Jesus mit den Worten: „Die hören das Wort, aber die Sorgen der Welt und der Betrug des Reichtums ersticken das Wort" (Mk 4,19). Den Hiatus zwischen einer äußerlichen intakten Kirche und ihrem Auftrag bezeichnet Bonhoeffer in großer Klarheit: „Man taufte, man konfirmierte […] Man spendete

---

30 Kirche der Freiheit. Perspektiven für die Evangelische Kirche im 21. Jahrhundert. Ein Impulspapier des Rates der EKD, Hannover o.J. (2006), S. 8, zur Kritik vgl. Joachim Perels, Das Evangelium wird zur Ware. Die Evangelische Kirche im Sog betriebswirtschaftlicher Maximen, Frankfurter Rundschau v. 7. November 2006.

31 Auszug aus dem Papier in der FAZ v. 6. Juli 2006.

32 Seim (Anm. 7), S. 346.

33 FAZ (Anm. 31).

Gnadenströme ohne Ende, aber der Ruf in die strenge Nachfolge Christi wurde seltener gehört."[34]

Die gesellschaftlichen Machtbeziehungen, die im Neuen Testament ihrer Legitimität entkleidet werden, etwa mit dem Wort, dass der Menschensohn „die Gewaltigen vom Thron stößt" (Lk 1,52), werden dagegen in dem Papier zum positiver Bezugspunkt kirchlicher Arbeit. Dementsprechend heißt es: „Die Verbindung zu den gesellschaftlichen Eliten soll gestärkt werden."[35] Damit wird ein kritisches biblisches Verhältnis zu den Reichen und Mächtigen, die Vertreter des Alten Äons sind, aufgegeben. In dem Wort Jesu „Ihr könnte nicht Gott dienen und dem Mammon" (Mt 6,24) ist die Differenz von privatnützigem Sozialverhalten und den humanen, gottgefälligen Existenzbedingungen aller festgehalten. Gleichzeitig wird die der Privatwirtschaft auch entgegengesetzte Bedeutung des Grundgesetzes verkannt. Es schreibt die Stellung der ökonomischen Eliten nicht fest, sondern stellt mit dem Grundsatz des sozialen Rechtsstaats deren Position potentiell zur Disposition des demokratischen Entscheidungsprozesses. In ihm können die ökonomischen Grundlagen der Gesellschaft, auch im Sinne der Schaffung einer das große Privateigentum aufhebenden Gemeinwirtschaft, verändert werden. (Art.20 Abs.1, Art.14 Abs.1 und Abs.4, Art.15 GG).[36]

VI.

In den mit einem Vorwort des Ratsvorsitzenden Wolfgang Huber versehenen Denkschriften „Gerechte Teilhabe" und „Unternehmerisches Handeln in evangelischer Perspektive"[37] werden die privatwirtschaftlichen Herrschaftsprinzipien, die das Grundgesetz nicht festschreibt, als theologisch legitimiert und als alternativlos dargestellt. So heißt es: „Der Mut und die Leistung von Unternehmerinnen und Unternehmern sind ausdrücklich zu würdigen."[38] Das Prinzip der privaten Profitmaximierung wird ohne jede theologische Reflexion, etwa im Blick auf die

34 Dietrich Bonhoeffer, Nachfolge, 2. Aufl. München 1940, S. 10 f.

35 FAZ (Anm. 31).

36 Alexander v. Brünneck, Die Ausweitung der Eigentumsgarantie durch Richterrecht, in: Grundrechte als Fundament der Demokratie, hrsg. v. Joachim Perels, Frankfurt/M. 1979, S. 215 ff., Wolfgang Abendroth, Zum Begriff des demokratischen und sozialen Rechtsstaat im Grundgesetz der Bundesrepublik Deutschland (1954), in: ders., Antagonistische Gesellschaft und politische Demokratie, 2. Aufl. Neuwied 1972, S. 109 ff.

37 Gerechte Teilhabe. Befähigung zu Eigenverantwortung und Solidarität. Eine Denkschrift des Rates der EKD zur Armut in Deutschland, Gütersloh 2006, Unternehmerisches Handeln in evangelischer Perspektive, Gütersloh 2008

38 Gerechte Teilhabe (Anm. 37), S. 61.

Verwerfung des Momonismus durch Jesus, gerechtfertigt: „[Es] ist ernst zu nehmen, dass die vorrangige Aufgabe des Unternehmens die Sicherung der eigenen Existenz durch die Erwirtschaftung von Gewinn ist.“[39] Das System der privaten Aneignung des gesellschaftlichen Produktionsprozesses, das die unmittelbaren Produzenten von der Verfügung über den gesellschaftlichen Reichtum ausschließt, wird affirmiert. Selbst exorbitante, z.T. 17 Millionen Euro im Jahr betragende Gehälter von Spitzenmanagern, die aus ihrem institutionellen Privileg der privaten Verfügung über die arbeitsteilige Produktion hervorgehen, aber nur sehr begrenzt im Unterschied zum Entgeld für abhängige Arbeit, auf einer eigenen Leistung beruhen, werden nach den Standards des Kapitalismus legitimiert: „Dem immer wieder aufkommenden Ruf nach einer Begrenzung der Gehälter hat die Politik bisher nicht entsprochen –wohl zu Recht auch deswegen, weil sich ein eindeutiges Begrenzungskriterium nicht finden lässt, weil die Bemessung von Managergehältern Sache der Inhaber und Anteilseigner der Unternehmen ist.“[40] Am Ende wird die private Wirtschaftsordnung unter Berufung auf Gott überhöht und so für unangreifbar erklärt. „In christlicher Sicht erwächst die Motivation zu unternehmerischen Handeln aus Gottes Berufung.“[41]

So wird die Differenz zwischen den weltlichen Prinzipien des privaten Wirtschaftens und den Weisungen des Neuen und Alten Testaments eingeebnet. Dies ist ein Zeichen einer Verweltlichung der evangelischen Kirche, durch die biblischen Quellen ihres Glaubens und ihrer Erkenntnis versiegen.

Schon bei den Propheten und in den Psalmen stehen nicht die wirtschaftlichen Oberen im Zentrum, sondern die Armen, die vom gesellschaftlichen Reichtum ausgeschlossen sind. Auf ihnen ruht die Verheißung: Gott „wird den Armen erretten, der um Hilfe schreit und den Elenden, der kein Helfer hat. Er wird gnädig sein dem Geringen und den Armen wird er helfen. Er wird sie aus Bedrückung erlösen“ (Ps 72,12-14). Amos beschreibt das Verhältnis von Armen und Reichen als ein Wechselverhältnis, das zu Lasten der Armen geht. Der Prophet hält den Reichen vor, dass sie „die Armen unterdrücken und von ihnen hohe Abgaben an Korn nehmen“ (Amos 5,11), dass sie „den Geringen Gewalt antun und die Armen schinden“ (Amos 4,1), dass sie „kein Recht [achten und] Schätze vom […] Raub in ihren Palästen [sammeln]“ (Amos 3,10), dass sie „die Armen um Geld und die Geringen um ein paar Schuhe [bringen]“ (Amos 7,6). In diesen Sätzen ist in rudimentärer Form das enthalten, was das Verhältnisses von Produzierenden und den Wirtschaftsprozess Lenkenden im Kapitalismus charakterisiert, nämlich die private Aneignung des gesellschaftlich Erarbeiteten.

39 Ebd.
40 Unternehmerisches Handeln (Anm. 37), S. 88.
41 Ebd., S. 47.

Jesus knüpfte an die an den Armen orientierte Sicht der Propheten an. In den Seligpreisungen heißt es: „Selig seid ihr Armen; denn das Reich Gottes ist euer." (Lk 6,20). Daher stellt Jesus die gesamte politische und soziale Ordnung in Frage: „Ihr wisst, dass die weltlichen Fürsten ihre Völker niederhalten und ihre Mächtigen tun ihnen Gewalt. Aber so soll es nicht sein unter euch; sondern wer groß sein will unter euch, der sei euer Diener" (Mk 10,42-44). Diese Bewegungsumkehr, die die Herrschaftsformen des Alten Äons negiert, drückt sich in der Verwerfung der überkommenen Konstellation von Reichen und Armen aus, eine Konstellation, die aber in der Denkschrift mit den Worten festgeschrieben wird, „dass man die Reichen nicht gegen die Armen ausspielen" solle.[42] Im Neuen Testament geschieht cum grano salis genau dies: „Wohlan an nun, ihr Reichen [...] ihr habt euch Schätze gesammelt am Ende der Tage! Siehe, der Arbeiter Lohn, die euer Land abgeerntet haben, wird von euch vorenthalten" (Jakobus 5,1). Das aber bedeutet, dass im Neuen Testament nicht weniger als im Alten Testament die Reichen, anders als in der Denkschrift, nicht mit einer göttlichen Bestimmung versehen werden. „Hat nicht Gott erwählt die Armen auf dieser Welt, dass sie am Glauben reich seien und Erben des Reiches, welches er verheißen hat denen, die ihn lieb haben? Ihr aber habt dem Armen Unehre getan. Sind es nicht die Reichen, die Gewalt an euch üben? (Jakobus 2,5-6). Der im Vorwort zu der Denkschrift zu unternehmerischem Handeln von Wolfgang Huber formulierte Satz, dass „die evangelische Gestalt des christlichen Glaubens zu unternehmerischen Handeln ein positives Verhältnis [hat],"[43] ist mit der Verwerfung des Reichtums im Neuen Testament, die in dem Wort „Ihr könnt nicht Gott dienen und dem Mammon" (Mt 6,25) zum Ausdruck kommt, schwerlich vereinbar. Dem reichen Jüngling, dem Jesus nahelegt, alle seine Güter zu verkaufen und sie den Armen zu geben, gelingt dies nicht, weil er an seinem Reichtum hängt. Damit versperrt er sich den Weg der Nachfolge: „Es ist leichter, dass ein Kamel durch ein Nadelöhr geht als dass ein Reicher in das Reich Gottes komme" (Lk 18,25). Der reiche Jüngling erkennt als Reicher nicht die Bedeutung egalitärer sozialer Verhältnisse als Basis fürs Christsein.

Wenn man das Wort von der Unmöglichkeit, dass ein Reicher ins Reich Gottes komme, ernst nimmt, kann das System der privaten Wirtschaft, das einen erheblichen Anteil an der Zerstörung der ersten deutschen Demokratie hatte, das durch die extrem ungleiche Eigentumsverteilung und Vermögensverteilung bestimmt ist, das mit wirtschaftlichen Krisen und der aus ihnen resultierenden Verarmung großer Bevölkerungsschichten verbunden ist, das erheblichen Anteil an der Verarmung der Dritten Welt hat und das durch die Auspressung von Mil-

42 Gerechte Teilhabe (Anm. 37), S. 46.

43 Unternehmerisches Handeln (Anm. 37), S. 7.

lionen von Zwangsarbeitern während der Herrschaft des Nationalsozialismus hohe Profitraten erzielte, theologisch nicht legitimiert werden.

Angesichts dessen, dass die Denkschriften der EKD die Arbeiten von Hans Joachim Iwand, von Karl Barth und von Helmut Gollwitzer zur theologischen Kritik an den Machtstrukturen des Alten Äon nicht zur Kenntnis nehmen, ja nicht einmal im Literaturverzeichnis aufführen, verwundert es nicht, dass der soziale Gedanke der Apostelgeschichte, das private Eigentum durch ein gemeinsames Eigentum zum Nutzen aller, besonders der Armen, zu ersetzen (Apg 4,32), der bei den Kirchenvätern der ersten drei Jahrhunderte nachhaltig wirksam wurde und in der Arbeiterbewegung, vor allem im Denken Rosa Luxemburg aufgegriffen wurde,[44] in den Denkschriften der EKD unerwähnt bleibt. Die alternativlose Legitimation des Kapitalismus trübt die Wahrnehmung des Neuen Testaments.

---

44 Konrad Farner, Theologie des Kommunismus?, Frankfurt/M. 1969, S. 35 ff., Rosa Luxemburg, Kirche und Sozialismus (1906), in: dies., Internationalismus und Klassenkampf, hrsg. v. Jürgen Hentze, Neuwied 1971, S. 44 ff.

Verdrängung des NS-Systems

Die Zerstörung von Erinnerung als Herrschaftstechnik. Analysen Theodor W. Adornos

Adornos Arbeiten über die Mechanismen der Verdrängung der NS-Vergangenheit sind – obgleich im einzelnen häufig rezipiert – bisher nicht im Zusammenhang erörtert worden. Auf der Konferenz zum 80. Geburtstag von Adorno von 1983 ist die Frage der Nachwirkungen Nazi-Deutschlands in der Bundesrepublik, die den ins Land der Täter zurückgekehrten Emigranten theoretisch und praktisch umgetrieben hat, nicht behandelt worden.[1] Dabei bleiben seine politisch-soziologischen Analysen der fünfziger und sechziger Jahre bis heute relevant.[2] Sie arbeiten mit einer außergewöhnlichen – durch das Gruppenexperiment von 1950/51[3] empirisch fundierten – Imaginationskraft die vielfältigen Formen und gesellschaftlichen Grundlagen der Wahrnehmungsstörungen gegenüber dem NS-Regime durch eine scharfsichtige Kategorienbildung heraus. Adornos Studien transzendieren eine punktuelle Betrachtung der historischen Hypothek der NS-Zeit. Sie begreifen die unzureichende Aufarbeitung der Vergangenheit als ein tragendes Element der – trotz der politischen und verfassungsrechtlichen Diskontinuität – weitgehend fortexistierenden gesellschaftlichen Gesamtverfassung, deren Änderung identisch wäre mit einer grundlegenden Überwindung der NS-Herrschaft und ihrer Folgewirkungen.

I.

Als Adorno 1949 aus dem Exil nach Frankfurt/Main zurückkehrt, tritt ihm subjektiv zunächst weniger die in ihren Kernstrukturen wiederhergestellte bürgerliche Gesellschaft gegenüber, die den Nationalsozialismus getragen hatte.[4] Adorno

1 Ludwig v. Friedeburg und Jürgen Habermas (Hrsg.): .Adorno-Konferenz 1983, Frankfurt a.M. 1983.

2 Vgl. etwa Norbert Frei: Vergangenheitspolitik. Die Anfänge der Bundesrepublik und die NS-Vergangenheit, München 1996; Die juristische Aufarbeitung des Unrechts-Staats, hrsg. Redaktion Kritische Justiz, Baden-Baden 1998.

3 Gruppenexperiment. Ein Studienbericht, bearbeitet von Friedrich Pollock. Mit einem Geleitwort von Franz Böhm, Frankfurt a.M. 1955.

4 Vgl. etwa John H. Herz: The Fiasco of Denazification in Germany, Political Science Quarterly H. 63/1948, S. 569 ff.; Arnold Brecht: Personnel Management, in: Edward H. Litchfield (Hrsg.), Governing Postwar Germany, Ithaca 1953, S. 263 ff.; Karl Löwenstein: Justice, ebd., S. 236 ff.; Joachim Perels: Die Restauration der Rechtslehre nach 1945, in: Die juristische Aufarbeitung des Unrechts-Staats, (Anm. 2), S. 237 ff. m.w.Nachw.

hegte fast emphatische Hoffnungen auf einen intellektuellen Neubeginn, der mit der Antizipation einer freien, durch autonome Subjekte konstituierten Gesellschaft verbunden wäre. In einem Brief an Leo Löwenthal vom 3. Januar 1949 drückt er dies so aus: „Mein Seminar gleicht einer Talmud-Schule – ich schrieb nach Los Angeles, es wäre, wie wenn die Geister der ermordeten jüdischen Intellektuellen in die deutschen Studenten gefahren wären."[5] Auch wenn Adorno diese spekulative Bemerkung – er nennt sie „eine glückvoll-überwältigende Erfahrung" – nicht für das Ganze nimmt und in demselben Brief davon spricht, daß das entscheidend Negative sei, daß „die Deutschen (...) keine politischen Subjekte mehr sind,"[6] verweist sie auf seine Intention, gesellschaftskritisches Denken zur Triebkraft eines anderen Deutschland realer Demokratie zu machen. Es ist folgerichtig, daß Jürgen Habermas, seinerzeit Assistent am Institut für Sozialforschung, mit seinen Arbeiten über Walter Benjamin, Ernst Bloch, Max Horkheimer und Adorno selbst, vor allem aber mit seinem großen Essay über den „Deutschen Idealismus der Jüdischen Philosophen" von 1961 davon zeugt, daß jene Philosophen durch das „Ferment einer kritischen Utopie"[7] bestimmt werden, das den zeitgenössischen bürgerlichen Ideologen reiner Herrschaft – etwa von Carl Schmitt, der in seinen Aufzeichnungen den Antisemitismus auch nach 1945 als ideologisches Instrument benutzte[8] – vollständig entgegengesetzt ist.

Die Rückkehr nach Deutschland, die für viele Emigranten ausgeschlossen blieb – manche befürchteten, den Mördern ihrer Angehörigen zu begegnen –,[9] hatte für Adorno einen einfachen Grund. Sein Denken ließ sich, obgleich er in der Emigration auch auf englisch publizierte und selbst von Horkheimer englische Briefe empfing,[10] nicht von der deutschen Sprache lösen: „Die Substanz meiner Gedanken ist noch in dem, wo sie scharf gegen die deutsche Tradition sich wenden, von dieser Tradition nicht zu trennen; ich hätte mein geistiges Na-

---

5 Leo Löwenthal: Erinnerungen an Theodor W. Adorno, Adorno-Konferenz, (Anm. 1), S. 399.

6 Ebd.

7 Jürgen Habermas: Der deutsche Idealismus der jüdischen Philosophen, in: Porträts deutsch-jüdischer Geistesgeschichte, hrsg. v. Thilo Koch, Köln 1961, S. 99 ff. (124); s. auch Jürgen Habermas: Philosophisch-politische Profile, Frankfurt a.M. 1981, S. 141 ff., S. 160 ff., S. 336 ff., S. 411 ff.; s. auch ders.: Bemerkungen zur Entwicklungsgeschichte des Horkheimerschen Werkes, in: Max Horkheimer heute: Werk und Wirkung, hrsg. v. Alfred Schmidt und Norbert Altwicker, Frankfurt a.M. 1986, S. 163 ff.

8 Vgl. etwa Carl Schmitt: Der Leviathan (1938), Köln 1982; ders.: Glossarium. Aufzeichnungen der Jahre 1947–1951, hrsg. von E. Freiherr v. Medem, Berlin 1991, S. 18, S. 45, S. 208, S. 259.

9 Erich Fried: Ein Versuch, Farbe zu bekennen, in: Ich lebe nicht in der Bundesrepublik, hrsg. v. Hermann Kesten, München 1963, S. 45.

10 Vgl. etwa Max Horkheimer: Gesammelte Schriften, Bd. 17, Briefwechsel 1941–1948, hrsg. von Gunzelin Schmid Noerr, Frankfurt a.M. 1996, S. 330 ff.

turell verleugnen müssen, wenn ich den Versuch dazu gemacht hätte. Daß ich das Gefühl hegte, in Deutschland auch einiges Gute tun, der Verhärtung und Wiederholung des Unheils entgegenarbeiten zu können, ist wohl nur ein anderer Aspekt derselben Sache."

Für den Entschluß zur Rückkehr nennt Adorno noch ein fast außerpolitisches Motiv, das mit der Diesseitigkeit des Judentums zu tun hat: „Ich wollte einfach dorthin zurück, wo ich meine Kindheit hatte, am Ende aus dem Gefühl, daß, was man im Leben realisiert, wenig anderes ist, als der Versuch, die Kindheit verwandelnd einzuholen."[11] Dieser Gedanke, der der Utopie einen fragilen geschichtlichen Gehalt zumißt, findet sich schon bei Ernst Bloch, aus dessen Frühwerk Adorno den antizipatorischen Zentral-Begriff der Utopie übernimmt.[12] In der Schlußpassage des „Prinzip Hoffnung" spricht auch Bloch von einem bereits existierenden Zeitkern der Utopie: In realer Demokratie, in der der Mensch das Seine ohne Entfremdung begründet, entsteht in der Welt etwas, „das allen in die Kindheit scheint."[13]

Der Gedanke einer freien Gesellschaft ist in der sozialen Realität der frühen Bundesrepublik eine intellektuelle Oppositionskategorie, deren Kern von keinem – gar mehrheitsfähigen – politischen Subjekt getragen wird. Die Restauration der Macht- und Einflußpositionen der traditionellen Eliten, die das NS-Regime in der Ökonomie, im Staatsapparat und in den Universitäten mitgetragen hatten, führt dazu, daß Adorno – bei aller Wirksamkeit als Autor und als Hochschullehrer der Frankfurter Universität – ein Außenseiter bleibt. Er erhält ·weder einen Ruf an eine andere Universität noch irgendeine Auszeichnung wie etwa den Lessing-Preis der Stadt Hamburg oder den Merck-Preis für wissenschaftliche Prosa der Deutschen Akademie für Sprache und Dichtung in Darmstadt. Seine Ernennung zum außerplanmäßigen Professor im Jahre 1953 wird vom Dekan mit einem außerwissenschaftlichen Kriterium – „allein aus Wiedergutmachungsgründen"[14] – befürwortet.

Die philosophische Gegenfigur ist für Adorno Martin Heidegger. In einer Vorlesung zur Einführung in die philosophische Terminologie von 1962 reagiert Adorno auf den Vorwurf, er habe in der Kritik an Heideggers deutschtümelnder Sprache das Prinzip der Kollegialität verletzt, mit kompromißloser Entschieden-

---

11 Auf die Frage: Warum sind Sie zurückgekehrt (1962), in: Theodor W. Adorno, Vermischte Schriften I, hrsg. von Rolf Tiedemann, Frankfurt a.M. 1986, S. 394 f.

12 Vgl. Ernst Bloch und Theodor W. Adorno: Ein Gespräch (1964), in: Gespräche mit Ernst Bloch, hrsg. von Rainer Traub und Harald Wieser, Frankfurt a.M. 1975, S. 58 ff.; Theodor W. Adorno: Henkel, Krug und frühe Erfahrung, in: Ernst Bloch zu ehren, hrsg. von Siegfried Unseld, Frankfurt a.M. 1965, S. 9 ff.

13 Ernst Bloch: Das Prinzip Hoffnung, Frankfurt a.M. 1959, S. 1628.

14 Rolf Wiggershaus: Die Frankfurter Schule, München 1986, S. 520.

heit. Martin Heidegger hatte vor allem aufgrund eines Gutachtens von Karl Jaspers 1946 seine Professur in Freiburg wegen seiner aktiven Rolle im Dienst der NS-Diktatur verloren.[15] Er kehrte wenige Jahre später an die Universität zurück und publizierte auch seine nationalsozialistisch geprägten Texte unverändert wieder.[16] Adorno bemerkt: „Herr Heidegger (hat) in der Zeit, in der ich und eine Reihe anderer Menschen hier verjagt worden sind, keineswegs jene Art von Kollegialität an den Tag gelegt (...), auf die ich jetzt verwiesen werde.“[17] Adornos Position wird in der Auseinandersetzung mit der schuldaufrechnenden Haltung Heideggers (die ihm möglicherweise über Marcuse direkt bekannt war) besonders kenntlich. Gegenüber Herbert Marcuse hatte Heidegger in einem Brief vom 20. Januar 1948 erklärt: „Alles, was über die Ausrottung der Juden gesagt werde, gelte genauso für die Alliierten.“[18] Die unverstellte Erinnerung an das Grauen, der sich Heidegger mit der Gleichsetzung der Alliierten mit der NS-Diktatur, die dessen Schreibensregime beendeten, entgegengestellt, trennt Adorno bis ins Innerste von Heidegger: „Nach all dem, was geschehen ist, gibt es nichts Harmloses und Neutrales mehr. Nachdem Millionen unschuldiger Menschen ermordet worden sind, als Philosoph sich so zu benehmen, als ob es noch etwas Harmloses gäbe, worüber, wie man das so genannt hat, sich diskutieren ließe und nicht so zu philosophieren, daß man sich vor den Ermordeten dabei nicht zu schämen braucht, das würde mir allerdings zu verstoßen scheinen gegen jenes Angedenken, gegen jene Mnemosyne, die schon Platon für den Nerv der Philosophie gehalten hat.“[19]

---

15 Heinrich Ott: Martin Heidegger. Unterwegs zu seiner Biographie, Frankfurt a.M. 1988, S. 316, S. 321; vgl. auch Viktor Farias: Heidegger und der Nationalsozialismus. Mit einem Vorwort von Jürgen Habermas, Frankfurt a.M. 1989; Karl Löwith: Mein Leben in Deutschland vor 1933 und nach 1933. Ein Bericht (1940), Frankfurt a.M. 1989, S. 56 ff.

16 Jürgen Habermas: Zur Veröffentlichung von Vorlesungen aus dem Jahre 1935 (1953), in: ders., Philosophisch-politische Profile (Anm. 7), S. 65 ff.; s. auch Karl Korn: Warum schweigt Heidegger?, in: FAZ v. 14. August 1953.

17 Theodor W. Adorno: Philosophische Terminologie (1962), Bd. 1, Frankfurt a.M. 1973, S. 165 f.

18 Zit. in: Herbert Marcuse, Brief an Martin Heidegger v. 13. Mai 1948, in: Bernd Martin, Martin Heidegger und das ‚Dritte Reich‘, Ein Kompendium, Darmstadt 1989, S. 157. Heideggers Gleichsetzung der Vernichtung der Juden und der Handlungen der Alliierten konfrontiert Herbert Marcuse mit der Frage: „Stehen Sie nicht mit diesem Satz außerhalb der Dimension, in der überhaupt noch ein Gespräch zwischen Menschen möglich ist – außerhalb des Logos?“ (Ebd,).

19 Adorno: Philosophische Terminologie, (Anm. 17), S. 166 f.

II.

Die Trennung von Wissenschaft im Sinne empirisch-analytischer Methodik und intersubjektiv angeblich nicht begründbarer Werturteile wird von Adorno, zumal im Blick auf die NS-Herrschaft und ihre Folgewirkungen, verworfen, da sie dem Gegenstand des Erkennens nicht entspricht. Zum Erkennen gehören selber wertende Anteile, durch deren isolierende Abtrennung die geschichtlich-gesellschaftlichen Realien, der materialistische Vorrang des Objekts, verfehlt würden:

> „Der Begriff der Wahrheit selber, den man ja von dem Begriff der Erkenntnis nicht einfach abspalten kann, (enthält) in sich selber ein wertendes Moment das heißt, daß, wenn ich nicht Wahrheit für etwas Besseres als Falschheit oder Unwahrheit halte, dann (hat) Erkennen selber überhaupt keinen Sinn. In Wirklichkeit, in der konkret vollzogenen Erkenntnis (sind) das sogenannte wertende oder bloß erkennende Verhältnis vielfach ineinander verflochten (...) und die Trennung, die von dieser offiziellen Wissenschaftslehre behauptet wird, (ist) eigentlich ein recht künstliches, gewaltsames Produkt.“[20]

Den Begriff der Wahrheit, der in definitorischer Knappheit Horkheimers frühe Konzeption emphatischer Erkenntnis[21] aufnimmt, die gleichermaßen den Gegenstand aufschließt und ein antizipierendes, richtendes Moment enthält, drängt Adorno in den Satz zusammen: „Das Bedürfnis, Leiden beredt werden zu lassen ist die Bedingung aller Wahrheit.“[22] In dem Wort vom Leiden, das den Schrecken der Geschichte und die Not der Gepeinigten auszudrücken sucht, sind Erkennen und Urteilen notwendig miteinander verbunden. Das gilt in besonderer Weise für das Wahrnehmen des Holocaust. Die Vernichtung der europäischen Juden durch die Mordinstitutionen des NS-Staats wird ganz im Gegensatz zur schnellen Flucht in die Selbstberuhigung einer pessimistischen Anthropolgie, die geschichtliche Vorgänge mit der Lehre des unveränderlich ewig Bösen auflöst und die politische Verantwortung für den Genozid zum Verschwinden bringt, in ihrer historischen Spezifik begriffen: „Aber mag es selbst immer schon so gewesen sein, obwohl doch weder Timor und Dschingis Khan noch die indische Kolonialverwaltung planmäßig Millionen von Menschen mit Gas die Lungen zerreißen ließen, dann offenbart doch die Ewigkeit des Entsetzens sich daran, daß jede seiner neuen Formen die ältere überbietet. Was überdauert ist kein invariantes Quantum von Leid, sondern dessen Fortschritt zur Hölle.“[23] Adorno fährt

---

20 Theodor W. Adorno, Vorlesung zur Einleitung in die Erkenntnistheorie (1957/58), Frankfurt a.M. o.J. (1971), S. 27.

21 Max Horkheimer: Zum Problem der Wahrheit (1935), in: ders., Kritische Theorie, Frankfurt a.M. 1968, S. 228 ff.

22 Theodor W. Adorno: Negative Dialektik, Frankfurt a.M. 1966, S. 27.

23 Theodor W. Adorno, Minima Moralia. Reflexionen aus dem beschädigten Leben (1951), Frankfurt a.M. 1962, S. 314.

fort: „Man kann nicht Auschwitz auf eine Analogie mit der Vernichtung der griechischen Stadtstaaten bringen, als bloß graduelle Zunahme des Grauens, der gegenüber man den eigenen Seelenfrieden bewahrt. Wohl aber fällt von der nie zuvor erfahrenen Marter und Erniedrigung der in Viehwagen Verschleppten das tödlich-grelle Licht noch auf die fernste Vergangenheit, in deren stumpfer und planloser Gewalt die wissenschaftlich ausgeheckte teleologisch bereits mitgesetzt war."[24] In tastender Schärfe öffnet Adorno in seinem Hauptwerk die Augen für das, was wirklich geschah:

> „Mit dem Mord an Millionen durch Verwaltung ist der Tod zu etwas geworden, was so noch nie zu fürchten war. Keine Möglichkeit mehr, daß er in das erfahrene Leben des Einzelnen als ein irgend mit dessen Verlauf übereinstimmendes eintrete. Enteignet wird das Individuum des letzten und ärmsten, was ihm geblieben war. Daß in den Lagern nicht mehr das Individuum starb, sondern das Exemplar muß das Sterben auch derer affizieren, die der Maßnahme entgingen."[25]

Adorno bestimmt das Unvergleichliche des Massenmordes mit der emphatischen Denkgenauigkeit dessen, der selber nur durch die Flucht ins Exil der staatlichen Tötungsmaschine entkam. Wie noch die Überlebenden (nicht nur der Konzentrationslager, die von den Erfahrungen der Marter in Träumen gepeinigt werden) angesichts des auch ihnen geltenden Mordprogramms geschädigt wurden, drückt der einstige Emigrant in seiner Reaktionsweise aus. Er spricht von der „(drastischen) Schuld des Verschonten": „Zur Vergeltung suchen ihn Träume heim wie der, daß er gar nicht mehr lebte, sondern 1944 vergast worden wäre, und seine ganze Existenz danach lediglich in der Einbildung führte."[26]

In der individuellen Erfahrung, die bei Hegel und anderen großen Systemdenkern als bloß faule Existenz von der Wahrnehmung der gesellschaftlichen Objektivität strikt geschieden wurde, liegt eine gegen die szientifische Allgemeinheit gerichtete substantielle Erkenntnismöglichkeit. Mit ihr kann das Konkret Allgemeine, wenn es im Besonderen anwesend ist, oftmals genauer erkannt werden, als dies in einem abstrakt subsumtionslogischen Zugriff möglich ist. Adornos Wahrheitsbegriff, der auch seine zeithistorischen Arbeiten prägt, bezieht seine Kraft aus dem Vorrang des Besonderen.

---

24 Ebd., S. 315.

25 Adorno, (Anm. 22), S. 353.

26 Ebd., S. 354.

III.

Die Analysen zur blockierten Aufarbeitung der NS-Herrschaft folgen einer vergleichbaren Untersuchungsrichtung wie die Studien Adornos zur „autoritären Persönlichkeit", die die subjektiven Bedingungen des Funktionierens des NS-Systems aufzuhellen suchten.[27] Nach 1945 geht es auch um die subjektiven Formen der Wahrnehmungs-, Erkenntnis- und Schuldabwehr, die in den fünfziger Jahren dominieren. Die große qualitative Untersuchung des Instituts für Sozialforschung, das Gruppenexperiment, zeigt, daß die verschiedenen Formen der Zerstörung von Erinnerung mit einer mächtigen gesellschaftlichen Tendenz zusammenhängen.[28]

In einem Vortrag, auf Einladung des Koordinierungsrates der Gesellschaft für Christlich-Jüdische Zusammenarbeit, entwickelt Adorno 1959 eine erhellende, auf Freud gestützte, sozialpsychologische Gesamtdiagnose, die von der Forschung zum Umgang mit der NS-Vergangenheit in der Ära Adenauer nur begrenzt aufgenommen wurde. Er konstatiert, daß dem tatsächlichen Zusammenbruch des NS-Regimes kein systematisches Komplement in der psychischen Verfassung der Individuen entspricht: „Jene Panik blieb aus, die nach Freuds Theorie aus ‚Massenpsychologie und Ich-Analyse' dort sich einstellt, wo kollektive Identifikationen zerbrechen. Schlägt man nicht die Weisung des großen Psychologen in den Wind, so läßt das nur eine Folgerung offen: daß insgeheim, unbewußt schwelend und darum besonders mächtig, jene Identifikationen und der kollektive Narzißmus gar nicht zerstört wurden, sondern fortbestehen."[29] Ein äußerliches Indiz ist hierfür, daß nach einer Umfrage, ebenfalls aus dem Jahr 1959, 41% der Befragten die Ansicht vertraten, daß Hitler ohne Krieg – also mit den Konzentrationslagern – einer der größten Staatsmänner gewesen wäre.[30]

Die fortexistierenden Identifikationen mit dem nationalsozialistischen Regime nehmen die unterschiedlichsten Formen an. Der manipulative, beziehungs- und empathieunfähige autoritäre Charakter, von dem die Organisatoren des Massen-

---

27 Theodor W. Adorno u.a.: Der autoritäre Charakter (1950), 2 Bde., Amsterdam 1968; ursprünglich trug die Untersuchung den politisch deutlicheren Titel „Der faschistische Charakter", s. Max Horkheimer: Gesammelte Schriften, Bd. 17: Briefwechsel 1941–1948, (Anm. 10), S. 739.

28 Gruppenexperiment (Anm. 3).

29 Theodor W. Adorno: Was bedeutet: Aufarbeitung der Vergangenheit (1959), in: ders., Eingriffe, Frankfurt a.M. 1963, S. 135; Adornos Vortrag und die Diskussion wurden zuerst in einer vom Deutschen Koordinierungsrat der Gesellschaften für Christlich-Jüdische Zusammenarbeit herausgegebenen Broschüre (Was bedeutet: Aufarbeitung der Vergangenheit? Bericht über die Erzieherkonferenz am 6. und 7. November 1959 in Wiesbaden, Frankfurt a.M. o.J., S. 12 ff., S. 24 ff.) veröffentlicht.

30 Joachim Perels: Wider die ‚Normalisierung' des Nationalsozialismus. Interventionen gegen die Verdrängung, Hannover 1996, S. 74 m.w. Nachw.

mordes – wie Himmler, Eichmann, Best und Höß – bestimmt waren,[31] existiert nach 1945 in bestimmtem Maße weiter. Er nimmt in der Nachkriegszeit die Form „des Mangels an Affekt gegenüber dem Ernstesten“ an.[32] Die Blockierung einer einfachen, moralisch eingedenkenden Wahrnehmung der Leiden der NS-Opfer ist für die NS-Staatsverbrecher – von den Nürnberger Prozessen über die Nachfolgeverfahren der Amerikaner gegen die Funktionseliten des Regimes bis zum Auschwitz-Prozeß – ganz überwiegend bestimmend.[33]

Aber auch für Vertreter des neuen Staatsapparates und der Justiz ist eine von den Tätern gewiß verschiedene, gleichwohl bemerkenswerte Affektsperre gegenüber der Diskriminierungs- und Mordrealität des NS-Regimes charakteristisch.

Um nur zwei Hinweise zu geben: Konrad Adenauer, selber kein Parteigänger der Nazis, als Kanzler machtbewußter Seismograph von Verdrängungspotentialen in der Bevölkerung, widmet in seinen Erinnerungen nicht ein einziges Kapitel dem Problem der Aufarbeitung der NS-Zeit.[34] In seiner ersten Regierungserklärung vom 20. September 1949 verliert er kein Wort über die Ermordung der Juden durch den gerade niedergerungenen Vorgängerstaat der Bundesrepublik und postuliert statt dessen, Vergangenes vergangen sein lassen.[35] In der Bundestagsdebatte vom 22. Oktober 1952 fordert Adenauer unter dem Beifall der Regierungsparteien „mit der Nazi-Riecherei Schluß zu machen.“[36] Mit diesen

---

31 Erich Fromm: Anatomie der menschlichen Destruktivität (1973), Stuttgart 1974, S. 271 ff.; Hannah Arendt: Eichmann in Jerusalem. Ein Bericht von der Banalität des Bösen, München 1964; Ulrich Herbert: Best. Biographische Studien über Radikalismus, Weltanschauung und Vernunft 1903–1989, Bonn 1996; Reinhard Höß: Kommandant in Auschwitz. Autobiographische Aufzeichnungen, hrsg. von Martin Broszat, München 1964.

32 Adorno, (Anm. 29), S. 126; entsprechend heißt es bei Hannah Arendt 1950: „Dieser allgemeine Gefühlsmangel (…) ist nur das auffälligste äußere Symptom einer tief verwurzelten, hartnäckigen und gelegentlich brutalen Weigerung, sich dem tatsächlichen Geschehen zu stellen.“ (Hannah Arendt: Besuch in Deutschland, in: dies., Zur Zeit. Politische Essays, Berlin 1986, S. 44).

33 Telford Taylor: Die Nürnberger Prozesse, München 1994, insb. S. 617 ff.; ders.: Die Nürnberger Prozesse, Zürich 1950; Joachim Perels: Der Nürnberger Juristenprozeß im Kontext der Nachkriegsgeschichte, in: Kritische Justiz, H. 1/1998, S. 23 f. m.w. Nachw.; Joachim Perels und Irmtrud Wojak: Motive im Denken und Handeln Fritz Bauers, in: Fritz Bauer, Die Humanität der Rechtsordnung. Ausgewählte Schriften, Frankfurt a.M. 1998, S. 23 f. m.w. Nachw.

34 Konrad Adenauer: Erinnerungen 1945–1953, Stuttgart 1965.

35 Frei, (Anm. 2), S. 27.

36 Hans Jürgen Döscher: Verschworene Gesellschaft. Das Auswärtige Amt unter Adenauer zwischen Neubeginn und Kontinuität, Berlin 1995, S. 347 m.w. Nachw.; Wilhelm Stuckart und Hans Globke: Reichsbürgergesetz – Blutschutzgesetz – Ehegesundheitsgesetz. Kommentare zur deutschen Rassengesetzgebung, Bd. 1, München 1936; Raul Hilberg: Die Vernichtung der europäischen Juden (1961), Frankfurt a.M. 1990, S. 185.

Worten verteidigte er seinen Ministerialdirektor Hans Globke, der als Fachbeamter des nationalsozialistischen Innenministeriums die Juden mit seinem Kommentar zu den Nürnberger Rassegesetzen juristisch ausgrenzte, die Gleichheit vor dem Gesetz für sie negierte und jüdische Zweitnahmen für die Pässe entrichtete, damit die Verfolgten an der Grenze kenntlich wurden und leichter abgewiesen werden konnten. Adenauers Formel von der gewissermaßen unsittlichen, in die vorgeblich private Sphäre eindringenden „Nazi-Riecherei" löst die Frage der Legitimität der Verwendung von Funktionsträgern des NS-Staats in der rechtstaatlichen Demokratie auf.

Im Umgang mit NS-Verbrechen zeigte sich in der Justiz vielfach eine vergleichbare Tendenz der Wahrnehmungsabwehr der staatlichen Untaten: Ein Kommandeur einer Pionierabteilung, der für die Mordkommandos gar nicht zuständig war, tötet zum Zeitvertreib an einem Sonntag im November 1939 in einer polnischen Kreisstadt auf eigene Initiative eigenhändig und zusammen mit anderen 162 Juden – Männer, Frauen und Kinder. Das Landgericht Gießen verurteilt ihn am 26. März 1962 – und diese Entscheidung entspricht der teilexkulpierenden Tendenz der Rechtsprechung zu den NS-Gewaltverbrechen[37] – lediglich wegen Beihilfe zum Mord zu einer Mindeststrafe von 3 Jahren und drei Monaten Zuchthaus.[38] Die historische Realität des überzeugten nationalsozialistischen Täters wird dadurch zum Verschwinden gebracht, daß er zum bloßen Gehilfen in einem ihm fremden Geschehen umdefiniert wird. Das bedeutete, daß die – symbolische – Wiederherstellung der Integrität der Opfer durch eine Strafsanktion ausgehöhlt und die persönliche Verantwortung für das Leiden der Opfer weitgehend aufgelöst wurde. In der falschen juristischen Abstraktion wird die Immunisierung gegen den NS-Terror manifest.

Zur Stillegung humanen Empfindens gegenüber der Herrschaftsrealität des NS-Regimes tritt die Auslöschung des Geschehens hinzu, die die Verdrängung überbietet. Das Ziel des Teufels in Goethes Faust – „und ist so gut, als wär es nie gewesen" – ist das der „Zerstörung von Erinnerung."[39] Das heißt: „Die Ermordeten sollen noch um das einzige betrogen werden, was unsere Ohnmacht ihnen schenken kann, das Gedächtnis."[40]

Die weitgehende Tilgung der Erinnerung an die Staatsverbrechen der NS-Diktatur wird für eine bestimmte Zeit zu Beginn der fünfziger Jahre unter dem

---

37 Vgl. die Urteilsanalysen in: Die juristische Aufarbeitung des Unrechts-Staats, (Anm. 2), S. 383 ff. (Susanne Benzler), S. 547 ff. (Stefan Wittke), S. 595 ff. (Falko Kruse), S. 635 ff. (Bettina Nehmer).

38 Barbara Just-Dahlmann und Helmut Just: Die Gehilfen. NS-Verbrechen und die Justiz nach 1945, S. 163, 184.

39 Adorno (Anm. 29), S. 128.

40 Ebd.

Vorzeichen einer Quasi-Amnestie in gewisser Weise offizielle Regierungspolitik. Eine Amnestie der NS-Verbrechen wurde von dem einstigen Ideologen der fessellosen Exekutivgewalt, Carl Schmitt,[41] in zwei Artikeln in „Christ und Welt“ und im „Sonntagsblatt“ 1949 mit der Behauptung postuliert, daß die NS-Diktatur lediglich eine Partei eines von beiden Seiten geführten Bürgerkriegs sei, der durch Straffreiheit endgültig beendet werden müsse.[42] Damit werden die aus der völkischen Ideologie resultierenden Ausrottungsentscheidungen, die keiner Bürgerkriegslage entsprangen, aus dem Blick gerückt. Die Forderung, die größten Verbrechen der deutschen Geschichte zu vergessen, wird schließlich von Werner Best, dem Theoretiker der nationalsozialistischen Diktatur systematisch entwickelt,[43] der Verbrechen von der Tötung der polnischen Intelligenz bis zur Ausrottung der Juden als „normalen“, technisch perfektionierten Teil der Staatspolitik massenhaft organisierte. Diese Position wird, vermittelt durch Best, im der Bundesrepublik politisch wirksam. Als Mitarbeiter des FDP-Abgeordneten Achenbach, der zum rechts-nationalistischen Flügel seiner Partei gehörte und in der deutschen Botschaft in Paris einst für die Deportation der Juden mitverantwortlich war,[44] verfaßt Best 1952 eine Denkschrift. Ihre Kernthese lautet: Die Staatsverbrechen des NS-Regimes müssen von einfacher Kriminalität als politische Akte unterschieden und daher der Ahndung durch eine allgemeine Amnestie, eben durch ihr Vergessen, entzogen werden.[45] Die Blickrichtung dieser Denkschrift, die in Schreiben an Vizekanzler Blücher und Justizminister Dehler adressiert wurde, blieb nicht wirkungslos: Die Verfolgung von NS-Verbrechen ließ etwa zwischen 1952 und 1957 stark nach.[46] Der SPD-Abgeordnete Menzel benannte den politischen Kontext. Er bezieht sich auf den Bericht eines Vertreters des Bundesjustizministeriums im Rechtsausschuß des Deutschen Bundestages:

> „Auf Grund der damaligen Erörterungen über eine Generalamnestie für alle in der Hitlerzeit begangenen Verbrechen hätten die Länder (...) an eine Art Trend in der Öffentlichkeit ge-

---

41 S. Anm. 8; vgl. Ingeborg. Maus: Bürgerliche Rechtstheorie und Faschismus. Zur sozialen Funktion und aktuellen Carl Schmitts, München 1976.

42 Anonymus (= Carl Schmitt), Amnestie – Urform des Rechts, in: Christ und Welt vom 10.11.1949; ders.: Amnestie ist die Kraft des Vergessens, in: Sonntagsblatt vom 15.01.1950; vgl. D. v. Laak: Gespräche in der Sicherheit des Schweigens. Carl Schmitt in der politischen Geistesgeschichte der frühen Bundesrepublik, Berlin 1993, S. 74 f.

43 Herbert, (Anm. 35), S. 147 ff., S. 163 ff., S. 203 ff., S. 225 ff., S. 251 ff.; v. Laak, (Anm. 42), S. 102.

44 Herbert, (Anm. 30), S. 253, S. 308; Hilberg, (Anm. 35), S. 646, S. 1148.

45 Herbert, (Anm. 30), S. 458; vgl. auch Joachim Perels: Der Umgang mit Tätern und Widerstandskämpfern nach 1945, in: Kritische Justiz, H. 3/1997, S. 363 f.

46 Herbert, (Anm. 30), S. 460; Perels, (Anm. 45), S. 364; Falko Kruse: NS-Prozesse und Restauration, in: Redaktion Kritische Justiz (Hrsg.), Der Unrechts-Staat, Frankfurt a.M. 1979, S. 180 ff.

glaubt, auf die Verfolgung jener Delikte nicht mehr so Wert legen zu müssen. Sie hätten auf eine systematische der Vorgänge verzichtet."[47]

Adornos Bemerkung, daß die Gefahr für die Demokratie nicht von den rechtsradikalen Rändern, sondern vorn Nachleben faschistischer Tendenzen in der Demokratie herrühre,[48] hat eine sehr genaue Bedeutung. Der Geltungsanspruch des demokratischen Rechtsstaates, für den es keine sanktionsfreien Akte einer kriminellen Staatsgewalt geben kann, ist in der ersten Phase der Bundesrepublik nur im Blick auf die gesellschaftsneutralen Alltagsfragen, nicht aber gegenüber den nationalsozialistischen Staatsverbrechen systematisch durchgesetzt worden. Die Bindung der öffentlichen Gewalt an die Rechtsordnung ist durch ein machtpolitisches System des Vergessens ausgehöhlt worden. Erst mit der Einrichtung der Ludwigsburger Zentralen Stelle zur Aufklärung von NS-Verbrechen im Jahre 1958 ändert sich diese Situation.

Zur Zerstörung von Erinnerung treten Abwehrmechanismen hinzu, die das Geschehen zwar nicht auslöschen, aber verkleinern.[49] Auch hier nur einen Hinweis: In einer Gesamtdarstellung des Nationalsozialismus eines rechtskonservativen Historikers, Karl-Heinz Weißmann, wird die Zahl der ermordeten Juden mit 3,5 Millionen angegeben. Weißmann zählt die 1,5 Millionen Opfer der Einsatzgruppenmorde in der Sowjetunion, für die er in seinem umfangreichen Buch nicht einmal einen ganzen Satz zur Verfügung hat, einfach nicht mit.[50]

Die Verkleinerung der Dimension der Verbrechen konvergiert mit Tendenzen in der Justiz, in der Rechtslehre, in der Kirchengeschichtsschreibung und in der Militärhistorie der fünfziger Jahre, den NS-Staat zu normalisieren und dessen Terrorstruktur als ein Randphänomen eines im Kern intakten Staates zu betrachten,[51] der prinzipiell Anspruch auf Rechtsgeltung besitzt. So schrieb etwa der Präsident des Bundesgerichtshofes, Hermann Weinkauff, selber Reichsgerichtsrat in der NS-Diktatur, 1956: „Zwar hat sich der nationalsozialistische Staat während seines ganzen Bestehens durch schwerstes, von ihm selbst gesetztes Unrecht und durch furchtbare, von ihm selbst begangene Verbrechen befleckt. Trotzdem kann ihm der Staatscharakter nicht abgesprochen werden, denn er hielt eine bestimmte Ordnung des staatlichen und gesellschaftlichen Gefüges aufrecht, (…) Jeder Staat (also auch der NS-Staat, J.P.) hat (…) um der von ihm erbrach-

47 Verhandlungen des Deutschen Bundestages, 3. Wahlperiode, Steno-Berichte, Bonn 1960, S. 6682; s. hierzu Kruse, (Anm. 46).

48 Adorno, (Anm. 29), S. 126.

49 Ebd., S. 127.

50 Karlheinz Weißmann: Der Weg in den Abgrund. Deutschlands Weg unter Hitler 1933 bis 1945, Berlin 1995, S. 423; s. hierzu Ulrich Herbert: Die „selbstbewußte" Nation und der Nationalsozialismus, in: Die Zeit vom 1.12.1995.

51 Perels, (Anm. 29), S. 14 ff.

ten Ordnungsfunktion willen das Recht, sich durch Strafdrohung gegen gewaltsame Angriffe auf seinen inneren und äußeren Bestand zu schützen."[52] Durch die Gleichsetzung des NS-Regimes mit einem normalen Staat können Repressionsakte der Diktatur als normale Formen der Ausübung der öffentlichen Gewalt ausgegeben werden – wie etwa hunderte von Verfahren gegen Widerstandskämpfer der illegalen Arbeiterbewegung, die ganz überwiegend wegen Vorbereitung zum Hochverrat verurteilt worden sind.[53]

Zur Umdeutung der NS-Diktatur gehören „euphemistische Umschreibungen".[54] Die Implikationen dieser Kategorie macht Adorno selber deutlich. Er analysiert die Sprache eines Buches über neue Geborgenheit von Otto Friedrich Bollnow. Adorno gibt folgende Passage wieder: „Bergengruens letzter Gedichtband ‚Die heile Welt' schließt mit dem Bekenntnis ‚Was aus Schmerzen kam, war Vorübergang und mein Ohr vernahm nichts als Lobgesang.' Es ist also ein Gefühl dankbarer Zustimmung zum Dasein und Bergengruen ist bestimmt kein Dichter, dem man einen billigen Optimismus nachsagen könnte. Er berührt sich in diesem Gefühl einer tiefen Dankbarkeit für Rilke, der am Ende seines Weges ebenfalls sagen kann: ‚Alles atmet und oh ihr Nöte, die wie ihr spurlos versankt'."[55] Adorno kommentiert: „Diese Worte sind nur ein paar Jahre jünger als die Zeit, da man die, die man nicht gründlich genug vergast hatte, lebend ins Feuer warf, wo sie das Bewußtsein wiederfanden und schrien. Der Dichter, dem man bestimmt keinen billigen Optimismus nachsagen und der der ihn auswertet, vernahmen nichts als Lobgesang."[56]

Die „Aufrechnung der Schuld",[57] von Adorno kritisch festgehalten, ist eine besondere Form der Relativierung der Verantwortung. Sie bildet sich schon kurz nach Kriegsende aus. Für den Protestantismus, der die Position des deutschen Bürgertums nach dessen Kompromittierung durch die Unterstützung der NS-Diktatur im starken Maße formiert,[58] ist die Karfreitagpredigt von Helmut Thielicke von 1947 – er war theologischer Berater des EKD-Vorsitzenden Wurm – repräsentativ. In dieser Predigt, die starken Widerhall findet, wird von der

---

52 Hermann Weinkauff: Die gegen Hitler und das Widerstandsrecht, 20. Juli 1944, bearb. und neubearb. und ergänzt von Erich Zimmermann und Hans Adolf Jacobsen, Bonn o.J. (1960), S. 259.

53 Wolfgang Abendroth: Arbeiterklasse, Staat und Verfassung, hrsg. von Joachim Perels, Frankfurt a.M. 1975, S. 83 ff.

54 Adorno, (Anm. 29), S. 126.

55 Otto Friedrich Bollnow, Neue Geborgenheit, Stuttgart 1956, S. 26 f.

56 Theodor W. Adorno, Jargon der Eigentlichkeit, Frankfurt a.M. 1964, S. 23 f.

57 Adorno, (Anm. 29), S. 127.

58 Clemens Vollenhals: Evangelische Kirche und Entnazifizierung 1945–1949, München 1989; Joachim Perels: „Uns demgemäß verhalten". Die gescheiterte Selbstbesinnung der hannoverschen Landeskirche nach 1945, in: Lutherische Monatshefte, H. 4/1998, S. 26 ff.

„Schuld der anderen“ gesprochen und mit der Schuld der Deutschen auf eine Stufe gestellt: Die Westalliierten, die Befreier von Dachau, Buchenwald und Bergen-Belsen, erscheinen gleichwohl als „Höllenhund“, identisch mit den Zwingherren des NS-Staates: „Als Vertreter der Kirche spreche ich es aus angesichts des Jüngsten Gerichts, vor dem wir alle einmal stehen werden, wir alle, die wir den Höllenhund durch unser Schweigen und Mitmachen haben entbinden helfen, und die, die ihn nun weiter rasen lassen, obwohl sie im Namen des Christentums zu uns zu kommen vorgaben: das ist Unrecht, das ist Ärgernis.“[59] Den Alliierten, die die unverstellte Wahrnehmung der Staatsverbrechen der NS-Diktatur vor allem durch die Nürnberger Prozesse und die Nachfolgeverfahren in Gang brachten, hält Thielicke vor, daß sie „im Namen der Rache“ statt „im Namen des Christentums und der Mitmenschlichkeit“ kämen. In dieser nationalprotestantischen Verschiebung der Schuld wird den Nazis mehr Aufrichtigkeit zugebilligt als den Alliierten, die deren Schrecken ein Ende setzten: Die „verflossenen Machthaber“ seien immerhin so ehrlich gewesen, „nicht das Bild des Gekreuzigten, sondern die ‚blonde Bestie‘ als Aushängeschild zu benutzen.“[60]

Die gegen die Erkenntnis des NS-Systems gerichteten Abwehrmechanismen sind für Adorno nicht primär innerpsychologisch bedingt. Sie resultieren aus dem Prozeß der weitgehenden Restauration der gesellschaftlichen Machtverhältnisse und ihrer Funktionseliten, die die Diktatur trugen: „Daß der Faschismus nachlebt; daß die vielzitierte Aufarbeitung der Vergangenheit bis heute nicht gelang und zu ihrem Zerrbild, dem leeren und kalten Vergessen, ausartete, rührt daher, daß die objektiven gesellschaftlichen Voraussetzungen fortbestehen, die den Faschismus zeitigten.“[61] Es war kein Zufall, daß jene große Untersuchungen, die den Zusammenhang von NS-Despotie und bürgerlicher Gesellschaft empirisch wie theoretisch herausarbeiteten – Ernst Fraenkels „Dual State“ von 1941, Franz Neumanns „Behemoth“ von 1942/44 und Raul Hilbergs „The Destruction of the European Jews“ von 1961 –, bis in die siebziger Jahre in der Bundesrepublik nicht auf deutsch publiziert wurden;[62] sie standen quer zum Selbstbild der wiederhergestellten bürgerlichen Gesellschaft, die zu ihrer Neulegitimation ihren aktiven Anteil an der Aufrechterhaltung der NS-Herrschaft weitgehend unsichtbar werden ließ:

59 Helmut Thielicke: Predigt am Karfreitag 1947 in der Marktkirche zu Stuttgart, in: Die Schuld der Anderen, Göttingen 1948, S. 10.

60 Ebd., S. 11.

61 Adorno, (Anm. 29), S. 139.

62 Ernst Fraenkel: Der Doppelstaat (1941), Frankfurt/M. 1974; Franz Neumann: Behemoth. Struktur und Praxis des Nationalsozialismus (1942/44), Köln 1977; Hilberg, (Anm. 36).

„Noch die psychologischen Mechanismen in der Abwehr peinlicher und unangenehmer Erinnerungen dienen höchst realitätsgerechten Zwecken Die Tilgung der Erinnerung ist eher eine Leistung des allzu wachen Bewußtseins als dessen Schwäche gegenüber der Übermacht unbewußter Prozesse. Sie (lehnt) sich an gesellschaftliche Tendenzen an (...)".[63]

IV.

Gegenüber den vielfältigen Formen der Erkenntnis- und Verantwortungsabwehr nimmt Adorno – trotz der mehrheitsgestützten Machtverhältnisse – keine resignative Haltung ein. Daß die Kritische Theorie sich in eine praxislose Negation des Bestehenden eingekapselt habe, findet in seinen Arbeiten, deren Adressaten nicht zuletzt Lehrer sind, keinen Anhalt. Adorno setzt auf die möglichen subjektiven Handlungsmöglichkeiten. Für sie entwickelt er Strategien gegen die Zerstörungen der Erinnerung an die NS-Herrschaft.

Im Zentrum steht „militante Aufklärung",[64] die unverstellte Erkenntnis des Entsetzlichen. In einem dichten, empfindungsgenauen Text zu H. G. Adlers Buch über das Konzentrationslager Theresienstadt findet sich hierfür ein Exempel: „Es übersteigt das Maß des Vorstellbaren, daß ein zarter und sensibler Mensch seiner selbst geistig mächtig bleibt und zur Objektivation fähig in der Hölle, deren eingestandener Zweck die Zerstörung des Selbst noch vor der physischen Vernichtung ist. Solche Kraft ist von jeder krud-vitalen, vom plumpen Selbsterhaltungswillen überaus verschieden. Vielleicht setzt sie sogar eben die Zartheit voraus, dem Brutalität und Unrecht so unerträglich ist, daß es noch in extremis die Verpflichtung spürt, dort wo nichts mehr sich ändern läßt, wenigstens das Gedächtnis zu bewahren, das Unsägliche zu sagen und damit den Opfern die Treue zu halten. Es mag aber auch in Adler etwas von dem jüdisch-brüderlichen Widerspruchsgeist zu einer Reaktion geworden sein, die sich weigert, das Unausweichliche zu akzeptieren."[65]

Die Abwehrmechanismen – wie die Infragestellung der Zahl der Ermordeten – sucht Adorno durch die Wendung aufs Subjekt, durch eine Anleitung zur Selbstbesinnung abzubauen: „Man (sollte) versuchen, zur Besinnung über die Formen des Denkens zu veranlassen, das sich darauf beruft, es wären nicht sechs, sondern nur (!) fünf Millionen umgebracht worden. Von dort geht man

63 Adorno, (Anm. 29), S. 128 f.

64 Theodor W. Adorno: Zur Bekämpfung des Antisemitismus heute (1962), in: ders., Kritik Kleine Schriften zur Gesellschaft, Frankfurt a.M. 1971, S. 132.

65 Theodor W. Adorno: Über H. G. Adler (1965), in: ders., Vermischte Schriften II, hrsg. Von Rolf Tiedermann, Frankfurt a.M. 1986, S. 495; vgl. H. G. Adler: Theresienstadt 1941–1945. Das Antlitz einer Zwangsgemeinschaft, Tübingen 1955.

unmerklich dazu über, wie ich es wiederholt in rechtsradikalen Publikationen habe beobachten können, daß es am Ende nur ein paar tausend gewesen seien. Generell ist es besser, über die Mechanismen, die ins Spiel gebracht werden, aufzuklären".[66]

Das Erwerben von Verhaltensformen der Selbstbesinnung durch „demokratische Pädagogik" richtet sich gegen jenen autoritären, ich-schwachen Charakter, der nach 1945 in der kalten Beziehungslosigkeit zu den Leidenden weiterexistiert.[67]

Allerdings zielt die Überwindung des autoritären Charakters weniger auf die Generation der ideologischen und exekutierenden Täter, sondern auf die nachwachsende Generation, die ein größeres Potential für eine Entwicklung zur Ich-Stärke in der Familie, im Kindergarten, in der Schule besitzt. In dieser Generation kann die kritische Erfahrung der Psychoanalyse, daß Brutalität und Kälte, die ein Kind erfahren hat, weitergegeben werden,[68] durch pädagogisches Handeln begegnet werden. Auch wenn der erziehungspolitische Ansatz Adornos in der ausgehenden Ära Adenauer angesichts der kollektiven Tendenz der Abwehr einer Aufarbeitung der Vergangenheit keinen starken gesellschaftlichen Rückhalt besaß, ist er im Gefolge der Bewegung von 1968 in Gestalt der Zurückdrängung autoritärer Verhaltensstrukturen in vielen gesellschaftlichen Bereichen, nicht nur in der Familie, sondern auch in den Schulen und selbst in der Justiz in mancher Beziehung aufgenommen worden.[69]

Trotz seines Versuchs, die innere Verfaßtheit der Subjekte zum Ausgangspunkt von Veränderungsprozessen zu machen, sind Adorno die Grenzen aufklärerischer Praxis bewußt. Dies zeigt vor allem seine Auseinandersetzung mit dem Antisemitismus der Nachkriegszeit. Dem Antisemitismus, der Fortexistenz der zentralen ideologischen Doktrin der NS-Diktatur, der seit Beginn der Bundesrepublik einen festen Bodensatz der nicht-öffentlichen Meinung bildet,[70] begegnet Adorno nicht etwa mit dem Postulat einer philosemitischen Haltung. Denn die Überhöhung der Juden ist selbst dem Mechanismus der Ausgrenzung, wenn auch unter anderen Vorzeichen, verpflichtet: „Lobreden auf die Juden, welche diese

---

66 Adorno, (Anm. 64), S. 114 f.

67 Vgl. Adorno, (Anm. 64), S. 115, S. 120 f.; ders., (Anm. 29), S. 141.

68 Adorno, (Anm. 64), S. 122 f.

69 Vgl. Oskar Negt: Achtundsechzig. Politische Intellektuelle und Macht, Göttingen 1995; ders.: Kindheit und Schule in einer Welt der Umbrüche, Göttingen 1997; vgl. die Beiträge in der „Kritischen Justiz" zur Entwicklung des bundesdeutschen Rechtssystems 1968 ff.; vgl. Ulrich K. Preuß: Die Erbschaft von „1968" in der deutschen Politik, in: Opposition als Triebkraft der Demokratie. Bilanz und Perspektiven der zweiten Republik, hrsg. Michael Buckmiller und Joachim Perels, Jürgen Seifert zum 70. Geburtstag, Hannover 1998, S. 149 ff.

70 Werner Bergmann und Rainer Erb: Antisemitismus in der Bundesrepublik Deutschland. Ergebnisse der empirischen von 1946–1989, Opladen 1991.

als Gruppe absondern, geben selber dem Antisemitismus allzuviel vor. (...) Man hat mir die Geschichte einer Frau erzählt, die einer Aufführung des dramatisierten Tagebuchs der Anne Frank beiwohnte und danach erschüttert sagte: Ja, aber *das* Mädchen hätte man doch wenigstens leben lassen sollen. (...) Der individuelle Fall der aufklärend für das furchtbare Ganze einstehen soll, wurde gleichzeitig durch seine eigene Individuation zum Alibi des Ganzen, das jene Frau darüber vergaß."[71] Auch wenn der Antisemitismus mit einem reflektierten Erziehungsprogramm bis zu einem gewissen Grade bekämpft werden kann, so bleibt er doch der Kitt der falschen Gesellschaft, die ihre ungelösten Probleme auf die Juden projiziert. Nur die Überwindung einer antagonistischen Gesellschaft kann dem Antisemitismus die Grundlage wirklich entziehen.

Im amerikanischen Exil entwickelt Adorno eine spekulative Erklärung für die Verfolgung der Juden, in der der innere Zusammenhang der Stigmatisierung der Juden und der Herrschaftsmechanismen der Gesellschaft mit großer Klarheit bezeichnet wird. 1940 schreibt er in einer Beilage zu einem Brief an Horkheimer vom 18 September 1840: „Die Juden sind die, welche sich nicht haben ‚zivilisieren' und dem Primat der Arbeit unterwerfen lassen. Das wird ihnen nicht verziehen und deshalb sind sie der Stein des Anstoßes in der Klassengesellschaft. Sie haben sich, könnte man sagen, nicht oder nur widerwillig aus dem Paradies vertreiben lassen. Noch die Beschreibung, die Moses von dem Land, wo Milch und Honig fließen, gibt, ist die des Paradieses. Dies Festhalten am ältesten Bild des Glücks ist die jüdische Utopie (...) Je mehr die Welt der Seßhaftigkeit als eine der Arbeit, die Unterdrückung reproduzierte, (sich ausbildete), um so mehr mußte der ältere Zustand als ein Glück erscheinen, das man nicht erlauben, dessen Gedanken man verbieten muß. Dies Verbot ist der Ursprung des Antisemitismus."[72] Nicht zuletzt gegen die messianische Idee einer humanen Ordnung ohne Unterdrückung und Gewalt, die von Halb-Apologeten der NS-Herrschaft wie Ernst Nolte noch heute aggressiv verworfen wird – er spricht davon, daß man „kein Nationalsozialist zu sein" braucht, um den utopischen Menschheitstraum

---

71 Adorno, (Anm. 29), S. 143.

72 Max Horkheimer: Gesammelte Schriften, Bd. 16, Briefwechsel 1937–1940, hrsg. Von G. Schmid Noerr, Frankfurt a.M. 1995, S. 763 f.; vgl. auch Max Horkheimer und Theodor W. Adorno: Dialektik der Aufklärung, Amsterdam 1947, S. 234: „Gleichgültig. wie die Juden an sich selbst beschaffen sein mögen, ihr Bild, als das des Überwundenen, die Züge, denen die totalitär gewordene Herrschaft todfeind sein muß: des ohne Macht, des Lohns ohne Arbeit, der Heimat ohne Grenzstein, der ohne Mythos. Verpönt sind diese Züge von der Herrschaft, weil die Beherrschten sie insgeheim ersehnen. Nur solange kann jene bestehen, wie die Beherrschten selber das Ersehnte zum Verhaßten machen." Vgl. ferner Robert Raphael Geis: Gedenkrede für die jüdischen Opfer des Nationalsozialismus in Kassel (1950), in: ders., Gottes Minorität. Beiträge zur jüdischen Theologie und zur Geschichte der Juden in Deutschland, München 1971, S. 159 f.

Jesajas, gegen den sich das Hitler-Regime nicht zuletzt konstituierte, zu verwerfen.[73] Seine Struktur ist das grausige Gegenbild zu der alttestamentlichen Vision, „daß der Herr den Gewalttätigen mit dem Stabe seines Mundes schlagen, daß dem Elenden rechtes Urteil im Lande zugesprochen wird" (Jesaja 10, 4).

Den Opfern, die für die Hoffnung auf ein neues Jerusalem, in dem sich „Frieden und Gerechtigkeit küssen" (Psalm 85, 11) einstanden, hält Adorno die Treue. Er bewahrt die messianische Hoffnung der ermordeten Juden:

> „Philosophie, wie sie im Angesicht der Verzweiflung einzig noch zu verantworten ist, wäre der Versuch, alle Dinge so zu betrachten, wie sie vom Standpunkt der Erlösung aus sich darstellen. Erkenntnis hat kein Licht als das von der Erlösung her auf die Welt scheint: Alles andere erschöpft sich in der Nachkonstruktion und bleibt ein Stück Technik. Perspektiven müssen hergestellt werden, in denen die Welt ähnlich sich versetzt, verfremdet ihre Risse und Schründe offenbart, wie sie einmal als bedürftig und entstellt im Messianischen Lichte daliegen wird."[74]

73 Ernst Nolte: Streitpunkte. Heutige und künftige Kontroversen um den Nationalsozialismus, Berlin 1993, S. 378; zu neueren Arbeiten Noltes s. Hans-Ulrich Wehler: Politik in der Geschichte, München 1998, S. 145 ff. sowie Perels, (Anm. 30), S. 25 ff.

74 Adorno, (Anm. 23), S. 333.

Der Teufel weint nicht.[1]
Zur Entwirklichung von NS-Tätern

> Die Ermordeten sollen noch um das einzige betrogen werden,
> was unsere Ohnmacht ihnen schenken kann, das Gedächtnis.
>
> Theodor W. Adorno

I.

Die nationalsozialistischen Verbrechen sind nach Kriegsende vielfach aus der Erinnerung getilgt worden. Martin Niemöller, prophetischer Kopf der Bekennenden Kirche, beschrieb diese Tendenz nach siebenjähriger KZ-Haft. Der wachsenden Verdrängung der NS-Herrschaft, die mit der zunehmenden Bejahung der Ideen des Nationalsozialismus einherging,[2] hielt er 1946 den Spiegel vor: „Unter uns sind Dinge geschehen, von denen wir in unseren schlimmsten Träumen nicht geträumt haben ... Keine Feder kann das beschreiben, was unsere Augen schauen mussten und was durch unsere Herzen gegangen ist. Ein Berg von Schuld ist vor unseren Augen aufgetürmt worden. Mit den Konzentrationslagern fing es im Jahre 1933 an, und die Kommunisten wurden zu Tausenden hineingesperrt, ohne Anklage, ohne Gerichtsverhandlung, ohne Urteil und dort konnten sie bleiben, ohne daß sich jemand darum kümmerte ... Und dann ging es auf Riesenschritten weiter auf diesem Wege, als 1938 die große Judenverfolgung begann, die sich vor unser aller Augen entwickelte und abspielte. Erst brannten die Synagogen, Wohnungen und Geschäftshäuser wurden geplündert und zerstört, und die Konzentrationslager konnten die Neuzugänge nicht mehr fassen ... Fünf bis sechs Millionen Juden wurden ausgerottet, ... und der Berg der Schuld wuchs bis in den Himmel. Es folgte alles, was uns nun als Kriegsverbrechen vorgehalten wird: Die Ausrottung ganzer Ortschaften in der Tschechei, die planmäßige Dezimierung der Bevölkerung in Polen, wo nicht nur Männer, wo Greise, Frauen, Kinder und Säuglinge massenweise erschossen wurden., die Geiselerschießungen in Holland und Belgien, in Norwegen und Frankreich, das Hungersterben der Tausende in Griechenland und auf dem Balkan ... Doch wen geht diese Schuld eigentlich etwas an? ... Die Menschen aus der Partei sagen ...: Unsere Schuld ist das nicht. Wir waren ja nur kleine Leute und sind gezwunge-

---

1 Arno Reinfrank, Vorübergehende Siege. Gedichte, Egnach 1963, S. 39.

2 Public Opinion in occupied Germany, hrsg. v. Anna J. Merrit, Richard L. Merrit, Urbana 1970, S. 295.

nermaßen beigetreten..., weil wir für unsere Stellung und unser Geschäft fürchteten. Die SS ist es gewesen und die Gestapo. Doch sie lehnen es ab, sich diese Schuld aufzubürden zu lassen: wir haben nur Befehle ausgeführt. ... So bleibt zuletzt alles hängen an Adolf Hitler und Heinrich Himmler. Aber die sind nicht mehr da – und der Berg von Schuld bleibt, und niemand rührt ihn an."[3]

Zu Beginn der 50er Jahre unterließ es die Justiz, deren Personal zu drei Vierteln mit der des NS-Staats identisch war und die sich in weitem Maße zu einer Institution zur Abwehr der Verantwortung der NS-Gewaltverbrecher – vor allem durch die Umwandlung von Tätern zu Gehilfen – entwickelte, ein Verfahren gegen das Reichsicherheitshauptamt, der für die Organisierung der millionenfachen Massenmorde zuständigen Zentralbehörde, deren Untaten in den Verfahren der Alliierten schon ans Licht gekommen waren, in Gang zu setzen.[4] In dieser Zeit besuchte Hannah Arendt Deutschland. Sie hatte schon während des Kriegs mit dem Begriff der organisierten Schuld das über die NS-Führung hinausreichende Gewicht der deutschen Gesellschaft bei der Verübung der Verbrechen in den Mittelpunkt gerückt.[5] Sie beschreibt – übereinstimmend mit zeitgenössischen empirischen Untersuchungen des Frankfurter Instituts für Sozialforschung[6] – die umfassende Nichtwahrnehmung der nationalsozialistischen Staatsverbrechen im Nachkriegsdeutschland: „Überall fällt einem auf, dass es keine Reaktionen auf das Geschehene gibt. Dieser allgemeine Gefühlsmangel ist nur das auffälligste äußere Symptom einer tief verwurzelten, hartnäckigen und gelegentlich auch brutalen Weigerung, sich dem tatsächlichen Geschehen zu stellen ... Der wohl hervorstechendste und auch erschreckendste Aspekt der deutschen Realitätsflucht liegt jedoch in der Haltung, mit Tatsachen so umzugehen, als handle es sich um bloße Meinungen ... Beobachtet man die Deutschen..., wie sie es einem verübeln, wenn man sie an die Schreckenstaten erinnert..., dann begreift man, dass die Geschäftigkeit zu Ihrer Hauptwaffe der Abwehr der Wirklichkeit geworden ist... (D)ie Angesprochenen sind lebende Gespenster, die man mit Wor-

3 Martin Niemöller, Der Weg ins Freie (1946), in: ders., Reden 1945–1954, Darmstadt 1958, S. 46 f.

4 Adalbert Rückerl, NS-Verbrechen vor Gericht. Versuch einer Vergangenheitsbewältigung, Heidelberg 1982, S. 137 f., Falko Kruse, NS-Prozesse und Restauration. Zur justitiellen Verfolgung von NS-Gewaltverbrechen in der Bundesrepublik, in: Der Unrechts-Staat. Recht und Justiz im Nationalsozialismus, hrsg. Redaktion der Kritischen Justiz, Baden-Baden 1979, S. 177 f., Ulrich Herbert, Best, Biographische Studien über Radikalismus, Weltanschauung und Vernunft, Bonn 1996, S. 498 ff. Zum Umgang der Justiz mit der Staatskriminalität des Dritten Reiches vgl. Kerstin Freudiger, Die juristische Aufarbeitung von NS-Verbrechen, Tübingen 2002.

5 Hannah Arendt, Organisierte Schuld (1944), in: dies., Sechs Essays, Heidelberg 1948, S. 33 ff.

6 Gruppenexperiment. Ein Studienbericht, bearbeitet von Friedrich Polock. Mit einem Geleitwort von Franz Böhm, Frankfurt/M. 1955.

ten, mit Argumenten, mit dem Blick menschlicher Augen und der Trauer menschlicher Herzen nicht mehr rühren kann.“ Hannah Arendt zeigt, dass die Realität der unzähligen Vernichtungsstätten der NS-Diktatur durch die abstrakt-allgemeine Behauptung einer mörderischen Potentialität aller Völker relativiert wird: „Aus der Wirklichkeit der Todesfabriken wird eine bloße Möglichkeit: die Deutschen hätten nur getan, wozu andere auch fähig seinen… Eine solche Flucht aus der Wirklichkeit ist eine Flucht aus der Verantwortung.“[7]

II.

Die Verantwortung für bestimmte nationalsozialistische Verbrechen wird seit Gründung der Bundesrepublik im Zusammenhang mit Prozeß der Verdrängung durch mehrere Amnestien des demokratischen Gesetzgerbers aufgehoben. Durch das Straffreiheitsgesetz von 1949, das von einer breiten auch die sozialdemokratische Opposition einschließenden Mehrheit gebilligt wurde, werden insbesondere Köperverletzungen mit Todesfolge, die die Schlägertrupps der SA 1938 in der Reichsogromnacht begingen, amnestiert, sofern die Strafe nicht mehr als ein Jahr Gefängnis betragen hätte. Mit dieser Regelung, durch die Untaten des NS-Regimes an den Juden durch Gesetz ihren Unrechtscharakter verloren, setzt die Bundesrepublik, dessen Grundgesetz sich gegen die Herrschaftsformen des Dritten Reichs konstituierte, die von Hitlers Justizminister Gürtner verfügte Nichtverfolgung von staatlichen Straftaten fort.[8]

Die 1954 erfolgte Amnestie nationalsozialistischer Straftaten ging in der Suspendierung des Rechtsgüterschutzes sehr viel weiter. Unter dem Einfluß der Ideologie von Werner Best, des einstigen, an der Konzipierung der Ermordung der Juden maßgeblich beteiligten Justitiars des Reichssicherheitshauptamts, der 1952 in einer an das Bundesjustizministerium adressierten Denkschrift für die NS-Verbrechen eine sanktionsaufhebende Konstruktion entwickelt hatte, wurden auf Befehl erfolgte Tötungen unterer Chargen des NS-Regimes, die vom Sommer 1944 bis zum Frühjahr 1945 begangen wurden, amnestiert, wenn die Höhe der Strafe nicht mehr als drei Jahre Gefängnis betrug.[9] Das Straffreiheitsgesetz orientierte sich an der juristischen, das Recht auf Leben (Art. 2 GG) negierenden

7 Hannah Arendt, Besuch in Deutschland 1950, in: dies., Zur Zeit. Politische Essays, Berlin 1986, S. 51 ff.

8 Norbert Frei, Vergangenheitspolitik. Die Anfänge der Bundesrepublik und die NS-Vergangenheit, München 1996, S. 29 ff., Das Nürnberger Juristenurteil (1947), hrsg. v. Lore Peschel-Gutzeit, Baden-Baden 1996, S. 192. Zur Kritik am Straffreiheitsgesetz von 1949 s. Josef Müller (CSU), bayrischer Justizminister, Frei, ebd., S. 32 f.

9 Frei (Anm. 7), S. 100 ff., Herbert (Anm. 4), S. 283, S. 458.

Konstruktion von Best, sog. politische, vorgeblich aus nicht-egoistischen Gründen begangene Tötungshandlungen der NS-Diktatur sanktionsfrei zu stellen.[10] Damit wurden auch die vom stellvertretenen Leiter des Reichssicherheitshaupthaupts, Gruppenführer Müller, befohlenen, unter der Leitung eines SS-Sturmführers am 22./23. April 1945 erfolgten Tötungen, denen Verschwörer des 20. Juli 1944, Klaus Bonhoeffer, Hans John, Friedrich Justus Perels und Rüdiger Schleicher, zum Opfer fielen, amnestiert.[11] Der ohne das Erfordernis eines Vollstreckungsbefehls agierende NS-Maßnahmenstaat,[12] den die Durchbrechung geltenden Rechts aus politischen Zweckmäßigkeitsgründen charakterisierte, wurde gegen die Widerstandskämpfer, die der Rechtszerstörung der Diktatur entgegengetreten waren, vom Deutschen Bundestag erneut in Geltung gesetzt.

Die vom Parlament nicht gewollte und bei der Beschlussfassung nicht erkannte, von der Ministerialbürokratie an der Spitze des von Gustav Heinemann geleiteten Justizministeriums vorbei konzipierte Neuregelung des § 50 Abs. 2 StGB, die im Gesetz zu Ordnungswidrigkeiten einem aufmerksamen Blick entzogen wurde, zielte darauf, die für die Anordnung der Massenmorde verantwortlichen Schreibtischtäter des Reichssicherheitshauptamts der Strafverfolgung zu entziehen. Das Gesetz von 1968 unterschied zwischen tat- und täterbezogenen Merkmalen. Die tatbezogenen Merkmale wurden von den Tötungsbürokraten des Reichssicherheitshauptamts erfüllt, die die Morde anordneten, aber nicht selber töteten. Für die Beihilfe zum Mord, die den Schreibtischtätern vorgeworfen wurde, galt einen Verjährungsfrist von 15 Jahren, die 1960 abgelaufen war. Zu dieser Regelung, die Heinemanns Staatsekretär Horst Ehmke als Panne bezeichnete, wurde von Generalbundesanwalt Martin eine verfassungskonforme Auslegung entwickelt. Sie zielte darauf, die Unterscheidung von tat- und täterbezogenen Merkmalen an den Gleichheitssatz des Art. 3 Abs. 1 GG zu binden. Das hieß, dass Schreibtischtäter gegenüber den Tatausführenden nicht privilegiert werden dürfen, weil sonst ein die Gleichheit vor dem Gesetz negierendes Sonderrecht für diejenigen geschaffen wird, ohne die der Mord nicht erfolgt wäre. Ungeachtet dessen wurde die offenbar von der Ministerialbürokratie intendierte Besserstellung der Mordplaner gegenüber den Mordausführenden durch die Rechtsprechung des Bundesgerichtshofs geltendes Recht. Das höchste Strafgericht der Bundesrepublik setzt 1969 einen Kriminalbeamten der Sicherheitspolizei Krakau, der die Tötung von Juden angeordnet hatte, außer Verfolgung. Dementsprechend wurde auch das nach langer Verzögerung mit einem großen

10 Frei (Anm. 7), S. 106, S. 111 Anm. 32, S. 115 Anm. 46.

11 Eberhard Bethge, Die letzten Tage in der Lehrterstraße 3, in: ders., In Zitz gab es keine Juden. Erinnerungen aus meinen ersten vierzig Jahren, München 1989, S. 135 ff.

12 Ernst Fraenkel, Der Doppelstaat (1941), Frankfurt/M. 1974.

Aktenaufwand in Gang gesetzte Verfahren gegen das Reichssicherheitshauptamt wegen Verjährung unter Rückgriff auf die Neufassung des § 50 Abs. 2 StGB eingestellt.[13]

III.

Die Schuldabwehr schlug sich auch in wissenschaftlichen Arbeiten nieder. Dies zeigt ein exemplarischer Blick auf juristische, historische und sozialpsychologische Beiträge von Herman Jahrreiß, von Andreas Hillgruber, von Joachim Fest und von Harald Welzer.

Hermann Jahrreiß erklärt, übereinstimmend mit den übrigen Verteidigern in seinem Plädoyer im Hauptkriegsverbrecher-Prozeß von 1945/46 für seinen Mandanten Alfred Jodl, den Chef des Wehrmachtsführungsstabs im Oberkommando der Wehrmacht, völkerrechtswidrige Befehle – wie den Barbarossa-Gerichtserlaß von 1941, der Verbrechen der Wehrmacht im Osteuropa sanktionsfrei stellt – als Akte der juristisch effektiv existierenden Staatsgewalt für rechtmäßig: „Wer sich als Funktionär der Hierarchie auf den Befehl des Führers beruft, will nicht für eine rechtswidrige Handlung einen Strafausschließungsgrund angeben, sondern er bestreitet die Behauptung, sein Verhalten sei rechtswidrig, denn der Befehl sei unangreifbar, den er befolgt habe." Die Negation des Völkerrechts wird von Jahrreiß durch die Affirmation der schrankenlosen juristischen Macht des Hitler-Regimes gerechtfertigt: „Ein Befehl des Führers war für die Angesprochenen verbindlich, und zwar rechtsverbindlich, auch wenn die Weisung dem Völkerrecht und anderen überkommenen Wertungen zuwiderlief."[14] Die Affirmation der Führerdiktatur, die die Rechtsgarantien für Nichtkombattanten, für Kriegsgefangene, für den Schutz der körperlichen Integrität, für die Garantie des Rechts auf Leben beseitigt, setzte sich in der höchstrichterlichen Rechtsprechung der 50er Jahre fort, die das Recht des politischen Widerstands gegen Hitler mit dem Kainszeichen der Rechtswidrigkeit versah und die vom Grundgesetz für weiter

---

13 Michael Greve, Amnestierung von NS-Gehilfen – eine Panne? Die Novellierung des § 50 Abs. 2 und dessen Auswirkung auf die NS-Strafverfolgung, Kritische Justiz H. 3/2000, S. 412 ff., Herbert (Anm. 4), S. 495 ff., Stellungnahme des Generalbundesanwalts zur Verjährung der Beihilfe zum Mord aus niedrigen Beweggründen, Neue Juristische Wochenschrift H.16/1969, S. 1157 ff., BGH Neue Juristische Wochenschrift H.16/1969, S. 1181.

14 Eingabe der Gesamtverteidigung vom 19. November 1945, in: Der Prozeß gegen die Hauptkriegsverbrecher vor dem Internationalen Militärgerichtshof, Bd. 1, Nürnberg 1947, S. 186 ff.

wirksam erklärte Gesetzgebung der Alliierten (Art. 139 GG) zumal zur Legalität der politischen Opposition gegen die NS-Diktatur ins Abseits drängte.[15]

In Übereinstimmung mit der Tendenz zur Neu-Legitimierung des NS-Staats verwirft Andreas Hillgruber in einem Beitrag über den Zusammenbruch im Osten 1944/45 die politische Motivation der Verschwörer des 20. Juli und legitimiert das Handeln von Repräsentanten der NS-Diktatur.[16] Die gegen das Hitler-Regime formierte Position des Widerstands, das „keine sittlichen Bindungen weder gegenüber dem eigenen noch einem anderen Volke gegenüber anerkennt", das das „das Recht zerstört (und) das Glück von Millionen vernichtet"[17] wird von Hillgruber als bloß gesinnungsethisch qualifiziert.[18] Nach der Definition Max Webers zielt diese Position auf eine individuelle moralische Selbstrettung, die von einem verantwortungsethischen Handeln, das auf die Erhaltung der gesamten Ordnung gerichtet ist, grundlegend verschieden ist.[19]Für Hillgruber sind die zivilen und militärischen Träger der nationalsozialistischen Staatsgewalt im Osten einschließlich bestimmter „Hoheitsträger der NSDAP" Repräsentanten eines verantwortungsethischen Verhaltens, denn sie versuchten „das Schlimmste" zu verhindern, das Vordringen der Roten Armee, die, nota bene, im Januar 1945 Auschwitz befreite.[20] Mit dieser Interpretation wird der Kampf der Verschwörer des 20. Juli für die Rückkehr zum zivilisierten Recht als politisch unverantwortlich qualifiziert, während die Träger des rechtszerstörenden Diktatur-Regimes, auf dessen fortexistierender Macht das System der Konzentrationslager beruhte, mit dem Signum des verantwortlichen politisch Handelns versehen werden. So erfahren die Exekutivstäbe des NS-Regimes, die für den von Hillgruber legitimierten Ostfeldzug mit der Vereinbarung zwischen der militärischen Führung und dem Reichssicherheitshauptamt dafür sorgten, dass die Wehrmacht

---

15 Joachim Perels, Die schrittweise Rechtfertigung der NS-Justiz. Der Huppenkothen-Prozeß, in: ders., Das juristische Erbe des „Dritten Reiches". Beschädigungen der demokratischen Rechtsordnung, Frankfurt/M. 1999, S. 181 ff., Joachim Perels, Späte Entlegitimierung der NS-Justiz, ebd., S. 215 ff.

16 Andreas Hillgruber, Der Zusammenbruch im Osten 1944/45 als Problem der deutschen Nationalgeschichte und der europäischen Geschichte, in: ders., Zweierlei Untergang. Die Zerschlagung des Deutschen Reiches und das Ende des europäischen Judentums, Berlin 1986, S. 11 ff.

17 Aufruf an die Wehrmacht (1944), Aufruf an das deutsche Volk (1944), in: 20. Juli 1944, hrsg. von Hans Royce, neubearbeitet und ergänzt von Erich Zimmermann und Hans Adolf Jacobsen, Bonn 1960, S. 174, S. 160.

18 Hillgruber (Anm. 18), S. 20.

19 Max Weber, Der Beruf der Politik, in:ders., Soziologie, Weltgeschuichtliche Analysen, Politik, Stuttgart 1956, S. 175.

20 Hillgruber (Anm. 18) S. 21, S. 37.

den schützenden Rahmen für die Mordkommandos der Einsatzgruppen bildet,[21] eine Rechtfertigung.

Nicht allein rechtliche, auch moralische Kategorien werden für die Analyse der NS-Herrschaft in Frage gestellt. Joachim Fest, der zwar vom Schuldanteil des gesamten Volks am Nationalsozialismus spricht, erklärt doch moralische Maßstäbe für die Einordnung des Hitler-Regimes für prinzipiell ungeeignet.[22] Fest begründet dies damit, dass Hitler mit gewissen Einschränkungen eine sog. geschichtliche Größe besessen habe, für die moralische Begriffe keine Gültigkeit besäßen. Er übernimmt die geschichtsphilosophische Position Jacob Burckhardts, die freilich im 19. Jahrhundert, lange vor dem nationalsozialistischen System entwickelt wurde. Mit Burckhardt spricht Fest davon, dass „das Bewußsein der grossen Individuen eine merkwürdige ‚Dispensation von dem gewöhnlichen Sittengesetz' gewährt."[23] Tatsächlich heisst es bei Burckhardt: „Wer... einer Gesamtheit Größe, Macht und Glanz verschafft, dem wird das Verbrechen nachgesehen."[24] Dass Fest die Suspendierung moralischer Urteilskriterien auf Hitler bezieht, weil er ihm im Kern geschichtliche Größe zuerkennt, qualifiziert Hannah Arendt als Ausdruck eines Mangels an Erkenntnis. Sie argumentiert mit einem Wort von Brecht: „Die grossen politischen Verbrecher... sind vor allem keine grossen politischen Verbrecher, sondern die Verüber grosser Verbrechen, was etwas ganz anderes ist... So wenig das Misslingen seiner Unternehmungen Hitler zu einem Dummkopf stempelt, so wenig stempelt ihn der Umfang dieser Unternehmungen zu einem großen Mann."[25]

In seinem Buch „Der Untergang" negiert Fest die Relevanz moralischer Fragestellungen selbst in der Endphase des Dritten Reiches. Dafür wird die Binnenperspektive des letzten Aufgebots der Nationalsozialisten eingenommen. Aus dieser Blickrichtung wird der militärischen Verteidigung Berlins ein auf sog. historischer Größe beruhender Sinn zugesprochen: „Was dem Widerstand (in den Augen der Kämpfenden) über jede Vernunft hinaus zur Rechtfertigung verhalf, war nicht nur die tief verankerte Vorstellung, dass alles wirklich Große in der Welt erst durch Tod und Untergang beglaubigt werde. Vielmehr fühlten sie

21 Raul Hilberg, Die Vernichtung der europäischen Juden (1961), Bd. 2, Frankfurt/M. 1990, S. 298 ff.

22 Joachim Fest, Das Gesicht des Dritten Reiches. Profile einer totalitären Herrschaft, München 1963, S. 11, Joachim Fest, Hitler. Eine Biographie (1973), Berlin 1987, S. 17 ff.

23 Fest, Hitler (Anm. 22), S. 19, Jacob Burckhardt, Weltgeschichtliche Betrachtungen (1873), Pfullingen 1949, S. 292.

24 Burckhardt (Anm. 23), S. 293, vgl. hierzu Johannes Gross, Nachtgedanken zu Joachim Fests Hitler, in: Von Geschichte umgeben. Joachim Fest zum Sechzigsten, Berlin 1986, S. 80 ff.

25 Hannah Arendt an Joachim Fest, 18. Dezember 1973, in: Hannah Arendt/Joachim Fest, Eichmann war von empörender Dummheit, Gespräche und Briefe, München 2011, S. 103.

sich auch zu handelnden Figuren im Schlussakt einer welthistorischen Tragödie berufen oder gar erhoben, und Tragödien solchen Ausmaßes, hatten sie gelernt, verliehen selbst dem sinnlos Scheinenden einen höheren Sinn."[26] Die Behauptung, dass ein System, das eine fast unendliche Vielzahl von Menschen ins Unglück stürzte, das über 50 Millionen Menschen im Krieg den Tod brachte und für den Tod von 12 Millionen Menschen unabhängig von Kriegshandlungen verantwortlich war,[27] einen höheren Sinn besäße, ist eine Legitimation der Selbstzerstörung Hitler-Deutschlands, das die Maßstäbe zivilisatorischen Zusammenlebens beseitigt. Fest übernimmt die Sichtweise der verantwortlichen Militärführer, ohne daran eine Reflexion des Verhältnisses von Ideologie und Realität – auf der Basis der großen Arbeiten über den Nationalsozialismus von Franz Neumann bis Ian Kershaw –[28] anzuschließen. Durch diese Engführung, die den Blick auf die Totalität der NS-Herrschaft, die mit der Selbstbegründung der Nazi-Führer nicht identisch ist, versperrt, ist die Entwicklung einer moralische Fragestellung, in deren Mittelpunkt die „vollendete Sinnlosigkeit" (Hannah Arendt) des zerbrechenden Dritten Reiches stehen müsste, methodisch nicht möglich.

Der fehlenden Distanz zur NS-Herrschaft entspricht, dass Fest in seiner Hitler-Biographie, die das zur Zeit ihrer Veröffentlichung vorliegende, bis heute maßgebende Werk Raul Hilbergs „The Destruchtion of European Jews", das die treibenden Kräfte des Holocaust in Staat und Gesellschaft des Nationalsozialismus mit empirischer Exaktheit analysiert, nicht rezipiert, ja nicht einmal im Literaturverzeichnis aufführt.[29] Die Ermordung der europäischen Juden macht Fest zu einem Randphänomen. Die Shoa wird in einem Buch über das Hitler-Regime von 1184 Seiten auf 4 Seiten abhandelt.[30] Die verengte Wahrnehmung des größten Verbrechens der deutschen Geschichte findet ihre Entsprechung in der Hypostasierung Hitlers in der ersten Periode des Dritten Reiches, in der der permanente, auf die Zerstörung der Freiheitsrechte gestützte Ausnahmezustand herrschte. Zu dieser Zeit, in der die Juden und die Widerstandsgruppen der Arbeiterbewegung systematisch diskriminiert und massenhaft durch die Gestapo und die Justiz verfolgt wurden, schreibt Fest in seiner Hitler-Biographie: „Nur

---

26 Joachim Fest, Der Untergang. Hitler und das Ende des Dritten Reiches. Eine historische Skizze, 5. Aufl., Reinbek 2005, S. 93.

27 Sir Hartley Shawcross, Plädoyer. Der Prozeß gegen die Hauptkriegsverbrecher vor dem Internationalen Militärgerichtshof, BIX, Nürnberg 1948, S. 483.

28 Franz Neumann, Behemoth. Struktur und Praxis des Nationalsozialismus (1942/44), hrsg. v. Gert Schäfer, Köln 1977, Ian Kershaw, Hitler 1889–1936, Stuttgart 1998, Ian Kershaw Hitler 1936–1945, Stuttgart 2000.

29 Raul Hilberg, Die Vernichtung der europäischen Juden (1961), 3 Bde., Frankfurt/M. 1990.

30 Fest, Hitler (Anm. 22), S. 929 ff.

wenige würden zögern, Hitler bis zum Jahre 1938 einen der größten Staatsmänner der Deutschen, vielleicht den Vollender ihrer Geschichte zu nennen.“[31]

Das Erkenntnispotential moralischer Kategorien, die in weitem Maße dem enger gefaßten, sanktionsfähigen Recht entsprechen, wird deutlich, wenn man einen Blick auf die Traditionsgeschichte der Regeln menschlichen Zusammenlebens wirft. Die moralischen und – implizit auch – rechtlichen Normen, die Fest ausgerechnet für die Analyse der NS-Herrschaft als ungeeignet verwirft, an deren Einhaltung oder Nichteinhaltung sich die Struktur einer politischen Ordnung zeigt, entstammen der jüdisch-christlichen Tradition, deren Zentrum das Tötungsverbot und die aus dem Gedanken der Gottesebenbildlichkeit aller Menschen resultierende Weisung ist, Fremde wie Einheimische zu behandeln.[32] In der Aufklärung wird diese Tradition aufgenommen und auf den Begriff der allen Menschen innewohnenden und sie verbindenden der Vernunft gegründet. Für den kategorischen Imperativ Kants, dass die moralische Bindung der Individuen daraus entspringt, dass sie der Idee nach aus dem Willen aller hervorgeht, die sich der von ihnen selbst gesetzten Normen zur Erhaltung ihrer Existenz unterwerfen, deren Grundlage die rechtliche Gleichheit der Individuen ist. Der damit konstituierte autonome Wille jedes Individuums ist in der Beziehung mit anderen daran gebunden, dessen Integrität zu respektieren und ihn nicht einfach als Mittel, sondern stets als Zweck zu behandeln.[33] Die Dimension der NS-Herrschaft wird durch dessen umfassende Negation des Rechtsbegriffs der Aufklärung in vollem Maße kenntlich. Denn das NS-System beruht – kurz gesagt – einerseits auf der umfassenden Aufhebung des mit einer allgemeinen Gesetzgebung unvereinbaren Beseitigung des Tötungsverbots und andererseits auf dem Negation des Grundsatzes der rechtlichen Gleichheit der Menschen, die durch staatliche Diskriminierung der Juden, der Roma und Sinti, der glaubensfesten Christen, der sowjetischen Kriegsgsgefangenen, der politischen Oppositionellen, der Zeugen Jehovas und vieler anderer beseitigt wird.

IV.

Die Verzerrung der NS-Herrschaft findet sich auch in neueren Untersuchungen, die das Erkenntnispotential moralischer und rechtlicher Kategorien für die Analyse des Hitler-Regimes in Abrede stellen. Ein Exempel dafür ist das Buch

31 Ebd., S. 25.

32 5. Mose 5, 17, 3. Mose 19, 33.

33 Immanuel Kant, Grundlegung zur Metaphysik der Sitten (1785), Werke Bd. IV, hrsg. v. Wilhelm Weischedel, Frankfurt/M. 1964, S. 61, S. 74.

Harald Welzers „Täter. Wie ganz normale Menschen Massenmörder werden,“[34] das in der Öffentlichkeit auf breite Resonanz stieß. Auch wenn es die Routinisierung des Grauens im System des nationalsozialistischen Massenmords zutreffend beschreibt, steht es doch für die Tendenz, die unverstellte Wahrnehmung des Dritten Reichs zu vereiteln.

In Übereinstimmung mit Fest macht Welzer die Binnenperspektive der NS-Täter zum Referenzrahmen, der die moralische und rechtliche begründete Negation des staatlichen Mordens ausschließt. Welzer schreibt: „Bei der Analyse von Täterhandeln (können wir) nicht von einem universalistischen Moralkonzept ausgehen, nach dessen Maßstäben die Täter zweifellos unmoralisch gehandelt haben, sondern von einem partikularen Moralkonzept, das von unserem abweicht, aber in der Sicht der Akteure Geltung beanspruchen und ihr Handeln anleiten konnte.“[35] An anderer Stelle heißt es: „In einem veränderten normativen Rahmen verändert sich auch die Auffassung darüber, was als moralisches Verhalten gilt, aber das heißt keineswegs, dass Moral hier keine Rolle spielen würde. Das Verhältnis von Massenmord und Moral ist nicht kontradiktorisch ... Ohne Moral hätte der Massenmord sich nicht bewerkstelligen lassen.“[36] Das heißt für Welzer: „Wir machen es uns viel zu einfach, wenn wir bei dem Versuch, das Handeln von Tätern und Täterinnen im Vernichtungsprozeß erschließen zu wollen, dieses Handeln schlankweg als als amoralisch charakterisieren... (E)s steht der Annäherung an den sozialen und psychologische Prozeß des Tötens systematisch im Weg. Wir haben es in Massenmorden in der Regel nicht mit disponierten Mördern, die aus Gründen, die ihnen selbst plausibel erschienen, töteten.“[37]

Welzer löst die normative Wahrnehmung der Verbrechen der NS-Diktatur methodisch auf. Er verwendet für das nationalsozialistische Mordsystem – von den Einsatzgruppen bis zu den Vernichtungslagern – den Begriff der Moral, obgleich dieses Wort, das man, wenn es nicht zur Ideologie herabsinken soll, nicht wie eine Spielmarke beliebig verwenden kann. Sonst wird Moral ins Gegenteil, der Legitimation von Herrschaftszwecken verwandelt. Die Realität der Tötung Millionen Schuldloser war, wie Hannah Arendt schreibt, „die Negation

---

34 Harald Welzer, Täter. Wie aus ganz normalen Menschen Massenmörder werden, Frankfurt/M. 2005; zur Diskussion der Position von Welzer s. Joachim Perels, Rezension der Arbeit von Harald Welzer, Verweilen beim Grauen. Essays zum wissenschaftlichen Umgang mit dem Holocaust, Tübingen 1997, Kritische Justiz H.1/2000, S. 127 ff sowie die Diskussion von Harald Welzer mit Wissenschaftlern der Universität Hannover: Was heißt wissenschaftlicher Umgang mit dem Holocaust? Podiumsdiskussion am Fachbereich Geschichte Philosophie und Sozialwissenschaften der Universität Hannover am 9. Januar 2001, hrsg. v. der Fachschaft Sozialwissenschaften der Universität Hannover, Hannover. o.J. (2001).

35 Ebd., S. 31 f.

36 Ebd., S. 40.

37 Ebd., S. 38.

der Moral als solcher, die Umkehrung der 10 Gebote Gottes."[38] Die Nazis hatten ein barbarisches Konzept, das die Achtung vor der menschlichen Würde derer, die zu Feinden erklärt, ihre körperliche Integrität beraubt und, mit Tieren gleichgesetzt, um ihr Leben gebracht wurden.[39] Dieses barbarische System mit einem Begriff von Moral zu identifizieren, macht das Grauen unsichtbar, lässt es verschwinden. Dies bezeichnet Saul Friedländer, der in seiner großen Analyse des Holocaust wie wenige den Zeugnissen der Opfer zum Ausdruck verhilft, als den Versuch „die Fassungslosigkeit zu domestizieren, sie wegzuerklären."[40]

In Welzers technisierter Sprache Welzers, die sich gegen die Leiden der Opfer immunisiert, geschieht genau dies. Das Morden wird bei ihm zu einer „einfallsreichen Tötungsarbeit."[41] Er betrachtet die sog. Judenfrage als eine „Relaisstation zur Reduktion von Komplexität."[42] Die Gesetze gegen die Juden qualifiziert er als eine „normative Innovationsoffensive."[43] Das Gedicht eines Täters, in dem es heißt, dass nicht ein einziger vorbeischoß, nennt er „launig."[44] In der Beschreibung einer Erschießungaktion einer Einsatzgruppe wird bereits in Worten ihre individuelle Existenz ausgelöscht: Da die Tötung schon eingeübt sei, habe sich „die Sache(!) quantitativ, aber nicht mehr qualitativ (verändert)."[45]Am Ende werden die völkisch angeleiteten Gewaltgewaltverbrechen – ein Wort, das Welzer durchgehend vermeidet – so abstrakt betrachtet, dass den Morden auch etwas Positives abgewonnen wird: „Gewalt ist nicht prinzipiell destruktiv. Sie hat am Ende einen neue Struktur geschaffen, die vor der Gewalt noch nicht war."[46] So verschwindet die Realität des staatlich organisierten Grauens: Die durch die Gewalt herbeigeführte „neue Struktur" ist in Wahrheit das von den mobilen Tötungskommandos der SS hinterlassene Leichenfeld der Kinder, Frauen und Männer.

---

38 Hannah Arendt, Über das Böse. Eine Vorlesung zu Fragen der Ethik, hrsg. v. Jerome Kohn, München 2006, S. 13 S. 16, s. hierzu Detlef Horster, Ethik. Grundwissen Philosophie, Stuttgart 2009, S. 82.

39 Vgl. Hans Mommsen, Barbarei und Genozid, in: ders.,Von Weimar nach Auschwitz. Zur Geschichte Deutschlands in der Weltkriegsperiode, München 2001, S. 268 ff., Saul Friedländer, Die Jahre der Vernichtung. Das Dritte Reich und die Juden 1939–1945, München 2006, S. 127, S. 134, S. 137, S. 300.

40 Friedländer (Anm. 39), S. 25.

41 Welzer (Anm. 34), S. 47.

42 Ebd., S. 65.

43 Ebd., S. 73.

44 Ebd., S. 82.

45 Ebd., S. 140.

46 Ebd., S. 14.

Welzer orientiert sich an der Binnenperspektive der NS-Täter. Deren „zeitgenössischen normativen Standard“[47] legt er zu Grunde. Damit wird die Kategorie des Rechts, das in Gestalt des im Dritten Reich weitergeltenden Strafgesetzesbuch, das mit den Tatbeständen des Mords, des Totschlag, der Körperverletzung die Individuen schützte, negiert. Er zieht die wichtigste historisch und juristische Quelle, die über das Tötungssystem der NS-Herrschaft umfassend Aufschluß gibt, die von Christiaan F. Rüter herausgegebene, in über 50 Bänden vorliegende Sammlung „Justiz und NS-Verbrechen“[48] nicht heran. In dieser Entscheidungssammlung finden sich die historischen Sachverhalte und ihre rechtliche Kategorisierung – wie das Urteil im Auschwitz-Prozeß –, durch die die Opfer rechtlich kenntlich wurden.[49]

Die Nichtverwendung der Kategorie des Rechts, dessen analytische Qualität in den großen, zeitgenössischen Arbeiten zur NS-Herrschaft von Ernst Fraenkel und Franz Neumann[50] zum Ausdruck kommt, die den Bruch des Regimes mit den juristischen Garantien der modernen Zivilisation mit empirischer Genauigkeit in den Blick rücken, wird von Welzer damit gerechtfertigt, dass die NS-Täter mit ihren Handlungen einer „Sinnzuschreibung folgten“, die erst „viel später“, nach dem Ende des Dritten Reichs „als moralisch extrem verwerflich erscheint.“[51] So werden die Gewalthandlungen des NS-Regimes, weil mit einer subjektiven Sinnzuschreibung verbunden, von der Kategorie des Rechts getrennt. Auf diese Weise wird auch die Position des politischen Widerstands gegen Hitler ausgegrenzt, dessen Ziel – bei allen Unterscheiden – darin bestand, das Recht, das in den Morden der Justiz, der Einsatzgruppen, der Machträger der Konzentrationslager geschändet wurde, wiederherzustellen.[52] Diese zeitgenössische rechtsstaatliche Position, die in den NS-Prozessen nach 1945 praktisch wirksam wird, wird bei Welzer ausgeblendet. Damit gerät Welzer im Gegensatz zur rechtlich motivierten Opposition gegen Hitler. Kardinal Graf Galen, stellt 1941 auf der Basis des geltenden Strafgesetzbuches in einer Predigt in Münster Strafan-

---

47 Ebd., S. 25.

48 Justiz und NS-Verbrechen, hrsg. v. Christian Friedrich Rüter, Amsterdam 1968 ff.

49 Vgl. Joachim Perels, Der Auschwitz-Prozeß zwischen Aufklärung und Erkenntnisabwehr, in: ders., Entsorgung der NS-Herrschaft? Konfliktlinien im Umgang mit dem Hitler-Regime, Hannover 2004, S. 205 ff.

50 Neumann (Anm. 28), Ernst Fraenkel, Der Doppelstaat (1941), Frankfurt/M. 1974.

51 Welzer (Anm. 34), S. 41.

52 Peter Steinbach, Wiederherstellung des Rechtsstaats als zentrales Ziel des Widerstands, in: Der Widerstand gegen den Nationalsozialismus. In: Die deutsche Gesellschaft und der Widerstand gegen Hitler, hrsg. v. J. Schmädecke und P. Steinbach, München 1985, S. 617 ff.

trag wegen Mord nach § 211 StGB gegen die für die NS-Euthanasie Verantwortlichen Träger der Staatsgewalt.[53]

V.

Die Fatalität der Entsorgung der kriminellen Realität der NS-Herrschaft durch die Inthronisierung ihres Geltungssystems wird an Untersuchungen, die die Antriebskräfte der NS-Täter historisch und soziologisch analysieren, sichtbar. Fritz Bauer, der schon während des zweiten Weltkriegs eine große Arbeit zu den Staatsverbrechen des Nationalsozialismus veröffentlicht hat und der als hessischer Generalstaatsanwalt den Auschwitz-Prozeß in Gang brachte,[54] hat NS-Täter differenziert kategorisiert.[55] Die eine Gruppe bilden die Gläubigen, die der völkischen Ideologie der Nationalsozialisten folgen. Zu ihnen gehört Rudolf Höss, der Kommandant des Vernichtungslagers Auschwitz, der die Auslöschung der Juden systematisch betrieb, insbesondere durch die von ihm zum Beschleunigung des Vernichtungsprozesses eingesetzten Gaskammern.[56] Zu einer anderen Gruppe gehören die Formalisten, die einem Befehl, selbst wenn er rechtswidrig ist, gehorchen – wie die meisten Angehörigen des Polizeibataillons 101, die überwiegend aus zivilen Berufen kommend keine durchgängig nationalsozialistische Überzeugung besaßen, sich aber der Anweisungsgewalt des Kommandeurs unterordneten, obgleich er Ihnen die Möglichkeit eröffnet hatte, sich an der Ermordung der Juden nicht zu beteiligen.[57] Die dritte Gruppe bilden die Nutznießer, die im Tötungsapparat Karriere machen, wie Dietrich Allers, der Geschäftsführer der T 4-Aktion, der, Anhänger der für die Beseitigung sog. lebensunwerten Lebens entwickelten Doktrin, die Ermordung der psychisch Behinderten

---

53 Predigt von Clemens August von Galen am 3. August 1941 in Münster, in: Die Kirchen im Dritten Reich, hrsg. v. Georg Denzler, Volker Fabricius, Frankfurt/M. 1984, S. 198 ff.

54 Fritz Bauer, Kriegsverbrecher vor Gericht, Zürich 1945, Fritz Bauer, Die Humanität der Rechtsordnung, hrsg. v. Joachim Perels und Irmtrud Wojak, Frankfurt/M. 1998, Irmtrud Wojak, Fritz Bauer 1903–1968. Eine Biographie, München 2009, Claudia Fröhlich, „Wider die Tabuisierung des Ungehorsams." Fritz Bauers Widerstandsbegriff und die Aufarbeitung von NS-Verfahren, Frankfurt/M. 2006.

55 Fritz Bauer, Genocidium (1965), in: Bauer, Humanität (Anm. 54), S. 61 ff.

56 Rudolf Höss, Kommandant in Auschwitz. Autobiographische Aufzeichnungen, hrsg. v. Martin Broszat, München 1964, Gustave M. Gilbert, Nürnberger Gefängnistagebuch. Gespräche der Angeklagten mit dem Gerichtspsychologen (1947), Frankfurt/M. 1996, S. 251 ff., S. 259 ff., S. 448 ff.

57 Christopher Browning, Das Reserve-Polizeitbataillon 101 und die „Endlösung" in Polen, Reinbek 1996.

organisierte und durch den von ihm entwickelten Trostbrief zur Täuschung der Angehörigen perfektionierte.[58]

In seiner die NS-Euthanasie und die Vernichtung der Juden als einen Gesamtvorgang begreifenden Untersuchung „Der Weg zum NS-Genozid" hat Henry Friedlander die Kategorisierung der NS-Täter, wie sie Fritz Bauer entwickelt hat, auf eine breite, quellengestützte Grundlage gestellt.[59] Es zeigt sich, dass die Frage der Motivation der Täter nicht in dem Sinne entpolitisiert werden kann, dass sog. ganz normale Menschen ohne historische Spezifikation in abstrakter Allgemeinheit als Massenmörder erscheinen. Vielmehr spielen, wie Friedlander empirisch zeigt, bestimmte Antriebskräfte der NS-Täter eine zentrale Rolle: die Übereinstimmung mit der völkischen Ideologie des Nationalsozialismus und die Perspektive des gesellschaftlichen Aufstiegs im Rahmen des jeweiligen Tötungsapparats. Diese doppelte Antriebstruktur wird von der von Fritz Bauer geleiteten hessischen Generalstaatsanwaltschaft im Zuge der Vorbereitung des Verfahrens gegen Verantwortliche des Anstaltmords spezifiziert: „Auf Grund der nationalsozialistischen Gesinnung, die in ihrem frühen Eintritt und ihren führenden Stellungen in der NSDAP und ihren Gliederungen zum Ausdruck kam, ihrer positiven Einstellung zur „Euthanasie" und ihres unbedingten Gehorsams zu ihrem „Führer" machten sie bereitwillig mit und benutzen –trotz fehlender eigener Kenntnisse und Erfahrungen – ihren Einfluß und ihre Stellungen, um den Tötungsaktionen zum Erfolg zu verhelfen, zumal sie sich durch ihre Mitarbeit persönliche Vorteile – Beförderungen, Zuwendungen, Freistellung vom Frontdienst und nicht zuletzt persönliche Macht und Einfluß – einhandelten."[60]

Theodor W. Adorno und Hannah Arendt, die der Shoa durchs Exil entronnen sind, haben moralische und rechtliche Maximen für die Wahrnehmung und die Analyse der NS-Herrschaft formuliert, die deren Entwirklichung unmöglich machen. Adorno schrieb: „Nachdem Millionen unschuldiger Menschen ermordet worden sind (ist es angezeigt), so zu philosophieren, dass man sich vor den Ermordeten dabei nicht zu schämen braucht."[61] Und Hannah Arendt konstatierte: „Die Gerechtigkeit soll… die gestörte Ordnung wiederherstellen… Es gibt bei Grotius… einen Ausspruch: Dass es zur Ehre und Würde des… Verletzten gehört, dass der Täter bestraft wird… Wenn das deutsche Volk der Meinung ist, es

58 Hans-Walter Schmuhl, Rassenhygiene, Nationalsozialismus, Euthanasie, Göttingen 1987, Kerstin Freudiger, Die juristische Aufarbeitung von NS-Verbrechen, Tübingen 2002, S. 244 f.

59 Henry Friedlander, Der Weg zum NS-Genozid. Von der Euthanasie zur Endlösung, Berlin 1987.

60 Ebd., S. 320.

61 Theodor W. Adorno, Philosophische Terminologie, Bd. 1, hrsg. v. Rudolf zur Lippe Frankfurt/M. 1973, S. 166.

kann ungestört mit den Mördern in seiner Mitte zusammenleben, dann geht das gegen die Ehre und Würde der Juden.“[62]

62 Hannah Arendt, „Eichmann war von empörender Dummheit“. Rundfunksendung v. 9. November 1964 (Anm. 25), S. 56 f.

Nähe zu NS-Gewaltverbrechern. Die Berichte des deutschen Gefängnisarztes von Nürnberg

I.

Die in der „Waldeckischen Landeszeitung“ unter dem Titel „Als Gefängnisarzt in Nürnberg“ 1952 erschienenen, auf Tagebuchaufzeichnungen beruhenden Berichte von Ludwig Pflücker entwickeln eine Blickrichtung für das Nürnberger Verfahren gegen die Hauptkriegsverbrecher, die die Dimension der Zerstörung zivilisatorischen Rechts, die den Inhalt des Urteils gegen Hermann Göring, Wilhelm Keitl, Ernst Kaltenbrunner und der anderen Angeklagten bildet, zum Verschwinden bringt. Die Legitimität des Verfahrens wird in Zweifel gezogen. Im Gegensatz zum Selbstbild Pflückers, demzufolge er sich als Helfer seiner Patienten – führende Machträger der NS-Diktatur – „ausschließlich von ärztlichen Gesichtspunkten leiten ließ,“[1] liegt seinem Bericht eine politische Infragestellung des Nürnberger Verfahrens zugrunde. Er schildert ein Gespräch mit Fritz Sauckel, der für die völkerrechtswidrige Rekrutierung der Millionen Zwangsarbeiter aus ganz Europa zuständig war. Dabei reproduziert Pflücker, wie sich bei der Lektüre seines Tagebuches zeigt, die Selbstrechtfertigung der nationalsozialistischen Täter, die sich – bis auf zwei Ausnahmen – in ihren Schlussworten allesamt für nicht schuldig erklärten, obwohl sie für die Ermordung der Juden, den Vernichtungskrieg gegen die Sowjetunion und viele andere Verbrechen verantwortlich waren.

Der deutsche Gefängnisarzt gibt seine ärztlich Rolle auf und stellt die Erfüllung der Massenmordtatbestände, die den Kern des Nürnberger Verfahrens bilden, in Abrede. Er tritt an die Seite eines Hauptkriegsverbrechers: Er „erinnert (Sauckel) … daran, dass auch andere hochstehende politische Persönlichkeiten in den Tod gehen mussten, ohne im eigentlichen Sinn Verbrecher zu sein“ (W.L. 23.10.52). Das heißt, dass die Untaten des NS-Staates im „eigentlichen Sinn“ keine Verbrechen waren: Das Recht hat für die Qualifizierung der nationalsozialistischen Gewaltverbrecher keine Bedeutung. Damit aber stellt sich Pflücker in den Gegensatz zu den Rechtsgrundlagen der Nürnberger Verfahrens, in denen mit dem Tatbeständen der Kriegsverbrechen und der Verbrechen gegen die Menschlichkeit, die Garantien des Rechts der Individuen, gegen deren Durchbrechung durch den Staat, kodifiziert wurden. Er negiert auch die rechtsstaatlichen Positionen des politischen Widerstands, die darauf zielten, diejenigen, die für die

1 Waldeckischen Landeszeitung (W.L) vom 6. Oktober 1952.

vielfache Schändung des Rechts verantwortlich waren, zur Rechenschaft zu ziehen.[2]

Die Identifikation mit Angeklagten des Nürnberger Verfahrens, die in der Bemerkung zum Ausdruck kommt, dass es „selbstverständlich (war), dass wir als Deutsche in dieser Notzeit zusammengehörten" (W.L. 7.10.52), hat zur Folge, dass Pflücker, übereinstimmend mit den Abwehrmechanismen der Nachkriegszeit,[3] sich der Wahrnehmung der NS-Herrschaft entzieht. Nachdem im Gerichtsverfahren ein Film über die Konzentrationslager gezeigt wurde, notiert Pflücker: „Schließlich tröstete man sich doch damit, dass man von allen diesen Dingen nichts gewusst habe" (W.L. 6.10.52), obwohl sich die Konzentrationslager in der Nähe großer und kleiner Städte befanden und über sie in den Zeitungen berichtet wurde.[4]

Die uneingeschränkte Unterstützung für die angeklagten Hauptkriegsverbrecher wird dadurch komplettiert, dass er, in Übereinstimmung mit Göring, die Tätigkeit des Psychologen des Gerichts, Martin Gilbert, herabsetzt: „Er (Göring) weiß sehr wohl, dass Dr. Gilbert oft auszuhorchen versucht und mit der Anklagebehörde in enger Beziehung steht." (W.L. 21.10.52) Weil Recht für Pflücker in seiner Haltung zu Göring ohne Bedeutung ist, wird der Psychologe, der an der Ermittlung der von Göring zu verantworteten verbrecherischen Handlungen beteiligt ist, zu einer negativen Figur, der den zweiten Mann der NS-Diktatur illegitim aushorcht. Als Pflücker seine Erinnerungen publizierte, war das Gefängnistagebuch Martin Gilberts schon fünf Jahre veröffentlicht. Es wäre für Pflücker ein leichtes gewesen, sich mit diesem Tagebuch, einer bis heutig wichtigen historischen Quelle, auseinanderzusetzen, anstatt sich Görings Haltung zu eigen zu machen. Bei Gilbert findet sich ein Gespräch mit Göring, das ein Exempel für dessen aufklärende Rolle ist. Es steht in vollem Gegensatz zur Nähe von Pflücker zu Göring. Gilbert sagte zu Göring: „Ihre Frau war ziemlich verzweifelt über ihre blinde Treue zum Führer, nach all dem Elend und den Mordbefehlen." Göring sagte dazu, dass ihn seine Frau „in vielen Dingen beeinflus-

2 Ger van Roon, Neuordnung im Widerstand. Der Kreisauer Kreis innerhalb der deutschen Widerstandsbewegung, München 1967, S. 553 ff.

3 Hannah Arendt, Besuch in Deutschland(195o), in.diess, Zur Zeit. Politische Essays, hrsg. v. Marie Luise Knott, Berlin 1986, S. 43 ff.; Gruppenexperiment. Ein Studienbericht bearbeitet von Friedrich Pollock.Mit einem Geleitwort von Franz Böhm, Frankfurt/M. 1955.

4 Vgl. Peter Longerich, Davon haben wir nichts gewusst! Die Deutschen und die Judenverfolgung, München 2006; Frank Bajohr, Dieter Pohl, Massenmord und schlechtes Gewissen. Die deutsche Bevölkerung, die NS-Führung und der Holocaust, Frankfurt/M. 2008

sen“ könne, aber nicht „in Bezug auf seinen Ehrenkodex“ (der eben in der Befehlsergebenheit gegenüber Hitler lag).[5]

Die Konfrontation mit der Anklagebehörde von Nürnberg, deren wohl bedeutendster Vertreter, Robert H. Jackson, sein Plädoyer am Maßstab des von den Nazis für den Massenmord außer Kraft gesetzten Strafgesetzbuchs orientierte,[6] kommt in der Haltung Pflückers zum Kommandanten des Nürnberger Gefängnisses, Oberst B. C. Andrus, zum Ausdruck. Er nennt ihn, da er sein „Amt genau wahrnimmt“ eine „große...Plage“ „für die Internierten“. Die politische Haltung des Kommandanten, die für sein Regiment bestimmend ist, wird so charakterisiert, als ob die Ablehnung der NS-Herrschaft den Umgang mit den Angeklagten beeinträchtigte: „Dem nationalsozialistischen Deutschland brachte er einen großen Hass entgegen und fühlte sich in seiner Rolle als Gefängniskommandant zu besonderer Strenge verpflichtet“. (W.L. 7.10.52).

Pflücker erwähnt den historischen Ablauf des Nürnberger Verfahrens, das auf Deutsch in 22 Bänden[7] bereits dokumentiert vorlag, als sein Bericht erschien, mit keinem Wort. Damit rücken die außerordentlichen Untaten des NS-Staates, die Gegenstand der Verhandlungen und des Urteils waren, aus dem Blickfeld, obwohl die Angeklagten, die er medizinisch betreut und für die er „Mitgefühl“ (W.L. 10.10.52) entwickelt, sich für die Massenverbrechen zu verantworten hatten. Die Täter werden von ihren Taten, die lediglich am Rande vorkommen, separiert. Hierzu gehört, dass Pflücker seinen Bericht mit der Kopie von handschriftlichen Dankadressen von Göring, Streicher und anderen versieht, die die persönliche Nähe zwischen dem Gefängnisarzt und den Hauptkriegsverbrechern dokumentieren. Göring wird dadurch besonders herausgestellt, dass auf einer Seite, auf der der ehemalige Reichmarschall für die „Güte“ Pflückers anerkennende Worte findet, ein Foto der Familie Göring mit seiner Frau und seiner Tochter abgedruckt ist, das Göring, mit seiner Unterschrift versehen, an den Gefängnisarzt übergab (W.L. 21.10.52): der zweite Mann des Dritten Reiches als einnehmender Familienvater.

---

5 Gustave M. Gilbert, Nürnberger Tagebuch. Gespräche der Angeklagten mit dem Gerichtspsychologen, (1947), Frankfurt/M. 1962, S. 211.

6 Robert H. Jackson, Plädoyer, 21. November 1945, Der Prozeß gegen die Hauptkriegsverbrecher vor dem Internationalen Militärgerichtshof Nürnberg, Bd. I/II, Nürnberg 1947, 115 ff., S. 142.

7 S. Anm. 5.

II.

Die Beschreibungen der Träger des nationalsozialistischen Systems, die aus dem täglichen Umgang mit ihnen resultieren und dem Leser die Personen näherbringen, sind so angelegt, dass sie versuchen da und dort Sympathie, ja z.T. auch Einverständnis zu erzeugen. Dies geschieht dadurch, dass der konkrete Blick auf die Verbrechen, deren die Täter überführt sind, wie das 1946 ergangene und im selben Jahr veröffentlichte Urteil im einzelnen zeigt,[8] unterbleibt. Dadurch erscheinen die hohen NS-Chargen in der unwirklichen Gestalt nichtkrimineller Personen. Entsprechend heißt es bei Pflücker, dass die Rede von einem „Kriminalflügel" für die in Nürnberg vor Gericht Stehenden eine „wenig schöne Bezeichnung" sei (W.L. 14.10.52) – als würden ihre Handlungen in unangemessener Weise als kriminell qualifiziert.

Geschildert werden einstige Inhaber von Spitzenstellungen in der NS-Diktatur: der Superminister in Hitlers Kabinett und sein designierter Nachfolger(Göring), der Chef des Oberkommandos der Wehrmacht (Keitel), der Chef der Oberoperationsabteilung des Oberkommandos der Wehrmacht (Jodl), der Generalgouverneur der besetzten polnischen Gebiete (Frank), der Reichsstatthalter für die besetzten Niederlande (Seyß-Inquart), der Generalbevollmächtigte für den Arbeitseinsatz, insbesondere in den besetzten Gebieten (Sauckel), der Chef des Reichssicherheitshauptamts (Kaltenbrunner) und der General der SA und Herausgeber des „Stürmer" (Streicher).

Göring, der zweite Mann der nationalsozialistischen Staatsgewalt, hat in Pflückers Bericht keine Verantwortung für die Ingangsetzung der großen Verbrechen, obwohl von Göring die Weisung an Himmler und Heydrich vom 31. Juli 1941 stammt, „eine endgültige Lösung der Judenfrage innerhalb der deutschen Einflusssphäre" herbeizuführen.[9] Pflücker berichtet, dass Göring den Alliierten, statt den Nazis die Untaten in den Lagern zurechnet. „Eine ganze Reihe von Aufnahmen (von den Vernichtungsstätten J.P.) (sind) nach Fliegerangriffen gemacht worden … und fielen somit eigentlich dem Feinde zur Last" (W.L. 6.10.52) – als ob die Gegner Hitlers für die Einrichtung der Konzentrationslager verantwortlich wären. In die gleiche Richtung geht die Feststellung Görings, dass Hitler, der „soviel Hingabe und Treue verlangt und erfahren (habe), … seine Getreuen nicht (habe) verlassen dürfen" (W.L. 18.10.52). In der Einforderung der Treue von Hitler durch Göring wird die Schuld auf Hitler, seine Untreue, verlagert. Gleichzeitig werden damit die Herrschaftsprinzipien des nationalsozialistischen Machtapparats von Göring als gültige Kriterien für

8 Das Urteil von Nürnberg, München 1946.

9 Das Urteil von Nürnberg (Anm. 8), S. 123.

die Bewertung seiner Rolle zugrunde gelegt: die Verübung der großen Verbrechen ist dann gerechtfertigt und eine strafrechtliche Schuld ausgeschlossen.

Auch die Position der Spitzen der Wehrmacht, von Keitel und Jodl, wird in dem Bericht wiedergegeben, ohne dass die historische Rolle der hohen Militärs, vor allem im völkerrechtswidrigen Vernichtungskrieg gegen die Sowjetunion, wie sie auch im Urteil von Nürnberg dargestellt wird,[10] in den Blick genommen würde. Die Identifikation mit den führenden Militärs geht bei Pflücker so weit, dass er keine Distanz gegenüber den engsten militärischen Mitarbeiter Hitlers ausbilden konnte. Nach Jodls Auftreten im Prozeß, in dem er sich darauf berief, dass sein Verhältnis zu Hitler „rein soldatisch" gewesen sei, reagiert Pflücker mit Hochachtung: „Ich sage ihm, dass er sich halte wie ein alter Römer" (W.L. 17.10.52). Die Konzipierung von verbrecherischen Befehlen durch Jodl – er ist an der Ausarbeitung des Kommissarbefehls, der sowjetische Funktionäre der verfahrenslosen Tötung überantwortet, beteiligt[11] – ist kein Thema. Auch die den Festlegungen des politischen Widerstands[12] und des Londoner Statuts der Alliierten entsprechenden Bestimmungen des deutschen Militärstrafgesetzbuchs (§ 47 Abs. 2), dass ein Befehl die strafrechtlichen Verantwortung nicht aufhebt, finden bei Pflücker im Blick auf das den Machtprinzipien Hitlers folgende Handeln Jodls keine Erwähnung.

Anders als Jodl ist Keitel im Prozeß[13] und auch im Gespräch mit Pflücker in der Lage, Verantwortung zu übernehmen: Er „erklärt zu seinem Urteil, man habe ihm an manchen Punkten Gerechtigkeit widerfahren lassen" (W.L. 18.10.52). Dies bezieht sich auf eine Passage des Urteils, in der Keitels aktive Propagierung der Zerstörung des Völkerrechts im Krieg im Osten einen Schuldvorwurf begründet. Im Urteil heißt es, nachdem auf eine an Keitel adressierte Denkschrift von Canaris hingewiesen wurde, die die Einhaltung völkerrechtlicher Prinzipien im Krieg gegen die Sowjetunion forderte, dass Keitel als Chef des Oberkommandos der Wehrmacht auf diese Intervention mit folgenden Worten reagierte: „Die Bedenken entsprechen den soldatischen Auffassungen vom ritterlichen Krieg! Hier handelt es sich um die Vernichtung einer Weltanschauung. Deshalb billige ich die Maßnahme und decke sie."[14] Allerdings ist die kritische Selbstreflexion von Keitel begrenzt. Die Institution der Wehrmacht wird – übereinstimmend mit der Sichtweise einer 1946 verfassten Denkschrift von Generä-

10 Ebd., S. 130 f., 166 f.

11 Ebd., S. 166.

12 Joachim Perels, Das juristische Erbe des „Dritten Reiches". Beschädigungen der demokratischen Rechtsordnung, Frankfurt/M. 1999, S. 156 f.

13 Telford Taylor, Die Nürnberger Prozesse, München 1994, S. 621.

14 Das Urteil von Nürnberg (Anm. 8), S. 131.

len des NS-Systems[15] – von den Verbrechen des Regimes separiert. Keitel erklärt: „Mir kommt es darauf an, den Ehrenschild der deutschen Wehrmacht so rein zu erhalten wie möglich". (W.L. 18.10.52). Pflücker läßt Keitel das letzte Wort. Er geht nicht auf das – die historischen Tatsachen reflektierende – Urteil von Nürnberg ein, in dem es heisst: Die Offiziere „sind in grossem Masse verantwortlich gewesen für die Leiden und Nöte, die über Millionen Männer, Frauen und Kinder gekommen sind. Sie sind ein Schandfleck für das ehrenhafte Waffenhandwerk geworden. Ohne ihre militärische Führung wären die Angriffsgelüste Hitlers und seiner Nazi-Kumpanen akademisch und ohne Folgen geblieben."[16]

Die für die Besatzungspolitik der Nationalsozialisten in Polen und den Niederlanden verantwortlichen Funktionsträger, Frank und Seyß-Inquart, werden von Pflücker ohne jegliche Bezugnahme auf ihre tatsächliche Rolle in dem vom Hitler-Regime unterworfenen Land beschrieben. Frank setzte seiner Politik in Polen am 3. Oktober 1939 das Ziel: „Polen wird als Kolonie behandelt werden; die Polen sollen die Sklaven des Großdeutschen Weltreichs werden."[17] Seyß-Inquarts Rolle als Reichsstatthalter für die Niederlande, der das Völkerrecht zugunsten der Machterweiterung des Hitler-Regimes durchbricht, charakterisiert das alliierte Militärgericht so: „Die wirtschaftliche Verwaltung der Niederlande übte Seyß-Inquart aus, ohne die Regeln der Haager Konvention, die er als veraltet bezeichnete, zu beachten. Sofort begann er, Sklavenarbeiter nach Deutschland zu schicken."[18] Pflücker veröffentlicht in seinem Bericht einen Brief Seyß-Inquarts an Sauckel, dem er einen besonders „dokumentarischen Wert" zumisst, weil der Brief sich mit den „rechtlichen und moralischen Folgerungen", die sich aus dem Urteil gegen Sauckel ergeben, befasst (W.L. 18.10.52). Der Brief, den Pflücker als bedeutsam herausstellt, zeugt von der ungebrochenen nationalsozialistische Überzeugung eines führenden Vertreters der despotischen Besatzungspolitik Nazi-Deutschlands. Seyß-Inquart beschreibt seine Tätigkeit im Dienst des Hitlerregimes so: „Wir werden uns selbst in unserer Leistung für das deutsche Volk nicht kleiner machen (…). Der größte Vorwurf wäre, nicht alles im Existenzkampf des Volkes getan zu haben" (W.L. 18.10.52). Die Niederlage des Dritten Reiches, aus der die Konstituierung der Demokratie in Deutschland und

15 Manfred Messerschmidt, Vorwärtsverteidigung. Die „Denkschrift der Generäle" für den Nürnberger Gerichtshof, in: Vernichtungskrieg. Verbrechender Wehrmacht, hrsg. v. Hannes Heer, Klaus Naumann , Hamburg 1995, S. 531 ff.; zur Wiederlegung der Position der Denkschrift vgl. Raul Hilberg, Die Vernichtung der europäischen Juden (1961) Bd. 2, Frankfurt/M. 1990; Helmut Krausnick, Hitlers Einsatzgruppen, Franfurt/M. 1985.

16 Das Urteil von Nürnberg (Anm. 8), S. 119.

17 Ebd., S. 138.

18 Ebd., S. 174.

die Befreiung der Überlebenden der Konzentrationslager resultiert, betrachtet er als „Unglück" (ebd.).

Für die Charakterisierung der nationalsozialistischen Besatzungsherrscher spielt es eine zentrale Rolle, dass Frank und Seyß-Inquart eine „religiöse" Wendung genommen hätten. Pflücker hat „die feste Überzeugung gewonnen (…), dass beide (Frank, Seyß-Inquart) wirklich überzeugte Christen seien" (W.L. 20.10.52). Frank attestiert er ausdrücklich eine „Wahrhaftigkeit seiner Umkehr" (W.L. 17.10.52).Frank erweckt den Eindruck, dass er durch ein Erweckungserlebnis gegangen ist. Er „spricht von der zuletzt durchlebten Zeit als einer wunderbaren Periode der Selbstbesinnung und Läuterung" (W.L. 17.10.52). Sieht man genau hin, ist die Inanspruchnahme des Christentums durch Seyß-Inquart und Frank nichts anderes als eine Blasphemie, in der äusserliche Versatzstücke des christlichen Glaubens zu höchst weltlichen Zwecken der Schuldabwehr eingesetzt werden.

Die vorgebliche Christlichkeit Seyß-Inquarts steht in vollem Widerspruch zu dessen Aussage, dass er im „Existenzkampf unseres Volkes in der ersten Reihe" (W.L. 18.10.52) stand und daher als Gewalthaber in den besetzten Niederlanden für den Terror gegen die Bevölkerung verantwortlich war.[19] Wenn Seyß-Inquart dies Handeln im gleichen Atemzug mit seiner religiösen Erleuchtung verbindet, ist er das Gegenteil eines Christen, der die Weisungen des jüdischen Menschensohns, sich an die Seite der Mühseligen und Beladenen zu stellen, auch nach dem Ende des Dritten Reiches negiert

Bei Frank wird die Verwendung religiöser Formeln zur Schuldentlastung direkt deutlich. Er sagt: „Ich habe meinen ersehnten Frieden mit dem Himmel" (W.L. 18.10.52); er hofft „getrost auf einen gnädigen Gott" (W.L. 23.10.52). Die Instrumentalisierung Gottes zur Erzeugung eines schuldentlastenden Seelenfriedens ist das Gegenteil einer christlich bestimmten Selbstbestimmung. Als Frank vor Gericht steht und sich zum bekehrten Christen erklärt, zieht ein wirklicher Christ, Martin Niemöller, langjähriger Häftling des Konzentrationslagers Dachau, bis zu seiner Verhaftung Sprecher der Bekennenden Kirche, durch Deutschland und zeigt, wie eine vom Evangelium her bestimmte Antwort auf das Hitlerregime, die nicht in eine Selbstrechtfertigung, sondern in eine Selbstanklage mündet, aussieht: „Es könnte so sein, dass am Jüngsten Tage der Herr Christus mich ruft und mich fragt: Ich bin gefangen gewesen (und er zeigt dabei auf die Kommunisten im Konzentrationslager des Jahres 1933) – und du hast mich nicht besucht… Ich bin umgebracht worden (und er zeigt dabei auf die Millionen Urnen meiner jüdischen Mitmenschen) und du hast gemeint: ‚Ich kenne den Menschen nicht. Soll ich meines Bruders Hüter sein?' …Würde ich ein einziges

19 Ebd., S. 174.

Wort zu meiner Rechtfertigung sprechen können? …Und nun führt uns der Herr Christus vor diesen Berg von Schuld und Sünde, der inmitten unseres deutschen Volkes aufgetürmt ist, und fragt: Glaubst du wirklich, dass du daran unschuldig bist.'"[20] Obgleich Frank, wie das Nürnberger Urteil vermerkt, im Prozess zum Ausdruck bringt, dass er „schreckliche Schuld" empfinde und damit seine sog. religiöse Wendung konkretisiert,[21] gibt er in seinem Schlusswort in Nürnberg diese Haltung auf und ersetzt sie durch eine Aufrechnung, durch die die Verbrechen des Hitlerregimes durch das Handeln der Alliierten für abgegolten erklärt werden. Frank sagte –und diese Wendung wird bei Pflückers Stilisierung des Generalgouverneurs des besetzten Polen zum Christen nicht in den Blick genommen -: „Nicht nur das sorgsam aus diesem Verfahren ferngehaltene Verhalten unserer Kriegsfeinde unserem Volk und seinen Soldaten gegenüber, sondern die riesigen Massenverbrechen entsetzlichster Art, die … vor allem in Ostpreußen, Schlesien Pommern und im Sudetenland von Russen, Polen und Tschechen an Deutschen verübt wurden und noch verübt werden, haben jede nur mögliche Schuld unseres Volkes restlos getilgt."[22] Wie eine Antwort auf diese, auch in der deutschen Öffentlichkeit verbreitete Aufrechnungslogik[23] liest sich ein Brief des schon erwähnten Pfarrers Martin Niemöller vom 10. November 1945: „Wenn wir gar anfangen, jetzt, nachdem wir eine Welt mit Qualen, Blut und Leichen, mit Trümmern und Wüstenei angefüllt haben, den anderen ihre Sünden vorzuhalten, dann kann ich nur sagen: alles das ist ja nur ein Quäntchen gegenüber dem Zentnergewicht dessen, was wir auf unser Gewissen geladen haben."[24]

Kaltenbrunner, der Chef des Reichssicherheitshauptamts, das die Zuständigkeit für die Organisation der Massenmorde in ganz Europa besaß, erscheint – übereinstimmend mit der Verkleinerung und Abweisung der Verantwortung für die Staatsverbrechen – in dem Bericht von Pflüger als untergeordneter Funktionsträger des NS-Regimes ohne unmittelbare eigene Initiative. Um Kaltenbrunners Stellung und seine angeblich geringe politische Bedeutung zu belegen, beruft sich Pflücker auf den Leibarzt Himmlers, Prof. Gebhard – kaum ein objektiver Zeuge zur Ermittlung der historischen Wahrheit –, der die Ansicht geäußert habe, „dass Kaltenbrunner nicht etwa wegen einer bereits bewiesenen Brutalität von Himmler auf seinen sehr einflussreichen Posten berufen worden war, sondern weil Himmler ihn als nicht ehrgeizig und deshalb ungefährlich für sich selbst ansah" (W.L. 18.10.52). Das tatsächliche Handeln Kaltenbrunners ver-

20 Martin Niemöller, Zur gegenwärtigen Lage der evangelischen Christenheit (1946), in: ders., Reden 1945–1954, Darmstadt 1958, S. 48.

21 Das Urteil von Nürnberg (Anm. 8), S. 130.

22 Taylor, Nürnberger Prozeß (Anm. 13), S. 622.

23 Vgl. Helmuth Thielicke, Die Schuld der anderen, Göttingen 1948.

24 Niemöller, a.a.O., S. 18.

schwindet hinter seinen privaten, vorgeblich nicht vom Ehrgeiz bestimmten Eigenschaften. Dabei unterstand Kaltenbrunner die Planung und Ausführung der staatlich angeordneten rechtswidrigen Tötungen in furchtbarem Ausmaß: „Dieser Teil des Programms (die Ermordung von ungefähr 4 Millionen Juden in Konzentrationslagern) unterstand der Aufsicht des Reichssicherheitshauptamts, als Kaltenbrunner Chef dieser Organisation war, und vom Reichssicherheitshauptamt ausgesandte Sondergruppen die besetzten Gebiete durchreisten..., um die Deportation der Juden nach diesen Ausrottungsinstitutionen einzurichten."[25] Wie bei Göring richtet sich auch bei Kaltenbrunner der Schuldvorwurf nicht gegen sich selbst. Vielmehr habe Himmler, ihn „im Stich gelassen" und die Prinzipien des Nationalsozialismus, „Treue und Ehre"(W.L. 18.10.52), preisgegeben.[26] Damit werden dessen Herrschaftsformen als Maßstab für das eigene Verhalten bekräftigt: Das auf die NS-Ideologie gegründete System des Reichssicherheitshauptamts zur Zerstörung des Rechts auf Leben so vieler Menschen – die Ermordung von Dietrich Bonhoeffer und Hans von Dohnanyi beruhte auf einem Befehl des Reichssicherheitshauptamts[27] – wird durch die Einforderung der Geltung nationalsozialistischer Prinzipien von Kaltenbrunner noch auf der Anklagebank legitimiert. Dem entspricht, dass sich Kaltenbrunner zusammen mit den meisten führenden Funktionsträgern des NS-Staats für nicht schuldig erklärt.

Julius Streicher, der fanatische Repräsentant der antisemitischen Staatsdoktrin des Dritten Reiches, wird – wiederum im Gleichklang mit der generellen Entkriminalisierung der Anklagten durch die Erzeugung von human interest – in Pflückers Bericht als ein Experte für das Erkennen von Juden herausgestellt, der „nicht zu Kreuze kriechen" werde (W.L. 22.10.52). Streichers Festhalten an der rassistischen Ideologie wird zum Anknüpfungspunkt. Bei einem Dolmetscher „diagnostiziert" Streicher: „Der ...ist ein Jude" (W.L. 11.10.52). Pflücker übernimmt dieses an der Physiognomie festgemachte Schnellurteil des öffentlichkeitswirksamsten Judenhassers des Dritten Reiches: „Er (Streicher) hatte tatsächlich trotz irischen Namens, blonder Haare und blauen Augen die Rasse richtig erkannt" (W.L. 11.10.52). So verwundert es nicht, dass – wie bei den anderen Angeklagten – von Pflücker die Schuldvorwürfe gegen Streicher, die im Urteil von Nürnberg ihren Niederschlag finden, auch nicht andeutungsweise erwähnt werden. Im „Stürmer" vom 25. Dezember 1941 – in der Zeit, in der die Einsatzgruppen in der Sowjetunion unter dem Schutz der Wehrmacht über eine Million Juden ausrotteten – schrieb Streicher: „Wenn die Gefahr der Fortpflanzung die-

25 Das Urteil von Nürnberg (Anm. 8), S. 134.

26 Der Prozess gegen die Hauptkriegsverbrecher Bd. XXI/XXII (Anm. 5), S. 431 f. (Schlusswort Kaltenbrunner).

27 Joachim Perels, Das juristische Erbe des „Dritten Reiches". Beschädigungen der demokratischen Rechtsordnung, Frankfurt/M. 1999, S. 187.

ses Fluchs Gottes im jüdischen Blut endlich zu einem Ende kommen soll, dann gibt es nur einen Ausweg: die Ausrottung dieses Volkes, dessen Vater der Teufel ist.“[28]

III.

Die affirmative Darstellung jener Angeklagten von Nürnberg, die für staatlich organisierte Massenverbrechen verantwortlich waren, beruht nicht allein auf Verdrängungen des Gefängnisarztes. Sie ist Teil des allgemeinen gesellschaftlichen und politischen Umgangs mit der Nazi-Zeit zu Beginn der 1950er Jahre. Im Zuge der weitgehenden Reinkorporation des nationalsozialistischen Staatsapparats in die rechtsstaatliche Demokratie wurde die alliierte Ahndung der Staatsverbrechen des Dritten Reiches durch die Bundesregierung in Frage gestellt. Den Nürnberger Nachfolgeprozesse gegen die Funktionseliten des NS-Regimes vor allem der Wehrmacht, der SS, der Justiz, des Auswärtigen Amts und der Wirtschaft wurden vom Staatssekretär des Justizministeriums, Ludwig Strauß, übereinstimmend mit Bundeskanzler Adenauer rechtsstaatliche Qualität fast vollständig abgesprochen: 90 Prozent der Verurteilten treffe keine rechtlich bestimmbare Schuld.[29] Diese Einschätzung wurde zur Leitlinie der Bundesregierung, ohne dass auch nur eine der Entscheidungen der rechtsstaatlichen Standards folgenden amerikanischen Gerichte, die einem konfliktorischen, auf exakter Sachverhaltsermittlung gestützten Verfahren folgten, das alle rechtlichen Sicherungen für die Angeklagten gewährte und daher auch zu Freisprüchen führte, konkret in den Blick genommen, geschweige denn rezipiert wurde. Parallel dazu legte die Bundesregierung rechtsverbindlich fest, dass die Bestimmung der Europäischen Menschenrechtskonvention (Art. 7 Abs. 2), dass, wie im Kontrollratsgesetz Nr. 10 (Art. II 1c), Verbrechen gegen die Menschlichkeit geahndet werden können, auch wenn sie sich juristischer Formen bedienen, keine Geltung in der Bundesrepublik erfährt. Damit waren rechtlich drapierte Verbrechen des nationalsozialistischen Staatsapparats – vom Vernichtungskrieg gegen die Sowjetunion bis zum barbarischen Besatzungsregime in Polen – sanktionsfrei gestellt, übereinstimmend mit der Position der Verteidiger im Hauptkriegsverbrecherprozess.[30]

---

28 Das Urteil von Nürnberg, a.a.O., S. 143, S. 144.

29 Norbert Frei, Vergangenheitspolitik. Die Anfänge der Bundesrepublik und die NS-Vergangenheit, München 1996, S. 271; zu den Nürnberger Nachfolgeprozessen vgl. Joachim Perels, Entsorgung der NS-Herrschaft? Konfliktlinien im Umgang mit dem Hitler-Regime, Hannover 2004, S. 106 ff., S. 148 ff.

30 Vgl. Perels (Anm. 29), S. 18.

Die Bundesregierung folgte mit ihrer Politik jenen breit verankerten gesellschaftlichen Tendenzen, den Nürnberger Verfahren, die weitgehend auf kodifiziertem Völkerrecht beruhten, die Rechtsqualität abzusprechen. Dabei enthielt der Tatbestand des Verbrechens gegen die Menschlichkeit, der sich auf die Handlungen des NS-Staatsapparats bezog, den Maßstab des auch in der Nazi-Zeit geltenden Strafrechts. Ungeachtet dessen vertraten führende Juristen in ihren Publikationen zu Beginn der 1950er Jahre, einflussreiche Zeitungen wie die „Zeit", aber auch Vertreter der beiden großen Kirchen die Positionen der Verteidiger in den Nürnberger Prozessen, die die alliierte Gesetzgebung zur Ahndung der Nazi-Verbrechen als sog. Siegerrecht disqualifizierten, obgleich es den in der Aufklärung ausgebildeten zivilisatorischen Standards folgte, zu denen das Recht auf Leben, die Freiheit von Furcht, die Gleichheit vor dem Gesetz und die Unterwerfung des Staates unter die auf die Grundrechte gestützten Rechtsordnung gehört. Der erste Repräsentant des Protestantismus, der Ratsvorsitzende der EKD, Bischof Dibelius, erklärte demgegenüber – ohne einen Blick auf die Mörder im Staatsauftrag wie Otto Ohlendorf zu werfen, der für die Tötung von 90.000 Juden im Einsatzgruppenprozeß der USA verurteilt wurde –[31] „alles, was vor den Militärgerichten geschehen sei" für „ungerecht."[32]

In den Kontext der Abwehr der Erkenntnisse und Rechtsfolgen der Verfahren der Alliierten gegen die für die Massenverbrechen des NS-Staats Verantwortlichen gehören die Berichte des Gefängnisarztes Ludwig Pflücker. Sein Umgang mit den Gewaltverbrechern an der Spitze des Nazi-Regimes entspricht der dominierenden gesellschaftlichen Tendenz, die nationalsozialistische Schreckenszeit zu „derealisieren" (Mitscherlich).

31 Ebd., S. 116 f.

32 Zur Gesamtentwicklung s. Frei (Anm. 27), S. 133 ff., S. 163 ff., S. 170

Die Umdeutung des Naziregimes zu Lasten eines Verfolgten. Anmerkungen zum Urteil des Verwaltungsgerichts Potsdam vom 4. Dezember 2008

I.

Die Wiedergutmachung nationalsozialistischen Unrechts – ein problematisches Wort, das die Endgültigkeit des Verlusts des Lebens der Opfer unberücksichtigt lässt – vollzog sich über Jahrzehnte in einem widersprüchlichen Prozess.[1] Auf der einen Seite wurden viele Verfolgte entsprechend den gesetzlichen Möglichkeiten entschädigt. Dies drückt sich in der Summe von Entschädigungsleistungen in Höhe von über 100 Milliarden DM aus. Auf der anderen Seite sind in der Entschädigungsgesetzgebung ganze Gruppen von Opfern des Hitler-Regimes von einer Entschädigung ausgeschlossen worden, vor allem „Asoziale", Zwangssterilisierte, Homosexuelle und Kommunisten nach dem Verbot der KPD. Die Rechtsprechung des Bundesgerichtshofs sorgte dafür, dass Ansprüche von Roma und Sinti, die bis 1943 nicht aus rassischen Gründen verfolgt worden seien, abgewiesen wurden, dass ein sozialdemokratischer Kriegdienstverweigerer, der wegen Wehrkraftzersetzung verurteilt wurde, nicht als Opfer des Regimes galt, dass psychische Erkrankungen als bloß biologische Vorgänge qualifiziert wurden, die mit den Repressionsbedingungen der Diktatur nichts zu tun hätten und daher nicht entschädigungserheblich seien. Diese Entscheidungen in der ersten Phase der Bundesrepublik beruhen darauf, dass das nationalsozialistische System „bürokratisierter Rechtlosigkeit"[2], das mit den Mitteln des an keine Rechtsgarantien gebundenen Maßnahmenstaats seine Herrschaft ausübt, zu einem normalen Staat, der zu Recht Gehorsam einfordern durfte, gemacht wurde. Die Auflösung der terroristischen Struktur der NS-Herrschaft, die von Justizjuristen vertreten wurde, die überwiegend Träger des Hitlerregimes waren und so ihre frühere Rolle als rechtlich unproblematisch ausgeben konnten, erfährt in einer späteren Juristengeneration, die lebensgeschichtlich mit dem Dritten Reich nicht mehr verbunden ist, sich aber einer Normalisierung der NS-Diktatur verschreibt, eine Wiederauferstehung. Der folgende Text beruht auf einem Gutachten, das für Rechtsanwalt Christian Linde, Berlin, erstattet wurde.

1 Christian Pross, Wiedergutmachung. Der Kleinkrieg gegen die Opfer, Frankfurt am Main 1988.
2 Ernst Fraenkel, Der Doppelstaat (1941), Frankfurt/M. 1974, S. 5.

II.

Das Urteil des Verwaltungsgerichts Potsdam vom 4. Dezember 2008[3] sprach Graf zu Solms Baruth einen Entschädigungsanspruch nach § 1 Abs. 6 VermG für die von der nationalsozialistischen Diktatur veranlasste Aufgabe der Verfügung über das Grundeigentum und das Inventar des Familiensitzes seines Großvaters Fürst zu Solms Baruth ab. Der Fürst wurde im Zusammenhang mit dem 20. Juli 1944 von der nationalsozialistischen Staatsführung sogleich nach dem Attentat als Mitwisser verhaftet und über sieben Monate dem Gewaltregiment der Geheimen Staatspolizei unterworfen. Zur Einordnung der Entscheidung wird zunächst der Schutzzweck der Normen zur Entschädigung nationalsozialistischen Unrechts vergegenwärtigt (III). Er ergibt sich in vollem Maße erst durch einen analytischen Blick auf die Struktur des rechtsstaatsfeindlichen Normengefüges des NS-Regimes und ihrer Bedeutung für die diktatorische Durchbrechung der Eigentumsgarantie (IV). Das Urteil wird an Hand der entfalteten Kriterien des Entschädigungsrechts und der Frage, ob es die grundrechtsnegierende Herrschaftsstruktur des NS-Staats zureichend erkannt hat, näher betrachtet (V, VI, VII).

III.

Die nach 1945 geschaffenen Normen zur Überwindung der Folgen des nationalsozialistischen Gewaltregimes beruhen auf einer rechtsstaatlichen ratio, aus der heraus die Einzelbestimmungen erst in vollem Maße begriffen werden können und anzuwenden sind. Wenn der Bezugspunkt für das Entstehen vermögensrechtlicher Ansprüche, die ihren Grund in der Verfolgung „aus rassischen, politischen, religiösen oder weltanschaulichen Gründen"(§ 1 Abs. 6 VermG) in der Zeit des Hitler-Regimes haben, bedeutet dies, dass die rechtstechnische Repressionsstruktur der NS-Diktatur ex tunc ihre Gültigkeit verliert. Das Normengefüge und die Herrschaftspraxis des Hitler-Regimes, das die Bindung des Staates an rechtsstaatliche Normen, insbesondere an den Gleichheitssatz strukturell negierte, wird durch ein System von Sanktionen nicht etwa modifiziert oder eingeschränkt, sondern überwunden. Die Konstituierung der grundgesetzlichen Demokratie, die auf die Wiederherstellung der Würde des Menschen als der Aufgabe Staates (Art. 1 Abs. 1 GG) gerichtet ist, vollzieht sich wesentlich durch die rechtliche Entlegitimierung der NS-Diktatur und den damit verbundenen Rechtsfolgen.

3 VG Potsdam, Urteil vom 4. Dezember 2008 – 1 K 1922/08.

Im Bundesentschädigungsgesetz, dessen erste Fassung aus dem Jahre 1953 stammt und das bis heute (freilich mit geringer praktischer Wirkung) in Kraft ist, wird diese normative Stoßrichtung konkretisiert. In der Präambel des Gesetzes wird denjenigen, die insbesondere aus politischen und rassischen Gründen vom Nationalsozialismus verfolgt wurden, attestiert, dass ihnen „Unrecht geschehen ist", das heißt, dass die juristische Apparatur des Hitler-Regimes einen kriminellen Charakter hatte, aus dem der demokratische Nachfolgestaat mit seiner Rechtsordnung die entsprechenden Konsequenzen zu ziehen hatte. Entsprechend wird im Entschädigungsgesetz festgestellt, dass der Widerstand gegen die nationalsozialistische Gewaltherrschaft, der, wie es in der geplanten Regierungserklärung der Verschwörer des 20. Juli hieß, auf „die Wiederherstellung der vollkommenen Majestät des Rechts"[4] zielte, ein „Verdienst um das Wohl des Deutschen Volks und Staats war."

Die damit verbundene Außerkraftsetzung nationalsozialistischen Verfolgungsrechts kommt in der Bestimmung zum Ausdruck, dass Gewaltmaßnahmen ihren Charakter nicht dadurch verlieren, „dass sie auf gesetzlichen Vorschriften beruht haben oder in missbräuchlicher Anwendung gesetzlicher Vorschriften gegen den Verfolgten gerichtet worden sind" (§ 2 Abs. 2 BEG). Konsequenterweise sind die Mitglieder der Staatspartei der NS-Diktatur, die Träger des Verfolgungsapparats waren, von einer Entschädigung ausgeschlossen, es sei denn, sie hätten sich gegen das Regime gestellt. (§ 6 Abs. 1 Ziff. 1 BEG).

Die Grundgedanken der Aufhebung der juristischen Formen der NS-Despotie, die die Alliierten nach 1945 – vor allem mit der Außerkraftsetzung der Urteile gegen Widerstandskämpfer, mit dem Tatbestand des Verbrechens gegen die Menschlichkeit des Kontrollratsgesetzes Nr. 10[5] – entwickelt hatten, finden Eingang in die deutschen Entschädigungsregelungen. Im Vermögensgesetz, das 1990 erlassen wurde, wird eine Anordnung der Alliierten Kommandantur Berlin vom 26. Juli 1949 inkorporiert. In der Bestimmung wird in Form einer gesetzlichen Vermutung von einem Zusammenhang von Verfolgung und Vermögensverlust ausgegangen (§ 1 Abs. 6 Satz 2 VermG). Das bedeutet, dass die Verfolgung durch den NS-Staat gesetzlich so bewertet wird, dass aus ihr die Vermutung eines damit eingehenden Vermögensverlustes erwächst. Diese Vermutung kann widerlegt werden. Wenn sie nicht widerlegt wird, ist ein Vermögensverlust indiziert. Mit dieser Beweisregel wird dem besonderen rechtlichen Gewicht der Verfolgung entsprochen.

---

4 20. Juli 1944, bearbeitet von Hans Royce, neubearbeitet und ergänzt von Erich Zimmermann und Hans-Adolf Jacobsen, Bonn 1960, S. 167.

5 Gesetz zur Wiedergutmachung nationalsozialistischen Unrechts in der Strafrechtspflege vom 8. Mai 1946, Bay. Gesetz- und Verwaltungsblatt 1946, S. 180; Kontrollratsgesetz Nr. 10 vom 20. Dezember 1945, Hamburg 1948.

Die in der Entschädigungsgesetzgebung zum Ausdruck kommende rechtliche Entlegitimierung des diktatorischen Normengefüges des Nationalsozialismus ist nach dem Ende des Dritten Reichs bekanntlich von Gustav Radbruch, Justizminister in der Weimarer Republik, von den Nationalsozialisten aus dem Amt entfernt, auf den Begriff gebracht worden, der noch heute für einen sachgerechten Umgang mit den Folgen der NS-Herrschaft maßgebend ist. In einer rechtsphilosophischen Besinnung, die noch vor dem für die rechtliche Überwindung der NS-Diktatur maßgebenden alliierten Kontrollratsgesetz Nr. 10 in der Rhein-Neckar-Zeitung am 12. September 1945 veröffentlicht wurde, qualifizierte Radbruch das nationalsozialistische Normengefüge als Nicht-Recht, weil es die rechtsstaatlichen Prinzipien – für Juden, für politische Oppositionelle, für psychisch Behinderte und viele andere – negierte: „Was dem Inhaber der Staatsgewalt … dünkt, jeder Einfall und jede Laune des Despoten, gesetzloser Mord an Kranken sind (für das NS-Regime, J.P.) Recht.“ Daraus ergibt sich die Schlussfolgerung, dass despotischen Normen keine rechtsstaatliche Gültigkeit zukommt: „Wenn Gesetze den Willen zur Gerechtigkeit bewusst verleugnen, z.B. Menschenrechte nach Willkür gewähren und versagen, dann fehlt diesen Gesetzen die Geltung …, dann müssen auch die Juristen den Mut finden, ihnen den Rechtscharakter abzusprechen.“[6] Radbruchs auf die NS-Herrschaft bezogener Begriff „gesetzlichen Unrecht(s)“,[7] der Rechtlosigkeit in juristischer Form, der in der in einer frühen Revisionsentscheidung des Bundesgerichtshofs zur justitiellen Beseitigung von Widerstandskämpfern, in der Judikatur des Bundesverfassungsgerichts zur Entlegitimierung autoritärer Normen der DDR-Diktatur und in dem vom Deutschen Bundestag einstimmig verabschiedeten Gesetz zur Aufhebung der nationalsozialistischen Unrechtrechtsurteile ihren Niederschlag fand,[8] bildet eine Auslegungsmaxime, die für die Entscheidung der Frage der Entschädigung von NS-Verfolgten unmittelbare Bedeutung hat.

IV.

Die Herrschaftsstruktur des NS-Staats, die zu Entschädigungsregelungen nach der Niederwerfung des Regimes führt, besteht in einem umfassenden System der Beseitigung persönlicher und politischer Freiheitsrechte, die unter der Weimarer

---

6 Gustav Radbruch, Rechtsphilosophische Besinnung (1945), in: ders., Der Mensch im Recht, 2. Aufl. Göttingen 1961, S. 105 f.

7 Gustav Radbruch, Gesetzliches Unrecht und übergesetzliches Recht (1946), ebd., S. 111 ff.

8 BGH, Justiz und NS-Verbrechen, Bd. VIII, hrsg. v. Christiaan Frederic Rüter, Amsterdam 1975, S. 331 ff.; BVerfGE 95, 133 ff.; BGBl. I 1998, S. 2501.

Verfassung garantiert waren. Die Fundamentalnorm der Nazi-Diktatur, die 12 Jahre lang als wichtigstes Instrument zur Sicherung des nationalsozialistischen Machtgefüges – von der Einweisung ins Konzentrationslager bis zu Verfahren gegen die Widerstandskämpfer des 20. Juli 1944 – fungierte, war die Reichstagsbrandverordnung zum Schutz von Volk und Staat vom 28. Februar 1933. Diese Notverordnung, die von Hindenburg und Hitler, der kein demokratisches Mehrheitsmandat entsprechend der Weimarer Verfassung (Art. 54 WRV) besass, stellte die Grundrechte zur Disposition der Exekutivgewalt. Der rechtliche Schutzwall für die Existenzformen eines autonomen gesellschaftlichen Bereichs, Inbegriff eines liberal-demokratischen Systems, in dem der Staat nicht Herr über die Rechtsordnung ist, sondern sich nur im Rahmen ihrer Garantien bewegen darf, wurde beseitigt. Insbesondere werden in der Verordnung die Bestimmungen zur Garantie der persönlichen Freiheit, das Recht der freien Meinungsäußerung und die Gewährleistung des Eigentums außer Kraft gesetzt.[9] So werden auch Beschlagnahmungen und Beschränkungen des Eigentums außerhalb der gesetzlichen Grenzen, die mit einer formellen Enteignung im Sinne der Übertragung auf ein anderes Rechtssubjekt nicht identisch sind, ermöglicht.[10] Die Notverordnung war die „Verfassungsurkunde des Dritten Reichs."[11] Dies ist angesichts der juristischen Struktur der Verordnung äußerst gravierend. Denn: „Die Reichtagsbrandverordnung (besitzt) nicht ein einziges konkretes Element, aus dem abgeleitet werden könnte, ob, unter welchen Bedingungen und für wie lange jemand seiner Freiheit beraubt werden darf. Sie gibt der Gestapo lediglich zu verstehen: Tut, was euch beliebt, behandelt jeden einzelnen Fall, wie ihr es für richtig haltet. Eine solche Anordnung ist kein Gesetz, sondern willkürlicher Dezisionismus."[12]

Im Rahmen des durch die Reichstagsbrandverordnung etablierten diktatorischen, durch rechtsstaatliche Normen nicht begrenzten Systems werden die Rechtsgarantien zum Schutz des Vermögens von Gegnern des Nationalsozialismus außer Kraft gesetzt. Dies geschah mit Exektutivgesetzen, die nach der Ausschaltung der Entscheidungskompetenz des demokratischen Gesetzgebers ergingen. In dem Gesetz vom 14. Juli 1933 über die Einziehung volks- und staatsfeindlichen Vermögens, das das gegen die Kommunistische Partei gerichtete Gesetz vom 26. Mai 1933 auf das Organisationsgeflecht der sozialdemokratischen Arbeiterbewegung und „anderer volks- und staatsfeindlicher Bestrebungen" erweitert, werden die Behörden ermächtigt, „Vermögen einer reichsfeind-

9 RGBl. I 1933, § 1.

10 RGBl. I 1933, § 1.

11 Fraenkel (Anm. 2) S. 26.

12 Franz L. Neumann, Behemoth. Struktur und Praxis des Nationalsozialismus (1942/44), Köln 1977, S. 524.

lichen Verwendung … zu entziehen."[13] Ausdrücklich wird in dem gegen die Kommunisten gerichteten Gesetzesakt die Unterscheidung getroffen, dass die Einziehung eines Grundstücks „die an dem Grundstück bestehenden Rechte nicht berührt,"[14] dass also die Eigentumsposition als solche durch die Sistierung des Verfügungsrechts erhalten bleibt, eine allerdings praktisch wertlose Rechtsposition. Mit dem Krieg wird der diktatorische Zugriff auf das „Vermögen von Reichsfeinden" durch den Erlass des Führers und Reichkanzlers vom 29. Mai 1941[15] systematisch erweitert.

Das Machtinstrument, das die Ausschaltung der Grundrechtsgarantien der Weimarer Verfassung exekutiert, ist die Geheime Staatspolizei, deren Aufgabe darin besteht, „alle staatsgefährlichen Bestrebungen zu erforschen und zu bekämpfen."[16] Die Gestapo, die Konzentrationslager verwaltet, den Gebrauch der Folter als Ermittlungsinstrument institutionalisiert, die gegen oppositionelle Meinungsäußerungen einschreitet und bei Eingriffen ins Eigentum Oppositioneller durch das NS-Regime tätig wird, unterliegt in ihren Verfügungen und Angelegenheiten ausdrücklich keiner Rechtskontrolle durch die Verwaltungsgerichte.[17] Auch dies entspricht der Herrschaftslogik der Reichstagsbrandverordnung: Die Instrumentarien zur Sicherung der Diktatur werden durch keinerlei Abwehrrechte, die die Verwaltungsgerichte zu gewährleisten hätten, in ihren Handlungsformen beschränkt.

Das juristische System der politischen NS-Herrschaft beruht darauf, dass in ihr die „Legalität ihre Funktion als Waffe des Individuums verliert."[18] Das bedeutet: „Im politischen Sektor des Dritten Reichs gibt es weder ein objektives noch ein subjektives Recht, keine Rechtsgarantien, keine allgemein gültigen Verfahrensvorschriften und Zuständigkeitsbestimmungen – kurzum, kein auch die Betroffenen verpflichtendes und berechtigendes Verwaltungsrecht. Im politischen Sektor fehlen die Normen und herrschen die Maßnahmen. Der Ausbau und die Handhabung (der) souveränen Diktatur ist die Funktion des Maßnahmenstaats."[19] Carl Schmitt, der einflussreichste Jurist der NS-Diktatur, bezeich-

13 RGBl. I 1933 S. 479.

14 RGBl. I 1933, S. 293.

15 RGBl. I 1941, S. 303.

16 Gesetz über die Geheime Staatspolizei vom 10. Februar 1936, § 1, Preußische Gesetzessammlung 1936, S. 21.

17 Ebd., § 7.

18 Otto Kirchheimer, Die Rechtsordnung des Nationalsozialismus (1941), Redaktion Kritische Justiz, Der Unrechts-Staat, Frankfurt am Main 1979, S. 23.

19 Fraenkel (Anm. 11), S. 26 ff.

nete den „Vorrang … der politischen Führung“,[20] also die Prärogative des Maßnahmenstaats, als den Kern der neuen Ordnung.

V.

Wenn man den Schutzzweck der Entschädigungsregelungen, insbesondere des Vermögensgesetzes, zugrundelegt und die auf der Negation der Grundrechte beruhende Struktur des NS-Systems in Betracht zieht, ist das Urteil des Verwaltungsgerichts Potsdam vom 4. Dezember 2008 in mehrfacher Hinsicht fragwürdig.

Die Entscheidung verkennt in zentralen Fragen die maßnahmenstaatliche Struktur des NS-Regimes und projiziert rechtsstaatliche Kategorien auf Verhältnisse, die durch deren Negation definiert sind. Das Eindringen des SS-Kommandos in das Schloss des Fürsten in der Herrschaft Baruth, bei dem Mobiliar zertrümmert und wertvolle Stücke abtransportiert werden, wurde von dem SS-Führer mit den Worten gerechtfertigt: „Das gehört Euch ja alles nicht mehr“ (Urteil, S. 15). Dieser Vorgang wird jedoch vom Gericht als ein Akt ohne „dingliche“ Wirkung, also als ein rechtlicher Nichtvorgang, der „juristisch nicht wörtlich zu nehmen“ (Urteil, S. 16) sei, bezeichnet und damit seiner rechtlichen und historischen Bedeutung entkleidet. Dabei entspricht das Vorgehen der SS gegen das Mobiliar des Fürsten der im Maßnahmenstaat herrschaftstechnisch festgelegten Ziele der Zerstörung von Rechtspositionen von Gegnern des Regimes. Dies geschieht insbesondere durch das Gesetz zur „Einziehung volks- und staatsfeindlicher Vermögen“ vom 14. Juli 1933 und durch die Reichstagsbrandverordnung, die den Schutz des Eigentums zur Disposition der Exekutive stellt.[21] Der von dem SS-Kommando geführte Angriff auf das Mobiliar des Fürsten war die Reaktion auf seine Beteiligung an der Verschwörung des 20. Juli1944, durch die er für das Regime zum Staatsfeind wurde, dem Eigentums- und Vermögensrechte nach den Regeln der Diktatur entzogen werden konnten. Insofern brachte der SS-Kommandant mit der Feststellung, dass der Familie des Staatsfeindes nichts mehr gehöre, die maßnahmenstaatliche Form der Zerstörung der ökonomischen Existenzgrundlagen von Gegnern des NS-Regimes zum Ausdruck. Der Fürst besaß eine enge persönliche Verbindung mit Generaloberst Ludwig Beck, der als Staatspräsident der Umsturzregierung vorgesehen und in einem geplanten Aufruf an die Wehrmacht die Politik der Nazi-Diktatur als die eines Willkürstaats cha-

20 Carl Schmitt, Der Führer schützt das Recht (1934), in: ders., Positionen und Begriffe im Kampf mit Weimar-Genf-Versailles (1940), 3. Aufl. Berlin 1994, S. 228.

21 RGBl. I 1933, S. 479; RGBl. I 1933, S. 83.

rakterisierte, der „keine sittlichen Bindungen weder dem eigenen noch einem anderen Volke gegenüber anerkennt.“[22] Die Zugehörigkeit zu den Verschwörern des 20. Juli ist der Grund für den Verlust seines Vermögens und seiner Verfügungsgewalt über sein Eigentum. Ohne den politischen Widerstand hätte er seine wirtschaftlichen Rechtspositionen behalten. Der SS-Kommandant führte vor Ort die nach dem 20. Juli 1944 festgelegte staatliche Antwort auf die Verschwörung gegen Hitler aus: die Einziehung des Vermögens der sog. Verräter des 20. Juli, deren Familien der Reichsführer SS, Heinrich Himmler, in einer Rede am 3. August 1944 für „vogelfrei“ erklärt hatte.[23]

Diese auf den Prinzipien des Maßnahmenstaates beruhende Position Himmlers, der als Reichsführer SS zugleich Innenminister der Regierung Hitler war, bleibt in dem weiteren Vorgehen gegen den Fürsten und sein Eigentum bestimmend. Es ist ein Irrtum, der auf der Nichtwahrnehmung der Herrschaftsstrukturen des NS-Staats beruht, zwischen der eigentumszerstörenden Aktion des SS-Kommandos im Schloss des Fürsten und den Modalitäten der Aufgabe der Verfügung über dessen Eigentum grundsätzlich zu unterscheiden (Urteil, S. 16), als sei die spätere Bestellung von Betriebsleitern, die die Verfügungsmacht über die Güter des Fürsten übernehmen, ein rechtsstaatlicher Normalvorgang außerhalb der Herrschaftsstrukturen des Hitlerregimes. Die Entscheidung zur Aufgabe der Verfügungsgewalt über die Besitzungen des Fürsten entspringt nicht einem rechtsgeschäftlichen Vorgang zwischen gleichberechtigten Partnern. Die Entscheidung erfolgt nicht in einer den Regeln der Strafprozeßordnung unterliegenden Untersuchungshaft, sondern unter Bedingungen der Aufhebung der Schutzgarantien der als Verräter gebrandmarkten Mitverantwortlichen für das Attentat auf Hitler. Aus der Zeugenaussage der Tochter des Fürsten, daß die Wäsche ihres Vaters blutig war, geht hervor, dass er – wie viele andere Verschwörer – in der Haft gefoltert wurde. Dies widersprach den strafprozessualen Regeln, folgte aber der Doktrin der Polizei, nach der Rechtsgarantien zur Durchsetzung der politi-

---

22 Becks Aufruf an die Wehrmacht (1944), in: 20. Juli (Anm. 4), S. 174.

23 Erlass des Führers und Reichkanzlers über die Verwertung des eingezogenen Vermögens von Reichsfeinden vom 29. Mai 1941, RGBl. I 1941, S. 303; Schreiben des Chefs des Stabshauptamts des Reichskommissars für die Festigung deutschen Volkstums vom 23. August 1944 an den Reichsführer SS Heinrich Himmler (Vorg.: Einziehung des Vermögens der Verräter des 20. Juli 1944 zugunsten des Großdeutschen Reiches); Klaus Gerbet, Carl-Hans Graf von Hardenberg 1891–1958. Ein preußischer Konservativer in Deutschland, Berlin 1993, S. 173; Rede Heinrich Himmlers am 3. August 1944, Vierteljahreshefte für Zeitgeschichte 1953, S. 382 ff.; vgl. auch Prof. Dr. Kurt Finker, Vorläufiges Gutachten zur Enteignung der Besitzungen von Friedrich Graf (Fürst) zu Solms-Baruth im Raum Baruth-Luckenwalde-Jüterborg-Luckau in den Jahren 1944/45, Potsdam 2. Juli 1996.

schen Ziele des NS-Staats durchbrochen werden konnten.[24] Unter den Haftbedingungen des Maßnahmenstaats handelte es sich um eine nicht-freiwillige Verfügungsvereinbarung, die sich privatrechtlicher Formen zu dem politischen, vom NS-Regime festgelegten Zweck der Verdrängung des Fürsten aus seinem Eigentum bediente. Dies verkennt das Verwaltungsgericht, indem es die Einsetzung eines Betriebsführers, der die aktuellen Rechte des Fürsten wahrnimmt, als einen bloß rechtsgeschäftlichen Vorgang unter rechtsstaatlichen Bedingungen ansieht. Die Fragwürdigkeit dieser Sichtweise wird besonders daran deutlich, dass die Einsetzung des zweiten Betriebsführers durch den Fürsten am 12. Oktober 1944 aus den Repressionsbedingungen der Haft heraus angesichts einer drohenden Beschlagnahme der Güter explizit „als nicht diskriminierend" (Urteil, S. 13) bezeichnet wird, obgleich die Erhaltung der Verfügungskompetenzen des Fürsten über seine Besitzungen durch die maßnahmenstaatliche Haft ausgeschlossen und er durch deren Übertragung in seinen Rechten diskriminiert war. Hinzu kommt, dass die vom Fürsten unter Zwang erfolgte Bestellung des Betriebsführers Hans von Rochow-Stülpe einen direkten Affront bedeutete, weil der Fürst als Gegner des Regimes die Verfügung über seine Güter einem aktiven Protagonisten der Diktatur, einem NSDAP- und SA-Mitglied überantwortete, der ein Funktionsträger des grundrechtsfeindlichen Hitler-Regimes war.

VI.

Wenn das Verwaltungsgericht in seiner Conclusio den staatlich erzwungenen Ausschluss des Fürsten von der Bestimmung über sein Eigentum durch die Einsetzung von Betriebsführern als „zeitweilige Beschränkung von Verfügungsbefugnissen" (Urteil, S. 14, 19 passim), die einen Schädigungstatbestand ausschließen, qualifiziert, liegt dem wiederum eine sachlich unzutreffende Wahrnehmung der NS-Herrschaft zugrunde. Dass die Beschränkung der Dispositionsrechte des Fürsten zeitweiligen Charakter gehabt hätte, impliziert, dass der Eingriff der Diktatur in die Rechtsposition des Fürsten temporärer Natur gewesen sei, der notwendig zu einer Rückgabe des Eigentums geführt hätte. Dies ist aber angesichts des Vernichtungsfeldzugs gegen die Verschwörer des 20. Juli – selbst wenn sie mit dem Leben davon kamen wie der Fürst und Eugen Gerstenmaier oder Theodor Steltzer – unter der Voraussetzung der Fortexistenz des Regimes, dessen maßnahmenstaatliche Strukturen bis zum Ende weiterbestanden – auch im Kampf gegen andere politische Oppositionelle – schlechterdings ausgeschlos-

24 Theodor Maunz, Gestalt und Recht der Polizei, in: Idee und Ordnung des Reiches, Bd. 2, Hamburg 1943, S. 8 f.

sen. Vielmehr war der erzwungene Verfügungsverlust über das Eigentum des Fürsten eine Stufe im Prozess der politischen Bekämpfung von Gegnern des Regimes mit dem zusätzlichen Sanktionsmittel, ihnen die ökonomischen Grundlagen zu entziehen. Zu Recht ging der Bundesgerichtshof in einer frühen Entscheidung zu Entschädigungsfragen, im Unterschied zur weitgehenden Umdeutung der NS-Diktatur in einen Rechtsstaat durch das Verwaltungsgericht, von der Erkenntnis des von dem NS-Regime erzeugten „gesetzlichen Unrechts“ (Radbruch) und seiner Rechtsfolgen aus. Der BGH sah einen Entziehungstatbestand als gegeben an, wenn die tatsächliche Möglichkeit gemindert war, über den Vermögensgegenstand zu verfügen, ihn zu gebrauchen, zu genießen oder zu verbrauchen.[25] Mit dieser Sichtweise wird die Wirkung der maßnahmenstaatlichen Behinderung der Wahrnehmung von Eigentümerrechten, gegen die es keinerlei Rechtsschutz gab, in der Begründung von Restitutionen zutreffend erfasst. Wäre es anders, wären Verfügungen des NS-Staats gegen Rechtspositionen, die keine endgültige Enteignung darstellten, rechtlich akzeptabel, obgleich sie wie vollständige Enteignungen auch maßnahmenstaatliche Willkürakte sind. Die Unterscheidung zwischen dem Tatbestand der Enteignung und dessen vermögensrechtlich relevantem Verlust auf andere Weise (§ 1 Abs. 6 VermG) ist gesetzlich festgelegt. Das bedeutet, dass die Position des Bundesgerichtshofs, die auf die seinerzeitigen Rückerstattungsnormen bezogen ist, zur ratio des Vermögensgesetzes geworden ist. Wenn zwischen Enteignung und dem Verlust auf sonstige Weise unterschieden wird, dann ist deutlich, dass es Eigentumsbeschränkungen durch das Hitlerregime in Form der Aufhebung von Verfügungsrechten gibt, die mit einer Enteignung nicht zusammenfallen, die aber die gleichen Rechtsfolgen der Entschädigung für ein Opfer des Regimes begründen, das durch dessen Maßnahmen einen Vermögensverlust erlitten hat.

Schließlich behauptet das Verwaltungsgericht, dass mit der kurz vor seiner Freilassung abgegebenen Erklärung des Fürsten vom 5. März 1945 „kein Vermögensverlust auf andere Weise“ (Urteil, S. 17) verbunden sei. Auch hier verkennt das Gericht den rechtsstaatswidrigen Charakter des Vorgangs, dessen Gestaltung nicht etwa in den autonomen Händen des Fürsten lag, der sich noch in der Haft des Diktaturregimes befand. Die Zusammenkunft mit dem als Staatsfeind behandelten Fürsten fand – dies wird in dem Urteil nicht erwähnt, ergibt sich aber aus der vom Notar Siebert unterzeichneten Urkundsrolle Nr. 10 aus dem Jahr 1945 vom 5. März 1945 – in den Amtsräumen der Geheimen Staatspolizei statt, der rechtlich unkontrollierbaren Machtaparatur der Diktatur. Entsprechend fiel das Ergebnis aus: Der Reichsführer SS Heinrich Himmler, der nach Hitler die umfassende despotische Verfügungsmacht über das Leben und

25 BGHZ 16, S. 355.

das Eigentum der Menschen in ganz Europa und insbesondere über die Männer und Frauen des politischen Widerstands und ihr Vermögen besaß, übte die Macht ohne Rechtsschranken aus. In diesem Sinne unterwarf er den Fürsten der aus der grundrechtsnegierenden Reichstagsbrandverordnung herleitbaren, unanfechtbaren Auflage, die Betriebsführung seiner Herrschaften Baruth und Klitschendorf-Wehrau niederzulegen (Urteil, S. 16 f.) und damit die praktische Nutzung seiner Güter aufzugeben. Die bestimmende Position des Reichführers SS in der Verfügung über das Eigentumsrecht des Fürsten kommt weiter dadurch zum Ausdruck, dass der Reichsführer durch einen Genehmigungsvorbehalt die Wiederaneignung des Eigentums des Fürsten unterbinden kann. So ist der Fürst aktuell und zukünftig aus der selbständigen und alleinigen Verfügung über sein Eigentum durch die vorgängige Geltung der Entscheidungen des Reichsführers SS verdrängt. Auch die Rolle des Generalverwalters der Besitzungen des Fürsten wird durch ihn nicht autonom bestimmt, sie wird der Entscheidungsgewalt des Reichsführers SS, der einen etwaigen Widerruf der Generalvollmacht genehmigen muss, vorbehalten. So liegt auch hier das Letztentscheidungsrecht über das Eigentum nicht mehr in den Händen des Fürsten, sondern ist der diktatorischen Verfügungsgewalt überantwortet. Ausdrücklich wird auf die oppositionelle Haltung des Fürsten, die zu seiner Verhaftung geführt hat, mit den Worten angespielt, dass die in seiner „Person liegenden Möglichkeiten zu neuen Beanstandungen“ (Urteil, S. 17) fortexistieren. Um dem zu begegnen, wird ihm der Aufenthalt auf seinen Gütern ohne die Genehmigung des Reichsführers SS untersagt. Damit wird nicht nur das Rechtsinstitut der Freizügigkeit aufgehoben und ein den eigenen Lebensbereich betreffendes Aufenthaltsverbot verfügt, sondern die Grundlage für die Bewirtschaftung der Güter, die auf die Anwesenheit des Fürsten gegründet ist, aufgehoben. Selbst die Bestimmung, dass Rechtsgeschäfte des Betriebsführers, die die Substanz der Besitzungen, also nicht den alltäglichen Rechtsverkehr, berühren, an die Zustimmung des Fürsten gebunden seien (Urteil, S. 17), erzeugt einen bloßen Rechtsschein. Denn die Zustimmung des Fürsten wird, übereinstimmend mit der Machtlogik der Diktatur, nicht kategorisch geregelt, sondern in Form eines Sollentatbestands formuliert, der lediglich eine Anregung, aber keine zwingende Verbindlichkeit zum Inhalt hat. Betrachtet man die im institutionellen Rahmen der Geheimen Staatspolizei getroffenen Festlegungen vom 5. März 1945, denen sich der Fürst aus der Haft heraus unterwarf, so ergibt sich, dass er mit ihnen die Verfügungsgewalt über sein Eigentum, einschließlich seiner Substanz, vor allem aber durch die exekutivstaatlichen Interventionsbefugnisse des Reichführers SS verloren hat und ihm gleichzeitig, im Vollzug dieser Entscheidung, das Recht, seine Besitzungen zu betreten, aberkannt wird. Dieser gesamte Repressionsvorgang war nach dem Vermögensgesetz und seinen rechtsstaatlichen Kriterien normatives Unrecht des NS-Staats, das nach § 1 Abs. 6 VermG ausgeglichen wird.

VII.

Das Ausmaß der Verkennung der juristischen Herrschaftsstruktur des Nationalsozialismus kommt in einer Bemerkung des Verwaltungsgerichts zusammenfassend zum Ausdruck, auf die abschließend kurz eingegangen wird. In der Entscheidung heißt es, dass der Bescheid des Landesamts zur Regelung offener Vermögensfragen des Landes Brandenburg vom 30. März 1999 rechtmäßig ist (Urteil, S. 8), das einen durch die NS-Diktatur erzeugten Schädigungstatbestand im Blick auf die Besitzungen des Fürsten nach § 1 Abs. 6 VermG verneint. Diese Ansicht beruht, ohne dass hier ins Detail gegangen werden soll, darauf, dass die aus dem Kampf gegen die Verschwörer des 20. Juli resultierenden Maßnahmen des NS-Staates gegen die Güter des Fürsten durch die Einsetzung von Betriebsführern für „verfolgungsneutral“[26] erklärt werden. Diese Sicht beruht darauf, dass die despotischen Herrschaftsstrukturen des NS-Staats „derealisiert“[27] werden.

Dabei ist der Zusammenhang zwischen der Verhaftung des Fürsten und dem Verlust seiner Besitzungen eine Tatsache, die in der Zugehörigkeit des Fürsten zur Gruppe der Verschwörung gegen Hitler und der engen Verbindungen zu Generaloberst Beck, dem Widerstandskämpfer der vordersten Linie, begründet. Dass der Reichsführer SS Heinrich Himmler eine diktatorische Leitungsfunktion zur Bekämpfung der Verschwörer des 20. Juli innehat[28] und damit auch die Gesamtverantwortung für die Aufhebung der Kernfunktionen des Eigentums des Fürsten hat, zeigt, dass die Handlungen des NS-Staats gegen die Güter in Baruth und Klitschdorf-Wehrau nicht verfolgungsneutral waren. Diese These verschließt die Augen vor der Wirklichkeit der NS-Despotie. Auch der Beseitigung des Rechts des Fürsten auf Anwesenheit in seinen Besitzungen wird vom Landesamt Brandenburg eine den geschichtlichen Tatsachen widersprechende Bedeutung unterlegt. Für die Maßnahme seien sog. „fahndungstechnische Gründe“ (ebd. S. 40) verantwortlich gewesen, als sei dies ein unpolitischer Ermittlungsakt und nicht eine Maßnahme der Diktatur gegen einen Opponenten des Regimes.

---

26 Land Brandenburg, Landesamt zur Regelung offener Vermögensfragen Referat I/6, 30. März 1999, S. 40.

27 Alexander und Margarete Mitscherlich, Die Unfähigkeit zu trauern, München (1977) 1983, S. 44

28 Ian Kershaw, Hitler 1936–1945, Stuttgart 2000, S. 903 f.

Das Verwaltungsgericht trennt das NS-Regime weitgehend von seinen machtstaatlichen Herrschaftsformen ab und geht von der Geltung rechtsstaatlicher Prinzipien in der größten Despotie der deutschen Geschichte aus,[29] deren maßnahmestaatliche Zerstörungsformen von Grundrechtspositionen unübersehbar sind. Die erforderlichen rechtlichen Erwägungen zum Begriff der NS-Diktatur werden nicht angestellt, die schon nach dem Grundgesetz angezeigt wären, das die Bindung der öffentlichen Gewalt, in strikter Abkehr von der NS-Herrschaft, an die Grundrechte festlegt (Art. 1 Abs. 3 GG). Das zeigt, dass immer noch ein Nachholbedarf für die Erkenntnis des Nationalsozialismus besteht. Die einschlägigen Arbeiten zur juristischen Struktur des Hitler-Regimes[30] müssten, soll ein vorkritischer Blick auf das Dritte Reich nicht handlungsleitend bleiben, auch in der Judikatur rezipiert werden.

---

29 Vgl. Joachim Perels, Die Umdeutung der NS-Diktatur in einen Rechtsstaat, Leviathan H. 2/2007, S. 230 ff.

30 Fraenkel (Anm. 2); Neumann (Anm. 12); Kirchheimer (Anm. 18); Redaktion Kritische Justiz, Der Unrechts-Staat, Frankfurt am Main 1979; Ulrich Herbert, Best. Biographische Studien über Radikalismus, Weltanschauung und Vernunft 1903–1989, Bonn 1996; Michael Stolleis, Geschichte des öffentlichen Rechts in Deutschland, Dritter Band 1914–1945, München 1999; Joachim Perels, Die juristische Lehre im Nationalsozialismus, in: ders., Entsorgung der NS-Herrschaft? Konfliktlinien im Umgang mit dem Hitler-Regime, Hannover 2004, S. 39 ff.; Eva Schumann (Hrsg.), Kontinuitäten und Zäsuren. Rechtswissenschaft und Justiz im „Dritten Reich“ und in der Nachkriegszeit, Göttingen 2008.

Ein nationalsozialistischer Stadtbaurat – Namensgeber für eine Allee in Hannover[1]

I.

In der Öffentlichkeit Hannovers wird die Frage diskutiert, ob die Benennung einer Allee nach dem früheren Stadtbaurat Karl Elkart, der dieses Amt während der NS-Herrschaft ausübte, vertretbar ist. Dies ist keine nur lokale Frage. Bis heute sind in Deutschland viele Straßen nach Hindenburg benannt, obgleich er die Zerstörung der Weimarer Demokratie durch Ernennung Hitlers zum Reichskanzler betrieb. Hitler hatte im Parlament keine Mehrheit, die nach Art. 54 WRV erforderlich ist, wenn der Reichspräsident einen Regierungschef vorschlägt. Die Beseitigung des Grundrechtssystems wurde möglich, weil die im Widerspruch zu den Regeln der Weimarer Verfassung ins Amt gelangte Regierung Hitler ihren Machtbesitz sogleich zur Beseitigung des Grundrechtssystems durch die Reichstagsverordnung vom 28. Februar 1933, der „Verfassungsurkunde des Dritten Reiches" (Fraenkel), benutzte. Die Stadt Hannover hat Richtlinien für die Umbenennung von Straßen festgelegt. Anhand dieser Kriterien kann die Begründbarkeit einer Umbenennung erörtert werden. Maßgebend ist die Frage, ob derjenige, nach dem eine Straße benannt ist, in seiner Tätigkeit „im Widerspruch zu den Grundsätzen der Verfassung" stand und für „ein Verbrechen gegen die Menschlichkeit, Rassismus, Kriegsverbrechen u.a." verantwortlich war.[2]

Dass 1960 in Hannover eine Allee nach dem während der NS-Diktatur amtierenden, der NSDAP seit 1937 angehörenden Stadtbaurates Elkart[3] nach dessen Tod benannt wurde, war in jener Zeit keine Besonderheit. Denn die vielfache Umdeutung der NS-Diktatur in einen Rechtsstaat, die derartige Entscheidungen ermöglichte, war, von wenigen Ausnahmen abgesehen, die Signatur der Ära

---

1 Der Text beruht auf einem für den Oberbürgermeister der Stadt Hannover, Herbert Schmalstieg, erstellten Gutachten.

2 Grundsätze und Verfahren für die Benennung von Straßen. Wegen und Plätzen, Ziff. III. 3. Ratsbeschluss vom 11.1.1978 (DSNr. 427/78), 19.10.1989 (DSNr. ??20/89), 9.12.1999 (DSNr. 2810/99); vgl. auch Karljosef Kreter, „Elkartallee": Die Benennung aus dem Jahre 1960 beibehalten oder umbenennen?, Manuskript Februar 2006.

3 Vgl. Rüdiger Fleiter, Stadtverwaltung im Dritten Reich. Verfolgungspolitik auf kommunaler Ebene am Beispiel Hannovers, Hannover 2006; ders., Stadtbaurat Karl Elkart und seine Beteiligung an der NS-Verfolgungspolitik, Hannoversche Geschichtsblätter n.F. Bd. 60, 2006, S. 35 ff.

Adenauer.[4] So erklärte die von der CDU geführte Regierung zu Beginn der fünfziger Jahre 90 Prozent der in den Nürnberger Nachfolgeprozessen gegen die Funktionseliten der NS-Diktatur gefällten Urteile gegen nationalsozialistische Gewaltverbrecher – der mobilen Tötungskommandos, der Wehrmacht, der Justiz, der Bürokratie und der Industrie – für nicht gerechtfertigt.[5] Unter den Bedingungen der Verdrängung der Realität der NS-Herrschaft, die es möglich machte, dass der nationalsozialistische Volkstumsideologe, Theodor Oberländer, Vertriebenenminister der Regierung Adenauer werden konnte, dass der SS-Gruppenführer Heinz Reinefarth, der an der Niederschlagung des Warschauer Aufstands 1944 beteiligt war, Bürgermeister von Weserland/Sylt zu werden vermochte und dass ein für viele Todesurteile mitverantwortlicher NS-Justizjurist am Reichsgericht, Wolfgang Fränkel, eine Zeitlang als Generalbundesanwalt fungierte,[6] war die Benennung einer Straße in Hannover nach einem einstmals leitenden Kommunalbeamten der NS-Diktatur ein Vorgang, der der „Derealisierung“ (Mitscherlich) der Struktur des Hitler Regimes entsprach.

Die Tätigkeit früherer Träger des Hitlerregimes in Zentralbereichen des politischen Systems wurde vom gesellschaftlichen und politischen mainstream getragen, den Eugen Kogon, dem Autor des „SS-Staats“ (München 1946), als den Sieg der 131er – der Träger des nationalsozialistischen Staatsapparats, die einen fast uneingeschränkten gesetzlichen Wiedereinstellungsanspruch erhielten – über die 1945er, die den personellen Bruch mit der Diktatur zur Grundlage der Demokratie machen wollten, charakterisiert.[7]

Tatsächlich galt auch die Tätigkeit des Stadtbaurats Karl Elkart im Nationalsozialismus lange Jahre – übereinstimmend mit dem Selbstbild Elkarts – als lediglich fachlich orientiert.[8] Durch seine Mitgliedschaft in der NSDAP vorgeblich nur formal belastet, wurde Elkarts Rolle in der hannoverschen Stadtverwaltung als rein professionell angesehen, kaum berührt durch die politischen Ziele der NS-Diktatur. Ausdrücklich erklärte der Entnazifizierungsausschuss 1946,

---

4 Joachim Perels, Die Umdeutung der NS-Diktatur in einen Rechtsstaat, Leviathan H. 2/2007. S. 230 ff.; vgl. auch die Kritik des Bundesverfassungsgerichts an der juristischen Entproblematisierung der NS-Herrschaft, BVerfGE 6, 32 ff.

5 Norbert Frei, Vergangenheitspolitik. Die Anfänge der Bundesrepublik und die NS-Vergangenheit, München 1996, S. 271.

6 Marc von Miquel, Ahnden oder amnestieren? Westdeutsche Justiz und Vergangenheitspolitik in den sechziger Jahren. Göttingen 2004, S. 99 ff.; Ernst Klee, Das Personenlexikon des Dritten Reiches, Frankfurt/M. 2003, S. 441, 487.

7 Eugen Kogon, Beinahe mit dem Rücken an der Wand, Frankfurter Hefte H. 91/1954, S. 641 ff.; Joachim Perels, Die Übernahme der Beamtenschaft des Hitler-Regimes, Kritische Justiz H. 2/2004, S. 186 ff.

8 Fleiter, Stadtbaurat (Anm. 2), S. 148; zur Kritik dieser Sicht vgl. auch Wolf Gruner, Die NS-Verfolgung und die Kommunen, Vierteljahreshefte für Zeitgeschichte H. 48/2000, S. 75 ff.

dass „Elkart niemals parteipolitisch hervorgetreten“ sei.[9] Diese Sicht wurde dadurch gestützt, dass Elkart sich als Städteplaner im sozialen Wohnungsbau, bei der Gestaltung von Grünflächen und Parks und bei anderen Großprojekten in seiner gesamten Amtszeit von den zwanziger Jahren bis zum Ende des Dritten Reiches einen Namen gemacht hatte. Dieses Bild der Rolle eines leitenden Fachbeamten im NS-Staat, das in einer für die herrschende Sicht charakteristischen Entscheidung des Bundesgerichtshofs von 1954 zu der Formel verdichtet wurde, dass der „wahre ... innere ... Kern des Staates und seiner Beamtenschaft vom nationalsozialistischen Terror nicht berührt wurde,“[10] ist mit den Erkenntnissen der neueren historischen Forschung über die Kommunalpolitik im NS-Staat unvereinbar.

III.

Rüdiger Fleiter arbeitet heraus, dass Elkart in seiner Funktion als Stadtbaurat der NS-Diktatur eine keineswegs nur immanent fachliche Tätigkeit ausgeübt hat.[11] In zentralen Fragen der Durchsetzung der politischen Ziele des Nationalsozialismus war Elkart daran beteiligt, auf der Ebene der Stadtverwaltung das System des „Maßnahmenstaats“ (Fraenkel) zu verankern und die rechtsstaatlichen Garantien und Grundrechtspositionen zu beseitigen, um die Herrschaftsinteressen des Regimes ungehindert durchsetzen zu können.[12] An der Behandlung der Juden und der Kriegsgefangenen, für die Elkart teilweise oder ganz zuständig war, wird dies sichtbar.

Die Aufhebung des Grundsatzes der Gleichheit vor dem Gesetz zu Lasten der Juden wird von Elkart auf der Verwaltungsebene 1933 sogleich in die Praxis umgesetzt, obgleich dafür selbst von der politischen Zentrale noch keine entsprechenden Vorgaben gemacht wurden. Im Juni 1933 beschloss eine Kommission unter Mitwirkung von Elkart, im Unterschied zur Praxis in der Weimarer Republik, jüdische Unternehmer bei der Vergabe von städtischen Unterhaltungsmaßnahmen nicht mehr zu berücksichtigen. Beim Erwerb der Grundstücke von Juden durch die Stadt, für die Elkart zuständig war, wurden sie genötigt, ihr Eigentum unter dem für arische Verkäufer geltenden Marktpreis zu veräußern. Elkart machte sich die Notlage der 1938 durch die NS-Führung verfügten Deportatio-

9 Fleiter, Stadtbaurat (Anm. 2), S. 48.
10 BGHZ 3, S. 1.
11 Fleiter, Stadtbaurat (Anm. 2).
12 Vgl. Ernst Fraenkel, Der Doppelstaat (1941), Frankfurt/M., 1974.

nen polnischer Juden zunutze, um den Aufkauf der ihnen gehörenden Grundstücke unter Wert zu erzwingen.[13]

Die Arisierung, die systematische Entziehung des Eigentums der Juden durch die Übertragung auf das NS-Regime, die die ökonomische Existenz der Diskriminierten der Willkür der Diktatur auslieferte, war Teil des Arbeitsfeldes von Elkart. Als die Stadtverwaltung den jüdischen Friedhof in der Ohestraße ihrer Verfügungsgewalt unterwerfen und einebnen wollte, erklärte Elkart entsprechend der Herrschaftslogik des Maßnahmenstaates, dass dies „ohne Berücksichtigung etwa bestehender rechtlicher Bedenken“ geschehen könne.[14] Für die Arisierung suchte Elkart wertvolle Stücke wie eine Sammlung alten chinesischen Porzellans und alter chinesischer Bronzen aus, die einem jüdischen Fabrikanten gehörten, um sie, wie es in einem Schreiben von Oberbürgermeister Haltenhoff vom 5. Januar 1942 heißt, „in das Eigentum der Stadt zu überführen“.[15] Auch die Unterbringung und Verwendung des den Juden entzogenen Eigentums gehörte zum Arbeitsbereich von Elkart. Er kümmerte sich um Details der zwangsförmigen Enteignung der Juden. Elkart ließ einen Schrank für die weggenommenen Gegenstände anfertigen und suchte einen Handwerker, der das Tafelsilber des jüdischen Eigentümers mit Gravuren des Stadtwappens versehen sollte, um es für repräsentative Zwecke nutzen zu können.[16]

Auch an den Planungen zur Vorbereitung der Deportationen der Juden aus Hannover, die darauf zielten, ihr Recht auf Freizügigkeit zu beseitigen, war Elkart maßgeblich beteiligt. Er entwickelte das strategische Konzept, die Juden aus ihren Wohnungen fortzuschaffen und in Baracken, die als Sammelunterkünfte dienen sollten, zu konzentrieren. Auch wenn die Baracken am Ende nicht errichtet werden, wurde die von Elkart angestrebte erste Stufe der Deportation, mit der Elkart fest rechnete, auf andere Weise verwirklicht: durch die Schaffung von so genannten „Judenhäusern“, in denen die Juden zusammengepfercht wurden.[17]

Auch die Bestimmungsmacht über die Kriegsgefangenen lag in den Händen von Stadtbaurat Elkart und seiner Behörde. Die Kriegsgefangenen, deren Zahl etwa 9.000 betrug, wurden für die Arbeiten eingesetzt, die zuvor Deutsche, die Militärdienst leisten mussten, ausführten. Auf diese Weise hatten die Kriegsgefangenen Anteil an der Erhaltung der Funktionsfähigkeit der deutschen Wirtschaft durch die Übernahme der Aufgaben deutscher Soldaten, die im Dienste des NS-Regimes Krieg führten. Die zentrale Funktion dieser den Krieg ab-

13 Fleiter, Stadtbaurat (Anm. 2), S. 139 ff.
14 Fleiter, Stadtverwaltung (Anm. 1), S. 206; ders., Stadtbaurat (Anm. 2), S. 141.
15 Fleiter, Stadtverwaltung (Anm. 2), S. 133.
16 Fleiter, Stadtverwaltung (Anm. 2), S. 141.
17 Fleiter, Stadtbaurat (Anm. 2), S. 141 ff.

sichernden wirtschaftlichen Nutzung von Kriegsgefangenen hatte Elkart klar erkannt und seinen Planungen zugrunde gelegt. Entsprechend forderte beispielsweise der Elkart unterstellte Oberbaurat Orthaus bei Reichsminister Speer, der für die gesamtstaatliche Verteilung von Kriegsgefangenen zu ökonomischen Zwecken zuständig war, 3.400 italienische Arbeitskräfte an.[18]

Weder die Tatsache, dass Nazi-Deutschland einen völkerrechtswidrigen Angriffskrieg führte, der gegen den Briand-Kellog-Pakt von 1929 verstieß, noch die im Genfer Abkommen über die Behandlung von Kriegsgefangenen von 1929 festgelegte Verpflichtung, Kriegsgefangene human zu behandeln, wurden von Elkart auch nur reflektiert. Er organisierte für das Regime, das an allen Fronten einen imperialistischen Machtkrieg führte, ein System der Ausbeutung der ausländischen Arbeitskräfte, die noch dadurch verschärft wurde, dass Elkart die miserable Ernährung der Gefangenen bagatellisierte und die angeblich unzureichende Arbeitsleistung bestimmter Gefangener rügte.[19]

IV.

Wenn man Elkarts Tätigkeit an den Richtlinien der Stadt Hannover für die Umbenennung von Straßen misst, ergeben sich zwei Fragen: Handelte Elkart als Stadtbaurat im Widerspruch zu einer rechtsstaatlich-demokratischen Verfassung? Ist er für schwerwiegende persönliche Handlungen – wie Verbrechen gegen die Menschlichkeit und Kriegsverbrechen – verantwortlich?

Indem Elkart als Stadtbaurat die Gleichheit vor dem Gesetz gegenüber Juden bei der Vergabe von Aufträgen für die Stadt und beim Aufkauf von Grundstükken aufhob, wirkte er daran mit, die Fundamentalnorm einer rechtsstaatlichen Demokratie, den Gleichheitssatz, wie er in Art. 109 WRV niedergelegt war, außer Kraft zu setzen. Außerdem beteiligte sich Elkart daran, die Verbindlichkeit einzelner Grundrechte für Juden zu suspendieren. Seine Mitwirkung bei der Arisierung, die vielfältige Formen annahm und insbesondere in der Umprägung von Tafelsilber, das Juden zuvor entzogen wurde, seinen Ausdruck fand, ist identisch mit der Negation der grundrechtlich gesicherten Eigentumsgarantie (Art. 153 WRV). Da Elkarts Planungen zur Zusammenfassung von Juden in speziellen Sammelunterkünften und der damit verbundenen Entfernung aus ihren Wohnungen eine Voraussetzung für die Deportation schuf, bedeutet dies, dass er für die Aufhebung des Rechts auf Freizügigkeit (Art. 111 WRV) für Juden mitverantwortlich ist.

---

18 Fleiter, Stadtbaurat (Anm. 2), S. 145 ff.

19 Ebd., S. 144 ff.

Dass Elkart alle diese Maßnahmen, wie er selbst erklärte, unabhängig von etwa entgegenstehenden Rechtspositionen durchführen wollte, bedeutet, dass er der Doktrin der schrankenlosen Diktatur folgte, die die Bindung der öffentlichen Gewalt an das Recht zugunsten der Durchsetzung der repressiven und ideologischen Ziele des Staates systematisch aufhob. Elkarts Angriff auf die Existenzgrundlagen der Juden hatte für die Betroffenen gravierende Folgen. Sein Vorgehen ist daher auch ein Verbrechen gegen die Menschlichkeit. Ein derartiges Verbrechen ist nicht nur bei Tötungsdelikten gegeben. Der Tatbestand des Verbrechens gegen die Menschlichkeit, der in dem Statut des Internationalen Strafgerichtshofs (Art. 7) und in die Europäische Verfassung (II 49 Abs. 2) übernommen worden ist, sanktioniert nicht allein Verbrechen gegen das Leben. Strafbar ist auch die „Verfolgung aus politischen, rassischen oder religiösen Gründen, ohne Rücksicht darauf, ob sie das nationale Recht des Landes, in welchem die Handlungen begangen wurden, verletzen" (Art. II Ic Kontrollratsgesetz Nr. 10). Auch diesen Tatbestand, der an die Verletzung der in der rechtsstaatlich-demokratischen Verfassung niedergelegten Diskriminierungsverbote Strafsanktionen knüpft, hat Elkart erfüllt. Er beteiligte sich an der praktischen Aufhebung des Gleichheitssatzes gegenüber den Juden. Elkart trug dazu bei, dass ihnen durch die Vergabepolitik und durch die so genannte Arisierung die Rechte, die Nicht-Juden innehatten, im Wege der Aushöhlung und Beseitigung ihrer ökonomischen Existenz entzogen wurden.

Dieses Vorgehen schlug am Ende in die Aufhebung der Rechtssubjektivität der Juden um, die sie durch die von Elkart geplante – zwangsweise – Einrichtung von Sammelunterkünften, der Durchgangsstation für die Deportation, vollständig verloren.

Das System der Behandlung und Verwendung von Kriegsgefangenen, das Elkart aufgebaut hatte, erfüllt den Tatbestand eines Kriegsverbrechens. In dem schon erwähnten Kontrollratsgesetz Nr. 10 wird übereinstimmend mit dem geltenden Völkerrecht der Tatbestand der „Verschleppung zur Zwangsarbeit" als Kriegsverbrechen qualifiziert (Art. 2 I b). Im Hauptkriegsverbrecherprozess der Alliierten von 1945/1946 spielte dieser Tatbestand eine wichtige Rolle. Zwei der Angeklagten, Alfred Sauckel, der Generalbevollmächtigte für den Arbeitseinsatz des Dritten Reiches, und Albert Speer, der Rüstungsminister Hitlers, waren verantwortlich für die Rekrutierung von Millionen von Zwangsarbeitern. Ihr Einsatz war integraler Teil der Kriegsführung des NS-Regimes. Die Rekrutierung erfolgte im Wesentlichen mit Zwangsmitteln.[20] Der Einsatz der Zwangsarbeiter zur Absicherung der Führung des europaweiten Eroberungskrieges Nazi-Deutsch-

20 Ulrich Herbert, Fremdarbeiter. Politik und Praxis des „Ausländer-Einsatzes" in der Kriegswirtschaft des Dritten Reiches, Berlin 1985.

lands war ein Kriegsverbrechen, für das Speer und Sauckel – neben der Erfüllung anderer Tatbestände – verurteilt wurden.[21] Indem Elkart für Hannover das von der Berliner Zentrale organisierte System der Ausnutzung von Kriegsgefangenen zum Zweck der Sicherung der heimischen Wirtschaft unter den Bedingungen des Krieges organisierte und sich von der politischen Führung, von Rüstungsminister Speer, mit dem er in engem Kontakt stand und mit dem er befreundet war,[22] 3.400 Arbeitskräfte zuweisen ließ, hat er – wie die übergeordneten Funktionsträger – durch die Verwendung von Zwangsarbeitern ein Kriegsverbrechen begangen, das durch die unzureichende Versorgung und Entlohnung der Arbeitskräfte zusätzlich charakterisiert war.

Legt man die erwähnten Richtlinien der Stadt Hannover zugrunde, so erscheint es gerechtfertigt, die Elkartallee, die den Namen eines NS-Täters trägt, der das rechtsstaatliche Diskriminierungsverbot und die Geltung des Völkerrechts systematisch negiert hat, umzubenennen. Die Stadt Hannover stand vor längerer Zeit vor einer vergleichbaren Frage. 1978 entschied sie auf einer Sondersitzung des Rats, dem nationalsozialistischen Kultusminister, Bernhard Rust, der u.a. Karl Barth, den theologischen Kopf der Bekennenden Kirche, aus seinem Professorenamt entfernt hat, das – noch existierende – Ehrenbürgerrecht abzuerkennen.[23] Legt man diesen Maßstab der Stadt Hannover zugrunde, ließe sich die Umbenennung der Elkartallee, deren Namensgeber der Gewaltordnung der Diktatur zur Wirksamkeit verhalf, zusätzlich begründen.

Einer Umbenennung der Elkartallee könnte ein Beschluss des Oberverwaltungsgerichts Lüneburg vom 28. November 2001 entgegenstehen, der eine Umbenennung einer anderen Straße in Hannover – es handelte sich um den Uhlenhutweg – rechtskräftig aufgehoben hat.[24] Diese Entscheidung betrifft jedoch einen anderen Sachverhalt. Daher geht von ihr keine Bindungswirkung aus. Der Namensgeber für den Uhlenhutweg in Hannover hatte im Nationalsozialismus den Antrag gestellt, „kreuzweise Immunisierungsversuche in einem Kriegsgefangenenlager“[25] durchzuführen, die gegen das Genfer Abkommen über die menschliche Behandlung von Kriegsgefangenen von 1929 verstieß. Dies war der Grund, eine Umbenennung des Weges zu beschließen, Das Gericht hob jedoch den Beschluss der Stadt Hannover auf. Das Gericht interpretiert den Antrag auf die Ausführung von medizinischen Versuchen an Kriegsgefangenen, die es nach der Genfer Konvention von 1929 selbst als Kriegsverbrechen qualifiziert, als

21 Das Urteil von Nürnberg, München 1946, S. 162 ff., 176 ff.

22 Fleiter, Stadtbaurat (Anm. 2), S. 47.

23 Der Spiegel 1979, Nr. S. 86; Hans Prolingheuer, Der Fall Karl Barth, Chronographie einer Vertreibung 1934–1935, 1977, S. 199.

24 Nds. OVG, Beschl. v. 28.11.2001, hektographierte Fassung, AZ: 10 LA 263/01.10A5816/00.

25 Ebd., S. 4.

lediglich straflose Vorbereitungshandlung.[26] Diese Sichtweise widerspricht dem tatsächlichen Vorgang. Wenn der Antrag auf Ausführung eines medizinischen Versuchs an Menschen gestellt wird, bedeutet dies, dass der Antragsteller eine strafbare Handlung in Gang setzt. Der Antrag ist eine nicht wegzudenkende Bedingung dafür, dass der Angriff auf die körperliche Integrität geschieht. So wird ein Element der Deliktshandlung im Sinne der Realisierung der Gesamtplanes verwirklicht.

Die Logik der Entscheidung ist fatal. Indem das Oberverwaltungsgericht die Rechtsposition der körperlichen Integrität bei der Ingangsetzung eines von Vertretern des NS-Staats angeordneten Verbrechens nicht wahrnimmt, begeht derjenige, der die Außerkraftsetzung des Hypokratischen Eides anordnet, keine Rechtsverletzung. Die NS-Gewaltherrschaft verschwindet hinter vorgeblich rechtsfreien Funktionsabläufen. Eine derartige Sicht wäre ausgeschlossen gewesen, wenn das Gericht die Maßstäbe des Nürnberger Ärzte-Prozesses der Vereinigten Staaten von 1947 zur Kenntnis genommen hätte.[27] Durch die Nicht-Wahrnehmung des Gewaltverbrechens eines NS-Täters, die einer Entwirklichung der NS-Diktatur geschuldet ist, wurde die Revision eines Straßennamens unterbunden – kein Maßstab für eine rechtsstaatlich korrekte Entscheidung.

26 Ebd., S. f.

27 Vgl. die Analyse des Ärzteprozesses von Alexander Mitscherlich/Fred Mielke, Medizin ohne Menschlichkeit (1960), Frankfurt/M. 1978.

Lebensgeschichte und wissenschaftliche Forschung. Theodor Eschenburgs Umdeutung der Rolle der Beamtenschaft des NS-Staats

Durch Forschungen von Prof. Rainer Eisfeld, Osnabrück, der sich durch Untersuchungen über die Kontinuität der wissenschaftliche Karriere des Raketenspezialisten Werner von Braun einen Namen gemacht hat, der im Dienst der NS-Diktatur und der US-Regierung tätig war, ist ans Licht gekommen, dass Theodor Eschenburg, einer der bekanntesten Politikwissenschaftler der Bundesrepublik, der als Rektor der Universität Tübingen Ernst Bloch nach seinem Verlassen der DDR eine Gastprofessor verschaffte, durch seine zeitweise Mitgliedschaft in der SS Anfang der 3oer Jahre und durch die Mitwirkung an der Arisierung eines jüdischen Unternehmens an der Durchsetzung der NS-Herrschaft beteiligt war.[1] Die neuen Erkenntnisse zu Eschenburgs Rolle im NS-Staat haben dazu geführt, dass der mit seinem Namen verbundene Wissenschaftspreis vom Vorstand der Deutschen Vereinigung für Politische Wissenschaft nicht mehr vergeben wird. Eschenburgs in der Wochenzeitung „Die Zeit“ publizierte Beiträge zur Rolle der Beamtenschaft im NS-System erscheinen nun in einem neuen Licht. In den Zeitungsartikeln drückt sich indirekt Eschenburgs Umgang mit seiner einstigen politischen Rolle im Hitler-Regimes aus.

I.

Eschenburgs Artikel über Beamte und Minister im Nationalsozialismus reproduzieren deren Selbstbild einer weitgehend unselbständigen Rolle in der Diktatur. Dies zeigen Beiträge über Staatssekretärs Ernst von Weizäcker, Finanzminister Graf Schwerin von Krosigk und des Ministerialrats Hans Globke. Die in den 60er und 70er Jahren auf Deutsch publizierten rechtstheoretischen Arbeiten zur Machtstruktur Nazi-Deutschlands der emigrierten Juristen und Politikwissenschaftler Franz Neumann, Ernst Fraenkel und Otto Kirchheimer[2] werden von

1 Rainer Eisfeld, Theodor Eschenburg: Übrigens vergaß ich noch zu erwähnen... Eine Studie zum Kontinuitätsproblem in der Politikwissenschaft, Zeitschrift für Geschichtswissenschaft H. 1/2011, S. 27 ff.; ders., Theodor Eschenburg (II): „Der innere Widerstand gegen ein totalitäres Regime verlangt eben besondere Verhaltensweisen“, Manuskript, Hannah Bethke, Theodor Eschenburg in der NS-Zeit. Gutachten im Auftrag von Vorstand und Berat der Deutschen Vereinigung für Politische Wissenschaft 3.9.2012 Internet-Ausdruck.

2 Franz Neumann, Behemoth. Struktur und Praxis des Nationalsozialismus (1942/44), übers. v. Gert Schäfer, Köln 1977, Ernst Fraenkel, Der Doppelstaat (1941), Frankfurt/M. 1974, Otto

Eschenburg nicht zur Kenntnis genommen. So entwickelte er keinen kritischen, rechtstaatlichen Begriff für die Analyse der juristisch vermittelten NS-Herrschaft.

In einem ausführlichen Artikel in der „Zeit“, in dem sich Eschenburgs mit Hans Jürgen Döschers Buch über das Auswärtiger Amt im Dritten Reich auseinandersetzt,[3] wird der traditionellen Beamtenapparat des NS-Staats legitimiert. Eschenburg behandelt, am Beispiel der Rolle Ernst von Weizäckers die Frage, welche Bedeutung dessen, durch die staatliche Kompetenzverteilung festgelegte Abzeichnung und Genehmigung der Deportation der europäischen Juden hat. Eschenburg schreibt: „Die Mitunterzeichnung des Zustimmungsschreibens des Auswärtigen Amts (zur Deportation der Juden) ergab sich zwingend aus den Entscheidungen der Wannseekonferenz.“[4]

Mit diesem bemerkenswerten, technokratischen Satz übernimmt Eschenburg die Festlegungen der Wannseekonferenz als Bezugspunkt, die, wie es in deren Protokoll heisst, der „Endlösung der Judenfrage“ (dem Tarnwort für die Ermordung der Juden) in ganz Europa diente. Dazu gehörte, dass die Juden durch Zwangsarbeit „einer natürlichen Verminderung“ unterworfen werden.[5] Eine oppositionelle politische Position zur staatlichen Vorbereitung der Vernichtung der Juden wird von Eschenburg ausgeschlossen. Er macht die exekutivische Herrschaftslogik des NS-Staats und ihre Vernichtung rechtsstaatlicher Positionen zum unüberschreitbaren Wertungsrahmen. Dass die Entscheidungen der Wannseekonferenz die Beseitigung des Rechts auf Freizügigkeit für die Juden Europas bedeutet, die die Voraussetzung für ihre Ermordung in den Vernichtungsstätten war, löst bei Eschenburg keine Reflexion über die Legitimationsquelle des Maßnahmenstaats aus. Die Beteiligung des Auswärtigen Amts an der Deportation der Juden bringt Eschenburg dadurch zum Verschwinden, dass er das Auswärtige Amt, unabhängig von dessen konstitutiven Aufgaben bei der Ingangsetzung des Aussonderungsprozesses der Juden zu einer „Attrappe“ umdefiniert, die die Form eines blossen „Sekretariats Hitlers“ angenommen habe.[6] So löst sich die Mitverantwortung der führenden Beamten wie des Staatssekretärs v. Weizäcker

---

Kirchheimer, Die Rechtsordnung des Nationalsozialismus (1941), Kritische Justiz H. 4/1971, S. 356 ff.

3 Theodor Eschenburg, Diplomaten unter Hitler, Rezension von Hans-Jürgen Döscher, Das Auswärtige Amt im Dritten Reich – Diplomatie im Schatten der Èndlösung, Berlin 1987, Die Zeit 5. Juni 1987.

4 Ebd.

5 Besprechungsprotokoll der Wannseekonferenz vom 20. Januar 1941, abgedruckt bei Döscher (Anm. 3), S. 226 ff., S. 233.

6 Eschenburg (Anm. 3).

auf, obgleich ohne dessen schriftliche Akzeptanz die Deportation der Juden nach den Regeln des NS-Staats nicht erfolgen konnte.

Für das Ineinanderwirken der Führungsschichten des Dritten Reiches, das bei Eschenburg nicht in Erscheinung tritt, weil er die Macht Hitlers von den staatlichen Funktionsabläufen trennt, hat Franz Neumann in seinem Werk über die NS-Herrschaft, dem „Behemoth" von 1942, der 1977, übersetzt von Gert Schäfer, auf Deutsch erschien, eine empirisch fundierte Strukturanalyse vorgelegt, die bei Eschenburg nicht in den Blick tritt. Im „Behemoth" heisst es: „...Alle drei (die Armee, die Partei und die monopolistische Industrie) brauchen die Bürokratie, um die technische Rationalität zu erlangen, ohne die das System nicht funktionsfähig wäre. Jede der vier Gruppen ist souverän...und jede ist somit in der Lage, die zwischen den vieren notwenigen Kompromisse schnell und skrupellos durchzusetzen."[7] Das System besteht nicht lediglich aus einem diktatorischen Herrscher, sondern aus einer in sich gegliederten Führungsschicht, die sich aus jenen zusammensetzt, „die über die (physischen und moralischen) Gewaltmittel, die Produktionsmittel und das administrative Können verfügen."[8]

Die Frage, nach welchen Maßstäben die Rolle des Auswärtigen Amts im Hitler-Regime zu beurteilen ist, beantwortet Eschenburg mit bemerkenswerter Apodiktik. Er spricht von Döschers „Fehler", dass er „die Verhaltensweise in einer totalitären Diktatur nach rechtsstaatlichen und demokratischen Maßstäben misst."[9] Mit dieser Bemerkung, durch die auch die normativen Festlegungen des Grundgesetzes – vom Recht der Freizügigkeit bis zum Recht auf Leben – als ungeeignet für die kritische Analyse der NS-Diktatur und der Rolle des Auswärtigen Amts im Prozess der Entrechtung der Juden angesehen werden, nimmt Eschenburg auch die schon erwähnte Analyse der juristischen Funktionsmechanismen des NS-Staats, Ernst Fraenkels noch im Dritten Reich verfasste Untersuchung „Der Doppelstaat", die 1941 auf Englisch und 1974 auf Deutsch (von Fraenkel inspiriert) erschienen ist, nicht zur Kenntnis. Fraenkel charakterisiert den von ihm entwickelten Begriff des nationalsozialistischen Maßnahmenstaats folgendermaßen: „Im politischen Sektor des Dritten Reiches gibt es weder ein objektives noch ein subjektives Recht, keine Rechtsgarantien, keine allgemeingültigen Verfahrensvorschriften und Zuständigkeitsbestimmungen ... In diesem politischen Sektor fehlen die Normen und herrschen die Maßnahmen."[10] Das rechtstechnische Maßnahmengefüge beruht auf Reichtagsbrandverordnung von 28. Februar 1933, der „Verfassungsurkunde des Dritten Reiches,"[11]

7 Neumann (Anm. 2), S. 460 f.
8 Ebd., S. 661.
9 Eschenburg (Anm. 3).
10 Fraenkel (Anm. 2), S. 26.
11 Ebd., S. 47.

die die Garantien der Grundrechte zur Disposition der nationalsozialistischen Diktaturregierung stellt. Auf dieser für die Beherrschung Europas zentralen Beseitigung der Schutzfunktionen der Freiheitsrechte beruhte auch die Deportation der Juden und die Mitwirkung des Auswärtigen Amts. Indem Eschenburg rechtsstaatliche Kategorien für die Analyse des Prozesses der Entrechtung der Juden ausschließt, die das theoretische Zentrum des Buchs von Fraenkel bilden, gerät er auf die schiefe Ebene einer positivistischen Reproduktion des Machtmechanismen des NS-Regimes. Es gibt zu denken, dass der führende Jurist des Dritten Reiches, Werner Best, später Justitiar des Reichsicherheitshauptamts, Fraenkels Analyse, nach einem Gespräch mit dessen Freund Martin Gauger, der ihm gegenüber die These des „Doppelstaats" erwähnte, zum Gegenstand eines 1937 veröffentlichten Aufsatzes macht, der Fraenkels kritische Kategorie des Maßnahmenstaats ins Positive wendet.[12]

Fraenkels zeitgenössische Analyse der Zerstörung des Rechtsstaats durch das NS-Regime widerlegt auch Eschenburgs These, dass ein Nachgeborener wie der Historiker Döscher, „das damalige Ambiente nicht kennen und es historisch nicht erfassen" könne.[13] Denn Fraenkels Untersuchung ist aus der Zeitgenossenschaft des in die Vereinigten Staaten emigrierten sozialdemokratischen Juristen, der die nationalsozialistische juristische Literatur und viele einschlägige Gerichtsentscheidungen aufgearbeitet hat, entstanden. Die Ursprungsfassung des Doppelstaats ist in Nazideutschland geschrieben worden. Eschenburgs Begriff eines mit dem Selbstbild der führenden Beamten des Auswärtigen Amts identischen Ambiente als alleiniger Bezugspunkt hat zur Konsequenz, dass die wohl bedeutendste rechtsstaatliche Analyse des nationalsozialistischen Staats, die seit 1974 auf Deutsch zugänglich ist – Fraenkel war als Professor an der Freien Universität Berlin ein bekannter politikwissenschaftlicher Kollege von Eschenburg – der wissenschaftlichen Wahrnehmung entzogen bleibt.

Für Eschenburg existiert keine politische Alternative zur Mitwirkung des Staatssekretär von Weizäcker an der Deportation der Juden: „Weizäcker war ausserstande, die Judenvernichtung zu verhindern. Er handelte im Bewußtsein, dass Vollzug oder Ablehnung seiner Zeichnung für die Judenaktion keinerlei Folgen haben würde."[14] Für Vertreter der politische Opposition gegen Hitler, die Eschenburg nicht zum damaligen Ambiente rechnet, wurde die Deportation der Juden dagegen nicht als unvermeidlich angesehen. Für gewichtige Gruppen des

12 Ebd., S. 17.

13 Eschenburg (Anm. 3).

14 Ebd. In einem Brief vom 12. November 1968 an Annemarie Wolff benennt Eschenburg die Differenz zwischen ihm und Walter Bauer, der zum Goerdeler Kreis gehörte: „Ich sah keine Chancen für den Widerstand und habe immer wieder davon abgeraten." Zit. nach Bethke (Anm. 1), S. 19.

Widerstands, zu denen Graf Moltke und Henning von Tresckow gehörten, wurde der Vernichtungskampf des NS-Regimes gegen die europäischen Juden zum zentralen Motiv, Hitler als Staatsverbrecher auszuschalten.[15] In einer an oppositionelle Militärs gerichteten Denkschrift intervenierten Dietrich Bonhoeffer und Friedrich Justus Perels gegen die Deportation der Juden, um einflussreiche Kräfte zum Handeln gegen die Diktatur zu bewegen. In ihrer Denkschrift vom Oktober 1941 heisst es: „Im Laufe der Woche vom 5.–12. Oktober (1941) erhielten eine Anzahl jüdischer Familien ein Schreiben der jüdischen Gemeinde, dass ihre Wohnung zur Räumung vorgesehen sei. Es wurde ihnen gleich mitgeteilt, dass sie keine neue Wohnung suchen dürfen ... Sinn und Zweck der Maßnahme werden geheimgehalten... Insgesamt 4–5000 Menschen (sollen) allein aus Berlin fortgeschafft werden... Die Verzweiflung (ist) beispiellos...“[16]

II.

Auch die Position von Graf Schwerin von Krosigk, des für die Folgeregelungen des NS-Staats nach der Reichspogromnacht vom 9. November 1938 verantwortlichen Finanzministers der Regierung Hitler, wird von Eschenburg in einer Rezension der Lebenserinnerungen Schwerins bloß reproduziert.[17] In der Verordnung vom 12. November 1938 hiess es: „Die feindliche Haltung des Judentums gegenüber dem deutschen Volk und Reich ... erfordert entschiedene Abwehr und harte Sühne. ... Den Juden deutscher Staatsangehörigkeit in ihrer Gesamtheit wird die Zahlung 1000000000 RM an das Deutsche Reich auferlegt... Die Durchführungsverordnung erlässt der Reichsminister der Finanzen.“[18] Die nach der Zerstörung der Synagogen, der Demütigung und Tötung der Juden verfügte wirtschaftliche Brandschatzung der Verfolgten kommentiert Eschenburg so: „Die Verordnung einer Buße der Juden von einer Milliarde Reichmark hat Schwerin unterzeichnet. Er tat es in der vergeblichen Hoffnung, eine Nacht der

15 Hans Mommsen, Der Widerstand gegen Hitler und die nationalsozialistische Judenverfolgung, in: ders, Alternativen zu Hitler, Studien zur Geschichte des deutschen Widerstands, München 2000, S. 384 ff.

16 Dietrich Bonhoeffer/Friedrich Justus Perels, Bericht über Massendeportationen jüdischer Mitbürger (1941), in: Dietrich Bonhoeffer, Konspiration und Haft 1940–1945, Werke Bd. 16, hrsg. von Ulrich Kabitz u.a., Gütersloh 1996, S. 125.

17 Theodor Eschenburg, Rückblick auf die Diktatur, Rezension von Lutz Graf von Schwerin Krosigk, Memoiren, Stuttgart 1977, Die Zeit 24. Juni 1977.

18 Das Sonderrecht für die Juden im NS-Staat, hrsg. v. Joseph Walk, 2. Aufl., Heidelberg 1996, S. 255.

langen Messer gegen die Juden zu verhindern.“[19] Dabei hatte diese Nacht am 9. November 1938 längst stattgefunden.

Eschenburg geht auf die Struktur der Kontribution mit keinem Wort ein, die den in der Pogromnacht verfolgten Juden nach den Regeln des Maßnahmenstaats, der die Opfer zu Tätern macht, auferlegt werden, während Schadensersatzansprüche der Juden gegenüber den Zerstörungskommandos der SA ausgeschlossen werden.[20] Gleichzeitig verfügte das nationalsozialistische Justizministerium, dass die den Juden zugefügten Rechtsverletzungen strafrechtlich nicht zu verfolgen sind.[21] Auch darüber verliert Eschenburg kein Wort. Stattdessen spricht er ohne distanzierende Anführungszeichen, von einer „Buße der Juden“[22] – als handele es sich um einen objektiven Tatbestand und nicht um eine Diskriminierungsmaßnahme, die unter den Bedingungen des Rechtsstaats, in dem derjenige Schadensersatz zu leisten hat, der ihn verursacht hat, nicht hätte verhängt werden können.[23]

III.

In Eschenburgs Artikel mit dem Titel „Globke im Sturm der Zeiten“ wird die juristische Diskriminierung der Juden durch eine Verschiebung des Blicks auf die – vorgebliche regimekritische – Motivation des Kommentators der Nürnberger Gesetze nicht zum Thema. Eschenburgs Blickrichtung kommt in der Sequenz zweier Sätze zum Ausdruck. „Dass er (Globke) den Kommentar über die Nürnberger Gesetzte zusammen mit seinem Vorgesetzten, dem Staatssekretär Stuckart, geschrieben hatte, wussten wir.“[24] An diesen Satz schließt sich nicht etwa eine Analyse der Gesetze und ihrer Interpretationen an, die den Gleichheitssatz zu Lasten der Juden aufhoben. Die Tatsache, dass Globke über die nationalsozialistische Normierungen hinaus neue Eingriffstatbestände zur Verschärfung der Diskriminierung der Juden für die NS-Justiz entwickelt, bleibt unerwähnt. Zu diesen in den Nürnberger Gesetze nicht festgelegten nun aber durch Interpreta-

19 Eschenburg (Anm. 17).

20 Sonderrecht für die Juden (Anm. 18), S. 253 f.

21 Das Nürnberger Juristenurteil von 1947, hrsg. v. Lore Maria Peschel-Gutzeit, Baden-Baden 1996, S. 192.

22 Eschenburg (Anm. 17).

23 Zum Novemberpogrom s. Saul Friedländer, Das Dritte Reich und die Juden. Die Jahre der Verfolgung, München 1998, S. 291 ff.

24 Theodor Eschenburg, Globke im Sturm der Zeiten, Die Zeit 10. März 1961.

tion im vorauseilenden Gehorsam konstruierten Tatbeständen gehört die Ausweitung des Begriffs des Geschlechtsverkehrs zwischen Juden und Deutschen.[25]

Nach der Erwähnung von Globkes Kommentar schreibt Eschenburg: „Wir dachten in ganz anderen Abwehrkategorien als es heute jene tun, die nicht unmittelbar Zeugen der Verhältnisse und Vorgänge des nationalsozialistischen Regimes gewesen sind."[26] Dem auf Globke bezogenen Begriff der Abwehrkategorie, der eine Distanz zum Regime meint, hat im Blick auf dessen administrative Tätigkeit keine empirische Basis. Globke trat als Beamter des preußischen Innenministeriums in der Weimarer Republik, in der der Gleichheitssatz galt (Art. 109 WRV), mit einer gegen die Juden gerichteten Vorlage vom 23. Dezember 1932 dafür ein, die Genehmigung von Namensänderungen zu untersagen, sofern Juden damit „ihre jüdische Abkunft... zu verschleiern" suchten.[27] Diese noch vor der NS-Herrschaft entwickelte Linie der Diskriminierung der Juden setzt Globke im Dritten Reich als Namenssachverständige des Innenministeriums fort.1938 konzipiert er den Pass, der die Juden zwang, einen jüdischen Zweitnamen in ihrem Pass eintragen zu lassen. Mit der von Staatsekretär Stuckart und Justizminister Gürtner unterzeichneten Verordnung vom 17. August 1938 wurden sie als Juden in potentiellen Zufluchtsländern kenntlich und Abweisungen an der Grenze – wie von der Schweiz vielfach praktiziert – leichter möglich.[28]

Eschenburg argumentiert im Blick auf Globke – mit der Figur des „unmittelbaren Zeugen,"[29] der der inneren Emigration zugerechnet wird. Die amtliche Rolle in der judenfeindlichen Politik der NS-Diktatur tritt so in den Schatten. Die Position einer kritischen Zeugenschaft, die in der zeitgenössischen am Rechtsdenken der Aufklärung orientierten Analyse in dem schon erwähnten „Behemoth" Franz Neumanns zum Ausdruck kommt, lässt Eschenburg unerwähnt. Neumann, als Jude und Sozialist von den Nazis 1933 ausgebürgert, bringt, anders als Eschenburg, der bei der Mitwirkung an einer Arisierung an der Ausübung der NS-Herrschaft praktisch beteiligt ist, den Zivilisationsbruch der NS-Gesetzgebung gegen die Juden auf den Begriff. Die nationalsozialistische Be-

---

25 Hans Globke, Urteilsanmerkung zu Urteil des Großen Strafsenats des Reichsgericht, Zeitschrift der Akademie für Deutsches Recht, 15. Januar 1937, S. 56. Globke verweist auf seinen Kommentar. Er schreibt: „Die Entscheidung (zur Ausweitung des Begriffs des Beischlafs) ist zu begrüssen, zumal sie dazu dienen wird, unerwünschte geschlechtliche Handlungen zwischen Juden und Deutschen zu erschweren und Umgehungen des Blutschutzgesetzes zu verhüten." Vgl. Dr. Hans Globke. Aktenauszüge/Dokumente, hrsg. v. Reinhard M. Strecker, Hamburg 1961, S. 115 f.

26 Eschenburg (Anm. 24).

27 Raul Hilberg, Die Vernichtung der europäischen Juden, Bd. 1 (1961), Frankfurt/M. 1990, S. 38.

28 Ebd., S. 185.

29 Eschenburg (Anm. 24).

völkerungspolitik normiert, schreibt Neumann, „die Vertreibung der Juden aus dem Gemeinwesen."[30] Dies „entbehrt so sehr der christlichen Nächstenliebe, ist so wenig durch Vernunft zu rechtfertigen und widerspricht so vollkommen dem Mitleiden und Mitfühlen, dass sie wie das Tun durch und durch heidnischer Menschen anmutet."[31]

IV.

Eschenburgs Haltung zu administrativen Funktionsträgern des Hitler-Regime entsprach dem herrschenden Bewußtsein, das sich auch in Positionen der Regierung Adenauer und des Bundesgerichtshofs niederschlug. Weitreichend war, dass die Regierung Adenauer 1952 die völkerrechtliche Entlegitimierung der nationalsozialistischen Rechtsordnung unterband. Dies geschah durch einen Vorbehalt gegenüber Art. 7 Abs. 2 der Europäischen Menschenrechtskonvention, die durch die Inkorporierung des Völkerrechts in die Ordnung des Grundgesetzes transformiert werden konnte. Die europäische Bestimmung machte verbrecherische Staatshandlungen der Ahndung zugänglich. Der Vorbehalt, den bereits die Verteidiger im Hauptkriegsverbrecherprozeß zu Gunsten von Göring und anderen Spitzenvertretern des Hitler-Regimes geltend gemacht hatten, wurde mit der Verkündigung im Bundesgesetzblatt 1954 rechtswirksam.[32]

Die Konsequenzen der Neulegitimation von NS-Recht werden in einer Entscheidung des Bundesgerichtshofs sichtbar. 1956 sprach der Bundesgerichtshof den SS-Richter Thorbeck frei, der in einem Standgerichtsverfahren mit dem Kommandanten des Konzentrationslagers Flossenbürg als Beisitzer die Widerstandskämpfer Dietrich Bonhoeffer, Admiral Canaris, Hans Oster und andere nach den Regeln der NS-Diktatur zum Tode verurteilt hatte. Auch dem nationalsozialistischen Staat, dessen Rechtsordnung zugrundezulegen sei, könne man

---

30 Neumann (Anm. 2), S. 152, Eisfeld (Anm. 1)..

31 Ebd., S. 148.

32 Bekanntgabe über das Inkraftsetzen der Konvention zum Schutz der Menschenrechte und Grundfreiheiten, BGBl. II, 1954, S. 14, 1. Ziff. 1. Der Titel der Veröffentlichung im Bundesgesetzblatt ist irreführend. Durch den Vorbehalt gegenüber Art. 7 Abs. 2 ERMK wird eine wesentliche Bestimmung nicht in Kraft, sondern außer Kraft gesetzt. Vgl. Joachim Perels, Amnestien für NS-Täter in der Bundesrepublik, in: ders, Das juristische Erbe des „Dritten Reiches". Beschädigungen der Rechtsordnung, Frankfurt/M. 1999, S. 205 f., Eingabe der Gesamtverteidigung vom 19. November 1945, in: Der Prozeß gegen die Hauptkriegsverbrecher vor dem Internationalen Militärgerichtshof Bd. I, Nürnberg 1947, S. 186 ff.

nicht „das Recht auf Selbstbehauptung" absprechen.[33] Das Urteil hatte weitreichende Folgen. Das Landgericht Berlin stützte sich explizit auf das Urteil des Bundesgerichtshofs und sprach Hans-Joachim Rehse 1968 frei, der als Beisitzer des Volksgerichtshofs für eine Fülle von Todesurteilen gegen Widerstandskämpfer verantwortlich war. Damit wurde auch der katholische Widerstandskämpfer Max Joseph Metzger, der ein Memorandum für ein Völkerrecht gleichberechtigter Staaten – der späteren Konzeption des Grundgesetzes – verfasst hatte und vom Volksgerichtshof zum Tode verurteilt wurde, durch die Affirmation des von Rehse praktizierten nationalsozialistischen Ausmerzungsrechts ein zweites Mal verurteilt.[34]

Eschenburgs Position zu beamteten und politischen Trägern der NS-Diktatur steht schon länger im Gegensatz zur Gesetzgebung der Bundesrepublik. In einer einstimmigen Entscheidung hob der Deutsche Bundestag 1998 die Unrechtsurteile des Nationalsozialismus auf.[35] Damit wurde der immanenten Rekonstruktion der NS-Herrschaft, die auf den Bezugsrahmen rechtsstaatlicher Kategorien verzichtet, eine Absage erteilt.

---

33 BGH 1956, in: Justiz und NS-Verbrechen, hrsg. v. Christiaan Frederic Rüter, Bd. XIII, Amsterdam 1975, S. 352, vgl. Joachim Perels, Die schrittweise Rechtfertigung der NS-Justiz, in: Juristisches Erbe (Anm. 32), S. 181 ff.

34 Schwurgericht Berlin 1968, in: Freispruch für die Nazi-Justiz, hrsg. v. Jörg Friedrich, Reinbek 1983, S. 463 ff.

35 BGBl. I (1998), S. 2501.

Gegenaufklärung in der Gedenkstättenarbeit in Niedersachsen

Prof. Dr. Joachim Perels
Rupsteinstr. 2
30625 Hannover
Tel. 0511-556644
e-mail: Joachim-Perels@t-online.de

Herrn
Dr. Bernd Althusmann
Niedersächsischer Kultusminister
Schiffgraben 12
30159 Hannover

15. Mai 2012

Offener Brief betr: wissenschaftliche Fehlentwicklungen in der Gedenkstättenarbeit in Niedersachsen

Sehr geehrter Herr Kultusminister Dr. Bernd Althusmann,

bestimmte Entwicklungen in der Gedenkstättenarbeit in Niedersachen geben zur Beunruhigung Anlaß. Ich schreibe an Sie als Vorsitzenden des Stiftungsrats der Stiftung niedersächsische Gedenkstätten, dem nach dem nds. Gedenkstättengesetz die öffentliche, parlamentarisch legitimierte Verantwortung für die sachgemäße Wahrnehmung der Gedenkstättenarbeit, insbesondere auf dem Gelände des ehemaligen Konzentrationslagers Bergen-Belsen und in der Justizvollzugsanstalt Wolfenbüttel übertragen ist. In verschiedenen Bereichen der beiden Gedenkstätten wird solide historische und pädagogische Arbeit geleistet. Der Katalog zur Ausstellung des 2007 eröffneten Dokumentationszentrums über das Konzentrationslager Bergen-Belsen und seinen Nachgeschichte ist hierfür ein Exempel, obgleich in dieser Publikation bedauerlicher Weise die in der Ausstellung behandelte Rolle der Täter in den Konzentrationslagern Auschwitz und Bergen-Belsen aus der Darstellung ausgeklammert werden, ein Versäumnis, das durch den Rückgriff auf die erste Information über die neue Dokumentationsstätte, in der die Täter – wie der KZ-Kommandant von Bergen Belsen, Josef Kramer – bereits in ihrer verantwortlichen Rolle gezeigt wurden, hätte vermieden werden können. (Stiftung niedersächsische Gedenkstätten, Bergen-Belsen, Katalog der Dauerausstellung, o.O. (Göttingen), o.J. (2009), Stiftung niedersächsische Gedenkstätte, Gedenkstätte Bergen-Belsen 2007. Begleitheft zur Dauerausstellung, Redaktion o.O. (Celle) 2007, S. 56–61). Seit längerer Zeit haben sich weitere gravierende, überwiegend nur intern bekannte wissenschaftliche Defizite entwikkelt, die dem gesetzlichen Auftrag für die Arbeit der Gedenkstätten widersprechen. Diese Defizite bedürfen der öffentlichen Erörterung, die mir auch angesichts Ihrer parlamentarischen Verantwortung angezeigt scheint.

Der gesetzliche Auftrag, dass die Gedenkstätte Bergen-Belsen „als Ort der Erinnerung an die Leiden der Opfer des Nationalsozialismus ... und als Ort des Lernens für künftige Generationen der Aufklärung über die NS-Herrschaft ... gestaltetet" und durch die Forschung unterstützt werden solle (§ 2 Abs. 1 Ziff. 2 und 4 Gesetz über die Stiftung niedersächsische Gedenkstätten), wird durch die gegenwärtige Geschäftsführung der Stiftung niedersächsische Gedenkstätten in zwei Bereichen verfehlt: im Blick auf die Zugrundelegung rechtsstaatlicher Kategorien für die kritische Darstellung der nationalsozialistischen Staatsordnung und der historischen Forschung zu der gartenartigen Entsorgung der Wirklichkeit des Konzentrationslagers in der Nachkriegszeit.

I.

Die Geschäftsführung lehnte es ab, eine für den 17. und 18. September 2010 geplante internationale Tagung mit rechtsgeschichtlich ausgewiesenen Wissenschaftlern und Zeitzeugen aus Großbritannien und der Bundesrepublik zu Problemen der rechtlichen Aufarbeitung der NS-Diktatur sachlich und finanziell zu unterstützen. Gegenstand war der von der britischen Militärregierung initiierte Lüneburger Prozeß gegen Josef Kramer, den Kommandanten von Auschwitz und Bergen-Belsen und andere Angeklagte, die vom September bis November 1945 vor jenem Gericht standen, das das erste Paradigma einer rechtsstaatlichen Ahndung nationalsozialistischer Staatsverbrechen entwickelte. Der Lüneburger Prozeß, der die machttechnische Strukturen des NS-Staats in den Blick rückte und in der Nachkriegsöffentlichkeit auf große Resonanz stieß, realisierte gerichtsförmig, was später zur gesetzlichen Aufgabe der Stiftung wurde: die Leiden der Opfer ins Bewußtsein zu rücken.

Das Verfahren hat dadurch einen besonderen Stellenwert, dass es wesentlich das normierte Völkerrecht, wie es in der Haager Landkriegsordnung von 1907 und in der Genfer Konvention von 1929 niedergelegt ist, zur Grundlage des Prozesses macht, während die späteren Verfahren gegen die Hauptkriegsverbrecher und die Funktionseliten des Dritten Reichs auf dem Kontrollratsgesetz Nr. 10 vom 20. Dezember 1945 beruhen. Den Angeklagten wird in der Entscheidung des britischen Militärgerichts vorgeworfen, „an dem generellen Plan mitgewirkt zu haben, ein System der entwürdigenden Behandlung und der Begehung von Mordtaten errichtetet zu haben“ (Law Reports of Trials of War Crimes, selected und prepared by the United Nations War Crimes Commission, Vol. II The Belsen Trial 1945, London 1947, S. I).

Der Justizminister des Landes Niedersachsen, Bernd Busemann, sprach auf der Tagung, der Geschäftsführer der Stiftung, Dr. Knoch, blieb der Tagung fern. Wenn es nach der Geschäftsführung gegangen wäre, hätte die Konferenz über ein Schlüsselverfahren der juristischen Aufarbeitung der NS-Gewaltverbrechen nicht stattgefunden. Erst durch das finanzielle Einspringen der hannoverschen Regionalgruppe des Vereins Gegen Vergessen – Für Demokratie e.V. und des Volksbunds Deutsche Kriegsgräberfürsorge e.V. Landesverband Niedersachsen wurde die Tagung, die zur Kernaufgabe der Stiftung gehört, möglich.

Von der Geschäftsführung wurde durch die Ablehnung der Förderung der wissenschaftlichen Tagung über den Lüneburger-Prozeß die Bedeutung eines rechtsstaatlichen Bezugssystems für die Analyse der NS-Herrschaft verkannt. Erst die Erkenntnis, dass das NS-System ein „Maßnahmenstaat“ (Fraenkel) war, der, durch keine grundrechtlichen Schranken begrenzt, die willkürliche Verfügung über das Leben und die körperliche Integrität der zu Feinden Erklärten exekutierte, eröffnet einen Zugang zur Logik der NS-Herrschaft, die in der Empirie der Diktatur nicht aufgeht.

II.

Der gleiche unzureichende Umgang mit der juristischen Herrschaftsstruktur des Hitler-Regimes findet sich in Positionen der Geschäftsführung zur justizgeschichtlichen Gedenkstätte in der Justizvollzugsanstalt Wolfenbüttel. Nach dem niedersächsischen Gedenkstättengesetz besteht die Aufgabe der Stiftung darin, in der Gedenkstätte „an die Leiden der Opfer der Justizverbrechen“ zu erinnern und sie „als Ort … des Lernens für künftige Generationen (zu) erhalten und zu gestalten“(§ 2 Abs. I Ziff. 2 Gesetz über die Stiftung niedersächsische Gedenkstätten) Die 1999 eröffnete Ausstellung in der Justizvollzugsanstalt Wolfenbüttel über die NS-Justiz und ihre Folgen, die von der wissenschaftlichen Öffentlichkeit positiv aufgenommen wurde und seit Jahren in vielen Bundesländern mit großer Resonanz gezeigt wurde, wird von der Geschäftsführung übereinstimmend mit Vertretern der Stiftung in Frage gestellt, durch die eine historischjuristisch zureichende Wahrnehmung des justiziellen Terrors der Gerichtsbarkeit der NS-Diktatur blockiert wird. Die Ausstellung ist von Juristen, Historikern und Geschichtsdidaktikern der Universitäten Münster und Hannover in zweieinhalb Jahren erarbeitet worden. Ihre an rechtsstaatlichen Maßstäben orientierte Konzeption drückt sich in prägnanten, jedermann verständlichen Texten aus. Diese Ausstellung, die für den Bereich der Justiz mit der Dauerausstellung über den Widerstand in Berlin verglichen werden kann, sei, wie Vertreter der Stiftung behaupten, „textlastig" (Protokoll der Sitzung der Arbeitsgruppe Wolfenbüttel v. 10.3.2009, Wolfenbütteler Zeitung 17.4.2010), nachdem die Ausstellung bereits mehrere Jahre in ganz Niedersachsen mit erheblicher Resonanz gezeigt wurde.

Der Vorwurf der unzureichenden Textstruktur der Ausstellung wird an keinem Text der Ausstellung, der in dem Katalog zusammen mit ergänzenden Aufsätzen wiedergegeben ist (Justiz im Nationalsozialismus. Über Verbrechen im Namen des Deutschen Volkes. Beiträge und Katalog zur Ausstellung, Red. M. Gödecke, S. Benzler, Baden-Baden 20002, S. 71–186) belegt, weil er nicht belegt werden kann. Tatsächlich werden die juristischen Machttechniken des Hitler-Regimes erst in ihrer sprachlichen Gestalt in vollem Maße erkennbar. Wird die Funktion der Sprache aus dem „Wörterbuch des Unmenschen" (Sternberger) nicht erkannt, wird die Wahrnehmung der berufsspezifischen Rolle der Mörder im Talar verfehlt.

In dem Gespräch, das ich mit Ihnen und Ihren Mitarbeitern im September 2010 über Gravamina im Blick die unzureichende Wahrnehmung der Justizforschung durch die Geschäftsführung der Stiftung geführt habe, betrachteten Sie, wenn ich es richtig erinnere, den Vorwurf einer sog. Textlastigkeit der Ausstellung über die NS-Justiz als hinfällig. Ob dies auch für die Geschäftsführung gilt, ist mir nicht bekannt. Jedenfalls sind mehrere ausführliche Hinweise auf die Standards der rechtsstaatlichen Analyse des Dritten Reiches, wie sie insbesondere von Ernst Fraenkel in seinem Buch „Der Doppelstaat (1941, dt. 1974) entwikkelt wurde, der die sprachliche Struktur der juristischen Despotie mit empirischer Exaktheit herausarbeitet, von der Geschäftsführung mit Schweigen übergangen worden.

III.

Das Konzept für die Umwandlung des KZ-Geländes in eine Heidelandschaft, das von einem Architekten, Wilhelm Hübotter, stammt, der im Auftrag von Heinrich Himmler den Sachsenhain für die SS in Verden konzipierte, wird von der unter der Projektleitung der Geschäftsführung erstellten Broschüre aus dem Jahr 2010 „Bergen-Belsen, Historischer Ort und Gedenkstätte" nicht mit keinem Wort erwähnt. Hübotter beschrieb seine, schließlich realisierte Intention für die Gestaltung des ehemaligen KZ-Geländes 1946 mit folgenden Worten: „Es muss uns gelingen, die ‚Sensation' Bergen-Belsen einzugraben." (W. Wiedemann, J. Wolschke-Bulmahn, Bergen-Belsen. Zur Entwicklung der Gedenkstättenlandschaft, in: Landschaft und Gedächtnis. Bergen-Belsen, Esterwegen, Falstad, Majdanek, hrsg. v. W. Wiedemann, J. Wolschke-Bulmahn, München 2011, S. 75). Die Gräber betrachtete Hübotter als Funktionselement der Heidelandschaft, in der die Opfer zu Toten wurden, deren Leiden aus der Erinnerung ebenso getilgt wurden wie die Totschlagskommandos und die sadistischen Quäler. In weitgehendem Einklang mit Hübotter heißt es in der Broschüre der Stiftung: „Die im Jahre 1945 und 1946 vorgelegten landschaftsplanerischen Entwürfe für eine Gedenkstätte sahen eine friedhofsähnliche Anlage vor. Dabei sollte ... nur der Bereich rund um die Massengräber (einbezogen werden). Die Architektur des Lagers und noch vorhandene Bauten sollten nicht berücksichtigt werden: gegen den Wunsch des Zentralkomitees der befreiten Juden in der britischen Zone. In dem zur Umgestaltung vorgesehenen, etwa 40 mal 800 Meter großen Gebiet wurden die baulichen Reste beseitigt, die Massengräber zu etwa anderthalb Meter hohen Hügeln aufgeschüttet sowie Sträucher und Bäume gepflanzt" (Bergen-Belsen. Historischer Ort und Gedenkstätte, hrsg. v. Stiftung niedersächsische Gedenkstätten, Projektleitung Dr. Habbo Knoch, Celle 2010, S. 47).

Die Entsorgung der NS-Herrschaft durch die Form der Landschaftsgestaltung, die das einstige Gewaltsystem der SS im Konzentrationslager zudeckt, wird in der Broschüre unkritisch reproduziert, obgleich wissenschaftliche Beiträge zur kritischen Erforschung des Umgangs mit dem Gelände des Konzentrationslagers seit langem vorliegen (J. Wolschke-Bulmahn, 1945–1995. Zur landschaftsarchitektonischen Gestaltung der Gedenkstätte Bergen-Belsen, in Gartenkunst 7/1995, S. 325–340). Dass die Vertretung der Juden die Landschaftsgestaltung ablehnte, wird in der Broschüre erwähnt, ohne die Gründe, die historisch dokumentiert sind, zu nennen. So bleibt das sachliche Gewicht des Einwands im Dunkeln. Im Organ der befreiten Juden der britische Zone „Our Voice" von 1947 heißt es: „Schattige Terrassen werden konstruiert, um dem naiven Glauben Ausdruck zu verleihen, dass das Original Belsen, das infame Belsen Lager auf diesem Wege aus dem geschichtlichen Gedächtnis entfernt werden (könne)" (Wiedemann, Wolschke-Bulmahn, a.a.O. S. 85). Dass eine Broschüre der Stiftung hinter die Erkenntnis der überlebenden Opfer des Konzentrationslagers zurückfallt, ist ein Zeichen für gegenaufklärerische Tendenzen in der niedersächsischen Gedenkstättenarbeit.

Ich habe mich nahezu 20 Jahre in der Gedenkstättenarbeit in Niedersachsen in verschiedenen, auch leitenden Funktionen engagiert. Ich wäre Ihnen dankbar, wenn Sie als Vorsitzender des Stiftungsrats der Stiftung niedersächsische Gedenkstätten dazu beitrügen, dass die wissenschaftlichen Fehlentwicklungen, die im Widerspruch zum gesetzlichen Auftrag der Stiftung und zur langjährigen, qualifizierten und parteiübergreifenden Erinnerungsarbeit in Niedersachsen mit Blick auf die NS-Herrschaft stehen, beendet werden.

Mit freundlichen Grüßen

Prof. Dr. Joachim Perels

Antwort des niedersächsischen Kultusministers Prof. Dr. Bernd Althusmann an Prof. Dr. Joachim Perels

Herrn
Prof. Dr. J. Perels
Rupsteinstraße 2
30625 Hannover

Hannover, 30. Juli 2012

Sehr geehrter Herr Professor Perels,

Sie haben sich mit einem offenen Brief an mich gewandt, um mich auf Ihrer Meinung nach bestehende wissenschaftliche Fehlentwicklungen in der Gedenkstättenarbeit in Niedersachsen hinzuweisen. Sie verbinden dies mit der Aufforderung, diese Fehlentwicklungen, die für Sie im Widerspruch zum gesetzlichen Auftrag der Stiftung niedersächsische Gedenkstätten stehen, zu beenden. Diese Vorwürfe erstaunen mich insofern, da an mich in meiner Funktion als Vorsitzender des Stiftungsrats der Stiftung niedersächsische Gedenkstätten weder vom Stiftungsrat noch vom Stiftungsbeirat und auch nicht von Seiten der wissenschaftlichen Beratung ähnliche Vorwürfe, die sich insbesondere auch gegen den Geschäftsführer der Stiftung niedersächsische Gedenkstätten, Herrn PD Dr. H. Knoch, richten, herangetragen worden sind.

Stiftungsrat und Stiftungsbeirat sind mit der bisherigen Arbeit Dr. Knochs sehr zufrieden und wollen die Arbeit mit dem Geschäftsführer auch in den nächsten Jahren fortführen. Da Herr Dr. Knoch die von Ihnen skizzierten Entwicklungen ebenfalls zur Kenntnis erhalten hat, gehe ich davon aus, dass er dabei diese Kritik bei Überlegungen zur zukünftigen Stiftungsarbeit mit einbeziehen wird.

Mit freundlichen Grüßen

Dr. Bernd Althusmann

Reaktion auf den Brief von Kultusminister Dr. Bernd Althusmann zur Gedenkstättenarbeit

Prof. Dr. Joachim Pereis 15.8.2012
Rupsteinstr. 2
30625 Hannover
Tel. 556644
e-mail: Joachim-Perels@t-online.de

Herrn
Dr. Conny Schley
SPD-Fraktion des niedersächsischen Landtags
Hinrich Wilhelm Koptplatz 1
30159 Hannover

Lieber Herr Schley,

auf meinen offenen Brief vom 15.5.2012 zu Defiziten in der Gedenkstättenarbeit in Niedersachsen hat Kultusminister Althusmann am 30.7.2012 geantwortet. Eine Kopie seines Schreibens lege ich bei.

Bemerkenswert scheint mir, dass der Minister auf keinen meiner Einwände zu Rückschritten in der Gedenkstättenarbeit auch nur mit einem Wort eingeht. Damit nimmt er die in einer Broschüre der Stiftung fast einschränkungslos reproduzierte Auslöschung der Erinnerung an das KZ-Bergen-Belsen durch die Landschaftsgestaltung des einstigen Nazi-Architekten Wilhelm Hübotter ebenso hin wie die Verkennung der Bedeutung der juristischen Struktur der NS-Despotie und des rechtlichen Gewichts des für die Ahndung von Staatsverbrechen maßgeblichen Bergen-Belsen-Prozesses von 1945.

Für diese gravierenden Fehlentwicklungen trägt der Kultusminister als Vorsitzender des Stiftungsrats der Stiftung niedersächsische Gedenkstätten, der Vorgesetzter der Geschäftsführers der Stiftung ist, die politische Verantwortung. Wenn der Minister sich dieser Verantwortung entzieht und sie dem Geschäftsführer allein überlässt, mit dessen Arbeit er sich ohne Begründung zufrieden gibt, gerät er in Widerspruch zum niedersächsischen Gedenkstättengesetz, das dazu verpflichtet, „Orte der Erinnerung an die Leiden der Opfer des Nationalsozialismus … (zu) gestalten“ (§ 2 Abs. l Ziff. 2) und nicht etwa zu entsorgen. Dass Althusmann Einwände gegen wissenschaftsfremde Formen der Gedenkstättenarbeit übergeht, bedeutet, dass das kritische, parteiübergreifende Reflexionsniveau im Blick auf die Aufarbeitung der NS-Herrschaft in Niedersachsen – vom Mahnmal für die ermordeten Juden am Opernplatz in Hannover über die Ausstellung über NS-Justiz in der JVA Wolfenbüttel bis zum Dokumentationszentrum zur Struktur der KZ-Herrschaft in Bergen-Belsen und zur Ausstellung über den Auschwitzprozeß im Landtag – seine generelle Relevanz verliert.

Ich hoffe, dass es möglich sein wird, Ihrem Vorschlag entsprechend im Kulturausschuß des Landtags die strittigen Fragen der Gedenkstättenarbeit zu erörtern.

Mit freundlichen Grüssen

Prof. Dr. Joachim Perels

Rechtsstaat und Ahndung
von nationalsozialistischen Verbrechen

Die Ausschaltung des Justizapparats der NS-Diktatur. Voraussetzung des rechtsstaatlichen Neubeginns

I.

Die Ausschaltung des Justizapparats der NS-Diktatur und die Außerkraftsetzung ihrer Normen war – neben anderen Maßnahmen – für den demokratischen Neubeginn nach 1945 charakteristisch. Im Vergleich zu anderen Regimewechseln bestand eine geschichtlich neue Lage. Die Transformation des wilhelminischen Obrigkeitsstaats in die Demokratie von Weimar war bekanntlich mit der Übernahme des Personals der Justiz des Kaiserreichs verbunden, die fatale Auswirkungen hatte. Die meisten Gerichte negierten, wie die Statistik zeigt, in politischen Strafsachen die Gleichheit vor dem Gesetz zu Lasten der politischen Linken.[1] Aber die Justiz des Obrigkeitsstaats unterschied sich, trotz ihrer klassenpolitischen Orientierung, grundlegend von der NS-Justiz. Dies zeigt sich etwa an der Differenz der im Ersten und im Zweiten Weltkrieg von der Militärgerichtsbarkeit verhängten Todesstrafen. Im Dritten Reich waren es 19.600, nach 1914 waren es 48.[2] Schon aus diesen Zahlen der durch NS-Militärjustiz verfügten exorbitanten Tötungen ist ersichtlich, dass das Problem der Auswechslung des Personals der Gerichte der NS-Diktatur eine tiefgreifendere Bedeutung hatte als nach 1918. Der Obrigkeitsstaat war eine teilweise, etwa im Verwaltungsgerichtsverfahren, rechtlich gebundene Ordnung. Die NS-Diktatur war demgegenüber durch ein umfassendes System „bürokratisierter Rechtlosigkeit“ (Fraenkel) bestimmt, deren Ausschaltung für die Konstituierung einer rechtsstaatlichen Demokratie unabdingbar war. Folgerichtig wurde dies von Vertretern des politischen Widerstands und der Alliierten ins Zentrum gerückt.

II.

Im politischen Widerstand steht die Aufhebung der rechtsstaatsfeindlichen NS-Normen im Vordergrund, die Auswechslung der nationalsozialistischen Justizapparats wird nur z.T. zum Thema. Die wesentlich von der SPD, der SAP und der KPD getragene Volksfrontproklamation von 1936, die u.a. die Unter-

---

1 Emil Julius Gumbel, Vier Jahre politischer Mord, 1922 und Denkschrift des Reichsjustizministers zu Vier Jahre politischer Mord (1924), Heidelberg 1980, S. 81.

2 Manfred Messerschmidt, Die Wehrmachtsjustiz 1933–1945, Paderborn 2005, S. 172.

schriften von Rudolf Breitscheid, Wilhelm Pieck, Willy Brandt und Heinrich Mann trägt, zielt auf die „Aufhebung aller Ausnahme- und Terrorgesetze“ und die Abschaffung der Konzentrationslager.[3] Der Kreisauer Kreis fordert 1943 die „Bestrafung der Rechtsschänder … zur Wiederaufrichtung der Herrschaft des Rechts“, dessen Verletzung „nach Art Ausmaß und Willensrichtung schwerwiegend und verabscheuungswürdig (ist).“[4] Der Kerngedanke des von Johannes Popitz in Absprache mit Ludwig Beck und Ulrich v. Hassel entworfenen vorläufigen Staatsgrundgesetzes von 1943, demzufolge „die bisherige Staatsführung … einen Zustand der Verfassungs- und Rechtlosigkeit herbeigeführt (hat),“[5] wird im Aufruf der Verschwörer des 20. Juli 1944 aufgenommen: Weil „Hitler das Recht zerstört und das Glück von Millionen vernichtet hat,“ ist es erforderlich, wie es in der geplanten Regierungserklärung heißt, „die Majestät des Recht wiederaufzurichten.“[6]

Zu dem Neubeginn gehört – dies wird von Vertretern des Widerstands ausdrücklich hervorgehoben – die Ausschaltung des bisherigen, für das System der Rechtlosigkeit verantwortlichen Herrschaftsapparats. Die Grundsatzerklärung des Kreisauer Kreises von 1943 enthält die Forderung: „Aus wichtigen Stellungen sind alle irgendwie führenden Nationalsozialisten grundsätzlich zu entfernen.“ In dem erwähnten Entwurf von Popitz ist von der „Reinigung der Beamtenschaft von ungeeigneten Personen“ die Rede, die „ihr Amt missbraucht“ haben.[7]

Die Ausschaltung von juristischen Trägern des Regimes sollte auch durch die Ahndung von Straftaten des Staatsapparats erfolgen. In den Ausarbeitungen des Kreisauer Kreises werden die Tatbestände für die Ahndung nationalsozialistischer Staatsverbrechen im Einzelnen bestimmt. In einem Text vom Sommer 1943 heißt es unter der Überschrift „Bestrafung der Rechtsschänder“: „Es ist … die Schaffung einer rückwirkenden deutschen Strafbestimmung nötig, welche im ordentlichen Strafrechtszuge den Rechtsschänder mit Freiheitsstrafe oder Todesstrafe belegt.“[8] Diese Regelung entspricht dem später von den Alliierten im Londoner Statut vom 8. August 1945 geschaffenen Tatbestand des Verbrechens

---

3 Peter Altmann/Heinz Brüdigam/Barbara Mausbach-Bromberger/Max Oppenheimer, Der deutsche antifaschistische Widerstand 1933–1945 in Bildern und Dokumenten, Frankfurt/M. 1945, S. 125.

4 Ger van Roon, Neuordnung im Widerstand. Der Kreisauer Kreis innerhalb der deutschen Widerstandsbewegung, Dokumentenanhang, München 1967, S. 557.

5 Ulrich von Hassel, Vom anderen Deutschland. Aus den nachgelassenen Tagebüchern 1938–1944, Anhang, Zürich 1946, S. 382.

6 20. Juli 1944, bearbeitet von Hans Royce, neubearbeitet und ergänzt von Erich Zimmermann und Hans-Adolf Jacobsen, Bonn 1960, S. 167.

7 van Roon (Anm. 4), S. 569; von Hassel (Anm. 5), S. 382.

8 van Roon (Anm. 4), S. 554.

gegen die Menschlichkeit, der gegeben war, wenn die Regelungen der NS-Diktatur die Zerstörung zivilisatorischen Rechts zum Inhalt hatten. Auch der exkulpierende Rekurs der Nazi-Täter auf den staatlichen Befehl wurde – wiederum in gewisser Parallele zu den späterem Normierungen der Alliierten – in weitem Maße ausgeschlossen: „Bei einer auf Befehl begangenen Rechtsschändung ist der Befehl kein Strafausschließungsgrund, es sei denn, dass es sich um einen unmittelbare Bedrohung von Leib und Leben des Täters handelt … Insbesondere ist der Befehl kein Strafausschließungsgrund, wenn der Täter durch sein Verhalten vor, bei und nach der Tat erwiesen hat, dass er den Befehl billigt.“[9] In der geplanten Regierungserklärung der Verschwörer des 20. Juli wird schließlich festgelegt, dass verantwortliche Personen des Hitler-Regimes, die das Recht dadurch gebrochen haben, dass sie Straffreiheitsverfügungen für strafwürdige Handlungen durchgesetzt haben, zur Rechenschaft gezogen werden.[10]

Deutlicher als in der Opposition in Deutschland wird in der Programmatik der SPD im Exil die Ausschaltung des Justizapparats der NS-Diktatur ins Zentrum gerückt. Das Prager Manifest von 1934, das von Rudolf Hilferding, dem theoretischen Kopf der SPD verfasst wurde, spielt für die Orientierung der sozialdemokratischen Widerstandstätigkeit eine wichtige Rolle. Die Forderungen des Manifests, die wenige Monate nach der Entfernung von Republikanern und Juden aus dem Staats- und Justizdienst aufgestellt werden, sind eindeutig: „Aburteilung der Staatsverbrecher, ihrer Mitschuldigen und Helfer in der … Justiz wegen Verfassungsbruchs, Mords und Freiheitsberaubung … Besetzung aller entscheidenden Stellen durch Vertrauensmänner der revolutionären Regierung, grundlegende Umgestaltung der Justiz durch Verstärkung des Laienelements.“[11]

Diese Linie findet in einem in England veröffentlichten Artikel von Wolfgang Abendroth von 1946 eine detaillierte Fortsetzung. Abendroth trat in dieser Zeit, in Abgrenzung zum Stalinismus, in die SPD ein, für deren führende Theoretiker wie beispielsweise Richard Löwenthal er ein wichtiger Diskussionspartner war. Zuvor hatte ihn sein politischer, in der Arbeiterbewegung wurzelnder Widerstand gegen die NS-Diktatur vier Jahre ins Zuchthaus wegen sog. Hochverrats gebracht. Abendroth schrieb: „Im Dritten Reich wurde (der Richter) … – wenige Ausnahmen bestätigen die Regel – gehorsamer Diener der nationalsozialistischen Rechtlosigkeit … Die werdende neue Demokratie findet diese Juristenschicht vor. In ihrer Hand wäre die richterliche Unabhängigkeit eine Waffe gegen die Demokratie. Deshalb darf diese Schicht nicht die Richter des neuen

---

9 Ebd. zu den Normierungen der Alliierten s. Art. 6c, Art. 7 Londoner Statut vom 8. August 1945.

10 20. Juli 1944 (FN. 6), S. 167.

11 Wolfgang Abendroth, Aufstieg und Krise der deutschen Sozialdemokratie, Anhang, Frankfurt/M. 1964, S. 83.

Staats stellen ... Das Volk ... darf keinem Leiter der Justizverwaltung vertrauen, der von der Notwendigkeit radikaler Säuberung des Richterstands nicht überzeugt ist ... Mit den Schlüsselstellungen in der Justiz – den Justizministerialposten, den Präsidenten der Oberlandesgerichte und Landgerichte, den leitenden Positionen der Staatsanwaltschaft – müssen Juristen betraut werden, deren positiv demokratische Haltung durch ihre frühere politische Tätigkeit bewiesen ist, nicht aber ‚unpolitische' Fachleute, die ihre alten Vorurteile durch formale Bedenken verdecken."[12]

III.

Die von den Alliierten nach der Kapitulation Nazideutschlands betriebene Politik der Aufhebung der NS-Herrschaft zielte insbesondere auf die Außerkraftsetzung der nationalsozialistischen Gesetze und ihres gerichtlichen Durchsetzungsapparats.

Die weitreichenden Maßnahmen, die der Kontrollrat und einzelne Besatzungsmächte ergriffen, werden erst verständlich, wenn man sie auf dem Hintergrund der großen juristischen Analysen der NS-Diktatur, die in den USA vor allem von Ernst Fraenkel und Franz L. Neumann vorgelegt wurden, betrachtet. Diese Arbeiten hatten, wie die im amerikanischen Außenministerium erstellten Expertisen der wesentlich von Juristen gebildeten Gruppe um Franz L. Neumann, zu der u.a. John Herz und Otto Kirchheimer gehörten, für die Deutschlandplanung der Regierung Roosevelt zeigen, einen starken politischen Einfluss auf die Erkenntnis der nationalsozialistischen Herrschaft und der Wahrnehmung der Probleme ihrer Überwindung in den Vereinigten Staaten.[13] Fraenkel entwikkelte in seinem 1938 abgeschlossenen, 1941 auf Englisch erschienen Buch „Der Doppelstaat"[14] einen bis heute relevanten Schlüsselbegriff für das NS-System. Bis auf die Sphäre der kapitalistischen Wirtschaft, in der die Rechtsregeln des Privatrechts, allerdings nicht für Juden, gelten, die durch den sog. Normenstaat geschützt werden, ist die Justiz Teil des sogenannten Maßnahmenstaats, der sämtliche Rechtsgarantien von den Grundrechten bis zum Zivil- und Verwaltungsrecht zur Disposition der NS-Führung stellt. Die Normbindung wird von

---

12 Wolfgang Abendroth, Demokratie und Rechtspflege (1946), ders., Gesammelte Schriften Bd. 1, hrsg. v. Michael Buckmiller/Joachim Perels/Uli Schöler, Hannover 2006, S. 465 f.; vgl. auch Wolfgang Abendroth, Ein Leben in der Arbeiterbewegung. Gespräche, aufgezeichnet und herausgegeben von Barbara Dietrich/Joachim Perels, Frankfurt/M. 1976.

13 Zur Archäologie der Demokratie. Analysen politischer Emigranten im amerikanischen Geheimdienst 1933–1945, Bd. 1, hrsg. v. Alfons Söllner, Frankfurt/M. 1982.

14 Ernst Fraenkel, Der Doppelstaat (1941), Frankfurt/M. 1974.

der Justiz überwiegend zugunsten der politischen Vorgaben des Regimes beiseite geschoben. Über Fraenkels Kategorie des für den politischen Maßnahmenstaats hinausgehend begreift Neumann in seinem 1942 erschienenen Buch „Behemoth" die NS-Herrschaft als System uneingeschränkter Rechtlosigkeit: „Das nationalsozialistische Rechtssystem ist nichts anderes als eine Technik der Manipulation der Massen durch Terror. Die Strafgerichte sind heute im Verein mit der Geheimen Staatspolizei, der Staatsanwaltschaft und den Henkern in erster Linie Praktiker der Gewalt, und die Zivilgerichte sind primär Vollzugsagenten der monopolistischen Wirtschaftsverbände."[15]

Die antirechtsstaatliche Struktur des NS-Systems hat viele Seiten. Sie reichen von Blankettnormen wie der Verordnung über die Strafrechtspflege gegen Polen und Juden von 1941, die Repressionsakte ohne begrenzende Tatbestandsmerkmale direkt mit den „Staatsnotwendigkeiten" der Besatzungsdiktatur legitimiert, bis zur herrschaftskonformen Umdeutung des tradierten Hochverratstatbestands, dessen zentrales Merkmal des gewaltsamen Angriffs auf den Staat zum Verschwinden gebracht wird, um regimekritische Äußerungen oppositioneller Gruppen der Arbeiterbewegung in zehntausenden von Verfahren sanktionierbar zu machen. Ein großes Exempel der Rechtszerstörung durch die Justiz ist das Resultat der von Reichsjustizminister Schlegelberger einberufenen Konferenz vom April 1941 zur justiziellen Absicherung des Anstaltsmords. Die Oberlandesgerichtspräsidenten und Generalstaatsanwälte lassen sich dazu verpflichten, die strafrechtliche Garantie des Rechts auf Leben außer Kraft zu setzen und Klagen – Graf Galen hatte 1941 in einer Predigt Strafantrag wegen Mord gegen Verantwortliche des Regimes gestellt – niederzuschlagen. So wird die sog. Justizelite zum Komplizen der rechtswidrigen Tötung von über 70.000 Menschen.[16]

15 Franz Neumann, Behemoth, Struktur und Praxis des Nationalsozialismus (1942/44), Köln 1977, S. 530.

16 Diemut Majer, „Fremdvölkische" im Dritten Reich, Boppard 1981, S. 606 ff.; Ralph Angermund, Deutsche Richterschaft 1919–1945, Frankfurt/M. 1990, S. 133 ff.; zur rechtsauflösenden Methode der Justiz vgl. grundlegend Bernd Rüthers, Die unbegrenzte Auslegung (1968), Frankfurt/M. 1973; Helmut Kramer, Oberlandesgerichtspräsidenten und Generalstaatsanwälte als Gehilfen der NS-"Euthanasie." Selbstentlastung der Justiz für die Teilnahme am Anstaltsmord, Kritische Justiz H. 1/1984, 25 ff. Bischof Clemens August von Galen, Predigt in der Lamberti Kirche in Münster am 3. August 1941, Die Christen im Dritten Reich, Bd. 2: Dokumente, hrsg. v. Georg Denzler/Volker Fabrizius, Frankfurt/M. 1984, S. 198 ff.

IV.

Die NS-Diktatur war kein bloß autoritäres Regime, nicht einmal eine klassische Tyrannis, die ihre Gegner bekämpft. Sie war ein System antizivilisatorischer, durch keinerlei Rechtsschranken begrenzter Gewalt, das die propagandistisch zu Feinden Erklärten – wie die psychisch Kranken, die Juden, die Roma und Sinti und andere – verfolgt und ausrottet. Die Überwindung dieses Systems muss auf dem Feld des Rechts und der Justiz eine Form annehmen, die die Despotie von Grund auf überwindet.

Die Voraussetzung für den strukturellen Bruch mit der NS-Herrschaft wurde dadurch geschaffen, dass die Alliierten nach der bedingungslosen Kapitulation in der Erklärung vom 6. Juni 1945 die oberste staatliche Gewalt auf legislativem, exekutivem und judikativem Gebiet übernahmen und damit die Ausübung der nationalsozialistischen Staatsgewalt beendeten. Diese Entscheidung hatte für die Überwindung des Hitler-Regimes konstitutive Bedeutung. Hans Kelsen, aus der Kölner Juristischen Fakultät 1933 unter Mithilfe von Carl Schmitt entfernt, Hochschullehrer in den USA, hat die mit der Übernahme der Staatsgewalt durch das Kondominium der Alliierten verbundene Intention klar formuliert: „Nachdem die Periode des Kondominiums beendet ist und die Souveränität Deutschlands wiederhergestellt ist, wäre Deutschland rechtlich ein neuer Staat. Es bestünde keine Kontinuität zwischen dem zerstörten Nazi-Staat und dem neuen demokratischen Deutschland. Nur als ein Gemeinwesen, das durch keine legale Verbindungen mit Nazi-Deutschland verknüpft ist, sollte das demokratische Deutschland in die internationalen Organisationen nach diesem Krieg eintreten.“[17]

In den auf der Übernahme der deutschen Staatsgewalt beruhenden Normierungen des Alliierten Kontrollrats steht die Neuordnung des Rechtssystems im Zentrum. Bestimmend sind die Aufhebung des nationalsozialistischen Normengefüges und die daran geknüpften Sanktionen gegen die Machtträger der NS-Diktatur und insbesondere die personelle Ausschaltung ihres Justizapparats. Die Dimension dieser Aufgabe hat ein britischer Besatzungsoffizier 1945 in diese Worte gefasst: „Die beste Lösung (ist) die Schließung der deutschen Gerichte auf zehn Jahre … und die zwischenzeitliche Erziehung einer neuen Richtergeneration.“[18] Tatsächlich steht die Ausbildung einer durch den Nationalsozialismus

17 Hans Kelsen, The International Legal Status of Germany, to be established immediately upon Termination of War, American Journal of Law, Bd. 38 (1945), 693; zu Schmitts Rolle bei der Entfernung Kelsens aus dem Amt des Hochschullehrers vgl. Paul Noack, Carl Schmitt. Eine Biographie, München 1993, S. 185.

18 Joachim Reinhold Wenzlau, Der Wiederaufbau der Justiz in Nordwestdeutschland 1945–1949, Königstein 1979, S. 98.

nicht kompromittierten Juristenschicht in allen Besatzungszonen – und nicht nur in der SBZ – im Vordergrund.

In der Kontrollratsdirektive Nr. 24 vom 12. Januar 1946 heißt es ausdrücklich, dass politisch zuverlässige und möglicherweise sachlich weniger geeignete Bewerber für die Justiz eher herangezogen werden sollen.[19] Während in der amerikanischen Deutschlandplanung der Grundsatz des Vorrangs einer weitreichenden Entnazifizierung vor der technischen Effizienz des neuen Staatsapparats aufgestellt wird,[20] finden sich wiederum bei Abendroth konkrete Vorschläge für eine Umgestaltung der Justiz. Er plädiert 1946 von England aus dafür, zuverlässige demokratische Kräfte aus der Bevölkerung für Justizaufgaben auszubilden. „In mehrmonatlichen Kursen kann den erfahrenen und gereiften, besonders intellektuell begabten Menschen aus dem Volke (z.B. dem früheren Gewerkschaftsfunktionär) so viel Rechtskenntnis und juristisches Denken gelehrt werden, dass er im Bereich amtsgerichtlicher Zuständigkeit erfolgreich sein kann." Im Blick auf die Frage der Effizienz eines neu zu bildenden Justizapparats argumentiert Abendroth ähnlich wie der Kontrollrat, dessen Haltung in der amerikanischen Deutschlandplanung vorgeformt wurde. Die Heranziehung von Laien sei besser „als wenn bewusst oder unbewusst auf Grund antidemokratischer Vorurteile Recht gesprochen wird."[21]

V.

Die Umgestaltung der Justiz wird von den Alliierten im Einzelnen normiert. In den „Grundsätzen für die Umgestaltung der Rechtspflege" der Proklamation Nr. 3 des Kontrollrats vom 30. Oktober 1945 heißt es: „Mit der Ausschaltung der Gewaltherrschaft Hitlers durch die Alliierten Mächte ist das terroristische System der Nazigerichte abgeschafft worden. An seine Stelle muss eine Rechtspflege treten, die sich auf die Errungenschaften der Demokratie, der Zivilisation und der Gerechtigkeit gründet."[22] Hierfür werden im Gesetz Nr. 1 vom 20. September 1945, im Gesetz Nr. 11 vom 30. Januar 1946 und im Gesetz vom 20. Juni 1947 die grundrechtsfeindlichen Bestimmungen des Hitler-Regimes aufgehoben. Außer Kraft gesetzt werden, um nur einige Beispiele zu nennen, die Reichstagsbrandverordnung vom 28. Februar 1933, die die Freiheitsrechte zur

19 Direktive des Kontrollrats Nr. 24 v. 12.1.1946, Amtsblatt des Kontrollrats Nr. 5 v. 31.3.1946, S. 115.

20 Archäologie der Demokratie (Anm. 13), S. 231.

21 Abendroth (Anm. 12), S. 466 f.

22 Proklamation des Kontrollrats Nr. 3 v. 30.10.1945, Amtsblatt des Kontrollrats Nr. 1 v. 29.10.1945, S. 22.

Disposition der nationalsozialistischen Staatsgewalt stellte und als Grundlage für die Einweisungen in die Konzentrationslager fungierte, das Gesetz über die Geheime Staatspolizei, das die Gestapo zum unkontrollierbaren Machtinstrument des NS-Staats machte, die Nürnberger Gesetze, die den Gleichheitssatz zu Lasten der Juden beseitigten, das Heimtückegesetz, das die Meinungsfreiheit zur Disposition stellte, und die Kriegssonderstrafrechtsverordnung, die für Wehrkraftzersetzung und Fahnenflucht drakonische Strafandrohungen vorsah.[23]

In der Konsequenz der Aufhebung der Normen der Diktatur wird in der Proklamation Nr. 3 vom 30. Oktober 1945 gefordert, dass „Verurteilungen, die unter dem Hitler-Regime ungerechtfertigterweise aus politischen, rassischen und religiösen Gründen erfolgten, aufgehoben werden (müssen).“[24] Dies geschieht in der amerikanischen Zone durch das „Gesetz zur Wiedergutmachung des nationalsozialistischen Unrechts in der Strafrechtspflege“ vom 8. Mai 1946, durch das beispielsweise das Vernichtungsurteil gegen Dietrich Bonhoeffer im Konzentrationslager Flossenbürg, dessen Kommandant in dem Verfahren als Beisitzer fungierte, seine Rechtfertigung verliert.[25]

Die Aufhebung der Nazi-Normen ist verbunden mit der weitgehenden Ausschaltung des Justizapparats der Diktatur. Im Gesetz Nr. 4 vom 30. Oktober 1945 wird für die Umgestaltung der Justiz der Grundsatz aufgestellt, dass das deutsche Gerichtswesen „auf der Grundlage des demokratischen Prinzips, der Gesetzmäßigkeit und der Gleichheit aller Bürger vor dem Gesetz ohne Unterschied von Rasse, Staatsangehörigkeit oder Religion umgestaltetet werden muss;“ das führt zu der Konsequenz, „dass alle früheren Mitglieder der Nazi-Partei, die sich aktiv für deren Tätigkeit eingesetzt haben, und alle anderen Personen, die an den Strafmethoden des Hitler-Regimes direkten Anteil hatten, ihres Amtes als Richter und Staatsanwälte enthoben werden. Sie dürfen nicht zu solchen Ämtern zugelassen werden.“[26] Aus dieser Zielsetzung resultierten entsprechend der Direktive Nr. 24 v. 12.1.1946 zahlreiche Einzelmaßnahmen gegen jene Träger des Justizapparats, „die nationalsozialistische Verbrechen, Rasseverfolgungen und

23 Gesetz Nr. 3 v. 20.10.1945, Amtsblatt des Kontrollrats Nr. 1, S. 3 f.; Gesetz Nr. 55 v. 25.6.1947, Amtsblatt des Kontrollrats Nr. 16 v. 31.7.1947, S. 93 f.

24 Proklamation des Kontrollrats Nr. 3 (Anm. 22), S. 3.

25 Gesetz Nr. 21 zur Wiedergutmachung nationalsozialistischen Unrechts in der Strafrechtspflege v. 8.5.1946, Bay.GVBl. 1946, S. 180; vgl. auch Joachim Perels, Die schrittweise Rechtfertigung der NS-Justiz, in: ders., Das juristische Erbe des „Dritten Reiches“, Frankfurt/M. 1999, S. 181 ff.

26 Gesetz Nr. 4 zur Umgestaltung des Gerichtswesens, Amtsblatt des Kontrollrats Nr. 2 v. 30.11.1945, S. 26 f.

ungleichmäßige und ungerechte Behandlung gutheißen oder an solchen Taten willig teilgenommen haben.“[27]

Die aus ihren Stellungen entfernten Personen haben, entsprechend der Direktive Nr. 24 vom 12. Januar 1946, als Funktionsträger der untergegangenen Diktatur keinen Anspruch auf Ruhegehälter oder andere Beamtenrechte. Die Maßnahmen, die in der Direktive auf einer Stufe mit dem Vorgehen gegen die Stäbe der Konzentrationslager stehen, beziehen sich in den entsprechenden Einzelregelungen auf große Teile des Justizapparats. Ihr Funktionen verlieren alle Richter und Staatsanwälte des Volksgerichtshofs, alle Vorsitzenden und ständigen Richter und Staatsanwälte der Sondergerichte, die Präsidenten des Reichsgerichts und alle Staatsanwälte, alle Präsidenten, Vizepräsidenten und Generalstaatsanwälte der Oberlandesgerichte, alle Präsidenten der Landgerichte und Oberstaatsanwälte, alle dienstaufsichtsführenden Richter der Amtsgerichte.[28]

Auffälligerweise werden keine Träger der Militärgerichtsbarkeit entlassen und keines ihrer Urteile aufgehoben, obgleich einzelne von der Wehrmachtsjustiz angewandte repressive Normen außer Kraft gesetzt wurden.[29] Dies entsprach zwar der Qualifizierung von Militärjuristen im OKW-Prozess der USA von 1948, in dem insbesondere die verbrecherischen Normsetzungen des juristischen Apparats der Wehrmacht im Vernichtungskrieg gegen die Sowjetunion zur Grundlage der Ahndung von Kriegsverbrechen gemacht wurden.[30] Diese Sichtweise führte jedoch nicht dazu, die nationalsozialistischen Militärjustiz in der Kontrollratsgesetzgebung zum Gegenstand der Gesetzgebung zu machen, zumal es im Nürnberger Prozess ehemaligen Vertretern der Wehrmachtsführung mit einem von Generalfeldmarschall v. Meinstein konzipierten Gutachten gelang, die Wehrmacht vom Odium der verbrecherischen Organisation zu befreien. Die Wehrmacht figuriert im Urteil im Unterschied zur SS nicht als verbrecherische Organisation. Gleichwohl wurden die Untaten der Wehrmacht im Nürnberger Urteil konkret festgehalten, ohne dass dies in der Öffentlichkeit die Ausbildung der Generalbehauptung von der sauberen Wehrmacht behinderte.[31] Die generelle Qualifikation der Wehrmachtsjuristen als unpolitische Funktionsträger, die ihrer wirklichen Rolle bei der – über Rechtsschranken systematisch hinausgehenden –

27 Direktive Nr. 24 v. 12.1.1946, Amtsblatt des Kontrollrats Nr. 5 v. 31.3.1946, S. 98.

28 Ebd., S. 100, 110 ff.

29 S. Anm. 23; Hans Wrobel, Verurteilt zur Demokratie. Justiz und Justizpolitik in Deutschland, Heidelberg 1989, S. 155.

30 Fall 12. Das Urteil gegen das Oberkommando der Wehrmacht, Berlin (Ost) 1961.

31 Das Urteil von Nürnberg, München 1946, S. 117 ff.; Manfred Messerschmidt, Vorwärtsverteidigung. Die „Denkschrift der Generäle“ für den Nürnberger Gerichtshof, Vernichtungskrieg. Verbrechen der Wehrmacht 1941–1944, hrsg. v. Hannes Heer und Klaus Naumann, Hamburg 1995, S. 531 ff.

Durchsetzung der politischen Ziele des Regimes nicht entspricht,[32] trug dazu bei, dass Hindernisse für den Wiederaufstieg der juristischen Fachelite des Militärs des Dritten Reiches fast vollständig wegfielen.

VI.

Die mit der Niederringung der NS-Diktatur verbundene Aufgabe der normativen und personellen Konstituierung einer rechtsstaatlich-demokratischen Justiz war nicht allein das Ziel der Alliierten, sondern auch der maßgebenden deutschen politischen Kräfte. In der verfassunggebenden Versammlung von Groß-Hessen wurde 1946 von den Sprechern der CDU, der SPD und der KPD die Notwendigkeit einer Ausschaltung der Träger der Justiz des Hitlerregimes in den Mittelpunkt gerückt. In den Beratungen des Verfassungsausschusses erklärte der Abgeordnete der KPD, Leo Bauer, der als Berichterstatter fungierte, dass „ein großer Teil der Richter in der Nazi-Zeit den Nazis sich angeschlossen hat und dass diese Richter heute ... versuchen, das mit unmöglichen Argumenten zu entschuldigen."[33] Heinrich v. Brentano, der spätere Außenminister der Regierung Adenauer, wurde noch deutlicher. Er sagte: „Die deutsche Justiz hat zum großen Teil zu den Verbrechen des Dritten Reichs geschwiegen; sie hat zu großen Teilen die Verbrechen des Dritten Reiches gedeckt und sie hat zu großen Teilen Verbrechen begangen ... In meinen Augen ist der Justizmord das schwerste Verbrechen ..., denn das Opfer ist dem, der diesen Justizmord begeht, wehrlos ausgeliefert."[34] Elisabeth Selbert (SPD), später Mitglied des Parlamentarischen Rats, setzte hinzu, dass „aus der Erfahrung der Vergangenheit heraus ... Sicherungen in der neuen Verfassung (ge)schaffen (werden müssen), um eine Justiz gegen die Demokratie ein für allemal zu verhindern."[35]

In der ersten Nachkriegszeit geht die Ausschaltung der NS-Justiz und ihrer Normen mit einer strukturellen rechtsstaatlich-demokratischen Erneuerung einher. Der weitgehende personelle Bruch mit der Justiz des Hitlerregimes, der etwa dazu führt, dass die amerikanische Militärregierung von 302 Richtern des Oberlandesgerichtsbezirks Bamberg lediglich sieben im Amt belässt,[36] führt dazu, dass das nationalsozialistische Diskriminierungs-, Verfolgungs- und Ausmer-

32 Messerschmidt (Anm. 2).

33 Wrobel (Anm. 29), S. 275 m.w.N.

34 Ebd., S. 276 m.w.N.

35 Ebd., S. 277 m.w.N.

36 Wenzlau (Anm. 18), S. 104 Anm. 1.

zungsrecht überwunden wird: durch Entscheidungen der umstrukturierten Gerichte.

In dem am 15. Dezember 1945 ergangenen Urteil des Landgerichts Darmstadt werden die Angeklagten, ehemalige SA-Leute, die sich am 9. November 1938 in Großzimmern zu einem Judenpogrom zusammengerottet hatten, als „eigenverantwortliche Haupttäter" qualifiziert, die sich nicht damit herausreden könnten „nur einem Befehl gehorcht zu haben." Sie werden wegen Landfriedensbruch zu einem halben Jahr Gefängnis verurteilt.[37] Die in der Justiz der Bundesrepublik oftmals verdrängte Frage nach der politischen Übereinstimmung zwischen dem Befehlenden und dem Täter wird angemessen beantwortet.

Das Handeln eines Deserteurs, der gegen das Hitler-Regime aufbegehrte und sich dem Todesurteil des nationalsozialistischen Kriegsgerichts durch Flucht entzog, wird vom Dresdner Generalstaatsanwalt Schröder – trotz des Vormarschs der SED hatte sich das Justizsystem in der ersten Phase der Sowjetischen Besatzungszone noch nicht in jeder Beziehung verändert– auf der Grundlage der neuen demokratischen Rechtsordnung bewertet. Der Generalstaatsanwalt stellt das Verfahren gegen den Deserteur mit einer Begründung ein, die Gustav Radbruch, der für die Charakterisierung des NS-Rechts den Begriff des „gesetzlichen Unrechts" geprägt hatte, so wiedergibt: „Was damals als Recht gelte, heute nicht mehr gelte. Fahnenflucht aus Hitlers Armee enthalte für unsere Rechtsauffassung keine Verfehlung, die den Flüchtigen entehre und seine Bestrafung rechtfertige; sie gereiche ihm nicht zur Schuld."[38]

Die gerichtliche Institution, die den Neubeginn der Justiz am deutlichsten markiert, ist der 1948 geschaffene Oberste Gerichtshof der Britischen Zone, der personell eine Alternative zur Justiz der NS-Diktatur darstellt. An dem Gerichtshof judizieren unter anderem der Sozialdemokrat Curt Staff, der von den Nazis entlassen und verfolgt wurde und Ernst Wolff, der aus dem englischen Exil nach Deutschland zurückkehrte. Insgesamt standen die Richter dieses halbvergessenen Gerichts uneingeschränkt auf dem Boden der von den Alliierten erkämpften rechtsstaatlichen Demokratie. Programmatisch hieß es in einer Entscheidung: „Nach der Auffassung aller sittlich empfindenden Menschen wurde (durch) den NS-Staat schweres Unrecht begangen, dessen Bestrafung rechtsstaatliche Pflicht gewesen wäre. Die nachträgliche Heilung solcher Pflichtversäumnisse … entspricht der Gerechtigkeit. Das bedeutet auch keine Verletzung der Rechtssicher-

37 Landgericht Darmstadt, NS-Verbrechen vor Gericht 1945–1955, hrsg. v. Klaus Moritz/Ernst Noam, Wiesbaden 1978, S. 91 ff.

38 Gustav Radbruch, Gesetzliches Unrecht und übergesetzliches Recht (1946), in: ders., Der Mensch im Recht, Göttingen 1961, S. 105 ff. Christian Meyer-Seitz, Die Verfolgung von NS-Straftaten in der Sowjetischen Besatzungszone, Berlin 1998.

heit, sondern die Wiederherstellung ihrer Grundlage. Unrechtssicherung ist nicht Aufgabe von Rechtssicherheit."[39]

Diese Argumentation ist die Grundlage für eine ganze Reihe von Urteilen. In einem Urteil gegen einen Marinekriegsgerichtsrat, der einen U-Boot-Kommandanten wegen der Entfernung eines Hitlerbilds aus der Messe und kritischer Äußerungen zur Kriegspropaganda zum Tode verurteilt hatte, wurde die Rechtsgültigkeit des Todesurteils verneint, weil es durch das Missverhältnis zwischen dem tatsächlichen Geschehen und dem Todesurteil Ausdruck der nationalsozialistischen Willkürherrschaft war. Entsprechend wurde jener Marinekriegsgerichtsrat wegen der Praktizierung von nationalsozialistischem Repressionsrecht verurteilt.[40]

VII.

Der Bruch mit dem Justizsystem der NS-Diktatur war jedoch während der Besatzungsherrschaft, ungeachtet der Festlegungen der Kontrollratsgesetzgebung, keineswegs vollkommen. Schon früh bildeten sich – wohl noch als Minderheitsströmung – personelle Kontinuitäten aus, die in bestimmten Fällen mit der Neulegitimation des NS-Rechts einhergingen.

Während in der amerikanischen, der sowjetischen und der französischen Besatzungszone noch 1946 die strikte, in der Kontrollratsgesetzgebung niedergelegte Regel galt, frühere NSDAP-Mitglieder vom Justizdienst a limine auszuschließen, ging die britische Besatzungsmacht einen eigenen Weg. Abgesichert durch eine Ausnahmeregelung des Kontrollrats, durch die es möglich wurde, die Erfahrungen der britischen Kolonialpolitik mit der Kooperation mit einheimischen Führungsschichten auf das besiegte Deutschland zu übertragen, wurde der Justizapparat sukzessiv für ehemalige NSDAP-Mitglieder geöffnet. Einen erheblichen Einfluss auf die Personalentscheidungen der Briten hatten die neu ernannten Chefpräsidenten, die der NSDAP nicht angehörten, sich aber den rechtsstaatlich-demokratischen Gedanken des Neuanfangs nur begrenzt zu eigen machten. Dafür brachten sie für ehemalige NS-Juristen um so mehr Verständnis auf. Während der Präsident des Hamburger OLG, Kiesselbach, behauptete, dass die auf die Beseitigung der Freiheitsrechte gegründete Machtergreifung der Nazis mit

---

39 OGHSt 1, 4 f.; zur Rolle des Obersten Gerichtshofs der Britischen Zone vgl. Ulrike Homann, Die verleugnete Alternative. Der Oberste Gerichtshof der Britischen Zone, Recht und Politik H. 4/2001, 210 ff.

40 OGHSt, Justiz und NS-Verbrechen, Bd.10, hrsg. v. Christiaan Frederic Rüter, Amsterdam 1968, S. 515.

der demokratischen Revolution der Vereinigten Staaten im Jahre 1776 vergleichbar sei, kritisierte der Präsident des OLG Celle, v. Hodenberg, in Übereinstimmung mit den Verteidigern in den Nürnberger Prozessen, den Tatbestand des durch staatliche Normen organisierten Verbrechens, das im Kontrollratsgesetz Nr. 10 als Verbrechen gegen die Menschlichkeit figuriert. Es ermöglichte, Straftaten des NS-Staats wie die Morde in der Reichspogromnacht, denen das Regime Sanktionsfreiheit zusicherte, zu ahnden.[41] Auf der Basis rechtsstaatsferner Vorstellungen konnte sich bei v. Hodenberg kein zureichend kritisches Bewusstsein gegenüber den einstigen NS-Juristen ausbilden.

Die Inkorporation bestimmter Gruppen von NS-Juristen durch die britische Besatzungsmacht, die Ende Oktober 1945 mit der Einführung der sog. Huckepack-Klausel begann, der zufolge für einen Unbelasteten jeweils ein Belasteter in den Justizdienst zurückkehren konnte, wurde schon Mitte 1946 so ausgeweitet, dass sämtliche NSDAP-Mitglieder ein grundsätzliches Rückkehrrecht in die Justiz bekamen. Ein leitender Vertreter der britischen Justizadministration sprach am 21. Oktober 1948 „vom Wiedereinströmen von Nazis in die deutsche Richterschaft und in den Justizdienst." Tatsächlich waren 1948 in der britischen Zone die leitenden Posten bis zu 30% mit ehemaligen NSDAP-Mitgliedern besetzt. Bei den Landgerichtsräten und Landgerichtdirektoren stieg der Anteil der früheren NSDAP-Mitglieder auf 80–90%. Einen gewichtigen Anteil hatten dabei die früheren Wehrmachtrichter. Sie galten in den Augen der britischen Besatzungsmacht als generell unbelastet. Fast 10% der Richter an den Oberlandesgerichten waren frühere Wehrmachtrichter. Insgesamt war in der britischen Zone „unterhalb der Führungsebene ... der frühere Personalbestand wiederhergestellt."[42]

Die Auswirkungen der in weitem Maße etablierten personellen Kontinuität des einstigen nationalsozialistischen Justizapparats können an einer ganz Reihe von Entscheidungen abgelesen werden, die die juristische Machtordnung der NS-Diktatur erneut in Geltung setzen. In einer Entscheidung des OLG Kiel vom 26. März 1947 wird die Verurteilung eines Fahnenflüchtigen, der von der Wehrmachtsjustiz der NS-Diktatur zum Tode verurteilt wurde und sich der Vollstreckung des Todesurteils entzogen hatte, legitimiert. Entgegen der Argumentation der Verteidigung, die die gleiche Position wie der schon erwähnte Generalstaatsanwalt in Sachsen vertrat, „dass Fahnenflucht aus Hitlers Armee angesichts der Verkörperung des Unrechts durch den Hitlerstaat kein Verbrechen war", löste das OLG den Tatbestand der Fahnenflucht aus dem geschichtlichen und

41 Wenzlau (Anm. 18), S. 113, 114, 131, 133; Hodo v. Hodenberg, Zur Anwendung des Kontrollratsgesetzes Nr. 10 durch deutsche Gerichte, Süddeutsche Juristenzeitung 1947, Sp. 113 ff., Sp. 120; s. dazu Joachim Perels, Die Restauration der Rechtslehre, in: ders., Das juristische Erbe des „Dritten Reiches" (Anm. 25), S. 85 f.

42 Wenzlau (Anm. 18), S. 130, 131, 138, 137.

juristischen Zusammenhang der Wehrmachtsjustiz der NS-Diktatur und erklärte, dass das Gericht, das die Todesstrafe für Fahnenflucht aus der Armee des NS-Regimes verhängte, „lediglich einen allgemeinen Ordnungsgedanken im Einzelfalle“ realisiere. Daher sei das Todesurteil auch nach dem Untergang des Dritten Reichs rechtsgültig. Diese Verkennung der despotischen Prägung des Militärrechts und seiner Anwendung, die insbesondere in den exorbitanten Todesurteilen für Fahnenflucht zum Ausdruck kam, fasste Adolf Arndt in die bittere Formel, dass sich der Angeklagte, nach der Logik des Gerichts, seiner Rechtspflicht, sich totschießen zu lassen, entzogen hatte.[43]

VIII.

Angesichts des widersprüchlichen Umgangs mit dem nationalsozialistischen Justizapparat und den Normen der NS-Diktatur brechen Ende der 40er Jahre – auch in Folge der von einflussreichen Juristen wie Eberhardt Schmidt und Emil Niethammer bestimmten Sichtweise, der zufolge die NS-Justiz keine eigene Verantwortung für ihre Rolle im Hitler-Regime trug und „nicht die Justiz (des Dritten Reichs), sondern ganz allein der Gesetzgeber (der Diktatur) die Fahne des Rechts verlassen“ habe -[44] im Parlamentarischen Rat fundamentale Differenzen im Blick auf den Umgang mit den Trägern der NS-Justiz aus. Der kurze Konsens der unmittelbaren Nachkriegszeit verschwindet. Übereinstimmend mit den Sprechern der CDU, in der die frühen Positionen von Heinrich v. Brentano nicht mehr vertreten werden, erklärt der spätere Justizminister Thomas Dehler (FDP), dass sich der deutsche Richter im Nationalsozialismus „heroisch ... im Rahmen des Möglichen für das ewige Recht eingesetzt hat“ und dass es daher fragwürdig ist, wenn man „der Justiz aus der Vergangenheit ... mit Misstrauen“ gegenübertritt.[45] Gleichwohl fällt in dieser Zeit der Redaktionsausschuss des Parlamentarischen Rats im Dezember 1948 eine durch Georg August Zinn (SPD), Justizminister des Landes Hessen, initiierte Entscheidung, die den Bruch

---

43 OLG Kiel, Urteil v. 26.3.1947, Süddeutsche Juristenzeitung, Sp. 323 ff.; Adolf Arndt, Urteilsanmerkung, Süddeutsche Juristenzeitung 1947; vgl. auch Wrobel (Anm. 29), S. 249 f., Sp. 330; Messerschmidt (Anm. 2), S. 173 ff.

44 Eberhardt Schmidt, Unabhängigkeit der Rechtspflege, Tagung deutscher Juristen, Bad Godesberg 30.9./1.10.1947. Reden und Vorträge, Hamburg 1947, S. 231; „Der weitüberwiegende Teil der deutschen Richter versah (im Nationalsozialismus J.P.) ..., ohne sich vom rechten Weg ablenken zu lassen, das richterliche Amt auch fernerhin pflichtbewusst im reinen Streben nach Wahrheit und Gerechtigkeit.“ Emil Niethammer, Der Kampf um die Wahrheit im Strafverfahren, ebd., S. 196.

45 Wrobel (Anm. 29), S. 328, 124 m.w.N.

mit dem Beamten- und Justizapparat der NS-Diktatur verfassungsrechtlich zu verankern suchte. In dem Ausschuss wurde beschlossen, in das Grundgesetz eine Bestimmung aufzunehmen, die einen Wiedereinstellungsanspruch der von den Alliierten entlassenen Beamten, zu denen auch Richter und Staatsanwälte des NS-Staats gehörten, definitiv ausschloss.[46]

Diese weitreichende Entscheidung, die etwa 53.000 Beamte betroffen und eine andere Entwicklung des Rechtssystems herbeigeführt hätte, wurde jedoch nicht ins Grundgesetz aufgenommen. Nach heftigen politischen Interventionen der Beamtenverbände bei Konrad Adenauer, dem Vorsitzenden des Parlamentarischen Rats, machte der Justizminister von Nordrhein-Westfalen, Sträter (CDU), die inzwischen verbreitete These der grundlegenden Differenz von Justiz und NS-Führung mit den Worten, dass „der deutsche Richter … im Dritten Reich intakt geblieben ist (und) er nicht vor Hitler kapituliert (hat),“ zu einer wirksamen politischen Waffe. Sie wurde, im Sinne der Intervention der Beamtenverbände, gegen die Position des Redaktionsausschusses eingesetzt. Am Ende wurde der Art. 131 verabschiedet, der die Übernahme des Beamtenapparats des Hitler-Regimes zwar nicht gebietet, aber ermöglicht. Die SPD-Abgeordneten Zinn, Menzel und Katz, die an der Entscheidung des Redaktionsausschusses festhielten, waren in die Minderheit geraten.[47]

Die Durchsetzung der Kontinuität der personellen Trägerschichten der NS-Justiz hatte nicht nur innenpolitische Gründe. Dass sich die weltpolitische Konstellation, auf der 1945/46 der Bruch mit den Funktionseliten des Hitler-Regimes im wesentlichen Maße beruhte, grundlegend änderte, hatte gravierende Folgen für die schrittweise Rekonstituierung des Staats- und Justizapparats der NS-Diktatur. Der Beginn des Kalten Krieges in der zweiten Hälfte der vierziger Jahre und die West-Ost-Konfrontation führten dazu, dass sich die Stellung der USA, zu den NS-Funktionseliten in einem längeren, widerspruchvollen Prozess stark veränderte. Symptomatisch war, dass die meisten der wenige Jahre zuvor von amerikanischen Gerichten verurteilten kriminellen Funktionsträger des Staats- und Wirtschaftsapparats des Dritten Reichs Anfang der 50er Jahre von den USA amnestiert wurden. Aus der Perspektive des Kalten Krieges spielte die einstige politische und rechtliche Auseinandersetzung mit den Funktionseliten des Hitlerregimes keine gewichtige Rolle mehr. Führende Träger des NS-

46 Udo Wengst, Beamtentum zwischen Tradition und Reform. Beamtengesetzgebung in der Gründungsphase der Bundesrepublik Deutschland, 1948–1953, Düsseldorf 1988, S. 60 f.; Wolfgang Langhorst, Beamtentum und Artikel 131 des Grundgesetzes, Frankfurt/M. 1994.

47 Wengst (Anm. 46), S. 60 f.; Lutz Niethammer, Zum Verhältnis von Reform und Rekonstruktion in der US-Zone am Beispiel des öffentlichen Dienstes, in: Die Bundesrepublik Deutschland. Entstehung, Entwicklung, Struktur, hrsg. v. Wolf-Dieter Narr/Dietrich Thränhardt, Königstein 1979, S. 52; Wrobel (Anm. 29), S. 266 m.w.N.

Regimes – wie der Raketenspezialist Werner von Braun und der auf den Krieg gegen die Sowjetunion spezialisierte Geheimdienstler Reinhard Gehlen oder der im Kampf gegen Kommunisten der Resistance erfahrene Gestapochef von Lyon, Klaus Barbie – wurden von den Vereinigten Staaten weiter verwendet und mit zentralen Aufgaben betraut. So war es kein Wunder, dass die USA zu der mit Art. 131 GG eröffneten Möglichkeit der Wiederherstellung des Beamtenapparats der NS-Diktatur 1949 im Gegensatz zu ihrer Position nach Kriegsende keinen Einwand erhoben.

IX.

Durch die weitgehende Wiederherstellung des Justizapparats des Nationalsozialismus, die sich, wie die empirische Untersuchung von Hubert Rottleuthner nachweist, in einer drei Viertel des Gerichtspersonals der NS-Diktatur umfassenden, nahezu 40% der Richter am Volksgerichtshof einschließenden Kontinuität niederschlägt,[48] trat jene Realität ein, die in der unmittelbaren Nachkriegsperiode angesichts der fessellosen Gewaltförmigkeit der Justiz der Nazi-Diktatur ausgeschlossen werden sollte. Die schon erwähnte Arbeitsgruppe des amerikanischen Außenministeriums zog in ihren 1949 abgeschlossenen Studien aus dem Scheitern der Ausschaltung der staatlichen Träger des Hitlerregimes eine kritische Schlussfolgerung: Die Beendigung der Entnazifizierung „gefährdet die Demokratisierung Deutschlands und die politische Moral allgemein“, denn es sei „sehr zweifelhaft, ob die Masse der Einzugliedernden bereit sei, auf demokratische Art und Weise zu kooperieren.“ Die Gefahr für die politische Moral bestehe darin, „dass die strafrechtliche Verfolgung von nationalsozialistischen Straftätern weitgehend vernachlässigt“ werde.[49]

Diese frühe Analyse der Implikationen der weitgehenden Kontinuität des nationalsozialistischen Justizapparates, die in der Historie der Bundesrepublik der These weicht, dass, wie Hermann Lübbe schreibt, „die Erblast nationalsozialistischer Vergangenheit, die diese Republik zu tragen hatte, ihr nicht hinderlich gewesen ist,“[50] wird durch einen Blick auf den Umgang der Justiz mit der NS-Herrschaft bestätigt. Die Justiz hat in ihrer ganz überwiegenden Mehrheit, unge-

48 Hubert Rottleuthner, Karrieren und Kontinuitäten deutscher Justizjuristen vor und nach 1945, Berlin 2010.

49 Zur Archäologie der Demokratie in Deutschland, Bd. 2: Analysen politischer Emigranten im amerikanischen Außenministerium 1946–1949, hrsg. v. Alfons Söllner, Frankfurt/M. 1986, S. 244, 245, 247.

50 Hermann Lübbe, Der Nationalsozialismus im deutschen Nachkriegsbewusstsein, Historische Zeitschrift Bd. 236 (1983), S. 599.

achtet minoritärer, vom Bundesverfassungsgericht, von Generalstaatsanwalt Fritz Bauer und anderen vertretenen Positionen,[51] den juristischen Machtstrukturen des NS-Staats, etwa in Gestalt der Judikatur des Volksgerichtshofs unter Roland Freisler, in weitem Maße erneut Gültigkeit verschafft und die Ahndung der außerordentlichen Verbrechen des Hitlerregimes durch die Umwandlung von Tätern in Gehilfen systematisch minimiert.[52]

Tatsächlich büßt das Grundgesetz durch die herrschende Rechtsprechung seine Geltungskraft bei der Bewertung von NS-Verbrechen in bestimmter Beziehung ein. Wenn das ins Grundgesetz inkorporierte Völkerrecht (Art. 24 GG) – wie die Regelung zum Schutz der Nichtkombattanten – durch die Umdeutung eines Massakers der Wehrmacht zu einer völkerrechtlich zulässigen Repressalie im griechischen Kalavrita durch die Dortmunder Staatsanwaltschaft beiseite geschoben wird, wenn dem politischen Widerstand gegen Hitler entgegen der Gesetzgebung der Alliierten von 1946, die nach Art. 139 GG ihre Gültigkeit behält, vom Bundesgerichtshof die Rechtmäßigkeit abgesprochen wird, wenn in einer Entscheidung des Landgerichts Nürnberg der gesetzförmigen Diskriminierung der Juden im NS-Staat, entgegen Art. 3 Abs. 3 GG, in der Rechtsordnung der Bundesrepublik Gültigkeit behält, wird und auf der Basis der Nürnberger Gesetze vom rechtswidrigen Geschlechtsverkehr zwischen einem Arier und einem Juden gesprochen wird, wird der normative Anspruch des Grundgesetzes durch die Justiz unterlaufen.[53]

Sobald NS-Täter, zumal Mitglieder der SS, die in der Übereinstimmung mit ihrer nationalsozialistischen Ideologie Mordbefehle erlassen und eigenhändig töten, nicht als Täter, sondern ganz überwiegend als Gehilfen, die die Tat vorgeblich nicht als eigene wollten, qualifiziert werden und zu relativ niedrigen Strafen verurteilt werden, während sog. einfache Kriminelle, die einen Mord begehen, die volle Härte des Gesetzes trifft, wird die Gleichheit vor dem Gesetz (Art. 3 Abs. 1 GG) verletzt. 90% der Verantwortlichen der mobilen Tötungskommandos, die unter dem Schutz der Wehrmacht vor allem auf dem Gebiet der Sowjetunion hunderttausende Juden ermordeten, werden von der Justiz zu Gehil-

---

51 BVerfGE 3, 58 ff.; 6, 132 ff.; Fritz Bauer, Die Humanität der Rechtsordnung, hrsg. v. Joachim Perels/Irmtrud Wojak, Frankfurt/M. 1998, S. 51 ff., 167 ff.; Irmtrud Wojak, Fritz Bauer 1903–1968. Eine Biographie, München 2009, S. 217 ff.

52 Vgl. Michael Greve, Der justitielle und rechtspolitische Umgang mit den NS-Gewaltverbrechen in den sechziger Jahren, Frankfurt/M. 2001; Kerstin Freudiger, Die juristische Aufarbeitung von NS-Verbrechen, Tübingen 2002.

53 Eberhard Rondholz, Tausend unbekannte Lidice. Ungesühnte deutsche Kriegsverbrechen auf dem Balkan, Blätter für deutsche und internationale Politik H. 12/1993, 1509 ff., 1512; Perels, Die schrittweise Rechtfertigung der NS-Justiz (Anm. 25), S. 181 ff.; Joachim Perels, Antisemitismus in der Rechtsprechung?, in: ders., Entsorgung der NS-Herrschaft?, Hannover 2004, S. 183 ff., 186 f.

fen erklärt. So wurde der Leiter der Einsatzgruppe 8, SS-Obersturmbannführer Dr. Otto Bradfisch, der 15.000 Juden töten ließ und selber mitschoss, vom Landgericht München I als Gehilfe eingestuft, dem vom Gericht, ungeachtet der systematischen Auslöschung der zu Feinden erklärten Juden, eine feindselige Einstellung gegenüber jenen Juden abgesprochen wird.[54] Eine derartige Judikatur, die die Täterrolle von nationalsozialistischen Gewaltverbrechern aushöhlt, hat zur Folge, dass, wie die Oberstaatsanwältin Barbara Just-Dahlmann errechnet hat, für einen Toten eine Strafe von 10 Minuten Gefängnis verhängt wurde.[55]

Erst nachdem die Generation der einstigen Richter und Staatsanwälte der nationalsozialistischen Diktatur abgetreten ist, beginnt das Grundgesetz im Umgang mit nationalsozialistischen Verbrechen in der Justiz sich voll durchzusetzen. Das am 11. August 2009 ergangene Urteil des Landgerichts München, das früher ein Exponent der Gehilfenjudikatur zugunsten von NS-Verbrechern war, verurteilte einen für die Tötung von zehn italienischen Zivilisten verantwortlichen Wehrmachtsleutnant der Armee Hitlers, Josef Scheungraber, als Täter und schob die Verantwortung nicht auf den zuständigen Generalfeldmarschall Kesselring ab.[56] Es bleibt zu hoffen, dass diese Linie vom Bundesgerichtshof, der die Umwandlung von Nazi-Tätern in Gehilfen interpretativ vorangetrieben hatte,[57] aufgenommen wird.

54 Freudiger (Anm. 52), S. 178 ff.; Joachim Perels, Die Aushöhlung des Rechtsstaats durch die Umwandlung von NS-Tätern in Gehilfen, in: ders., Recht und Autoritarismus. Beiträge zur Theorie realer Demokratie, Baden-Baden 2009, S. 86 ff.

55 Barbara Just-Dahlmann/Helmut Just, Die Gehilfen. NS-Verbrechen und die Justiz nach 1945, Königstein 1988, S. 40 ff., 45.

56 Süddeutsche Zeitung v. 12.8.2009.

57 Greve (Anm. 52), S. 171 ff. m.w.N.; Freudiger (Anm. 52), S. 143 ff. m.w.N.

Die *Kritische Justiz* und der juristische Umgang mit dem Hitlerregime

I.

Die *Kritische Justiz*, die sich in ihrem Titel an die Zeitschrift des Republikanischen Richterbundes der Weimarer Republik anlehnte, die von den Nazis 1933 verboten wurde, ist das Produkt der Auseinandersetzung mit den herrschenden Tendenzen des Rechtssystems, dasdurch die weitgehende Kontinuität der juristischen Funktionseliten des Nationalsozialismus – trotz der Geltung des Grundgesetzes – in vielfacher Hinsicht mit den Malen des Hitler-Regimes geschlagen blieb. Dies zeigte sich nicht zuletzt in der umfassenden Verdrängung der wissenschaftlichen Wahrnehmung der juristischen Funktionsweise des Dritten Reichs, die in der Vereinigung der Deutschen Staatsrechtslehrer erst über 50 Jahre nach der Überwindung der Diktatur und dem Ausscheiden ihrer Adepten aus den juristischen Fakultäten der Bundesrepublik zum Gegenstand einer Tagung gemacht wurde.[1]

Die Tabuierung der Analyse der juristischen Struktur der NS-Herrschaft und ihres Erbes in der Bundesrepublik war der Ausgangspunkt für die Gründung eines Arbeitskreises Rechtssoziologie des Sozialistischen Deutschen Studentenbunds (SDS), der an der Frankfurter Universität seit 1966 regelmäßig tagte. Der Arbeitskreis, der am Ende zur Keimzelle der *Kritische Justiz* wurde, unterschied sich vom rechtswissenschaftlichen Lehrbetrieb. In einer Fakultätssitzung Mitte der 6oer Jahre stieß das vom studentischen Fachschaftssprecher (dem Verfasser dieses Beitrags) geäußerte Petitum, Lehrveranstaltungen über Rechtssoziologie abzuhalten, auf leidenschaftliche Abwehr unter Hinweis auf das perhorreszierte *Institut für Sozialforschung* von Horkheimer und Adorno. Der Fachschaftssprecher begründete später den schon erwähnten Arbeitskreis.

Systematisch wurden die rechtstheoretischen Arbeiten der großen sozialdemokratischen Juristen der Emigration zur Struktur der NS-Herrschaft rezipiert, die durch Nichtwahrnehmung jahrzehntelang ein zweites Mal exiliert waren. Tatsächlich war, um nur ein Beispiel zu nennen, in Forsthoffs vielgelesenem *Lehrbuch des Verwaltungsrechts* die Negation der kritischen Analyse des Nationalsozialismus total: die Verwaltungsgeschichte der Nazi-Diktatur kommt in

1 Horst Dreier: Die deutsche Staatsrechtslehre in der Zeit des Nationalsozialismus. Veröffentlichungen der Vereinigung der Deutschen Staatsrechtslehrer, Berlin 2001, Bd. 60, S. 10 ff.

seiner historischen Darstellung des Verwaltungsrechts nicht vor, sie wird als wissenschaftlicher Gegenstand durch Beschweigen entsorgt.[2]

In den Analysen von Franz L. Neumann, Ernst Fraenkel und Otto Kirchheimer, die in dem Arbeitskreis gelesen und diskutiert wurden, trat die in der Nachkriegsgesellschaft vielfach verdrängte Verankerung des Nationalsozialismus in der bürgerlichen Gesellschaft, insbesondere seine Stoßrichtung gegen die Arbeiterbewegung, systematisch in den Blick.[3] In seinem Buch *Behemoth* von 1942, der bis heute kaum übertroffenen Gesamtanalyse der NS-Herrschaft, charakterisierte Neumann die klassenpolitische Funktion der NS-Diktatur:

> „Die Ziele der Monopolmächte konnten in einem System politischer Demokratie zumindest in Deutschland nicht verwirklicht werden. Die Sozialdemokratische Partei und die Gewerkschaften waren, obgleich sie ihre streitbare Militanz verloren hatten, immer noch mächtig genug, um ihre Besitzstände zu verteidigen. Ihre defensive Stärke schloss es aus, den gesamten Staatsapparat in den Dienst einer partikularen Gruppe der Gesellschaft zu stellen. (...) Die vollständige Unterjochung des Staates durch die industriellen Machthaber konnte nur in einer politischen Organisation gelingen, in der es keine Kontrolle von unten gab, in der alle autonomen Massenorganisationen und jede Freiheit der Kritik beseitigt waren."[4]

Der rechtstechnische Herrschaftsmechanismus der NS-Despotie wird in einem Aufsatz von Otto Kirchheimer von 1941 auf den Begriff gebracht. Die Untersuchung blieb im juristischen Nachkriegsdiskurs ohne Wirkung, weil in den Fußnoten viele Rechtslehrer der Bundesrepublik als frühere ideologische Adepten der Nazi-Diktatur erscheinen, die die Hypostasierung der fessellosen Führergewalt legitimiert hatten.[5] Kirchheimer schreibt:

---

2 Ernst Forsthoff: Lehrbuch des Verwaltungsrechts. 1. Band. Allgemeiner Teil, 8. Aufl. München 1961, § 2, S. 37; vgl. hierzu die Kritik von Ernst Fraenkel: „Zur Auseinandersetzung mit Carl Schmitt, Rezension von Peter Schneider, Ausnahmezustand und Norm", Stuttgart 1957, in: Ernst Fraenkel: Gesammelte Schriften Bd. 2, Nationalsozialismus und Widerstand, hrsg. v. Alexander v. Brünneck, Baden-Baden 1999, S. 595.

3 Franz Neumann: Behemoth. Struktur und Praxis des Nationalsozialismus (1942/44), Köln 1977; ders.: Der Funktionswandel des Gesetzes im Recht der bürgerlichen Gesellschaft, in: Zeitschrift für Sozialforschung Vol. 3/1937, S. 542 ff.; Ernst Fraenkel: Der Doppelstaat (1941), Frankfurt/M. 1974; Otto Kirchheimer: Die Rechtsordnung des Nationalsozialismus (1941), in: Kritische Justiz H. 4/1971, S. 356 ff. Zur Entstehungsgeschichte der Kritische Justiz vgl. auch Ulrich Mückenberger: 20 Jahre Kritische Justiz, in: Kritische Justiz H. 1/1989, S. 109 ff.; Rainer Erd: Zur Gründungsgeschichte der KJ, in: Kritische Justiz H. 1/1999, S. 105 ff.; Sonja Bukkel/Andreas Fischer-Lescano/Felix Hanschmann: Die Geburt der Kritischen Justiz aus der Praxis des Widerständigen, Kritische Justiz H. 3/2008, S. 235 ff.

4 Neumann: Behemoth (Anm. 3), S. 313.

5 Ernst Rudolf Huber: Verfassungsrecht des Großdeutschen Reiches, 2. Aufl. Hamburg 1939; Georg Dahm: Deutsches Recht, Hamburg 1944.

„Die Idee der technischen Rationalität, die der neuen Staatsorganisation zugrunde liegt, ist (…) am treffendsten mit einer einwandfrei arbeitenden, wenn auch komplizierten Maschine zu vergleichen (…) Mit seinem Justizapparat hatte sich das Dritte Reich ein fast perfektes Werkzeug zur Ausführung seiner Befehle geschaffen (…) Das ökonomisch atomisierte Individuum wird zum bloßen Objekt der Herrschaft monopolistischer Gruppen- und Staatsmaschinerie. Gleichzeitig verliert die Legalität ihre Funktion als Waffe des Individuums. Sie wird völlig bedeutungslos und löst sich in technische Rationalität auf. Letztere ist nunmehr das Strukturprinzip der Rechtsinstitutionen des Gesetzesapparats und des Anwendungsinstruments, der Richterschaft.“[6]

II.

Die Dimension der mit den Vorgaben des Grundgesetzes vielfach im Widerspruch stehenden Rechtsentwicklung der Bundesrepublik, die für die Konstituierung des genannten Arbeitskreises bestimmend war, wird sichtbar am seinerzeitigen Umgang der Justiz mit den nationalsozialistischen Verbrechen und mit der Politik der Kommunisten. Die Struktur der Rechtsprechung hatte damit zu tun, dass drei Viertel der Träger der NS-Justiz in den demokratischen Rechtsstaat übernommen wurden.[7]

Die Justiz wertete NS-Verbrechen meist anders als die Verbrechen gewöhnlicher Krimineller. Nationalsozialistische Mörder wurden ganz überwiegend nicht als Täter, die die Tat als eigene wollten, sondern als Gehilfen, die mit der nationalsozialistischen Weltanschauung nichts zu tun hatten, angesehen. So wurden Leiter von Einsatzgruppen im Osten, die Juden ausrotteten, Ärzte, die psychisch Behinderte umbrachten, der Adjutant des Vernichtungslagers Auschwitz, der Zyklon B für die Gaskammern heranschaffte und der stellvertretende Lagerkommandant des Konzentrationslagers Majdanek, der Häftlinge ermordete, nicht als Täter bestraft, sondern als fremdgesteuerte Gehilfen eingestuft. Überwiegend galten nur Hitler, Himmler und Heydrich als Täter, nicht aber die Massenmörder vor Ort. Damit war für die Gehilfen eine lebenslange Freiheitsstrafe, die bei Tätern zwingend vorgeschrieben ist, ausgeschlossen. Die Tötungshandlungen wurden – und dies war für 80 bis 90 Prozent der entsprechenden Urteile bestimmend – von der ideologischen Identifikation mit dem NS-Regime getrennt, obgleich die staatlich beauftragten Mörder aktive, die NS-Diktatur tragende Nationalsozialisten und Mitglieder der SS waren, deren Credo die Praktizierung der völkischen Doktrin war. Die Umwandlung von nationalsozialistischen Tätern in

6 Kirchheimer: Rechtsordnung (Anm. 3), S. 365, 370.

7 Hubert Rottleuthner: „Krähenjustiz“, in: Staatsverbrechen vor Gericht, hrsg. von Dick W. de Mildt, Amsterdam 2003, S. 259 ff.

Gehilfen bedeutet, dass, wie der Strafrechtler Claus Roxin formulierte, „gesetzlich nicht vorgesehene Strafmilderungsgründe“[8] in der Rechtsprechung zu den NS-Verbrechen wirksam wurden. Überwiegend wurde so von der Justiz die Gleichheit vor dem Gesetz sistiert – zugunsten von Massenmördern der NS-Diktatur. „Ein Toter gleich zehn Minuten Gefängnis“[9] lautete die Faustformel für die Rechtsprechung.[10]

Unter umgekehrten Vorzeichen wurde der Gleichheitssatz bei der Auseinandersetzung der Justiz mit den stalinistisch geprägten Kommunisten häufig missachtet: nicht zur Sanktionsbegrenzung, wie bei NS-Tätern, sondern zum Zweck der Ausweitung der Strafbarkeit. In den ersten Jahren der Bundsrepublik wurden knapp 7000 Kommunisten wegen des Verstoßes gegen das erste Strafrechtsänderungsgesetz von 1951 und gegen das Verbot der KPD von 1956 verurteilt. Dabei wurden auch Positionen der KPD, die mit denen anderer politischer Kräfte – in der Auseinandersetzung mit dem Antisemitismus, mit der Atomrüstung, mit den geplanten Notstandsgesetzen – übereinstimmten, als Verstoß gegen das Strafgesetz gewertet, weil sie mit einer kommunistischen, gegen die Verfassungsordnung gerichteten Intention verbunden seien. Diesen Mechanismus hat Diether Posser, langjähriger Verteidiger in Prozessen gegen Kommunisten, so beschrieben: „Die Straftatbestände der Staatsgefährdung enthielten Elemente der Gesinnungsjustiz, weil für ein und dasselbe Geschehen Kommunisten bestraft, aber Nicht-Kommunisten freigesprochen wurden.“[11] Wenn ein Kommunist wie andere Gewerkschafter und Sozialdemokraten am 1. Mai eine rote Nelke trug, galt dies als Zeichen für die Fortsetzung der Tätigkeit der verbotenen KPD und wurde bestraft.[12] So wurde der Satz der Gleichheit vor dem Gesetz durch die Einführung eines Gesinnungsdelikts unterlaufen, das keinen objektiven Tatbe-

---

8 Claus Roxin: Brief an Barbara Just-Dahlmann v. 15.3.1963, in: Barbara Just-Dahlmann und Helmut Just: Die Gehilfen. NS-Verbrechen und die Justiz nach 1945, Frankfurt/M. 1988, S. 168; vgl. auch Claus Roxin: Straftaten im Rahmen organisatorischer Machtapparate, in: Goltdammers Archiv für Strafrecht, 1963, S. 193 ff.

9 Barbara Just-Dahlmann: Vortrag in Loccum (1961), S. 45, in: Just-Dahlmann: Gehilfen (Anm. 8), S. 45.

10 Zum Komplex der die Täterschaft minimierenden Gehilfenjudikatur bei nationalsozialistischen Gewaltverbrechen vgl. grundlegend Kerstin Freudiger, Die juristische Aufarbeitung von NS-Verbrechen, Tübingen 2002; Joachim Perels, Die Aushöhlung des Rechtsstaats durch die Umwandlung von NS-Tätern in Gehilfen, in: Passion Arbeitsrecht, Liber amicorum Thomas Blanke, hrsg. v. Rainer Erd u.a., Baden-Baden 2009, S. 203 ff.

11 Diether Posser: Anwalt im Kalten Krieg. Ein Stück deutscher Geschichte in politischen Prozessen 1951–1968, München 1991, S. 297.

12 Alexander v. Brünneck: Politische Justiz gegen Kommunisten in der Bundesrepublik Deutschland 1949–1968, Frankfurt/M. 1978, S. 179.

stand – wie etwa den der Beleidigung – erfüllte und zudem gegen das Verbot der Diskriminierung politischer Anschauungen (Art. 3 Abs. 3 GG) verstieß.[13]

III.

Zu den Gründern der *Kritische Justiz* gehörten neben Mitgliedern jenes Arbeitskreises des SDS mit Fritz Bauer und Wolfgang Abendroth führende Vertreter jener hauchdünnen juristischen Gegenelite der Bundesrepublik, die im politischen Widerstand bzw. in der Emigration das NS-System bekämpft hatten. Es war Fritz Bauer, der im schwedischen Exil in seinem Buch *Kriegsverbrecher vor Gericht*[14] Maximen für die Ahndung der nationalsozialistischen Staatsverbrechen entwickelt hatte, die in der Bundesrepublik durch die erwähnte Teilexkulpation von Nazi-Tätern und durch die Aushöhlung des Sanktionsbegriffs des „gesetzlichen Unrechts" für NS-Justizfunktionäre nur begrenzt wirksam wurden.[15] Als hessischer Generalstaatsanwalt hatte er die Praxis und Theorie der Ahndung der nationalsozialistischen Gewaltverbrechen wie kein anderer zur Grundlage der neuen demokratischen Ordnung zu machen versucht, vor allem durch die Ingangsetzung des Auschwitz-Prozesses (1963–1965). Zugleich hatte er sich, vor allem im Remer-Prozess von 1952 gegen die in der Justiz um sich greifende Illegalisierung des politischen Widerstands gegen Hitler gewandt, der angesichts einer rechtswidrig ausgeübten Staatsgewalt nach der hessischen Verfassung jedermanns Recht und Pflicht ist (Art. 147 Abs. 1). Bauer, der während der Emigration Beziehungen zu Horkheimer unterhielt und in der *Zeitschrift für Sozialforschung* publizierte, war Juristen der Frankfurter Schule verbunden. Er schlug Otto Kirchheimer 1957 vor, die redaktionelle Leitung der „Neuen Gesellschaft", der theoretischen Zeitschrift der SPD, zu übernehmen, um das Gewicht demokratischen Rechtsdenkens zu stärken, das bis auf Positionen des Bundesverfassungsgerichts, in dem ehemalige Gegner der NS-Diktatur im Unterschied zur übrigen Justiz eine wichtige Rolle spielten, nicht mehrheitsfähig war.[16]

---

13 Zur rechtsstaatlich fragwürdigen Struktur der justitiellen Auseinandersetzung mit den Kommunisten vgl. grundlegend v. Brünneck: Politische Justiz (Anm. 12).

14 Fritz Bauer: Kriegsverbrecher vor Gericht (1944), Zürich 1945.

15 Kerstin Freudiger: Die juristische Aufarbeitung von NS-Verbrechen, Tübingen 2002; Clea Laage: Die Auseinandersetzung um den Begriff des gesetzlichen Unrechts nach 1945, Kritische Justiz, H. 4/1989, S. 409 ff.; diss., Gesetzliches Unrecht: Die Bedeutung des Begriffs für die Aufarbeitung von NS-Verbrechen. Die Rezeption der Radbruchschen Formel von Rechtsprechung und Rechtslehre, Frankfurt/M. 2014.

16 Fritz Bauer: Die Humanität der Rechtsordnung, hrsg. v. Joachim Perels und Irmtrud Wojak, Frankfurt/M. 1998; Joachim Perels, „Kritische Justiz und Frankfurter Schule", in: Philosophie

Wolfgang Abendroth, der mit Fritz Bauer und mit Otto Kirchheimer eng verbunden war, hatte als Verfassungsjurist der Gewerkschaften, auch als Mitglied und zeitweiliges Vorstandsmitglied der Vereinigung Deutscher Staatsrechtslehrer, die Sicherung des legalen Aktionsfelds der Arbeiterbewegung – vom Streikrecht bis zur Verteidigung des Grundgesetzes gegen eine exekutivstaatliche Notstandsregelung – zum Zentrum seiner wissenschaftlichen Tätigkeit gemacht. Seine Arbeiten knüpfen an die – im herrschenden juristischen Diskurs weitgehend verdrängte – staatsrechtliche Linke der Weimarer Republik, vor allem an Hermann Hellers Gedanken eines – schließlich in der Bonner Verfassung verankerten – sozialen Rechtsstaats an (Art. 20 Abs. 1 GG) an, der – bei entsprechenden Mehrheitsverhältnissen – die private Ökonomie durch eine „rechtsstaatliche Vergesetzlichung der Wirtschaft" überwinden kann.[17]

Diese von den Nazis zerstörte Tradition liberalen und sozialistischen Rechtsdenkens war bei der Gründung der *Kritische Justiz* personell präsent. Hieraus ergab sich die Schwerpunktsetzung der Zeitschrift, in der die einschlägigen Arbeiten von Franz L. Neumann, Ernst Fraenkel, Hugo Sinzheimer und Karl Korsch gleich zu Beginn in ausführlichen Buchbesprechungen in den deutschen Wissenschaftsdiskurs zurückgeholt wurden (unter anderem mit der Folge, dass die grundlegenden rechtstheoretischen Analysen der NS-Herrschaft schließlich auf Deutsch erschienen).[18]

---

und Empirie, hrsg. v. Detlev Claussen, Oskar Negt und Michael Werz, Frankfurt/M. 2001, S. 146 ff.; Claudia Fröhlich: Wider die Tabuisierung des Ungehorsams. Fritz Bauers Widerstandsbegriff und die Aufarbeitung von NS-Verbrechen, Frankfurt/M. 2006; Irmtrud Wojak: Fritz Bauer 1903–1965. Eine Biographie, München 2009; Heinz Laufer: Verfassungsgerichtsbarkeit und politischer Prozeß, Tübingen 1968.

17 Hermann Heller: „Rechtsstaat oder Diktatur" (1929), in: ders.: Gesammelte Schriften, hrsg. v. Christoph Müller, Bd. 2, Tübingen 1992, S. 443 ff., 461; Wolfgang Abendroth: Gesammelte Schriften Bd. 2, 1949–1955, hrsg. v. Michael Buckmiller, Joachim Perels und Uli Schöler, Hannover 2008; ders.: Arbeiterklasse, Staat und Verfassung, hrsg. v. Joachim Perels, Frankfurt/M. 1975; Joachim Perels: „Der soziale Rechtsstaat im Widerstreit. Zum 100. Geburtstag von Wolfgang Abendroth", in: Kritische Justiz Vol. 3/2006, S. 295 ff.

18 Robert Kempner: „Rezension: Hugo Sinzheimer, Ernst Fraenkel, Die Justiz in der Weimarer Republik. Eine Chronik mit einer Einführung von Otto Kirchheimer, hrsg. v. Thilo Ramm, Neuwied 1968"; Lutz Unterseher: „Rezension: Karl Korsch, Arbeitsrecht für Betriebsräte (1922), hrsg. v. Erich Gerlach, eingeleitet von Dieter Schneider, Frankfurt/M. 1968"; Melanie Jahn: „Rezension: Ernst Fraenkel, Zur Soziologie der Klassenjustiz und Aufsätze zur Verfassungskrise 1931–32, Darmstadt 1968", alle in: Kritische Justiz H. 1/1968, S. 89 ff.; Lutz Unterseher: „Rezension: Franz Neumann, Behemoth. Structure and Practice of National Socialism 1933–1944, New York 1966"; Alexander v. Brünneck: „Rezension: Ernst Fraenkel, The Dual State – A Contribution to the Theory of Dictatorship, New York 1941", in: Kritische Justiz H. 3/1969, S. 317 ff.; zu den deutschen Ausgaben der Bücher von Neumann und Fraenkel über die NS-Herrschaft s. Anm. 3.

IV.

Die juristische Aufarbeitung der NS-Diktatur, die Gegenstand einer Fülle von Strafprozessen war, bildete von Anfang an den stärksten Schwerpunkt der Kritischen Justiz.[19] Anders als Mitte der 60er Jahre, als der Versuch der Gesellschaft für christlich-jüdische Zusammenarbeit, eine systematisch wissenschaftliche Untersuchung von rechtsstaatlich fragwürdigen Entscheidungen in Verfahren gegen Nazi-Mörder in Gang zu setzen, am „Schweigekartell" (Roxin) der Strafrechtslehrer, die zuvor im Dienst der NS-Diktatur standen, gescheitert war, wurden nun systematisch Analysen zu zentralen Komplexen des justitiellen Umgangs mit den Nazi-Verbrechen publiziert. In einem Beitrag von 1968 bestimmte Herbert Jäger, der die Untersuchung „Verbrechen unter totalitärer Herrschaft" veröffentlicht hatte, die Schwierigkeiten der Verfahren gegen NS-Verbrecher so: „(I)n diesem Lande gibt es eine nicht geringe Zahl von Menschen, die Mord generell mit dem Tode bedroht sehen wollen, ihn aber in seiner speziellen Form als totalitären Einzel- oder Massenmord jedoch straffrei lassen möchten."[20]

Die Frage der Legalität des staatlich bestimmten Tötungshandelns in der NS-Diktatur spielte in den Entscheidungen eine maßgebende Rolle. Für die Analyse der Urteile bildet Kirchheimers durch die Nürnberger Prozesse geschärfte Blickrichtung, die sich an der Bindung des Staatsapparats an das rechtsstaatliche Normensystem orientiert, eine wesentliche Grundlage. Kirchheimer konstatierte: „Dass eine besondere organisatorische Struktur für die mutwillige Vernichtung von Menschen wegen Zugehörigkeit zu einer nationalen oder ethnischen Gruppe nicht durch Einzelbefehle, sondern durch eine allgemeine Vorschrift angeordnet wird, verleiht einer solchen Vorschrift nicht die Würde eines Gesetzes, macht sie nicht zu gültigem Recht." Dies entsprach Franz L. Neumanns Qualifikation des nationalsozialistischen Rechtssystems als einer „Technik der Manipulation der Massen durch Terror" und Gustav Radbruchs Begriff des „gesetzlichen Unrechts."[21]

---

19 Der Unrechts-Staat. Recht und Justiz im Nationalsozialismus, hrsg. Redaktion Kritische Justiz, Frankfurt/M. 1979; Der Unrechts-Staat II, hrsg. Redaktion Kritische Justiz:, Baden-Baden 1984; Eli Nathans: Der Unrechtsstaat III. Franz Schlegelberger, Baden-Baden 1990; Die juristische Aufarbeitung des Unrechts-Staats, hrsg. Redaktion Kritische Justiz, Baden-Baden 1998.

20 Herbert Jäger: Strafrecht und nationalsozialistische Gewaltverbrechen, in: Kritische Justiz H. 2/1968, S. 148; Herbert Jäger: Verbrechen unter totalitärer Herrschaft. Studien zur nationalsozialistischen Gewaltkriminalität (1967), Frankfurt/M. 1982.

21 Otto Kirchheimer: Politische Justiz (1961), Neuwied 1965, S. 480 f.; Neumann: Behemoth (Anm. 3), S. 530; Gustav Radbruch: Gesetzliches Unrecht und übergesetzliches Recht (1946), in: ders.: Der Mensch im Recht, Göttingen 1961, S. 105 ff.

Viele Gerichte, vor allem aber der Bundesgerichtshof sprachen, übereinstimmend mit den Verteidigern in den Nürnberger Prozessen, den Rechtsnormen des Hitlerregimes, trotz ihres terroristischen Gehalts, der in der Heranziehung eines KZ-Kommandanten als Beisitzer eines gegen Dietrich Bonhoeffer errichteten Standgerichts sinnfällig wurde, Rechtsgültigkeit zu.[22] Eine Analyse von Entscheidungen zur NS-Euthanasie von Susanne Benzler ergibt, dass die nationalsozialistische Vernichtung „geistig minderwertiger Kinder" vom Landgericht Göttingen für legal erklärt wird, weil es „zweifelhaft" sei, dass die Tötung „gegen eine höhere Rechtsordnung" verstoße,[23] obgleich das Strafgesetzbuch auch im Nationalsozialismus das Tötungsverbot enthielt, das für jeden Menschen galt. Tatsächlich wurde der Begriff des „gesetzlichen Unrechts", der die Negation rechtsstaatlicher Schutzpositionen durch die NS-Despotie zum Inhalt hatte, wie eine Untersuchung von Clea Laage zeigt, mehr und mehr von der Justiz zurückgedrängt und durch die Affirmation des nationalsozialistischen Rechts, vor allem der Kriegssonderstrafrechtsordnung und der Standgerichtsverordnung ersetzt. Die Bestimmungen dienten, heißt es in einer Entscheidung des Landgerichts Weiden „der Souveränität des Staates als solchem", als könne der Staat vom rechtsstaatsfeindlichen NS-Regime, das, im Unterschied zu den Westalliierten, in exzessiver Weise Todesstrafen zur Absicherung des völkerrechtsfeindlichen Kriegs verhängte, getrennt werden.[24] In einem Aufsatz von Helmut Kramer wurde schließlich die Negation der rechtlichen Verantwortung der juristischen Elite des NS-Staats, der Oberlandesgerichtspräsidenten und Generalstaatsanwälte für die Ermordung der psychisch Kranken durch einen von der hessischen Generalstaatsanwaltschaft beantragten Einstellungsbeschluss, dem das Landgericht Limburg 1970 entsprach, zum Thema: Die Beteiligung der Spitzen der Justiz an der rechtswidrigen Tötung schuldloser Menschen wurde durch die Suspendierung des Legalitätsprinzips für sanktionsfrei erklärte, weil, wie es u.a. hieß, die Weisung des nationalsozialistischen Justizministers Schlegelberger, die am Anstaltsmord beteiligten nicht zu verfolgen, „von bestürzender Neuheit" gewesen sei, die es offenbar legitimierte, das strafrechtliche Tötungsverbot ohne Rechtsgrund zu negieren. Demgegenüber hatte Fritz Bauer in seiner Anschuldigungs-

22 Zusammenfassend: Joachim Perels: Die Umdeutung der NS-Diktatur in einen Rechtsstaat, in: Leviathan, Vol. 2/2007, S. 230 ff.; Eingabe der Gesamtverteidigung vom 19.11.1945: Der Prozess gegen die Hauptkriegsverbrecher vor dem Internationalen Militärgerichtshof Bd. 1, Nürnberg 1947, S. 186 ff.

23 Susanne Benzler: „Justiz und Anstaltsmord nach 1945", in: Redaktion Kritische Justiz: Juristische Aufarbeitung (Anm. 19), S. 403.

24 Clea Laage: Die Auseinandersetzung mit dem Begriff gesetzlichen Unrechts nach 1945, in: Kritische Justiz H. 4/1989, S. 422.

schrift, die zwei Jahre nach seinem Tod von seinem Nachfolger im Amt in Makulatur verwandelt wurde, festgestellt:

„(D)ie versammelten Oberlandesgerichtspräsidenten und Generalstaatsanwälte (wären) als hohe Repräsentanten der Justiz kraft ihrer Stellung und ihres Amtes gehalten gewesen, in einer für die damalige Zeit geeigneten Form auf die Bedenken gegen die Tötung von Menschen, zumal ohne gesetzliche Grundlage, hinzuweisen und gegebenenfalls zum Ausdruck zu bringen, dass sie sich persönlich nicht in der Lage sähen, die Weisung an die nachgeordneten Gerichte bzw. Behörden weiterzugeben, nichts gegen die Euthanasie zu unternehmen.“[25]

V.

Auch die verbreitete Tendenz, die bürgerliche Gesellschaft und die gegebene Rechtsordnung in eins zu setzen und die Arbeitnehmerorganisationen auf ein Funktionselement des gesellschaftlichen Status quo zu reduzieren, obgleich das Grundgesetz, insbesondere in den Artikeln 20 Abs. 1, Art. 14 Abs. 1, Abs. 3, Art. 15 GG die kapitalistische Ordnung nicht festgeschrieben hatte, wird Gegenstand von Analysen. In einem Aufsatz kritisierte Rudolf Wiethölter, in dessen Institut für Wirtschaftsrecht an der Universität Frankfurt/M. Mitbegründer der Kritischen Justiz, Dieter Hart und Joachim Perels, als Assistenten arbeiteten, das herrschende Theorem des Arbeitsrechts, dass der eingerichtete und ausgeübte Gewerbebetrieb ein absolutes Recht darstelle, das die gewerkschaftliche Handlungsfreiheit strukturell begrenze. Mit der Hypostasierung des privaten Betriebs waren schon 1952 die kurzzeitigen Demonstrationsstreiks der IG Druck- und Papier gegen das Betriebsverfassungsgesetz vom Bundesarbeitsgericht unter Berufung auf das Recht am eingerichteten und ausgeübten Gewerbebetrieb für illegal und schadensersatzpflichtig erklärt worden. Dabei spielte die für die Arbeitergeberseite entwickelte Argumentation von Hans Carl Nipperdey, der einst die in Rechtsformen festgeschriebene Fremdbestimmung der Arbeitnehmer im nationalsozialistischen Arbeitsrecht legitimiert hatte, eine führende Rolle. Wiethölter schrieb:

„Das Bundesarbeitsgericht geht ... an der Verfassung des Bonner Grundgesetzes (vorbei), (...) Das geschieht, indem im Arbeitskampf der Gewerbebetrieb des Arbeitgebers zu einem absoluten Recht i. S. v. § 823 Abs. 1 BGB befördert wird, wodurch jeder Eingriff und jede Verletzung – und das ist selbstverständlich z.B. der Streik – zunächst als Unrecht gestempelt und eine mögliche Rechtfertigung (die nach dem System natürlich stets die Ausnahme ist!) in der sozialen Adäquanz des Eingriffs geschaffen wird. Mit dieser Doppelleistung (...) wird die historische, politische und verfassungsrechtliche Verankerung und Sicherung des Arbeits-

25 Helmut Kramer: OLG-Präsidenten und Generalstaatsanwälte als Gehilfen der NS-‚Euthanasie‘, in: Die juristische Aufarbeitung des Unrechts-Staats (Anm. 19), S. 429, 427.

kampfes privat deliktsrechtlich wegeskamotiert." Kurz: Die Rechtsprechung „schützt den Unternehmer als Eigentümer-Bürger auf ihre besondere Weise, wie sie den Nicht-Unternehmer und Nichteigentümer-Bürger auf ihre besondere Weise nicht schützt."[26]

VI.

Nach einigen Schwankungen, die mit der in der Studentenbewegung verbreiteten „Romantik der Illegalität" (Lukács) zu tun hatten, wurde – auch als Grundlage vieler, an rechtsstaatlichen Kriterien orientierten Analysen zum Demonstrationsrecht, zu den Berufsverboten, zu extralegalen Abhöraktionen des Staatsapparats – die Orientierung am uneingeschränkten Geltungsanspruch der demokratischen Rechtsordnung bestimmend. Dies erforderte eine Abgrenzung von verbreiteten, rechtskritischen Tendenzen in der politischen Linken. In einem Aufsatz setzte sich Jürgen Seifert – er war fast ein Jahrzehnt Experte der Gewerkschaften in der Auseinandersetzung um die Notstandgesetze – mit Wortführern des studentischen Protests wie Hans Jürgen Krahl vom Frankfurter SDS, aber auch mit Theodor W. Adorno auseinander, die die bestehende Rechtsordnung als repressive Herrschaftsapparatur ansahen: „(D)er juristische Gesamtbereich" erscheint bei Adorno als „gesellschaftliche Kontrollinstanz", ja der Rechtsstaat leiste, schreibt Krahl, „die Verinnerlichung des Terrors."[27] Gegen dieses Denken mobilisiert Seifert die Gedankenwelt von Marx und Engels, die als Theoretiker der entstehenden Arbeiterbewegung einen differenzierten Begriff des Rechts besaßen, der in starkem Maße emanzipatorische Züge trug, die auch für die Gegenwart wichtig bleiben. So heißt es bei Engels: „Die politischen Freiheiten, das Versammlungs- und Assoziationsrecht, die Pressefreiheit, das sind unsere Waffen und wir sollten die Arme verschränken, wenn man sie uns nehmen will?"[28] Das allgemeine, von der Volksvertretung konstituierte Gesetz ist für Marx die

---

26 Rudolf Wiethölter: Zur politischen Funktion des Rechts am eingerichteten und ausgeübten Gewerbebetrieb, in: Kritische Justiz H. 2/1970, S. 132, 121; Vgl. Joachim Perels: Die Aufhebung der Legalität des Demonstrationsstreiks, in: ders.: Das juristische Erbe des „Dritten Reiches". Beschädigungen der demokratischen Rechtsordnung, Frankfurt/M. 1999, S. 121 ff.; Alfred Hueck, Hans Carl Nipperdey und Rolf Dietz: Gesetz zur Ordnung der nationalen Arbeit. Kommentar, 3. Aufl. München 1939.

27 Theodor W. Adorno: Negative Dialektik, Frankfurt/M 1966, S. 302; Hans Jürgen Krahl: Diskussionsbeitrag, in: Universität und Widerstand, hrsg. v. Detlev Claussen und Regine Dermitzel, Frankfurt/M. 1968, S. 54;

28 Friedrich Engels: Erklärung auf der Londoner Konferenz der Internationalen Arbeiterassoziation, in: Marx-Engels Werke Bd. 17, Berlin 1971, S. 416 f.; s. hierzu Jürgen Seifert: Verrechtlichte Politik und die Dialektik der marxistischen Rechtstheorie, Kritische Justiz H. 2/1971, S. 185 f.

Grundlage politischen Handelns. Er schrieb: „Gesetze sind keine Repressivmaßregeln gegen die Freiheit (...) Ein Gesetzbuch ist die Freiheitsbibel eines Volks."[29]

Auch gegenüber der Verwerfung emanzipatorischer Rechtsprinzipien im Blick auf die Konstituierung einer sozialistischen Gesellschaft, die im stalinistischen, die Individuen entmündigenden Repressionsrecht der Sowjetunion der 30er Jahre in besonderer Zuspitzung zum Ausdruck kommt, wurde in der *Kritische Justiz* von Joachim Perels eine entschiedene Gegenposition bezogen. Hans Jürgen Krahl hatte das liberal-demokratische Rechtssystem der Reformbewegung des Prager Frühlings von 1968, das Bauelemente des demokratischen Rechtsstaats, besonders die Meinungsfreiheit und die Gewaltenteilung aufnahm, um die exekutive Dispositionsmacht des Parteiapparats über die Rechtsordnung und die gesamte Gesellschaft zu beenden, als bürgerlichen Rückfall qualifiziert. Die Bedeutung institutionell gesicherter Freiheitsrechte als Grundlage politischer und gesellschaftlicher Selbstbestimmung wurde negiert. Krahl schrieb – und er repräsentierte eine gewichtige Strömung in der Studentenbewegung –:

> „Die nachstalinistische Reform in der CSSR stellt eine ahistorische Überführung des geschichtlich neuen, noch unentfalteten und etatistisch verstümmelten Prinzips der sozialistischen Produktionsweise in die alte und abgestorbene Substanz bürgerlicher Verkehrformen dar ... als ‚weltgeschichtliche Totenbeschwörung' (Marx) des fossilierten Liberalismus der längst untergegangenen konkurrenzkapitalistischen Phase der bürgerlichen Gesellschaft – als Versuch rechtsstaatlicher Institutionalisierungen republikanischer Freiheiten."[30]

Diese ultralinke Position stand im Gegensatz zu den theoretischen Erkenntnissen von Engels und Marx, die davon sprachen, dass das Proletariat die Rechtsprinzipien des Bürgertums – Freiheit, Gleichheit, Brüderlichkeit – nicht verwirft, sondern „beim Wort nimmt," denn die „bürgerlichen Freiheiten" griffen die „Klassenherrschaft ... an der gesellschaftlichen Grundlage ..." an, waren also „sozialistisch geworden." [31] Für das rechtstheoretische Selbstverständnis der *Kritische Justiz*, das ein taktisches Verhältnis zur demokratischen Rechtsordnung ausschloss, war diese Positionsbestimmung wichtig. Entsprechend heißt es in der Kritik an Krahl: „Eine ... abstrakt-puristische Kritik wirft das emanzipative Erbe der Französischen Revolution auf den Kehrichthaufen der Geschichte, statt zu erkennen, dass im Sozialismus die bürgerlichen Freiheiten, „in umfunktionierter

---

29 Karl Marx: Debatten über die Pressefreiheit, in: Marx-Engels Werke Bd. 1, Berlin 1974, S. 58.

30 Hans Jürgen Krahl: Zur historischen Dialektik der nachstalinistischen Reform, in: Rainer Deppe: Die Tschechoslowakei 1945–1968 – Zwischen Kapitalismus und Revolution, Frankfurt/M. 1968, S. 7, 11.

31 Friedrich Engels: Anti-Dühring, in: Marx-Engels-Werke Bd. 20, Berlin 1973, S. 99; Karl Marx: Der achtzehnte Brumaire des Louis Bonaparte, in: ders., Politische Schriften Bd. 1, Stuttgart 1960, S. 320.

Konsequenz"[32] ohne Paralysierung durch ökonomische Ungleichheit inhaltlich realisiert werden können.[33]

VII.

Die *Kritische Justiz* erscheint mittlerweile im 47. Jahrgang. War sie zunächst vielfach ausgegrenzt worden – ihr Erscheinen wurde 1968 in der FAZ mit einem Artikel unter der Überschrift „Gegen den Staat"[34] negativ begrüßt –, so hat sich dies mehr und mehr geändert. Von Verfassungsrechtlern wie Ernst Wolfgang Böckenförde werden eine kritische Dokumentaion in der *Kritische Justiz* zur Kontaktsperre gegen Verteidiger der Baader-Meinhof-Gruppe ebenso zitiert wie vom Bundesverfassungsgericht Aufsätze zur Demonstrationsfreiheit. An Veranstaltungen der *Kritische Justiz* sind regelmäßig auch Richter des Bundesverfassungsgerichts beteiligt. Der einer anderen Rechtstradition verpflichtete Band der Redaktion *Streitbare Juristen*, der eine Fülle von Portraits – unter anderem von Franz L. Neumann, Ernst Fraenkel, Otto Kirchheimer, Fritz Bauer, Wolfgang Abendroth und Gustav Heinemann – enthält,[35] wurde in der rechtswissenschaftlichen Öffentlichkeit mit viel Zustimmung aufgenommen. So ist die *Kritische Justiz* mittlerweile ein respektierter, oppositioneller Teil des juristischen Diskurses. Sie ist in bestimmten Bereichen besonders präsent: wie der Aufarbeitung der NS-Herrschaft, der Kritik an rechtsstaatsgefährdenden Tendenzen in der Bundesrepublik, der Reflexion von gesellschaftstheoretischen, nicht zuletzt feministischen Alternativen zum Kapitalismus auf der Basis der Prinzipien des demokratischen Verfassungsstaats und der Vergegenwärtigung der Traditionen aufklärerischen Rechtsdenkens insgesamt.[36]

---

32 Ernst Bloch: Über die Bedeutung des XX. Parteitags (1956), in: ders.: Politische Messungen, Frankfurt/M. 1970, S. 365.

33 Joachim Perels: Zur politischen Verfassung des Sozialismus, in: Kritische Justiz H. 2/1971, S. 182.

34 Frankfurter Allgemeine Zeitung vom 6.11.1968. Zum Folgenden s. Ernst-Wolfgang Böckenförde, Der verdrängte Ausnahmezustand, Neue Juristische Wochenschrift 1978, S. 1109 ff., BVerfGE 64, S. 315 ff., BVerfGE 73, S. 206 ff.

35 Streitbare Juristen. Eine andere Tradition, hrsg. Redaktion, Kritische Justiz Baden-Baden 1988.

36 Siehe etwa: Heinrich Grosse: Ankläger von Widerstandskämpfern und Apologet des NS-Regimes – Manfred Roeder, in: Kritische Justiz, H. 1/2005, S. 36 ff.; Christian Ritz: Die westdeutsche Nebenklagevertretung in den Frankfurter Auschwitz-Prozessen und im Verfahrenskomplex Krumey/Hunsche, in: Kritische Justiz, H. 1/2007, S. 51 ff.; Helmut Kramer: Das letzte Gefecht um den „Kriegsverrat" im NS-Staat, in: Kritische Justiz, H. 1/2009, S. 89 ff.; Günter Frankenberg: Kritik des Bekämpfungsrechts, in: Kritische Justiz, H. 4/2005, S. 407 ff.; Klaus Lüderssen: Die ewige Versuchung des Täterstrafrechts, in: Kritische Justiz, H. 4/2006,

S. 361 ff.; Andreas Fischer-Lescano: Zur Kritik der praktischen Konkordanz, in: Kritische Justiz, H. 2/2008, S. 166 ff., Marcus Hawel: Dämmerung des demkratischen Rechtsstaat? Zur Renaissance des Dezisionismus, in: Kritische Justiz, H. 1/2009, S. 64 ff.; Eva Kocher: Antidiskriminierungsrecht, in: Kritische Justiz, H. 4/2006, S. 356 ff.; die Beiträge zur Rechtskritik der Geschlechterverhältnisse von Elisabeth Holzleithner, Nora Markand, Laura Adamietz, Adrian de Silva und Julia König, in: Kritische Justiz, H. 3/2009, S. 250 ff.; Joachim Beerhorst: Vergesellschaftung! Welche Vergesellschaftung? Über Finanzkapitalismus, Krise und Demokratisierung der Wirtschaft, in: Kritische Justiz, H. 2/2009, S. 148 ff.; Joachim Perels: Sozialistische Rechtspolitik im Angesicht der Konterrevolution. Reichsjustizminister Gustav Radbruch, in: Kritische Justiz, H. 4/2005, S. 407 ff.; Thomas Groß: Hans Kelsen. Vom Wesen und Wert der Demokratie, in: Kritische Justiz, H. 3/2007, S. 306 ff.; Ulrich Zachert – Philipp Lotmar: Die Tarifverträge zwischen Arbeitgebern und Arbeitnehmern, in: Kritische Justiz, H. 4/2007, S. 428 ff.

Täter als Marionetten? Zur Einschränkung der Verantwortung für die Untaten des Dritten Reichs

Als die Zentrale Stelle zur Aufklärung von NS-Verbrechen am 1. Dezember 2008 ihren 50. Geburtstag beging, wurde ihr noch einmal besondere Aufmerksamkeit zuteil. Dabei ist es um ihre Arbeit in den letzten Jahren ruhiger geworden. Der Grund dafür liegt auf der Hand: Die letzten Nazi-Täter sterben aus. Das ändert jedoch nichts an der großen Bedeutung der Zentralen Stelle. Tatsächlich wurde die juristische Aufarbeitung der NS-Diktatur mit ihrer Einrichtung auf eine neue Stufe gestellt.

In den ersten neun Jahren der Bundesrepublik wurden die außerordentlichen Untaten des Hitlerregimes von der Justiz nur unzureichend, ja z.T. überhaupt nicht verfolgt. Nach dem Bericht eines Vertreters des Bundesjustizministeriums im Rechtsausschuss des Deutschen Bundestags von 1960 hätten die Länder zu Beginn der 50er Jahre „an eine Art Trend in der Öffentlichkeit geglaubt, auf die Verfolgung jener Delikte nicht mehr so Wert legen zu müssen." Daher hätten sie unter dem Eindruck der Erörterung einer Generalamnestie für alle in der Hitlerzeit begangenen Verbrechen „auf eine systematische Durchforstung der Vorgänge" verzichtet.[1] In den 50er Jahren wurde von der zuständigen Berliner Staatsanwaltschaft gegen das Reichssicherheitshauptamt, dem administrativen Zentrum zur Organisation der Verbrechen an den Juden Europas, kein Verfahren eingeleitet.[2] Das Legalitätsprinzip, das die Strafverfolgung bei Verletzungen des Gesetzes gebietet, war gegenüber nationalsozialistischen Verbrechen in weitem Maße suspendiert.

I.

Erst der Ulmer Einsatzgruppenprozess von 1958 brachte eine gewisse Wende – und führte im Folgenden auch zur Gründung der Ludwigsburger Stelle, die auf einem Verwaltungsabkommen der Landesjustizminister beruhte. Erst durch den Ulmer Prozess wurde das Klima der Verdrängung der Nazi-Verbrechen in der

1 Verhandlungen des Deutschen Bundestags. 3. Wahlperiode. Stenographische Berichte, Bd. 46, Bonn 1960, S. 6682, s. dazu Falko Kruse, NS-Prozesse und Restauration. Zur justitiellen Verfolgung von NS-Gewaltverbrechen in der Bundesrepublik, in: Kritische Justiz, H. 2/1978, S. 121, m.w.Nachw.

2 Adalbert Rückerl, NS-Verbrechen vor Gericht, Heidelberg 1982, S. 137.

politischen Öffentlichkeit durchbrochen. Der Vertreter der Anklage, Oberstaatsanwalt Erwin Schüle, beantragte in dem Verfahren für Bernhard Fischer-Schweder, den hauptverantwortlichen Polizeidirektor in Memel, der die ihm unterstellten Polizisten für die Tötung der Juden abgeordnet hatte, wegen Täterschaft eine lebenslange Haftstrafe. Das Ulmer Gericht lehnte den Antrag jedoch ab. Der Polizeidirektor wurde, weil er vorgeblich die Tat nicht als eigene gewollt habe, lediglich wegen Beihilfe zum Mord zu einer Strafe von zehn Jahren Zuchthaus verurteilt.[3]

Erwin Schüle jedoch, dessen Kollegen in den übrigen Staatsanwaltschaften NS-Verbrecher ebenfalls überwiegend als Täter ansahen, während die meisten Gerichte sie als Gehilfen ohne eigenen nationalsozialistischen Antrieb qualifizierten, wurde der erste Leiter der Zentralen Stelle. Durch die Ermittlungstätigkeit der Ludwigsburger Staatsanwälte, die auch an der Vorbereitung des Auschwitz-Prozesses beteiligt waren, nahmen die Verfahren gegen NS-Täter außerordentlich zu. In nur vier Jahren, von 1961 bis 1965, wurden allein 78 Prozent aller an den Morden der Einsatzgruppen Beteiligten und 56 Prozent aller für Morde in Konzentrationslagern Verantwortlichen verurteilt – und zwar hauptsächlich aufgrund der Vorarbeit der Staatsanwälte der Zentralen Stelle, deren Zahl nach einiger Zeit auf 50 Beamte erhöht wurde.[4]

Die Ausweitung der Ermittlungen von NS-Straftaten, deren Ergebnisse an die örtlichen Staatsanwaltschaften weitergegeben wurden, die über eine Anklageerhebung entscheiden, führte dazu, dass in den Verfahren eine besonders für historische Forscher wichtige Rekonstruktion des Sachverhalts der einzelnen Staatsverbrechen erfolgte. Gleichzeitig bildete sich jedoch in der Rechtsprechung ein Widerspruch zwischen der empirischen Wahrnehmung des Tötungsgeschehens und der rechtlichen Wertung heraus.

II.

Die zentrale Frage lautetet dabei, wer nach rechtsstaatlichen Kriterien als Täter, der die Merkmale der Tat verwirklicht, und wer als Gehilfe, der eine fremde Tat unterstützt, anzusehen sei. Für die meisten Gerichte galten Träger des NS-Regimes, die Tötungshandlungen begingen, nur in Ausnahmefällen als Täter. In der Regel wurden sie, wie Kerstin Freudiger umfassend herausgearbeitet hat, als

3 Michael Greve, Der justitielle und rechtspolitische Umgang mit den NS-Verbrechen in den 60er Jahren, Frankfurt a.M. 2001, S. 153 ff.; Marc von Miquel, Ahnden oder amnestieren? Westdeutsche Justiz und Vergangenheitspolitik in den sechziger Jahren, Göttingen 2004, S. 157 ff.

4 Rückerl (Anm. 2).

Gehilfe der sogenannten Haupttäter Hitler, Himmler und Heydrich angesehen, selbst wenn sie eigenhändig getötet oder Tötungen angeordnet hatten. Bei Verbrechen in Konzentrationslagern wurden 80 Prozent der Verantwortlichen als Gehilfen und 20 Prozent als Täter angesehen. Für die Morde der Einsatzgruppen ergibt sich ein vergleichbares Verhältnis: 90 Prozent wurden als Gehilfen und 10 Prozent als Täter qualifiziert. Bei Schreibtischverbrechen zeigt sich die gleiche Relation: 90 Prozent der Planer der Straftaten werden als Gehilfen, 10 Prozent als Täter betrachtet.[5]

Das Skandalon dieser Rechtsprechung ergibt sich aus einem Blick auf einige Verfahren. Aloys Krumey, SS-Obersturmbannführer, Stellvertreter Adolf Eichmanns und Mitglied des unter dessen Führung stehenden Sonderkommandos für die Deportation von 300.000 ungarischen Juden zur Tötung in Auschwitz, wurde am 3. Februar 1965 vom Landgericht Frankfurt am Main wegen Beihilfe zum Mord zu fünf Jahren Zuchthaus verurteilt. Die Begründung lautete: Seiner gewaltsamen Verschickung Hunderttausender zur Ermordung in den Gaskammern sei im Gesamtgeschehen „eine verhältnismäßig geringe Bedeutung" zugekommen.[6] Dietrich Allers, vor 1933 Mitglied der NSDAP, Anhänger der Doktrin der NS-Euthanasie, seit 1941 Geschäftsführer der NS-Euthanasie-Zentrale in Berlin, unterstanden sämtliche Anstalten des landesweiten Tötungsapparats, den er durch die Tarnung von Krankentötungen noch perfektionierte. Am 20. Dezember 1968 wurde Allers vom Landgericht Frankfurt am Main trotz seiner umfassenden Organisationsgewalt im Prozess des Anstaltsmords wegen Beihilfe zum Mord in 34. 519 Fällen zu sechs Jahren Zuchthaus verurteilt. Es habe sich nicht feststellen lassen, dass Allers, wie auch die anderen Angeklagten, „den Opfern gegenüber feindlich gesonnen gewesen" sei[7] – als ob die Administration der rechtswidrigen Tötung von Menschen nicht die stärkste Form der Feindschaft ist, weil sie den Individuen das Recht auf Existenz nimmt.

Nur von einer Minderheit der Strafrechtler und der Staatsanwälte wurde die Aushöhlung des Täterbergriffs für NS-Verbrecher als Negation des gesetzlich normierten Strafrechts ins Bewußtsein gerückt: „Auf dem Umweg über die Beihilfekonstruktion", schrieb der Strafrechtler Claus Roxin 1963, „[kommt es] zu gesetzlich nicht vorgesehenen Strafmilderungsgründen."[8] Die Folgen derartiger Entscheidungen illustrierte der Strafrechtler Jürgen Baumann, später Justizsena-

5 Kerstin Freudiger, Die juristische Aufarbeitung von NS-Verbrechen, Tübingen 2002, S. 143–270. Zahlen S. 177, 195 und 227.

6 Michael Greve, Der justitielle und rechtspolitische Umgang mit den NS-Gewaltverbrechen in den 60er Jahren, Frankfurt a.M. 2001, S. 204, m.w.Nachw.

7 Freudiger, (Anm. 4), S. 245.

8 Barbara Just-Dahlmann und Helmut Just, Die Gehilfen. NS-Verbrechen und die Justiz nach 1945, Frankfurt a.M. 1988, S. 188.

tor in Berlin, an einer Karikatur: „[Da] sagt einer zu einem anderen, der gerade zu lebenslang verdonnert worden ist, Juden hättest Du umbringen sollen. Dann wärst Du in zwei Jahren wieder draußen.“[9]

III.

Die herrschende Judikatur steht im Gegensatz zur Realität der aktiven und überzeugten Mitträgerschaft des NS-Regimes durch dessen Funktionseliten. Die grundsätzliche Identifikation der nationalsozialistischen Gewaltverbrechen mit der Diktatur wurde in den Nürnberger Nachfolgeprozessen und in den Büchern von Franz Neumann, Raul Hilberg und Henry Friedlander umfassend analysiert.[10] In einem Beitrag von 1965 resümiert der hessische Generalstaatsanwalt Fritz Bauer die Kritik an der Aushöhlung des Täterbegriffs bei NS-Verbrechen: „Hinter der bei den Gerichten bis hinauf zum Bundesgerichtshof beliebten Annahme bloßer Beihilfe steht die nachträgliche Wunschvorstellung, im totalitären Staat der Nazizeit habe es nur wenige Verantwortliche gegeben, als seien es nur Hitler und ein paar seiner Allernächsten gewesen [...]. Vieles, was an Verbrechen geschah, wurde durch Täter getan, die den Nazismus und sein Unrecht bejahten [...], sei es aus Machthunger, aus Lust am Fortkommen und an der Karriere, aus Habsucht, aus Sadismus zwecks Befriedigung von Instinkten und Affekten, aus Bequemlichkeit und was es sonst an kriminellen Motiven geben mag.“[11]

Die juristische Auseinandersetzung mit der Tendenz der Judikatur zu den nationalsozialistischen Gewaltverbrechen, aus Tätern Gehilfen zu machen, wurde im April 1966 auf einer mehrtägigen Klausurtagung von achtzehn an NS-Verfahren beteiligten Strafrechtlern, Rechtsanwälten und Justizjuristen geführt. In der einstimmigen, auch von Adalbert Rückerl, dem damaligen Leiter der Zentralen Stelle, mitgetragenen Entschließung wird die Umwandlung von national-

---

9 Thomas Horstmann und Heike Litzinger, An den Grenzen des Rechts. Gespräche mit Juristen über die Verfolgung von NS-Verbrechen, Frankfurt a.M. 2006, S. 141.

10 Franz Neumann, Behemoth. Struktur und Praxis des Nationalsozialismus, Köln 1977 (1942/44), S. 423 ff.; Henry Friedlander, Der Weg zum NS-Genozid. Von der Euthanasie zur Endlösung, Berlin 1997; Raul Hilberg, Die Vernichtung der europäischen Juden, 3 Bände, Frankfurt a.M. 1990 (1961); Joachim Perels, Die rechtsstaatliche Bedeutung der Nürnberger Nachfolgeprozesse, in: ders., Entsorgung der NS-Herrschaft? Konfliktlinien im Umgang mit dem Hitler-Regime, Hannover 2004, S. 106 ff.

11 Fritz Bauer, Im Namen des Volkes, Die strafrechtliche Bewältigung der Vergangenheit [1965], in: ders., Die Humanität der Rechtsordnung, hrsg. von Joachim Perels und Irmtrud Wojak, Frankfurt a.M. 1998, S. 83.

sozialistischen Gewalttätern in Gehilfen grundsätzlich kritisiert: „Die Kommission hat mit Besorgnis von Urteilen Kenntnis genommen, in denen NS-Gewaltverbrechen nach den in den Urteilen getroffenen Feststellungen mit auffallend niedrigen Strafen geahndet worden sind. In einem wesentlichen Teil dieser Fälle beruht das darauf, dass Täter des Mordes als Gehilfen verurteilt worden sind.“[12] Von der rechtsstaatlichen Position der Kommission, deren Ergebnisse im September 1966 auf einer Sondersitzung des Deutschen Juristentages in der „Königsteiner Entschließung“ präsentiert wurden, ging allerdings nur eine begrenzte Wirkung aus. Die Umwandlung von tötenden Funktionsträgern des Nazi-Regimes in bloße Gehilfen, die dessen politische Ziele vorgeblich nicht teilten, bestimmte weiter die Rechtsprechung.

Noch im Majdanek-Prozess, dem größten Verfahren gegen NS-Verbrecher, wurde vom Landgericht Düsseldorf im Urteil vom 30. Juni 1981 der stellvertretende Lagerkommandant, Hermann Hackmann, nicht als Täter angesehen, sondern zum Gehilfen erklärt. Dabei hatte er, in den Worten der Königsteiner Entschließung, „mit selbstständiger Befehlsgewalt Tötungen befohlen“ und eigenhändig tödliche Schüsse auf Gefangene abgegeben.[13]

IV.

Der Mechanismus, der für die Auflösung des Täterbegriffs für NS-Gewaltverbrecher bestimmend war, besteht darin, dass die strafrechtlich vorgegebene Abfolge der Argumentation umgekehrt wird – und zwar bezogen auf Tatbestandsermittlung, Rechtswidrigkeit und Schuld. Erwägungen der Strafzumessung, die rational nur angestellt werden können, wenn das objektive Tatgeschehen zuvor erfasst ist, finden umfassenden Eingang bereits in die Wertung der strafbaren Handlung. Strafzumessungserwägungen sind aber für den Fall, dass der Täter als Mörder anzusehen ist, durch die gesetzliche Regelung ausgeschlossen, die dann eine lebenslange Freiheitsstrafe zwingend vorsieht.

Um dieser Konsequenz zu entgehen, wird die Gehilfenkonstruktion für Täter eingeführt, so dass Sanktionsabstufungen in den Strafzumessungserwägungen vorgenommen werden können. So verliert die Erkenntnis rechtswidrigen Handelns an Gewicht. An ihre Stelle tritt, in den Worten von Claus Roxin, eine irrationale richterliche „Gefühlsjurisprudenz, die sich objektiven Normen ent-

12 Just-Dahlmann, (Anm. 7), S. 263. Zum Folgenden s. Greve (Anm. 6), S. 255 ff.

13 Falko Kruse, Das Majdanek-Urteil, in: Die juristische Aufarbeitung des Unrechts-Staats, hrsg. von der Redaktion der Kritischen Justiz, Baden-Baden 1998, S. 610 ff.

zieht."[14] So behauptete das Landgericht München I in seinem Urteil vom 21. Juli 1961, dass der Einsatzgruppenkommandeur, SS-Hauptsturmführer Dr. Otto Bradfisch, der 15. 000 Juden ermorden ließ und dabei selber mitgeschossen hatte, keine feindselige Einstellung gegenüber den Juden besessen habe.[15] Das Gericht verurteilte Bradfisch nicht wegen Täterschaft, sondern unterstellte, daß er als leitendes Mitglied der SS, lediglich Beihilfe geleistet hat.

Mit der faktischen Aufhebung des Täterbegriffs für eine große Gruppe von NS-Gewaltverbrechern wird die für den Rechtsstaat konstitutive Bindung an das Gesetz durch die rechtsprechende Gewalt weitgehend außer Kraft gesetzt. Wenn die Frage der Täterschaft nicht mehr durch die Erfüllung der gesetzlichen Tatbestände bestimmt wird, sondern durch die von politischen Zielsetzungen gereinigte vorgebliche Willensrichtung der Massenmörder ersetzt wird, ist die Orientierung am Gesetz verlassen[16] – wie etwa im Urteil des Landgerichts Berlin vom 13. Dezember 1969. Fritz Wöhrn, SS-Hauptsturmführer, Funktionär des Judenreferats im Reichssicherheitshauptamt, der die Deportation „überzähligen Personals" des Jüdischen Krankenhauses in Berlin verfügte und dabei eine Jüdin wegen eines unvorschriftsmäßig angenähten Judensterns in ein Lager einwies, galt für das Gericht als Gehilfe ohne eigenen Täterwillen, obgleich es erkannte, dass er ein „ausgesprochener Judenhasser" war, der sich dagegen wandte, „aus falscher Sentimentalität die antisemitischen Maßnahmen nicht zu billigen."[17]

Die mit der Umwandlung von NS-Tätern in Gehilfen verbundene Aushöhlung der Gesetzesbindung hat verfassungsrechtliche Implikationen. Wenn das Strafrecht ungleich angewandt wird und für maßgebliche nationalsozialistische Verbrecher ein Sonderrecht geschaffen wird, das sie zu Gehilfen herabstuft, obgleich sie wie andere Straftäter im Rahmen ihrer Tatherrschaft den Tatbestand des Mordes erfüllt haben, wird der Gleichheitssatz (Art. 3 GG) verletzt. Durch die Besserstellung von NS-Gewaltverbrechern sind nicht mehr alle Menschen vor dem Gesetz gleich, wie es das Grundgesetz verlangt. Die Bestimmung der Verfassung, dass alle Zweige der öffentlichen Gewalt, also auch die Justiz, daran gebunden sind, die Grundrechte (und damit auch die Gewährleistung rechtlicher Gleichheit) als unmittelbar geltendes Recht zu achten (Art. 1 Abs. 3 GG), wird durch Richterrecht außer Kraft gesetzt. So wird die Konzeption der demokratischen Verfassung, die die Abkoppelung der Justiz von den Grundrechten ausschließen sollte, ausgerechnet im Umgang mit den größten Verbrechen der deutschen Geschichte unterlaufen. Die neue, in der Justiz zwar nicht explizit formu-

---

14 Zit. nach Rückerl, (Anm. 2), S. 276.

15 Freudiger, (Anm. 6), S. 178 ff.

16 Vgl. Claus Roxin, Täterschaft und Tatherrschaft, Berlin [8]2006, S. 127.

17 Freudiger, (Anm. 6), S. 210 ff.

lierte, aber vielfach praktizierte Regel lautete realiter: Alle Menschen sind vor dem Gesetz gleich, Täter des Mordes werden zu lebenslanger Freiheitsstrafe verurteilt, Massenmörder der NS-Diktatur sind zu bevorzugen.

Im Urteil des Landgerichts Bochum vom 22. Juli 1966, das die teilexkulpierende Tendenz der Rechtsprechung auf die Spitze treibt, wurde der Gleichheitssatz auf den Kopf gestellt und zur Privilegierung besonders qualifizierter Massenmörder verkehrt. Einem Verantwortlichen für Massenexekutionen, der „als Schießer stark hervorgetreten" war, wurde zugute gehalten, dass seine Opferzahlen nur deshalb so hoch gewesen seien, weil er ein guter Schütze war.[18] Damit negierte das Gericht für bestimmte Opfer die gesetzlich gebotene Strafsanktion. Derartige Entscheidungen kamen „mitunter einer Verhöhnung der Opfer recht nahe."[19]

V.

Die Ursachen für die Aushöhlung der strafrechtlichen Verantwortung für NS-Täter sind vielfältig. Sie hängen mit der personellen Zusammensetzung der Justiz und der juristischen Fakultäten der jungen Bundesrepublik zusammen.

Die Justiz bestand zu drei Vierteln aus Juristen, die zuvor im Staats- und Justizdienst des Dritten Reiches tätig gewesen waren.[20] Das Selbstbild der einstigen juristischen Mitträger der völkischen Diktatur spielte in den Entscheidungen eine nicht zu unterschätzende Rolle. In der interpretativen Verwandlung von Trägern des Regimes in willenlose Werkzeuge der politischen Führung drückt sich auch die auf das Dritte Reich bezogene Sichtweise der Nachkriegsjustiz aus. Den Protagonisten der NS-Justiz wird insbesondere von Hermann Weinkauff, dem ersten Präsidenten des Bundesgerichtshofs, zugute gehalten, dass die Gerichte im Wesentlichen nur fremdgesteuerte Erfüllungsgehilfen der nationalsozialistischen Führung waren.[21] Dabei war die Justiz, wie vor allem die Forschungen von Ingo Müller, Ralph Angermund und Manfred Messerschmidt gezeigt haben, an der Durchsetzung der Herrschaftsinteressen des Regimes gegen politisch Oppositionelle, Soldaten und Juden mit starker Eigenenergie beteiligt.[22] In der Gehilfen-

18 Greve, (Anm. 5), S. 166.

19 Bauer, (Anm. 10), S. 84.

20 Hubert Rottleuthner, Krähenjustiz, in: Staatsverbrechen vor Gericht, hrsg. v. Dick W. Mildt, Amsterdam 2003, S. 259 ff.

21 Vgl. Hermann Weinkauff, Die deutsche Justiz und der Nationalsozialismus, Stuttgart 1968.

22 Ingo Müller, Furchtbare Juristen. Die unbewältigte Vergangenheit unserer Justiz, München 1987; Ralph Angermund, Deutsche Richterschaft 1919–1945, Frankfurt/M. 1990; Manfred Messerschmidt, Die Wehrmachtsjustiz 1933–1945, Paderborn 2005.

konstruktion für NS-Täter wird offenbar die selbst schon legitimatorische Verzeichnung der Rolle der Justiz bewusst oder unbewusst auf die Träger des Massenmordgeschehens übertragen. Deren Täterschaft verschwindet weitgehend, wie zuvor die selbstständige Verantwortung der Justiz für die Aufrechterhaltung der Diktatur.

Hinzu kam, dass die überwiegende Mehrheit der Strafrechtslehrer an den Universitäten in den 60er und 70er Jahren ein „Schweigekartell" (Claus Roxin) bildete, das sich gegen die wissenschaftliche Behandlung der problematischen Rechtsprechung zu den nationalsozialistischen Verbrechen formierte. Ein von Barbara Just-Dahlmann, Oberstaatsanwältin an der Zentralen Stelle, initiiertes Schreiben des Deutschen Koordinierungsrats der Gesellschaften für Christlich-Jüdische Zusammenarbeit an über 50 Strafrechtslehrer mit der Bitte, zu den zeitgenössischen Urteilen zu NS-Untaten Stellung zu nehmen, wurde von nur neun Strafrechtsprofessoren beantwortet.[23] Ungeachtet einzelner Arbeiten einer Minderheit der Strafrechtslehrer, zu der Claus Roxin, Herbert Jäger, Jürgen Baumann und Günter Spendel gehörten, gab es keine kontinuierliche, an rechtsstaatlichen Maßstäben orientierte Rechtssprechungsanalyse der inzwischen in weit über 50 Bänden zugänglichen Urteile gegen nationalsozialistische Gewaltverbrecher.[24]

Das war kein Zufall. Die meisten Professoren des Strafrechts, die die NS-Diktatur intellektuell mitgetragen hatten und die Repressionskapazität des Regimes gegenüber politischen Oppositionellen, Juden und Einwohnern besetzter Länder durch juristische Konstruktionen ausgeweitet hatten,[25] standen vor dem Problem, dass in ihrer Stellungnahme zur rechtlichen Qualifikation von verbrecherischen Funktionsträgern des Regimes ihre eigene – wie immer auch unterschiedliche – lebensgeschichtliche Option für das NS-System indirekt zum Thema geworden wäre. So bezog die Majorität der Strafrechtslehrer nur allzu konsequent die Position des Schweigens zu den Urteilen gegen NS-Täter, die durch das Ausmaß der Verbrechen von großer strafrechtlicher Relevanz waren.

---

23 Brief des Deutschen Koordinierungsrates der Gesellschaften für Christlich-Jüdische Zusammenarbeit e.V. an die Strafrechtler der deutschen Universitäten zu den Prozessen gegen nationalsozialistische Gewaltverbrecher vom 12.3.1963, in: Reinhard Henkys, Die nationalsozialistischen Gewaltverbrechen, Stuttgart 1964, Dokumentenanhang, S. 347; Just-Dahlmann, (Anm. 7), S. 167.

24 Roxin, (Anm. 15); Jürgen Baumann, Die strafrechtliche Problematik der nationalsozialistischen Gewaltverbrechen, in: Reinhard Henkys, (Anm. 22), S. 267 ff.; Günter Spendel, Rechtsbeugung durch Rechtsprechung, Berlin 1984; Herbert Jäger, Verbrechen unter totalitärer Herrschaft. Studien zur nationalsozialistischen Gewaltkriminalität, Frankfurt a.M. 1982.; Christian F. Rüter (Hrsg.), Justiz und NS-Verbrechen, Amsterdam 1968 ff.

25 Joachim Perels, Die juristische Lehre im Nationalsozialismus, in: ders., Entsorgung der NS-Herrschaft? Konfliktlinien im Umgang mit dem Hitler-Regime, Hannover 2004, S. 47 ff.

VI.

In der Justiz schlug sich die in der frühen Bundesrepublik herrschende Wahrnehmung des Nationalsozialismus nieder. Im Zuge der fast vollständigen Übernahme des Staatsapparats der NS-Diktatur[26] in die neue Ordnung des Grundgesetzes setzte sich bald die Vorstellung durch, dass die Verantwortung für die großen Verbrechen nahezu ausschließlich bei der Führungsgruppe des NS-Staats lag. Diese gesellschaftlich tief verankerte Schuldabwehr, die auch die empirischen Untersuchungen des Frankfurter Instituts für Sozialforschung zu Beginn der 50er Jahre zu Tage förderte, schlägt sich in den meisten Begründungen der angeblichen Gehilfenrolle realer Mord-Täter stereotyp nieder. Die Funktionsträger des jeweiligen Tötungsapparats erschienen der Justiz als bloße unselbstständige Werkzeuge ohne eigene politisch-völkische Antriebe. Der CDU-Bundestagsabgeordnete Professor Eduard Wahl, der in dem Verfahren der USA gegen die IG-Farben als Verteidiger fungierte und seit 1949 Vorsitzender des zur „Bereinigung des Kriegsverbrecherproblems" gebildeten „Heidelberger Kreises" war, drückte die vorgebliche politische Willenlosigkeit der NS-Mordkommandos im Bonner Parlament 1952 so aus: „[D]er einzelne [hat] das Gefühl, dass sein Anteil an dem Geschehen eigentlich bedeutungslos ist. Man erlebt die Gewalt eines übermächtigen Staatsapparats, den der Einzelne in seiner Ohnmacht wie ein über ihn kommendes Verhängnis empfindet."[27]

Dass die herrschende Entscheidungspraxis, die die gebotenen Sanktionen in „Streichelstrafen für Mördernazis" (Ernst Bloch) verwandelte, juristisch in keiner Weise geboten war, zeigt jene Minderheit der Gerichte, die am rechtsstaatlichen Tatbestandsstrafrecht festhielt. Das belegt etwa die Entscheidung des Landgerichts Berlin vom 22. Juni 1962, die Alfred Filbert, den Führer eines Einsatzkommandos, der „im Einzelfall zu entscheiden hatte, ob Juden umzubringen waren oder nicht", wegen seiner Herrschaft über Leben und Tod als Mittäter wegen gemeinschaftlichen Mords an 6.800 Menschen zu lebenslangem Zuchthaus verurteilte.[28] Wären diese objektivrechtlichen Bestimmungen der Täterschaft, an denen sich die am Gesetz festhaltenden Strafgerichte orientierten, zur

---

26 Joachim Perels, Die Übernahme der Beamtenschaft des Hitler-Regimes, in: ders., Entsorgung, (Anm. 24), S. 137 ff.; Gruppenexperiment. Ein Studienbericht, bearbeitet von Friedrich Pollock, Frankfurt a.M. 1955.

27 Verhandlungen des Deutschen Bundestags, 1. Wahlperiode, Stenographische Berichte, Bd. 13, Bonn 1952, S. 10493, vgl. hierzu Kruse, (Anm. 12), S. 172; Norbert Frei, Vergangenheitspolitik. Die Anfänge der Bundesrepublik und die NS-Vergangenheit, München 1996, S. 240.

28 Falko Kruse, Zweierlei Maß für NS-Täter? Über die Tendenz schichtenspezifischer Privilegierungen in Urteilen gegen nationalsozialistische Gewaltverbrecher, in: Kritische Justiz, H. 3/1978, S. 252.

herrschenden Sicht geworden, wäre die Privilegierung nationalsozialistischer Gewaltverbrecher ausgeschlossen gewesen.

Im Ulmer Einsatzgruppen-Prozess, ohne den die Zentrale Stelle nicht entstanden wäre, benannte Erwin Schüle in seinem staatsanwaltlichen Plädoyer im Blick auf den für Massenmorde an Juden verantwortlichen Polizeidirektor von Memel die Implikationen der Täterschaft durch den Blick auf die Opfer. Schüle sagte: „Es waren Menschen, die gelacht, geweint, geliebt und gearbeitet haben. [...] Seit 17 Jahren scheint für sie die Sonne nicht mehr, und nicht einmal die Ruhe des Grabes hat man den Opfern gelassen. Ihre Gräber wurden aufgerissen, die Leichen verbrannt und die Asche in alle Winde zerstreut, um die Spuren der Untaten zu tilgen."[29] Adorno sagte einmal, man müsse über den Nationalsozialismus so schreiben, dass man sich dabei vor den Ermordeten nicht zu schämen brauche.[30] Im Unterschied zum Mainstream der Justiz entsprach die Zentrale Stelle in Ludwigsburg dieser Weisung in herausragendem Maße.

---

29 Zit. nach Greve, (Anm. 5), S. 154.

30 Theodor W. Adorno, Philosophische Terminologie, Bd. 1, Frankfurt a.M. 1973, S. 166.

Zur rechtlichen Bedeutung des Auschwitz-Prozesses. Eine kritische Intervention

Im *Newsletter* des Fritz Bauer Instituts erschien vor einigen Jahren ein Beitrag zur rechtlichen Bedeutung des Auschwitz-Prozesses, der eine heftige öffentliche Debatte auslöste. Dies hing damit zusammen, dass Werner Renz, Mitarbeiter des Instituts, der einen Reihe empirisch gehaltvoller Aufsätze zur Geschichte des Auschwitz-Prozesses veröffentlicht und den Tonbandmitschnitt des Prozesses ediert hat, die Funktionen eines rechtsstaatlichen Strafprozesses gegen Beteiligte an den nationalsozialistischen Staatsverbrechen in Frage stellte.[1]

Alle Verfechter einer Strafverfolgung von NS-Tätern, heißt es bei Renz, gingen davon aus, dass es für den präzedenzlosen Massenmord „keinen Unrechtsausgleich" geben könne. Mit den „Mitteln des Strafrechts war kein Davongekommener auszusöhnen" (S. 15). Mit diesen Bemerkungen wird die Rolle der Überlebenden übersehen, die als Zeugen im Auschwitz-Prozess in wesentlichem Maße zur Aufklärung der Verantwortlichkeiten – etwa bei der Aussonderung der für die Vernichtung Bestimmten auf der Rampe – beitrugen und gerade damit die Möglichkeit eröffneten, den Tätern, die tausendfache Morde begangen hatten,

---

1 Werner Renz, 40 Jahre Auschwitz-Urteil. Täterexkulpation und Opfergedenken, Newsletter. Informationen des Fritz Bauer Instituts Nr. 27/2005, S. 14 ff. Den Abdruck meiner Auseinandersetzung mit diesem Artikel, die ich – seinerzeit Vorsitzender des Wissenschaftlichen Beirats des Fritz Bauer Instituts – geschrieben hatte, lehnte der kommissarische Direktor des Bauer Instituts, Prof.Krause-Vilmar, ab. Dies löste eine öffentliche Kontroverse aus: vgl. Michael Jeismann, Zwichenzeit der Gespenster, FAZ v. 5. September 2006, Helmut Kramer, Der Institutsarbeit nicht gewachsen, FAZ v. 16. September 2006 (Leserbrief). Eberhard Rondholz, Fritz-Bauer-Institut in Turbulenzen, Westdeutscher Rundfunk 11. Dezember 2006. Nach der Debatte in der Öffentlichkeit entschloss sich die Institutsleitung meinen Aufsatz zusammen mit anderen Diskussionsbeträgen auf der webside des Instituts zu veröffentlichen:http://www.fritz-bauer-institut.de/texte.htm#Debatte. Meinen Vorschlag, die Diskussion im Mitteilungsblatt des Instituts, dem Newsletter, zu führen, in dem der Beitrag von Renz erschienen war, wurde nicht akzeptiert. Der folgende Text beruht auf meinen ursprünglichen Beitrag; er ist überarbeitet und erweitert. Zur Entwicklung des Bauer Instituts, dessen Leitung die vom Institut unter der Federführung von Irmtrud Wojak erarbeitete, in Frankfurt/M. 2004 zuerst gezeigte Ausstellung über den Auschwitz-Prozeß im Blick auf ihre Präsentation in anderen Städten dilatorisch behandelte und sich dafür die Kritik von Hans Jochen Vogel einhandelte, vgl. Michael Jeismann, Ruhestörer unerwünscht. Wie das Frankfurter Bauer Institut seinen Ruf verspielt, FAZ v. 11. Dezember 2006. Der neue Direktor des Instituts, Prof.Raphael Gross, der seit dem 1. April 2007 im Amt ist, hat den Kurs seines Vorgängers nicht fortgesetzt und wissenschaftliche Entscheidungsmaßstäben wieder zur Geltung verholfen. Dazu gehört insbesondere die Unterstützung des Abschlusses der großen Biographie über Fritz Bauer (Irmtrud Wojak, Fritz Bauer 1903–1968. Eine Biographie, München 2009).

die Geltung des Rechts der Opfer entgegenzustellen. Die Funktion des Strafprozesses kann nicht darin bestehen, das geschehene Unrecht real auszugleichen. Ein Ermordeter kann durch einen Prozeß nicht wieder zum Leben erweckt werden. Gleichwohl hat die kontrafaktische Wiederaufrichtung des Rechts gerade für die Überlebenden eine große Bedeutung, wie dies etwa an der Haltung der Juden zu den Nürnberger Prozessen zum Ausdruck kommt, die diese Verfahren als Neukonstitution der zehn Gebote begriffen.[2]

Auch wenn ein Strafprozeß die geschichtliche Totalität staatlicher Massenverbrechen angesichts des an individuellen Tätern orientierten Strafrechts nicht in vollem Maße zu erfassen vermag und hinter der unentrinnbaren Realität des Schreckens in gewissem Maße zurückbleibt, ist das Verfahren über die Gewalttaten in Auschwitz doch auf den rechtlich bestimmbaren Kern des Vernichtungsprozesses bezogen: Mit den Verbrechen an Millionen Menschen in Auschwitz wurde tagtäglich das (in dem strafrechtlichen Tötungsverbot enthaltene) Recht auf Leben der einzelnen Individuen negiert. Nicht zuletzt um der zum Schweigen verurteilten Opfer willen wird der Prozess geführt. In seinem Zentrum steht die Wahrung des Rechts, dem der Vorsitzende des Frankfurter Schwurgerichts, Hans Hofmeyer, die Realität des Grauens gegenüberstellt: „Physisch und psychisch gebrochen, der Menschenwürde entkleidet, hauchten ... (die) ... Opfer in Birkenau ihr jämmerliches Leben aus – Juden und Christen, Polen und Deutsche, russische Krieggefangene und Zigeuner, Menschen aus ganz Europa, die auch von einer Mutter geboren waren und Menschenantlitz trugen.“[3]

Erstaunlicherweise werden die einschlägige Arbeiten zur Begründung der juristischen Aufarbeitung der NS-Gewaltverbrechen[4] von Fritz Bauer, dem hessischen Generalstaatsanwalt, der in der Bundesrepublik die meisten Verfahren gegen NS-Gewaltverbrecher in Gang setzte, von einem Mitarbeiter des nach Bauer genannten Instituts zum Nachteil seiner Argumentation nicht rezipiert. Bauer hat aus dem fundamentalen zivilisatorischen Prinzip der Geltung der demokratischen Rechtsordnung gegenüber dem Staatsapparat die Notwendigkeit der Prozesse über die Verbrechen des Hitler-Regimes begründet. Prägnant konstatiert Bauer: „Das (NS)-Verfahren dient – spezial- und generalpräventiv – der Konformierung der materialen Werte, vor allem der Toleranz, die Völkermord ausschließen und –spezialpräventiv –der Konformierung der Täter mit ihnen.“[5].

2 Jael Geis, Übrig sein – Leben „danach.“ Juden deutscher Herkunft in der britischen und amerikanischen Zone Deutschlands, Berlin 2000, S. 240.

3 Gerhard Werle, Thomas Wandres, Auschwitz vor Gericht, München 1995, S. 91.

4 Fritz Bauer, Die Kriegsverbrecher vor Gericht, Zürich 1945, ders., Die Humanität der Rechtsordnung, hrsg. v. Joachim Perels und Irmtrud Wojak, Frankfurt/M. 1998, S. 51 ff.

5 Fritz Bauer, Genocidium, ders., Die Humanität der Rechtsordnung (Anm. 4), S. 74.

Im Gegensatz zu dieser Funktionsbestimmung für die Prozesse gegen nationalsozialistische Gewaltverbrecher behauptet Renz, dass die Beschuldigten als „sich untadelig verhaltende… Staatsbürger“ der Bundesrepublik anzusehen seien. Der Gesichtspunkt der Spezialprävention entfalle, weil für sie nicht der „Verdacht mangelnder Rechtstreue gegenüber dem demokratisch verfassten Nachfolgestaat des Verbrecherregimes“ (S. 16) bestehe. Bemerkenswerterweise wird diese These, ohne dass dies Renz, gerade als Forscher über den Auschwitz-Prozeß, bewusst war, von dem führenden Strategen der Exkulpation nationalsozialistischer Verbrechen, von Werner Best, vertreten, dem frühern Justitiar des Reichssicherheitshauptamts, der 1941 in der „Zeitschrift für Politik“ „die Vernichtung und Verdrängung fremden Volkstums“ öffentlich legitimiert hatte.[6] Best, zu Beginn der 50er Jahre Mitarbeiter des FDP-Abgeordneten Achenbach, hatte in einer, u.a. an Bundesjustizminister Thomas Dehler (FDP) adressierten Denkschrift mit dem Titel „Gesichtspunkte zur Liquidation der politischen Strafsachen einer abgeschlossenen Epoche“ die Forderung nach einer Generalamnestie für die nationalsozialistischen Staatsverbrechen aufgestellt. Dabei spielte die Behauptung, dass eine Spezialprävention gegenüber NS-Tätern, wegen fehlender Wiederholungsgefahr „unvernünftig und unsittlich“ sei, eine Schlüsselrolle.[7] Tatsächlich wird die These, NS-Täter seien in der Bundesrepublik zu rechtstreuen Bürgern geworden, schon durch ihr – fast durchgängiges – Verhalten im Auschwitz-Prozeß widerlegt. Die allermeisten Angeklagten, die schwerster Massenverbrechen und sadistischer Einzelhandlungen überführt wurden, erklärten sich in ihren Schlussworten für nicht schuldig.[8] Ihr Rechtsbewusstsein hatte sich unter den Bedingungen des demokratischen Rechtsstaats nicht etwa ausgebildet, so dass schon aus diesem Grunde ein spezialpräventives Urteil, das den Tätern ihre rechtswidrigen Handlungen vor Augen führt, geboten war.

Wiederum hat Fritz Bauer, der rechtsstaatliche Gegenspieler von Werner Best, des zweifellos einflussreichsten Ideologen der Sanktionsfreiheit für nationalsozialistische Staatsverbrechen, das Problem einer Spezialprävention von NS-Tätern erkannt. Nachdem er festgestellt hat, dass in den großen NS-Prozessen von so gut wie keinem Angeklagten ein Zeichen der Reue angesichts ihrer systematische Verletzung des Rechts unschuldiger Menschen erkennbar war, hält er daran fest, dass „die latente Möglichkeit der Pervertierung von Staat, Gesell-

---

6 Ulrich Herbert, Best. Biographische Studien über Radikalismus, Weltanschauung und Vernunft, Bonn 1996, S. 283.

7 Ebd., S. 458.

8 Bernd Naumann, Auschwitz. Bericht über die Strafsache gegen Mulka u.a. vor dem Schwurgericht Frankfurt am Main, Frankfurt/M. 1968, S. 261 ff.

schaft und Individuum zu kriminellem Tun … auch in Zukunft (besteht)."[9] Ein weiterer Gedanke kommt hinzu: „Hinter der Auffassung", schreibt Fritz Bauer, „die nazistischen Angeklagten, bedürften keiner ‚sozialisierenden Behandlung', verbirgt sich die beliebte Illusion, der Nazismus sei mit Hitler und seiner nächsten Umgebung identisch, er sei eine Art Betriebsunfall der deutschen Geschichte."[10]

Auch die „generalpräventiven Strafzwecke" waren nach Renz „für das Nachkriegsdeutschland gegenstandslos" (S. 16). Da die Gefahr eines staatlich organisierten Massenmords nicht mehr bestehe, galt es, so lautet die Behauptung, „kein verletztes Rechtsbewusstsein … (das) durch die Bestrafung der befehlsergebenen Exekutoren des SS-Staats wiederherzustellen" sei (S. 16). In wiederum nicht bewusster sachlicher Übereinstimmung mit Werner Best, der in der erwähnten Denkschrift ebenfalls davon sprach, dass eine Wiederholung der nationalsozialistischen Staatsverbrechen ausgeschlossen sei und daher ihre Ahndung durch eine Amnestie blockiert werden müsse,[11] wird mit dieser These die Aufgabenstellung der Prozesse gegen nationalsozialistische Gewaltverbrecher erneut verkannt. Dass die nationalsozialistischen Straftaten in der Bundesrepublik sich nicht wiederholen konnten, rechtfertigt nicht die Schlussfolgerung, dass die staatliche Zerstörung des Rechts auf Leben und körperlicher Unversehrtheit, für die die Träger des NS-Regimes verantwortlich waren, sanktionsfrei zu stellen wären. Denn dies hieße, das das System „bürokratisierter Rechtlosigkeit" (Fraenkel) durch Nichtsanktion seiner Untaten unter den Bedingungen des Grundgesetzes juristisch legitimiert würde, das doch die Bindung des Staates an die Achtung der Menschenwürde und der Grundrechte gebietet. Der Strafzweck der Wahrung der Rechtsordnung ist gegenüber den außerordentlichen Massenverbrechen von entscheidender Bedeutung. Fritz Bauer hat ihn in einer Handlungsmaxime zusammengefasst: „Wenn man Christentum und Recht ernst nimmt, dann ist man nicht nur berechtigt, sondern verpflichtet, Nein zu sagen zu dem Befehl: ‚Töte da und dort hunderttausend jüdische Kinder, Frauen, Männer,' ohne dass sie etwas getan haben." [12]

Auch der vom Landgericht Frankfurt am Main ausführlich dargelegte Sachverhalt, der eine detaillierte historische Rekonstruktion des Vernichtungsprozesses und der Rolle, die die Angeklagten auf den verschiedenen Stufen der Lager-

---

9 Fritz Bauer, Im Namen des Volkes. Die strafrechtliche Bewältigung der Vergangenheit, in: ders., Die Humanität der Rechtsordnung (Anm. 4), S. 86.

10 Fritz Bauer, Dienen NS-Prozesse der politischen Aufklärung?, in: Antisemitismus. Zur Pathologie der bürgerlichen Gesellschaft, hrsg. v. Hermann Huss und Andreas Schröder, Frankfurt/M. 1965, S. 175.

11 Herbert (Anm. 8), S. 458.

12 Bauer, Nazi-Verbrecher Prozesse, in: ders., Die Humanität der Rechtsordnung (Anm. 4), S. 115.

hierarchie spielen, enthellt,[13] wird von Renz unzureichend wahrgenommen. Es werden, ohne auch nur einen Angeklagten näher zu analysieren, globale Behauptungen über das Profil der Täter aufgestellt. Renz spricht von „vergleichsweise kleinen Funktionsträgern", die „als befehlsabhängige Vollstrecker" (S. 15) gemordet hätten. Renz löst durch die Herausstellung des bindendenden Befehls in – wiederum unbewusster – Übereinstimmung mit dem bekanntesten Verteidiger im Auschwitz-Prozeß, Hans Laternser, die individuelle Verantwortung der Täter, ohne die rechtlich gebotenen Gegenerwägungen, auf. Laternser hatte mit der Konstruktion des auf Hitler zurückgeführten Vernichtungsbefehlsbefehls, Täter, die auf der Rampe in Auschwitz darüber entschieden, welche Gruppen deportierter Juden ins Gas geschickt werden, von der Verantwortung freizustellen versucht und Hitler zum Alleinverantwortlichen erklärt.[14] Nach § 47 Abs. 2 des Militärstrafgesetzbuchs, das auch im Dritten Reich galt und einen wichtigen Interpretationshinweis gibt, exkulpierte ein Befehl mit verbrecherischen Charakter den ausführenden Täter nicht.[15] An diesem Gedanken des durch rechtsstaatliche Prinzipien begrenzten Befehls folgt, dass die Ausführung eines verbrecherischen Befehls impliziert, dass der Täter mit ihm übereinstimmt und daher für sein Verbrechen zur Rechenschaft gezogen werden kann. Der Befehl stellt nicht von vornherein von strafrechtlicher Verantwortung frei. Wenn durch die Akzeptanz der politischen Ziele des NS-Regimes, die etwa durch den Adjutanten des Konzentrationslagers Auschwitz, Robert Mulka, in seiner führenden Stellung in der Lager-SS zum Ausdruck kommt, begeht der Täter die Verbrechen aus eigenen nationalsozialistischen Antrieb.[16]

Auch die Behauptung von Renz, dass im Auschwitz-Prozeß lediglich Vertreter niederer Chargen vor Gericht standen, ist in dieser Allgemeinheit nicht zutreffend. Mit Wilhelm Boger, dem Leiter der Politischen Abteilung und mit Robert Mulka, der rechten Hand des Lagerkommandanten, standen, um nur zwei Beispiele zu nennen, administrative Schlüsselfiguren im Zentrum des Prozesses, während Mulka den Vernichtungsprozess durch die wiederkehrende Beschaffung von Zyklon B, durch seine Aktivität beim Ausbau der Gaskammern, durch die

---

13 Urteil des Landgerichts Frankfurt am Main vom 19./20. August 1965, in: Justiz und NS-Verbrechen, hrsg. v. Christiaan F. Rüter, Bd. XXI, Amsterdam 1979, S. 406 ff.

14 Joachim Perels, Die Strafsache gegen Mulka und andere 4 Ks 2/63 – Juristische Grundlagen, in:Auschwitz-Prozess 4 Ks2/63 (Anm. 1), S. 133 m.w.Nachw.

15 Adalbert Rückerl, Die Strafverfolgung von NS-Verbrechen 1945–1978, Karlsruhe 1979, S. 84.

16 Perels (Anm. 14), S. 140. Die Prüfung der politischen Übereinstimmung von Befehleden und Gehorchenden hatten, als Maxime der Ahndung der NS-Verbrechen, sowohl der Kreisauer Widerstandskreis als auch die Alliierten in ihren völkerrechtlichen Normierungen von 1945 ins Zentrum gerückt. Ger van Roon, Neuordnung im Widerstand. Der Kreisauer Kreis innerhalb der deutschen Widerstandsbewegung. Dokumentenanhang, München 1967, S. 554, Londoner Statut des Internationalen Militärgerichtshofs vom 8. August 1945 Art. 6 c, Art. 7.

weltanschauliche Schulung des Lagerpersonals und durch seinen Selektionstätigkeit auf der Rampe organisierte, war Boger der unumschränkte sadistische Herrscher über die Häftlinge, der ihre Würde und physische Integrität nach Belieben verletzte und zerstörte.[17] Renz zeichnet ein Bild des Geschehens in Auschwitz, das mit der Realität wenig zu tun hat – eine schlechte Voraussetzung für eine angemessene Interpretation des Urteils.

Die Schlußfolgerung, dass die Schwurgerichte durch „die Bestrafung der an NS-Verbrechen Beteiligten … der Gerechtigkeit kein Genüge (zu) tun" (S. 15) vermag, entspricht dem strafrechtlich unzureichenden, ja falschen Umgang mit dem Urteil im Auschwitz-Prozess. Die Verfahren gegen NS-Täter, zu denen der Auschwitz-Prozess in besonderem Maße gehört, haben der Gerechtigkeit (ein Wort, das Renz nur in leerer Allgemeinheit verwendet) bei allen, oftmals problematischen juristischen Wertungen dadurch gedient, dass das Schweigen über die Untaten, das lange Jahre in der Bundesrepublik durch das „kalte Vergessen" (Adorno) fast zu einem zweiten Sieg über die Opfer geführt hatte, mit der öffentlichen Darstellung der Ermordung von Millionen einzelner Menschen in den NS-Prozessen durchbrochen wurde. Wiederum findet sich bei Fritz Bauer, ohne den der Auschwitz-Prozess nicht zustande gekommen wäre, eine bis heute gültige Aufgabenbestimmung der NS-Prozesse: „Eine der wichtigsten Aufgaben dieser Prozesse ist es, nicht nur das furchtbare Tatsachenmaterial vorzuführen, sondern eigentlich uns wieder etwa zu lehren, was wir in Deutschland im Laufe der letzten 100 Jahre völlig vergessen haben… Über jedem Gesetz und über jedem Befehl gibt es noch etwa, was unverwüstlich und unzerstörbar ist, die klare Erkenntnis, dass es gewisse Dinge gibt, die man auf Erden nicht tun kann."[18]

Allerdings ist das Urteil im Auschwitz-Prozess wie die meisten Verfahren gegen NS-Gewaltverbrecher überwiegend durch die rechtlich fragwürdige Umwandlung von Tätern in Gehilfen charakterisiert. Auf diese folgenreiche Umdeutung des tatsächlichen Geschehen, die inzwischen in rechtlich fundierten Untersuchungen erforscht ist,[19] hätte sich Renz, statt die Legitimität des Prozesses in Frage zu stellen, konzentrieren können und damit einen Beitrag zur Kritik an einem zentralen Aspekt des Urteils im Auschwitz-Prozess zu leisten vermocht.

Der schon erwähnte Adjutant des Lagerkommandanten, Robert Mulka, wurde im Frankfurter Urteil als bloßer Gehilfe, der die Tat nicht als eigene wollte, qualifiziert. Das Gericht sieht in seiner Rolle keinen „sicheren Beweis für seinen Täterwillen bei der Vernichtung der Juden", da er sich auch aus einer „falsch

17 Naumann (Anm. 8), S. 36 ff., 117 ff., 218 ff., Perels (Anm. 14), S. 140 ff.

18 Bauer, Nazi-Verbrecher-Prozesse, ders, Die Humanität der Rechtsordnung (Anm. 4), S. 113.

19 Michael Greve, Der justitielle und rechtspolitische Umgang mit den NS-Gewaltverbrechen in den 60er Jahren, Frankfurt/M. 2001, Kerstin Freudiger, Die juristische Aufarbeitung von NS-Verbrechen, Tübingen 2001.

verstandenen Pflichtauffassung und Befehlsergebenheit“ an der Judenvernichtung beteiligt haben könnte. Unterstellt wird, dass der Adjutant des Lagerkommandanten, dem der Tod von 750 Menschen angelastet wird, nicht aus Hass gegen die Juden und aus der Überzeugung herausgehandelt habe, dass ihre Vernichtung notwendig sei. Mulka wird als Verführter beschrieben der „von einem verbrecherischen Regime“ „missbraucht“ wurde.[20]

Das Gericht stellte sich in dem Urteil nicht der historisch exakten Argumentation der Staatsanwaltschaft, die den leeren Spekulationen über die innere Willensrichtung von Mulka die tatsächliche Stellung des verantwortlichen SS-Funktionärs kontrastierte, der für die völkische, judenfeindliche Schulung des KZ-Personals verantwortlich war. Tatsächlich war Mulka nicht ferngesteuert. Seine Rolle in Auschwitz war die eines leitenden, schon seit seiner Zugehörigkeit zum Stahlhelm antisemitisch ausgerichteten SS-Führers, der mit den Befehlen, die er erhielt und ausführte, übereinstimmte. Entsprechend formulierte Staatsanwalt Kügler. „Der Angeklagte Mulka… hat den Fahrbefehl erteilt und hat den Kraftfahrern die Fahrgenehmigung mitgegeben, wissend, dass er durch diese Handlungsweise das Gas in das Lager brachte, mit dem die jüdischen Menschen umgebracht wurden…Er (hat) den Mechanismus in Gang gesetzt, dass insbesondere die Lastkraftwagen… auf die Rampe fuhren und die für die Vergasung Bestimmten zu den Gaskammern brachten… Aus dem… Aufgabenbereich des Adjutanten beim Konzentrationslager ergibt sich…, dass (er) umfassend auf den reibungslosen Ablauf der Ermordung von Menschen hinzuwirken hatte.“[21]

Im Gegensatz zur Gehilfenrechtsprechung in den Verfahren gegen nationalsozialistische Gewaltverbrecher, die in allen nationalsozialistischen Verbrechenkomplexen – des Anstaltsmords, der mobilen Tötungskommandos der Einsatzgruppen und der Zerstörung der individuellen Existenz in den Konzentrationslagern – dominierte und zu vielfachen „Streichelstrafen für Mördernazis“ (Bloch) führte, normiert das Grundgesetz den Grundsatz der Gleichheit vor dem

---

20 Urteil des Landgerichts Frankfurt am Main (Anm. 13), S. 450, S. 454. Zur Kritik an der Verwendung der Rechtsfigur Gehilfenschaft für nationalsozialistische Gewaltverbrechen in NS-Prozessen vgl. die u.a. von Fritz Bauer, Claus Roxin, Jürgen Baumann, Herbert Jäger und Adalbert Rückerl unterschriebene Erkärung des 46. Deutschen Juristentags (27.-30. September 1966) zur Verfolgung und Ahndung von nationalsozialistischen Verbrechen, abgedruckt bei Barbara Just-Dahlmann, Helmut Just, Die Gehilfen. NS-Verbrechen und die Justiz nach 1945, Königstein 1988, S. 261 ff., Freudiger (Anm. 19), Greve (Anm. 19), Bettina Nehmer, Täter als Gehilfen? Zur Ahndung von Einsatzgruppenverbrechen, in: Die juristische Aufarbeitung des Unrechts-Staats, hrsg. von der Redaktion der Kritischen Justiz, Baden Baden 1998, S. 635 ff., Stefan Wittke, Teilexkulpation von KZ-Tätern?, ebd., S. 577 ff., Susanne Benzler, Justiz und Anstaltsmord nach 1945, ebd., S. 383 ff.

21 Joachim Kügler, Plädoyer zu Mulka (17. Mai 1965), Manuskript, Archiv des Fritz Bauer Instituts.

Gesetz. Dass nationalsozialistische Staatsverbrecher durch ihre – vom Tatgeschehen nicht gedeckte – Zurückstufung zu Gehilfen gegenüber anderen Kriminellen privilegiert wurden, hängt offenbar mit der personellen Kontinuität des nationalsozialistischen Justizapparats im Rechtssystem der Bundesrepublik zusammen. Drei Viertel der Richter und Staatsanwälte der NS-Diktatur wurden in die rechtsstaatliche Demokratie übernommen, wie dies Hubert Rottleuthner mit empirischer Genauigkeit beschrieben hatte. In der Aushöhlung des Täterbegriffs für NS-Untaten drückt sich die vielfache Verdrängung der eigenen Rolle in der NS-Justiz bei der Sicherung der Diktatur aus, die von ihren Trägern im nachhinein als von der NS-Führung vollständig gelenkt ausgegeben wird, so dass die aktive Rolle der Justiz bei der Machtsicherung des Regimes – im Kampf gegen die politische Opposition und die Juden – aus der Wahrnehmung verbannt wurde.[22] Offenbar wurde diese Blickrichtung auf die Einordnung anderer Staatsverbrechen, die die Subjektrolle der Täter weitgehend zum Verschwinden brachte, übertragen.[23]

Ingesamt beruht das Grundgesetz auf dem Gedanken, dass der Staatsapparat keine rechtsfreie Entscheidungsmacht besitzt, sondern an die Wahrung der Grundrechte gebunden ist und durch sie konstituiert wird (Art. 1 Abs. 3 GG). Insofern ist das Grundgesetz die verfassungsrechtliche Negation des Systems von Auschwitz. Die Vertreter der Minderheitsrichtung der Justiz, die die NS-Gewaltverbrecher als Täter qualifizieren, orientieren sich an dem verfassungsrechtlichen Grundsatz der uneingeschränkten strafrechtlichen Verantwortung für die Verübung von Staatsverbrechen, wie dies im Auschwitz-Prozess im Blick auf Wilhelm Boger und in einem Einsatzgruppenprozeß im Blick auf Alfred Filbert geschah.[24]

Der Auschwitz-Prozeß war nichts anderes als der Versuch, die Würde der so vielen Opfer durch die Ahndung der Verbrechen zwar nicht real, aber zeichenhaft und notgedrungen exemplarisch wiederherzustellen. Wer die Bedeutung des geltenden Rechts für den Umgang mit den Untaten des NS-Regimes verkennt

---

22 Eberhardt Schmidt, Unabhängigkeit der Rechtspflege. Tagung deutscher Juristen in Bad Godesberg 30.9./1.10.1947. Reden und Vorträge, Hamburg 1947, S. 231, Emil Niethammer, Der Kampf um die Wahrheit im Strafverfahren, ebd., S. 196, Hermann Weinkauff, Die deutsche Justiz und der Nationalsozialismus, Stuttgart 1968, zur herrschaftssichernden Rolle der Justiz in der NS-Diktatur s. Ralph Angermund, Die deutsche Richterschaft 1919–1945, Frankfurt/M. 1990, zur Gehilfenrechtsprechung zugunsten von nationalsozialistischen Gewaltverbrechern s. Kerstin Freudiger (Anm. 19).

23 Joachim Perels, Die Aushöhlung des Rechtsstaats durch die Umwandlung von NS-Tätern in Gehilfen, in: ders, Recht und Autoritarismus., Baden-Baden 2009, S. 86 ff., Hubert Rottleuthner, Karrieren und Kontinuitäten deutscher Justizjuristen vor und nach 1945, Berlin 2010.

24 Naumann (Anm. 8), S. 271, 281 f., Falko Kruse, Zweierlei Maß für NS-Täter? Kritische Justiz H. 3/1978 S. 252 f.

und damit auch die Struktur des Urteils im Verfahren über die größte Massenvernichtungsstätte der deutschen Geschichte verfehlt, nimmt den Gepeinigten die wichtige juristische Stütze, durch die sie im Prozeß als Opfer erst kenntlich werden.

II. Forschungen zum Dritten Reich und seinen Folgen. Rezensionen

Fritz Bauer, Kriegsverbrecher vor Gericht, Europa Verlag, Zürich 1945, 237 Seiten

Fritz Bauer, Schüler Gustav Radbruchs, im Reichbanner und in der Württembergischen SPD exponierter Kämpfer gegen den herausziehenden Nationalsozialismus, wurde mit der Machtübernahme der Nationalsozialisten ins Konzentrationslager Heuberg verbracht. Aus einer jüdischen Familie stammend, ist er im Gymnasium judenfeindlichen Attacken seiner Mitschüler ausgesetzt. Mit den Worten „Du und Deine Eltern, Ihr habt Christus umgebracht," wird er abgestempelt. Religiöse Praxis, etwa durch den Besuch der Synagoge, war für Bauer nicht bestimmend. Ein Blick ins Alte Testament verweist aber auf einige Wurzeln des juristischen Denkens von Bauer.

Im Judentum stehen die Prinzipien des egalitär strukturierten Rechts im Mittelpunkt. Die Fremden besitzen die gleichen Rechte wie die Einheimischen (3. Mose 19,33), weil alle Menschen ohne jeglichen Unterschied Gottes Ebenbild sind. Bei Jesaja, dem Propheten, der die Botschaft des die Welt von Grund auf verändernden Messias verkündet, heisst es: Der Herr wird „den Elenden im Lande rechtes Urteil sprechen und die Gewalttätigen werden mit dem Stabe seines Mundes geschlagen" (Jesaja 10,4). Die Herrschaft Gottes, der sich den Menschen zuwendet, drückt sich im Recht aus. Jesaja bezieht es auf den ganzen Erdkreis, gleichsam ein Vorgriff auf ein späteres Völkerrecht. Gott sagt mit Jesaja: „Mein Recht will ich zum Licht der Völker stellen"(Jesaja 51,4) und „auf Erden das Recht aufrichten"(Jesaja 42,4).

Nachdem Fritz Bauer 1936 ins Exil nach Dänemark und von dort nach Schweden vor den Nazis fliegen konnte, war er in der Gruppe exilierter Sozialdemokraten als Chefredakteur der deutschen Zeitschrift „Sozialistische Tribüne" politisch aktiv, in enger Verbindung mit Willy Brandt, dem Mitherausgeber der Zeitschrift. Angefeindet wurde er jedoch von einflussreichen, gegen jegliche Kooperation mit Kommunisten Front machenden sozialdemokratischen Genossen, die sich nicht scheuten, antisemitische Vorurteile gegen ihn zu schüren. Vor der Ausarbeitung der Rechtsgrundlagen für den Nürnberger Hauptkriegsverbrecherprozeß, der im November 1945 beginnt und sich auf das Londoner Statut der Alliierten vom 8. August 1945 und dann auf das juristisch elaboriertere Kontrollratsgesetz Nr. 10 vom 20. Dezember 1945 stützt, entwickelt Bauer schon im Jahre 1944 im schwedischen Exil juristische Grundlagen für eine umfassende strafrechtliche Aufarbeitung der Mord-Praxis des NS-Systems. Von der zur gleichen Zeit von Franz L. Neumann und seiner Gruppe jüdischer Juristen und Philosophen erarbeiteten Planungen im amerikanischen Außenministerium, die

Ahndung der nationalsozialistischen Staatsverbrechen zu einem Element der Überwindung der NS-Herrschaft zu machen, hatte Bauer offenbar keine Kenntnis, zumal die internen Zwecken der US-Regierung dienenden Ausarbeitungen von Otto Kirchheimer, John H. Herz, Herbert Marcuse u.a. seinerzeit nicht veröffentlicht wurden. 1944 erscheint auf Schwedisch sein ein Jahr später auf Deutsch veröffentlichtes Buch „Kriegsverbrecher vor Gericht". Auf einer Veranstaltung des „Freien Deutschen Kulturbunds", zu der Sozialdemokraten, Kommunisten und unabhängige Sozialisten gehörten, stellte Bauer am 9. November 1944, als die Macht des Hitlerregimes zwar an vielen Fronten wankte, aber noch nicht gebrochen war, sein Buch in Stockholm vor. Er umriß die Zielsetzung seines publizistisch angelegten, auf Fußnoten verzichtendes Buchs, das bald in den schwedischen Buchhandlungen auslag und durch eine bereits im Oktober 1944 in der Exilzeitschrift „Politische Informationen" erschienene Rezension mit den Worten, es sei „eine Waffe in der Hand der kriegsgeplagten Menschheit" bekannt gemacht wurde. Bauer sagte:

> „Das geltende Völkerrecht ist das Ergebnis eines langen Kampfes der Menschheit um die Pazifizierung der Welt und die Humanisierung des Krieges. Christentum und Humanismus haben ... denjenigen, der einen Krieg um der Expansion, der Religion oder seines Prestiges willen beginnt, als Kriegsverbrecher gebrandmarkt und dem angegriffenen Staat das Recht der Bestrafung zugebilligt... Mit der Eröffnung des polnischen Krieges hat das nazistische Deutschland u.a. den Kellogpakt gebrochen und ist deswegen völkerrechtlich schuld am Kriege. Die furchtbaren Geiselmorde, die Massenmorde in Polen und der Sowjetunion, die Deportationen, Verwüstungen und Plünderungen in den okkupierten Ländern sind klare Verletzungen des im Haag beschlossenen und von Deutschland unterzeichneten Landkriegsreglements. Sie können nach der herrschenden Auffassung der Juristen der ganzen Welt nach dem am Tatort geltenden Strafrecht bestraft werden, sie sind Mord, Totschlag, Freiheitsberaubung, Sachbeschädigung, Diebstahl usw."

Dies ist der historische Ausgangspunkt für Bauers Analyse der einzigartigen und vielfältigen, an Millionen einzelnen Menschen verübten, befohlenen und vielfach aus Übereinstimmung mit den Befehlen aus völkischer Überzeugung ausgeführten Verbrechen. Bauer zieht zeitgenössische Dokumente heran, durch die die Zerstörung des Rechts der Individuen – von der Negation der körperlichen Integrität, der Beseitigung der Freizügigkeit, der Außerkraftsetzung des Rechts auf Leben – mit empirischer Genauigkeit vor aller Augen liegt. Er zitiert im Dokumentenhang seines Buchs einen Bericht des Journalisten Alaric Jacob aus dem in der Hauptstadt der Sowjetunion, der Verbündeten der Vereinigten Staaten, Englands und Frankreichs, erscheinenden Daily Express vom 30. August 1944 über das Konzentrationslager Maidanek. In der Beschreibung des von den Nazis im Zuge des Vorrückens der Roten Armee verlassenen Lagers tritt die Vernichtungsgewalt des Hitlerregimes gegen nicht kämpfende, vom Völkerrecht geschützte Zivilisten, die zumeist Juden waren, in den Blick. Der Korrespondent schreibt:

> „Da ist Maidanek: 200 Holzbaracken auf einem Gebiet von 16 Meilen im Umkreis, umzäunt von elektrisch geladenen Stacheldraht... Mir (fiel) eine Eisentüre auf, die in eine Betonkammer führt, die geheizt und hermetisch verschlossen werden konnte... Ein Guckloch befand sich auch in der Eisentüre, die ein Schild mit dem Namen des Herstellers trug ‚Auerst, Berlin.' Alles im allem gab es hier vier Kammern zur Tötung mit Cyklongas und zwei zur Vergiftung mit Kohlenoxyd. Die Gesamtleistungsfähigkeit betrug 2000 Personen auf ein Mal. Nach Angaben von gefangenen Gestapowächtern wurden am 3. November 1943 zusammen ungefähr 18.000 Personen in Maidanek getötet... Im Lager ist ein grosses Magazin mit Schuhen und Schnürstiefeln vollgestopft. Man hat ausgerechnet, dass insgesamt 820.000 Paar Schuhe hier liegen. Ich sah Schuhe von 4–6jährigen Kindern ... Damenschuhe aus Paris und Wien neben Schuhen aller Art."

Die nationalsozialistischen Verbrechen, von denen nach einer Schätzung des britischen Hauptankläger im Hauptkriegsverbrecherprozeß, Sir William Shawcross, 12 Millionen ohne einen Zusammenhang mit Kriegshandlungen begangen wurden, werden von Fritz Bauer in einen theoretischen und einen positivrechtlichen Bezugsrahmen auf einen juristischen Begriff gebracht, in dem die völkerrechtliche Gedankenwelt der frühen Aufklärung und die völkerrechtlichen Normen der ersten Hälfte des 20. Jahrhunderts vergegenwärtigt werden.

Vor allem durch die Bezugnahme auf die Gedankenwelt von Hugo Grotius, die noch für Kants Idee eines Völkerrechts gleichberechtigter Staaten bestimmend war, die ihre Beziehungen Rechtsregeln unterwerfen, sucht Bauer einen prinzipiellen Begriff für die Rechtsschranken der Staaten in ihrem internationalen Beziehungen zu entwickeln, der bis in die Gegenwart Gültigkeit besitzt. Bauer schreibt: „Grotius hat mit aller wünschenswerten Klarheit den Begriff des Staatsverbrechens herausgearbeitet. Er meinte damit nicht ein Verbrechen gegen den Staat, sondern ein Verbrechen, das der Staat begeht... Eine Strafrecht, das für Staaten Geltung habe, sei ebenso natürlich und notwendig wie ein Strafrecht für die einzelnen Mitbürger... Der rote Faden in Grotius Arbeit ist, dass auch Staaten Räuber und Banditen sein können, die dementsprechend behandelt werden müssen." Diese von Christian Wolff, von Vattel und von anderen frühen Völkerrechtstheoretikern aufgenommene Argumentation beruht auf einem vor allem von Kant entwickelten Gedanken des Rechtsdenkens der Aufklärung: Das Recht ist, der Konstruktion nach, allein dann gerechtfertigt, wenn es aus dem vereinigten Willen der gesetzgebenden Individuen entspringt, deren ratio nicht darin liegt, sich wechselseitig zu schaden, sondern im staatlichen wie im internationalen Recht die Respektierung des je anderen, an der Rechtsschöpfung Beteiligten zum Ausdruck zu bringt. (Die Frage der Geltung des Mehrheitsprinzips, die Abbé Sieyès 1789 für die Verfassung des revolutionären Frankreich für unabdingbar erklärt, klammere ich an dieser Stelle aus).

Die Bindung des Staates an das – idealiter – von den Individuen gesetzte Recht findet ihren Widerpart in der im 19. Jahrhundert sich durchsetzenden durch Rechtsschranken nicht begrenzten Souveränitätstheorie des Staates, die jene Staaten entwickeln, die sich in einer legitimistischen Gegenbewegung zur Revolution von 1848 konstituiert haben. Gegen diese Lehre, die durch die Kodifikationen des 19. und 20. Jahrhunderts – von der Genfer Konvention von 1864, der Haager Landkriegsordnung von 1907 bis zur Völkerbundssatzung von 1919 und dem Kellogpakt von 1929 – ihr normatives Gewicht verliert, bezieht Bauer Position. Um die rechtsnegierenden Konsequenzen der Souveränitätstheorie deutlich zu machen, zitiert Bauer ein Wort von Bismarck, von dem bekanntlich der Satz, er werde nicht über juristische Zwirnsfäden stolpern, stammt und der die Ahndung von Staatsverbrechen der irdischen Gerichtsbarkeit entzog: Bismarck schrieb: „Die Politik hat die Bestrafung etwaiger Versündigungen von Fürsten und Völkern gegen das Moralgesetz der göttlichen Vorsehung… zu überlassen."

Für die tatbestandliche Konkretisierung der Formen der strafrechtlichen Verantwortung der Staaten gibt Bauer einen Überblick über völkerrechtliche Normen, die in der ersten Hälfte des 20. Jahrhunderts kodifiziert worden sind. Im Mittelpunkt steht dabei der Versailler Vertrag, der die Ahndung staatlicher Verbrechen im ersten Weltkrieg auf eine normative Basis gestellt hatte. Bauer verweist auf den Art. 228 des Versailler Vertrags, in dem es heisst, dass „die alliierten Mächte… Wilhelm II.von Hohenzollern, gewesener Kaiser von Deutschland, zur öffentlichen Verantwortung wegen schwerster Verletzung… der Heiligkeit der Verträge zur öffentlichen Verantwortung ziehen." Diese Norm zielte u.a. auf die Verletzung der Neutralität Belgiens und auf andere Kriegsverbrechen, die inzwischen in einer Untersuchung von Horne und Kramer umfassend aufgearbeitet worden sind. In Art. 228 des Versailler Vertrags wird diese Verantwortung erweitert: „Die deutsche Regierung erteilt den alliierten Mächten die Befugnis, alle Personen, die des Verbrechens gegen die Gesetze … des Krieges angeklagt sind, vor ihre Militärgerichte zu ziehen."

Auf der Basis dieser und anderer Normen wie des Kellogpakts von 1929, der den Angriffskrieg verbietet, entwickelt Bauer, der die Schwierigkeit der Durchsetzung der Normen zur Ahndung von Staatsverbrechen ausdrücklich thematisiert, den Grundsatz, dass staatlicher Verbrechen zu ahnden sind. Derart antizipiert Bauer die Grundsätze der Alliierten für den strafrechtlichen und völkerrechtlichen Umgang mit den nationalsozialistischen Verbrechen und nimmt dabei gleichzeitig die prospektiven Gegentendenzen ins Visier.

Er arbeitet die imperialistische Position der nationalsozialistischen Rechtslehrer heraus, die die Ahndung von Staatsverbrechen des Dritten Reichs ausschloß. Er zitiert den Öffentlichrechtler Otto Koellreuther mit dem Satz: „Völkerrechtliche Bindungen haben ihre notwendige Grenze in der Erhaltung der völkischen Lebensordnung... Nicht die Aufrechterhaltung der normativen Geltung einzelner Sätze sondern die Erhaltung der Staaten (ist) der höchste Wert." Auf dem Hintergrund dieser, im Vernichtungskrieg gegen die Sowjetunion besonders folgenreichen Linie der Aufhebung des Völkerrechts, die die Schutzvorkehrungen für Nicht-Kombatanten beseitigte und damit die Vernichtung von Millionen von Juden und von sowjetischer Kriegsgefangenen legitimierte, entwickelt Bauer juristische Kategorien für die Ahndung nationalsozialistischer Verbrechen. Eine Argumentationsgrundlage ist die Haager Landkriegsordnung, deren Verletzung er minuziös nachweist. Er zitiert, um nur ein Beispiel zu nennen, den Befehl des Generalfeldmarschalls von Reichenau vom 10. Oktober 1941, in dem es heißt: „Die Platzbewohner und Kriegsgefangenen mit Lebensmitteln zu versorgen, ist unnötige Humanität. Das, worauf das Vaterland verzichtet, darf der Soldat nicht dem Feind überlassen."

Bauer setzt sich mit der Frage der Verbindlichkeit eines rechtswidrigen Befehls auseinander. Übereinstimmend mit den Überlegungen des Kreisauer Kreises von 1943 zur Übereinstimmung von Befehlenden und Tatausführenden schreibt er: „Bekennt man sich zu der These, dass der Befehl von jeder Strafe frei macht, dann würde es wohl kaum Kriegsverbrecher geben." Der Befehl ist – wie in dem auch im NS-Staat geltenden Militärstrafgesetzbuch in § 47 Abs. 2 festgelegt – keine absolute Schranke für eine strafrechtliche Verantwortung. Denn: „Wenn der Verbrecher die Tat nicht ausschließlich auf Befehl begangen hat, sondern mit eigenem Willen, aus Freude an der Tat, aus Rachsucht usw., ist das Verbrechen seine Tat, auch wenn es zur gleichen Zeit auf Befehl ausgeführt wurde... Im Falle eines Nationalsozialisten muss man annehmen, dass er nicht bloss auf Befehl gehandelt hat, sondern die Gelegenheit benutzte, um seinen eigenen Nationalsozialismus zu verwirklichen." Dies zentrale Argument, das sich dann auch in der alliierten Gesetzgebung, in Art. II 4b des Kontrollratsgesetzes Nr. 10, der Rechtsgrundlage des Hauptkriegsverbrecherprozesses und der zwölf Nürnberger Nachfolgeprozesse findet und zur Verurteilung wegen Täterschaft führte, blieb in der Justiz der Bundesrepublik weitgehend unwirksam. Aus überzeugten Nazis – wie dem für den Mord an Juden verantwortlichen Leitern mobiler Tötungseinheiten, dem Organisator der Anstaltsmorde, dem Adjutanten des Kommandanten des Vernichtungslagers Auschwitz – machte die Mehrheit der Justiz Gehilfen, die angeblich ihre Taten nicht als eigene wollten. Es war Fritz Bauer, der dies mit einer Minderheit rechtsstaatlich denkender Strafrechtler in der Bundesrepublik kritisierte, ohne dass damit die Rechtsprechung grundlegend verändert wurde.

Es ist an der Zeit, Fritz Bauers Buch „Kriegsverbrecher vor Gericht“, ein Meilenstein auf dem Weg zum Völkerstrafrecht, mit einer problemgeschichtlichen Einleitung zu versehen und in dem Land, in das er nach der Emigration zurückgehrt ist und im dem er zum wichtigsten Juristen auf dem Feld der strafrechtlichen Aufarbeiten der NS-Verbrechen wurde, erneut zu veröffentlichen: über 65 Jahre nachdem das Buch zuerst auf Deutsch, bezeichnenderweise nicht in Deutschland, sondern in der Schweiz erschien. Angesichts der Konstitution des Internationalen Strafgerichtshofs, der im wesentlichen auf den Rechtsgrundsätzen der Verfahren gegen die nationalsozialistischen Hauptkriegesverbrecher, beruht, ist Bauers Buch besonders aktuell.

Zu Fritz Bauer s. Irmtrud Wojak, Fritz Bauer 1903–1968. Eine Biographie, München 2009, Ronen Steinke, Fritz Bauer oder Auschwitz vor Gericht, München 2013.

Ingeborg Maus, Bürgerliche Rechtstheorie und Faschismus. Zur sozialen Funktion und aktuellen Wirkung der Theorie Carl Schmitts. 195 Seiten, Wilhelm Fink Verlag, München 1976.

Wenige Jahre nachdem das Mörderregiment Hitlers zerbrochen war, beschloß die Vereinigung Deutscher Staatsrechtslehrer, Carl Schmitt nicht wieder aufzunehmen.[1] Eine derartige Bewertung der Mitverantwortlichkeit Carl Schmitts für die nationalsozialistische Diktatur glich freilich eher einem stellvertretenden Akt, in dessen Schatten sich die Inkorporation der übrigen konservativen und nationalsozialistischen Staatsrechtslehrer in die rechtswissenschaftlichen Fakultäten der Bundesrepublik desto ungestörter vollziehen konnte. Angesichts dessen blieb die Entscheidung gegen Carl Schmitt ein leerer Gestus, der den Wiederaufstieg der Positionen und Begriffe, welche Carl Schmitt gegen die Weimarer Demokratie gekehrt hatte, nicht behinderte, zumal die nicht-autoritäre Tradition der Weimarer Staatsrechtslehre (Thoma, Kelsen, Heller) durch den Nationalsozialismus abgebrochen und in der Ära Adenauer nur von einer schwachen Minderheitsgruppe gelegentlich auch von Judikaten des Bundesverfassungsgerichts fortgeführt wurde. Repräsentative Festschriften, ein wirkungskräftiger Schülerkreis um Ernst Forsthoff und Werner Weber, die richtungsbestimmende Zeitschrift „Der Staat", vor allem aber vorherrschende exekukutive und judikative Entscheidungsmuster verweisen darauf, daß die legitimatorischen und die politisch geziehen Instrumente der Schule Carl Schmitts lebendig geblieben sind.

Die wissenschaftliche Auseinandersetzung mit Carl Schmitt litt bisher unter verengenden Fragestellungen. Orientierten sich apologetische Arbeiten an dem Selbstbild Carl Schmitts als eines wertfreien objektiven Diagnostikers, der für die politischen Konsequenzen seiner Schriften unzuständig sei, obgleich ihnen, auch textimmanent, jeweils ein praktisches Ziel zugrunde liegt, so behandelten kritische Analysen die politischen Optionen Carl Schmitts im großen und ganzen entweder als unerklärlichen geistigen Unfall oder als Resultat eines durchgängigen Opportunismus bzw. als moralisches Versagen (vgl. S. 81 Anm. 2).[2] Obwohl diese Wertungsebenen nicht einfach negiert werden dürfen, wie es in der Rechtfertigungsliteratur geschieht, bilden sie nur ein Moment, das in der kritischen

1 Wolfgang Abendroth, Ein Leben in der Arbeiterbewegung, Gespräche, aufgezeichnet und herausgegeben von Barbara Dietrich und Joachim Perels, Frankfurt/M. 1976, S. 213.

2 Vgl. Helmut Ridder, Ex oblivione malum. Randnoten zum deutschen Partisanenprogreß, in: Gesellschaft, Recht und Politik, Wolfgang Abendroth zum 60. Geburtstag, hrsg. von Heinz Maus, Neuwied 1968, S. 305 ff.

Rekonstruktion des sachlichen Gehalts der Position Carl Schmitts aufgehoben ist. Sobald nämlich die Frage der intellektuellen Mitverantwortlichkeit Carl Schmitts für die autoritäre Entwicklung in Deutschland isoliert wird, geraten jene objektiven, durch ein moralisches Verdikt nur unzulänglich bezeichneten gesellschaftlichen Krisenphänomene aus dem Blickfeld, die von Carl Schmitt auf den gegenrevolutionären Begriff gebracht worden sind.

Mit ihrer Untersuchung überwindet Ingeborg Maus – sie hatte in der Kritischen Justiz 1969 erste Umrisse ihrer Analyse[3] vorgelegt; – die Begrenztheit der bisherigen Carl-Schmitt-Forschung, sie interpretiert die Schmittsche Theorie systematisch als verfassungstheoretische Reaktionsform auf den gesellschaftlichen Klassenzusammenhang. Ingeborg Maus analysierte nicht nur Carl Schmitt, sondern entwickelt, in sachlich notwendiger Entsprechung, Probleme und Elemente einer demokratischen Verfassungslehre. Ihr Text beeindruckt durch seine komplexe, begrifflich reflektierte Gestalt, in die eine schier erschöpfende Fülle rechtstheoretischer, soziologischer und philosophischer Literatur eingegangen ist. Die Genauigkeit der sprachlichen Form schlägt freilich zuweilen in eine Art Über-Präzision um, welche die gedankliche Nachvollziehbarkeit nicht befördert. Anders als bei einem seichten Text nimmt diese Unbill in Kauf, weil die angestrengte Lektüre durch Erkenntnisgewinn entschädigt.

Als organisierenden Bezugspunkt wählt Ingeborg Maus Carl Schmitts Theorie der Rechtsentstehung. Mit einer geradezu detektivischen Genauigkeit wird gezeigt, daß Schmitts Lehre von ihren Anfängen im wilhelminischen Reich bis in die Gegenwart durchgängig dahin zielt, Gefährdungen der bürgerlichen Gesellschaft und ihres Staates, die aus dem Eindringen unterpivilegierter (Viertstands-) Interessen in die Rechtssetzungsapparatur entstehen können, abzuwehren. Im Sinne der Carl-Schmitt-Schule erblickt Ernst Forsthoff den Grund für die Konstruktion einer meta-normativen Rechtssphäre darin, daß der politische Bereich demokratisiert worden ist: „Die Frage … , ob das Recht wirklich allein aus der Entscheidung des staatlichen Gesetzgebers hervorgehe oder ob es ein höheres Recht gebe, an das auch der Gesetzgeber gebunden sei, war so lange eine bloß theoretische, als man gewiß sein konnte, daß dieser Gesetzgeber sich nicht nur mit den fundamentalen Rechtsüberzeugungen in Einklang halten, sondern auch im Detail der gesetzlichen Regelung optimal gerechte Lösungen anstreben würde. Dies Vertrauen genoß der staatliche Gesetzgeber bis 1918.“ Für die Immunisierung der Verhältnisse gesellschaftlicher Ungleichheit gegen die Eingriffsmöglichkeiten des demokratischen Gesetzgebers entwickelt Carl Schmitt ein vielge-

3 Ingeborg Maus, Zur „Zäsur“ von 1933 in der Theorie Carl Schmitts, Kritische Justiz H. 2/1969, S. 113 ff.

staltiges Arsenal staatsphilosophisch-juristischer Konstruktionen; Ingeborg Maus faßt sie unter dem Begriff der Gründungstheorie zusammen.

Gemeint ist, daß den demokratisch zustande gekommenen Normen, sofern sie auf soziale Umverteilung oder gar Umgestaltung zielen, ein höheres Recht entgegengesetzt wird, das mit den gesellschaftlichen Herrschaftsverhältnissen zusammenfällt. Legitimität gegen Legalität, Recht gegen Gesetz, Staat gegen Verfassung: diesen und anderen das Werk von Carl Schmitt durchziehenden Antithesen ist die strategische Grundlinie gemeinsam, die positiv-rechtlichen Normen und Institutionen der liberalen Demokratie beiseite zu schieben, um extra-konstitutionelle Rechtssetzungsinstanzen an ihre Stelle treten zu lassen, die zur Verteidigung des gesellschaftlichen Status quo gegen das verfassungsmäßige Aktionspotential der Arbeiterbewegung eingesetzt werden können.

Bleibt das Ziel der Schmittschen Theorie unverändert, so wechselt je nach politischer Konstellation die Instanz, die als Träger unbeschränkt bürgerlicher Rechtssetzungsgewalt fungiert. Obgleich diese Konstellationen von Ingeborg Maus nicht im einzelnen klassengeschichtlich spezifiziert werden, ergibt sich doch eine gewisse Regel. In Zeiten relativer gesellschaftlicher Ruhe – in Weimar zwischen 1924 und 1929 – genügt es, wenn die Justiz die Rolle der bürgerlichen Schutzapparatur übernimmt, und zwar in der Weise, daß das Parlamentsgesetz durch eine interpretative Beschränkung des Gesetzesbegriffs von gesellschaftsändernden Gestaltungsmöglichkeiten abgeschnitten wird. Da die Justiz jedoch nur punktuell und vielfach erst auf Antrag tätig wird, ist ihre antidemokratische Funktion unvollständig und ungesichert. Diese Funktion kann sich sogar ins Gegenteil kehren, wenn die Justiz nicht etwa als obrigkeitliches Organ, sondern als Garant des demokratischen Prozesses in Erscheinung tritt. Angesichts dessen orientiert sich die Carl-Schmitt-Schule prinzipiell an der Stärkung, Freisetzung, ja Entfesselung der Exekutive als derjenigen Instanz, welche in Fällen akuter Gefährdungslagen oder gesamtgesellschaftlicher Krisen – wie in Weimar seit 1930 – die Intentionen bürgerlicher Stabilität mit genügend Macht- und Zwangsmitteln gegen den demokratischen Prozeß durchzusetzen verspricht.

Man mag die innere Variabilität der Grundposition Carl Schmitts stärker betonen als Ingeborg Maus, wenn man beispielsweise daran denkt, daß Schmitt in seinem Gutachten gegen die Fürstenenteignung einen antiparlamentarischen Gesetzesbegriff als Verteidigungslinie gegen den demokratischen Gesetzgeber aufbaute (S. 98 f.), während er wenig später die Ausweitung des Enteignungsbegriffs durch die Justiz und die damit einhergehende Oberaufsicht über den demokratischen Gesetzgeber kritisierte.[4] Obwohl in Schmitts Lehre offenbar ein

4 Carl Schmitt, Die Auflösung des Enteignungsbegriffs, (1929), in: ders, Verfassungsrechtliche Aufsätze aus den Jahren 1924–1954, Berlin 1958, S. 110 ff.

unauflösbarer Rest eines gleichsam spielerischen Positionswechsels bestehen bleibt, ergibt sich daraus kein prinzipieller Einwand gegen die Grundthese von Ingeborg Maus, daß sich bei Schmitt von den Früh- bis zu den Spätschriften im Kern jene an einer außer-legalen Sicherung und Verteidigung der Privateigentumsordnung orientierten Bestimmungsmomente durchhalten. Behält man dies im Auge, so ist Carl Schmitts Option für die nationalsozialistische Konterrevolution, welche das System der demokratischen Legalität beseitigt, in der Tat kein individueller, nur moralischer Fehltritt, sondern das staatsrechtliche Komplement der objektiven, durch ökonomische Funktionsgesetzlichkeiten vermittelten Klassenpositionen des deutschen Industrie-Bürgertums.

Der strukturelle Zusammenhang von konservativer Rechtstheorie und Nationalsozialismus, der übrigens in einer im „Staat“ erschienenen, die verfassungstheoretisch-politischen Zielsetzungen Carl Schmitts verteidigenden Rezension des Mausschen Buches halbbewußt bestätigt wird,[5] ist in der Aufarbeitung des Nationalsozialismus meist dadurch überblendet worden, daß ausgerechnet der staatsrechtliche Positivismus, der in Weimar die Gegenposition zu Carl Schmitt bezogen hatte, mit dem Vorwurf belegt wurde, er habe der Diktatur Hitlers mit zum Sieg verholfen. Weil der Positivismus davon ausging, daß die demokratische Legalität, insbesondere die Rechtsetzungsappatur des Parlaments an keine bestimmten politischen Werte gebunden sei, habe er der NSDAP, wenn auch wider Willen, zugearbeitet. Gegenüber dieser nahezu herrschenden Meinung (S. 34 Anm. 74) unternimmt Ingeborg Maus eine Rettung der demokratischen Sache des Weimarer Positivismus, gegen den sich – das wird gern vergessen – nicht umsonst die heftigsten Angriffe der nationalsozialistischen Rechtslehre gerichtet hatten (S. 38 Anm. 75 und 76).

Nachgewiesen wird, daß für einen erheblichen Teil der positivistischen Schule, nämlich für die Richtung Kelsens, die Grundnorm der Volkssouveränität, welche von den Nationalsozialisten angeblich formell legal zerstört wurde, nicht zur Disposition des Gesetzgebers stand, sondern vielmehr ihre unverrückbare Geltung gerade die Voraussetzung dafür bildete, daß verschiedene politische Richtungen im Rahmen der demokratischen Legalität überhaupt und auf Dauer miteinander konkurrieren konnten (S. 112). Genau die Festlegung auf die ausschließliche Rechtssetzungskompetenz des demokratischen Gesetzgebers, dem weder judikative noch exekutive, mit den gesellschaftlichen Herrschaftsverhält-

---

5 Helmut Rumpf, Carl Schmitt und der Faschismus, Der Staat H. 2/1978, S. 233 ff.; „Soweit es eine ‚Intention‘ der Gedankengebilde Carl Schmitts und ‚seiner Schule‘ gewesen ist, mit ihren Positionen und Begriffen nicht nur Weimar, Genf, Versailles zu bekämpfen, sondern die bürgerliche Gesellschaftsordnung jenseits aller Verfassungsgebungen (1), -änderungen, -wandlungen und -beseitigungen zu Stabilisieren – wer außer doktrinären Systemveränderungen kann darin etwas Negatives, eine schädliche Tendenz erblicken?“ (S. 242 f.).

nissen tendenziell fusionierte Instanzen vorgeordnet sein sollten, verlieh dem Weimarer Positivismus den progressiven Charakter, die Möglichkeit legaler Gesellschaftsveränderung offenzuhalten.

Dass über dieser demokratischen Grundlinie bei einem Teil der Positivisten – vor allem bei Anschütz und in sehr viel geringerem Maße auch bei Thoma – das Problem der Sicherung der Weimarer Verfassung gegen ihre Selbstaufhebung außer Betracht gelassen wurde, nötigt keineswegs dazu, wie in der Literatur glauben gemacht wird, auf antipositivistische, die bürgerliche Gesellschaft zum Verfassungskern deklarierende Positionen zurückzugreifen. Vielmehr läßt sich zeigen, daß aus der Verfassungslehre von Hermann Heller Elemente dafür zu gewinnen sind, die positivistische Zielsetzung der Gestaltungsfreiheit des parlamentarischen Gesetzgebers mit der unaufhebbaren Geltungskraft demokratischer Prinzipien zu verbinden.

Neben gewissen Detailfragen (etwa der Abwertung der durch Laband abgelösten materiellen Rechtsstaatstheorie) bleibt ein zentraler kritischer Punkt zu benennen: Der demokratische Gesetzgeber, der den positiven Bezugspunkt der Argumentation von Ingeborg Maus abgibt, wird nicht mehr auf die gesellschaftlichen Klassen- und Widerspruchsverhältnisse bezogen, Er erscheint von vornherein als progressiver Gesellschaftsgestalter, ohne daß in Betracht gezogen wird, daß das Parlament, auch das von der Sozialdemokratie beeinflußte, vielfach dem Exekutiv- und Justizstaat, der den demokratischen Prozeß einschränkte, in den Sattel geholfen hat. Auf der Basis einer antagonistischen Gesellschaft bleibt jedoch auch der demokratische Gesetzgeber einer Ambivalenz verhaftet, die nach verschiedenen Seiten offen ist.

Die eigentliche Leistung der Arbeit von Ingeborg Maus liegt in der außerordentlich präzisen und differenzierten Sezierung der politisch-strategischen Struktur der Lehre Carl Schmitts und seiner Schule. Als Grenzdenker bürgerlicher Herrschaftssicherung bleibt Carl Schmitt aktuell. Zu seinem 90. Geburtstag schrieb Rüdiger Altmann, Geschäftsführer des Deutschen Industrie- und Handelstages, in der Frankfurter Allgemeinen Zeitung eine Eloge, in der die Begriffe von Carl Schmitt wachgerufen wurden. Zur gegenwärtigen durch die ökonomische Krise bestimmten Situation konstatierte Altmann: „Die Verfassung hat nicht genügend Staat gemacht.“[6] Um der Aufforderung, daß der Staat als Herr über die Verfassung fungiere, begegnen zu können, ist die Lektüre der Schrift von Ingeborg Maus höchst nützlich.

6 Rüdiger Altmann, Macht die Verfassung noch den Staat? Carl Schmitt wird neunzig, FAZ vom 8. Juli 1978.

Zur Archäologie der Demokratie in Deutschland, Band 1 1943–1945, 294 Seiten. Band 2 1946–1949, 310 Seiten, hrsg. v. Alfons Söllner, Fischer Taschenbuch Verlag, Frankfurt/M. 1982/1986,

Die Analysen stammen von der sogenannten Neumann-Gruppe, zu der neben Franz L. Neumann auch Herbert Marcuse, John H. Herz und Otto Kirchheimer zählten. Diese Gruppe der besten theoretischen Köpf der linksliberalen und sozialistischen Emigration arbeiteten im Auftrag des amerikanischen Außenministeriums von 1943 bis 1949 an der Deutschlandplanung der US-Regierung mit.

Die Studien zerfallen in zwei große Teile. Im ersten Teil wird die Besatzungsplanung der amerikanischen Regierung im einzelnen konzipiert, die in der ersten Phase der Besatzungspolitik ihren Niederschlag fand, jener Phase einer von den Alliierten in Gang gesetzten Ersatzrevolution, die von der Kapitulation am 8. Mai 1945 bis ins Frühjahr 1946 reichte. So ist – und das wird vielfach verdrängt – das theoretische Konzept der Neumann-Gruppe praktisch wirksam geworden. Der erste Band enthält das ausgeführteste Anti-Restaurationsprogramm, das im Exil von deutschen Intellektuellen entwickelt worden ist. Dies bemerkenswerte Programm bestimmt sich durch die Abgrenzung von einer Rechtsregierung, die von der Neumann-Gruppe prognostisch auf den Begriff gebracht wurde, ehe es eine derartige Regierung überhaupt gab: „Gerade wegen ihres bekannten antidemokratischen Programms werden die Parteien der Rechten wahrscheinlich nicht an ihren alten Namen und an ihren alten Parolen festhalten, sondern als nationale demokratische Parteien auftreten, und ihr Programm wird sich auf das konzentrieren, was in ihrer Vorstellungswelt als Kampf gegen die Bolschewisierung Deutschlands erscheint, auf einen Kampf für Deutschlands kulturelle Tradition, für das freie Unternehmertum, für die Austreibung des Politischen aus der Verwaltung, für die Unabhängigkeit der Justiz oder für einen auf christliche Prinzipien gegründeten Staat. Ihr wirkliches Vorhaben ist jedoch, die privilegierte Position der alten herrschenden Gruppen zu erhalten, und deshalb werden sie sich jedem Projekt widersetzen, das ihr Macht über Deutschlands politischen, militärischen und ökonomischen Apparat gefährden könnte" (1, S. 211). An anderer Stelle heißt es: Eine rechte Regierung „würde eine gründliche Bereinigung des Verwaltungsapparats verhindern, jede gesellschaftliche und ökonomische Veränderung, die ihre Privilegien antastet, sabotieren, und die Rekonstruktion der Demokratie ersticken … Alle diese Überlegungen machen es unabdingbar, eine rechte Regierung abzulehnen, die aus Generälen, Bankiers und

Industriellen, Großgrundbesitzern und Beamten bestünde oder diese repräsentierte …" (1, S. 233).

Gegenüber einem restaurativen Herrschaftsmodell, das die gesellschaftlichen Machtgrundlagen des Nationalsozialismus bestehen läßt, favorisiert die Neumann-Gruppe folgende Konzeption: „Die Gesellschaft muß notwendigerweise Bestandteile sowohl der angloamerikanischen als auch der sowjetischen Gesellschaftsstruktur und -praxis aufweisen. Nach dieser Konzeption wäre das künftige Deutschland eine Demokratie mit konkurrierenden politischen Parteien, bürgerlichen Freiheiten und Schutz für Kleineigentümer, gleichzeitig trüge es sozialistische Züge, z.B. Verstaatlichung von Schlüsselindustrien, Banken, Versicherungsinstitutionen und die Aufteilung von Großgrundbesitz" (1, S. 229). Die quasi revolutionären Ziele der Neumann-Gruppe werden mit zwei Strategien, die sich wechselseitig ergänzen, verfolgt: Zum einen sollen die alten Eliten in Staat und Gesellschaft ausgeschaltet werden, zum anderen sollen die Verbrechen des nationalsozialistischen Staatsapparats systematisch nach den Kriterien einer rechtstaatlich-demokratischen Ordnung geahndet werden.

Die vorgesehenen Eingriffe in den Staatsapparat werden personell genau gezielt; sie unterscheiden sich von der späteren, uferlosen Millionen erfassenden Entnazifizierung, die im Frühsommer 1946 einsetzte. Getroffen werden sollten antidemokratische Funktionsträger, nicht aber eine diffuse Zahl von einzelnen. Auf etwa 220000 Funktionsträger des Staatsapparats, der NSDAP und der Wirtschaft richtet sich der Zugriff.

Entnazifizierung in diesem ursprünglichen Sinn wurde als ein qualitatives Programm der gesellschaftlichen Umgestaltung zur Konstituierung der Demokratie begriffen: „Die Kräfte des Nationalsozialismus, der Reaktion und Aggression sind in Deutschland tiefverwurzelt. Es gibt sie nicht nur in der Partei sondern auch … im Staatsdienst … Um die demokratischen Kräfte zu stärken, muß eine radikale Entnazifizierung durchgesetzt werden" (1, S. 245).

Das bedeutete, daß der alte Herrschaftsapparat ausgeschaltet werden sollte. So sollten beispielsweise „alle Angehörigen des Volksgerichtshofs und der Sondergerichte, alle Generalstaatsanwälte, alle Oberstaatsanwälte" verhaftet werden. Auf der Ebene der ideologischen Absicherung der NS-Herrschaft sollte sich der Zugriff auf Personen richten, die „an der Verbreitung der Naziideologie" beteiligt waren. Je nach Belastung sollten diese Funktionsträger inhaftiert, überwacht oder ihrer Ämter enthoben werden (1, S. 165 ff.).

Zugleich sollten die juristischen Funktionseliten des NS-Regimes für Verbrechen des Staates zur Verantwortung gezogen werden. Zu den Institutionen die für „Verbrechen im Inland" verantwortlich waren, gehören „die obersten Gerichte, das Reichsgericht, das Reichsverwaltungsgericht, der Volksgerichtshof (einschließlich der höchsten Richter und Oberstaatsanwälte)" (1, S. 199 ff.). Die

Ausschaltung der antidemokratischen Funktionsträger des Staatsapparats bildet die unabdingbare Voraussetzung für die Schaffung einer substantiell demokratischen Ordnung: „Der Geist der Verbrüderung zwischen Richtern und Bürokraten war in der Weimarer Republik eine der mächtigsten Barrieren gegen die Idee der Demokratie in der Justiz- und Verwaltungsbürokratie. Dieser tiefsitzende und listenreiche Korpsgeist kann gebrochen werden“ (1, S. 247). Die rechtlichen Kriterien, nach denen die Verbrechen des Staatsapparats zu beurteilen sind, konnten sich selbstredend nicht auf die Nazi-Normen und die entsprechenden (Un-)Rechtslehren stützen, denn die umfassende Herrschaftssphäre der NS-Diktatur unterlag keinen rechtlichen Begrenzungen. Das hatte zur Folge, daß ein Mord in einem Konzentrationslager nicht als Verbrechen galt. So wird davon ausgegangen, daß „die Nazi-Gesetze ... nicht rechtsgültig (waren)“. „Ihre Geltung (unterliegt vielmehr) der Auslegung nach zivilisierten Maßstäben“ (1, S. 197 f.). Nur wenn man sich auf den Boden der Strukturen des NS-Rechtssystems stellt, können die Verbrechen des Staatsapparates nicht geahndet werden: „Wenn wir die Naziführer verantwortlich machen, ... dann müßten sie sich zweifellos für all das verantworten, was in Übereinstimmung mit ihren eigenen Normen und mit ihren Richtlinien geschehen ist. Das Gesetz nach dem die Naziführer gehandelt haben, war in Wahrheit die Abwesenheit jeder rechtlichen Schranke. Ihre Handlungen standen im Gegensatz zu dem, was die überwiegende Mehrheit der Völker für die Grundregeln von Recht und Moral halten. Diese Grundregeln auf die Naziführer anzuwenden, bedeutet nicht Rechtlosigkeit, sondern das Einklagen von Gerechtigkeit“ (1, S. 183).

Der zweite Teil der Emigrationsstudien steht unter dem Vorzeichen des Scheiterns der Entnazifizierung der NS-Funktionseliten und des Aufstiegs der alten gesellschaftlichen Mächte. Minuziös wird dieser Prozeß nachgezeichnet. Gegenüber der intendierten Beseitigung der Machtgrundlagen des NS-Systems durch die Entnazifizierung sind die Ergebnisse fatal: In der amerikanischen Zone wurden ganze 0,1 Prozent (genau 906 Personen) als Hauptschuldige eingestuft. Entfernt aus dem öffentlichen Dienst wurden lediglich etwa 0,5 Prozent der höheren Beamten (2, S. 218). Die Konsequenzen liegen auf der Hand: Wenn die Entnazifizierung in dieser Form beendet wird, „so ist dies für Deutschland und für die alliierte Besatzung eine Katastrophe. Es würde heißen, daß die bereits jetzt festverwurzelten Exnazis auch später einen entscheidenden Einfluß auf das Leben in Deutschland haben werden. ... Diese Situation gefährdet ... die Demokratisierung Deutschlands und die politische Moral allgemein“ (2, S. 244).

Dies gilt für alle gesellschaftlichen Bereiche, besonders auch für die Universitäten, die „immer noch Bollwerke der Reaktion und der antidemokratischen Gesinnung (sind)“ (2, 207). Die Bonner Republik ist auch ein Produkt der gescheiterten Entnazifizierung. Dieser Tatbestand resultiert wesentlich aus der

Umorientierung der amerikanischen Deutschlandpolitik, die nun die uneingeschränkte Rekonsolidierung der bürgerlichen Gesellschaft und ihres im Nationalsozialismus geprägten Staatsapparates duldet und am Ende selber vorantrieb.

Die Folgen liegen inzwischen vor aller Augen. Das System der „Streichelstrafen für Mördernazis" (Bloch) ist die Spitze der vielfach gescheiterten Aufarbeitung der Vergangenheit in der frühen Bundesrepublik. Dieser Prozeß hatte allerdings eine breite Massenbasis, es handelt sich nicht einfach um eine Selbstschutz-Verschwörung der alten Eliten. Die „organisierte Unbußfertigkeit" (Iwand) entsprach der Mehrheitsstimmung in der Bevölkerung. Nicht zuletzt deshalb konnte sich die Restauration der gesellschaftlichen Machteliten des Nationalsozialismus weitgehend ungehindert durchsetzen.

Ulrich Herbert, Best. Biographische Studien über Rechtsradikalismus, Weltanschauung und Vernunft. 1903 bis 1989. Dietz Verlag, Bonn, 1996, 695 Seiten.

Ulrich Herberts Studie, in steter Auseinandersetzung mit Legendenbildungen und Wahrnehmungsverzerrungen der tradierten, Best als seriösen historischen Zeugen betrachtenden Historie entwickelt, gilt dem höchsten überlebenden Ideologen und Administrator des nationalsozialistischen Terrorapparats, dem Stellvertreter Heydrichs, Werner Best, der nach wenigen Jahren Haft 1951 in der Bundesrepublik zum einflußreichsten juristischen Strategen zur Verhinderung der Ahndung von NS-Massenverbrechen aufstieg.

Ihrem Gegenstand entsprechend ist die Untersuchung methodisch komplex angelegt. Herbert schreibt nicht eine personalisierende Biographie, sondern analysiert Best als sozialen Typus akademisch gebildeter völkischer Intellektueller, die – juristisch sozialisiert – die wichtigsten innenpolitischen und außenpolitischen Herrschaftsinstrumente des NS-Regimes, die Geheime Staatspolizei, die Sicherheitspolizei, den Sicherheitsdienst und die mobilen Massentötungskommandos konzeptionell entwickeln und die Praxis überwachten. Die Geschichte Werner Bests, dessen Vorname im Titel des Buches nicht erscheint, um ihn als Funktionsrepräsentanten eines schon in der Weimarer Republik ausgebildeten administrativen Führungscorps der NSDAP kenntlich zu machen, wird in den jeweiligen herrschaftssoziologischen Kontext und die geschichtliche Gesamtentwicklung eingebettet. Herberts Arbeit, geschrieben in einer ebenso anschaulichen wie begrifflich präzisen Sprache, ist ein großes Exempel für eine Wissenschaft, die die spezialistische Aufspaltung des Gegenstands rückgängig macht. Neben der historischen Analyse im engeren Sinne wird die juristische Herrschaftskonzeption Bests – insbesondere ihre völkerrechtsnegierende Gestalt – rekonstruiert – vor allem durch die Rezeption der klassischen, im amerikanischen Exil zuerst erschienenen Untersuchung Ernst Fraenkels aus dem Jahr 1941 zur Strukturverbindung von rechtsfreiem Maßnahmenstaat und rechtlich gebundenem Normenstaat. Die Relevanz der juristischen Instrumentarien für die Anleitung des Staatsterrors tritt konkret in den Blick.

Die ideologischen Antriebskräfte einer elitär-völkischen Weltanschauung, von denen Best im Kreis der Rechtsintelektuellen der ersten deutschen Republik geprägt wird, bestimmen dessen Handeln in bemerkenswerter, von politischen Systembrüchen unberührter Kontinuität. Die Ausgrenzung- und Vernichtungsstrategien gegen Fremdvölkische – vor allem gegen Juden und Polen – werden aus dem sogenannten Selbstbehauptungswillen des deutschen Volkes gerechtfertigt und ohne individuellen Haß kühl administrativ durchgesetzt.

Nach 1945 dient diese Ideologie, die auch die Deportationen bestimmte, die Best in Frankreich und Dänemark organisiert (der Widerstand konnte dort ihre Durchführung verhindern) und 1942 in der „Zeitschrift für Politik“ öffentlich propagiert hat, weiter als Grundlage seiner Rechtfertigung der NS-Verbrechen.

Das System „technischer Rationalität“ (Kirchheimer), in dem die Morde, vor allem an den Juden, unter dem Gesichtspunkt der größten Effektivität organisiert wurden, bildete Bests handlungsbestimmene Ideologie. Die technische Rationalität konnte für alle von der politischen Führung festgelegten Zwecke eingesetzt werden – von sogenannten verschärften Vernehmungen, über die Regeln für die KZ-Haft bis zur Vernichtung ganzer Völker. Diesen Schlüsselbegriff Kirchheimers hätte Herbert aufnehmen können, um das epochale machttechnische Modell der NS-Herrschaft präziser zu charakterisieren.

In der Bundesrepublik ist Best kein skurriler völkischer Einzelgänger. Vielmehr kann er zu Beginn der fünfziger Jahre im Zusammenwirken mit der nordrhein-westfälischen FDP, dem Bundestagsabgeordneten Achenbach (der als Leiter der politischen Abteilung der Pariser Botschaft für die Deportationen mitverantwortlich war), dem damaligen Justizminister Dehler, führenden Beamten des Justizministeriums, (die er aus seiner Tätigkeit als Reichsbevollmächtigter in Dänemark z.T. kannte) der Sichtweise Wirksamkeit verschaffen, daß die NS-Staatsverbrechen gegenüber gewöhnlicher Einzelkriminalität privilegiert werden mußten.

Als juristischer Beistand der SS entwickelt er in einer – leider nicht im Wortlaut abgedruckten – Denkschrift unter dem Titel *Gesichtspunkte der Liquidation politischer Strafsachen einer abgeschlossenen Epoche* (1952) das Programm einer Generalamnestie. Diese Intention, die den Blick auf die Ermordeten zerstört, setzte sich zwar nicht durch, aber wesentliche Teilziele wurden erreicht: Nach einer Intervention von Best – er arbeitet in der Anwaltskanzlei von Achenbach – wirkt Justizminister Dehler auf die Landesjustizverwaltungen mit dem Ziel ein, die Verfolgung von NS-Verbrechen nicht mehr systematisch zu betreiben. Ein Verfahren gegen Best wegen der Mitorganisation der Röhm-Morde vom 30. Juni 1934 verläuft, wiederum durch Eingriff Dehlers vermittelt, im Sande.

Kennzeichnend für das gesellschaftliche Klima in den fünfziger Jahren ist, daß selbst führende Politiker, die das NS-Regime ablehnten, wie Carlo Schmid und Theodor Heuss, sich für die Nicht-Ahndung von NS-Massenverbrechen engagierten. Sie setzten sich 1953 für die Freilassung des Einsatzgruppentäters Dr. Martin Sandberger ein, der für die Ermordung von 5.000 Menschen verantwortlich war. Carlo Schmid führte für Sandberger ins Feld, daß er als „fleißiger, intelligenter und begabter Jurist“ sich von einem „blindwütigen Fanatiker“ unterscheide. Heuss befürwortete das Amnestiegesuchen mit den Worten, daß die Gnade „der schönste Teil des Rechts" sei.

Bundeskanzler Adenauer ist der politische Exponent weitgehender Schuldabwehr. Im Blick auf Kriegsverbrecher trifft Adenauer die Unterscheidung zwischen einem „gewissen Prozentsatz richtiggehender Verbrecher" und überwiegend Nicht-Schuldigen. Dies ist unvereinbar mit der allein in den Sachverhaltsdarstellungen sichtbaren historischen Realität, die im Hauptkriegsverbrecherprozeß und zu den Nürnberger Nachfolgeprozessen, insbesondere im Einsatzgruppenprozeß und im Prozeß gegen Spitzen der Wehrmacht zu Tage trat. Bei Adenauer schrumpfen die NS-Gewaltverbrechen zu einer Restkategorie zusammen. Diese Linie unterstützt der Deutsche Bundestag 1952 in einer Entschließung für eine Amnestie von Kriegsverbrechern.

Nach einer Bemerkung von Adorno ist das Nachleben des Nationalsozialismus in der Demokratie bedrohlicher als rechtsradikale, gegen die Demokratie gerichtete Tendenzen. Ein erdrückender Beleg ist die von Herbert minuziös aufgedeckte Geschichte der Beendigung. des Großverfahrens gegen die Funktionselite des Reichssicherheitshauptamts.

Die juristische Strategie zum Schutz der leitenden Gestapobeamten, die Best nach der Aufforderung durch einen Anwalt entwickelte, besteht darin, die Schreibtischtäter zu Mordgehilfen zu machen und durch eine Veränderung der Verjährungsregelung zu amnestieren. Das Ziel wird erreicht, und zwar mit der Änderung des § 50 Absatz 2 des Strafgesetzbuches. Diese Regelung beschloß der Deutsche Bundestag 1968, ohne daß er die Brisanz des Vorgangs erkannte. Die Formulierung der Gesetzesänderung stammt wahrscheinlich von dem Leiter der Strafrechtsabteilung des Bundesjustizministeriums, Eduard Dreher, der als zuständiger Referatsleiter Anfang der fünfziger Jahre wegen der Amnestie von NS-Tätern ständigen Kontakt zur Gruppe um Achenbach unterhalten hatte.

Das Ergebnis ist bemerkenswert: Der Grundgedanke der Nichtsanktionierung von Staatsverbrechen wird, ohne daß eine formelle Verbindung zwischen Dreher und Best bei der konkreten Vorbereitung der Amnestienorm für das Reichssicherheitshauptamt nachweisbar ist, von einem Haupttäter der SS entwickelt und von Vertretern der Ministerialbürokratie des Bundesjustizministeriums in Gesetzesform gebracht. Die Prozesse gegen 300 Beschuldigte im Verfahren gegen das Reichssicherheitshauptamt, die von der Berliner Generalstaatsanwaltschaft vorbereitet worden waren, finden nicht statt. Ein umfassender Strafverzicht zugunsten der Mordplaner des Reichssicherheitshauptamts wird Realität, durch die die Garantie des Schutzes des Lebens und die Sanktion ihrer Durchbrechung (Art. 2 GG, §§ 211/212 StGB) negiert wird.

Die frühe Bundesrepublik konstituiert sich nicht zuletzt durch die Suspendierung des Rechtsstaats zugunsten von NS-Tätern. Insoweit existierte der Maßnahmenstaat in der weitgehenden Blockierung des Sanktionsanspruchs der Opfer fort. Die einzige Strafe, die an Best in unserem Land vollstreckt wird, ist das Buch von Ulrich Herbert.

Norbert Frei, Vergangenheitspolitik. Die Anfänge der Bundesrepublik und die NS-Vergangenheit, C. H. Beck Verlag, München 1996, 464 Seiten

Die Konstituierung der rechtsstaatlichen Demokratie der Bundesrepublik gilt als ein im Kern gelungener Prozeß. Entsprechend scheint die Kardinalfrage des Umgangs mit der NS-Diktatur in der Ära Adenauer gelöst. Diese These wird von konservativen wie sozialdemokratischen Autoren der älteren Generation fast durchgehend vertreten. Hans Peter Schwarz konstatiert: „Der Abschluß der Entnazifizierung und die Rückkehr des früheren Personals brachte zwar Verschiebungen. Aber in den maßgebenden Stellungen saßen nun doch vielfach Amtsinhaber, die in den ersten Nachkriegsjahren als eine Art Gegenelite zum Zuge gekommen waren und dafür Sorge trugen, daß sich die Beamtenschaft künftig auf dem Boden der freiheitlich-demokratischen Grundordnung bewegte."[1] Der Begriff der Restauration, heißt es bei Richard Löwenthal, verfehle das Gesamtbild der Bundesrepublik. Auch wenn vordemokratische Strukturen besonders in der Bürokratie und in der Justiz fortexistierten, seien sie in eine wandlungsfähige Demokratie eingebettet. Löwenthal stellt die Behauptung auf, daß „Staat und Gesellschaft auch der konservativen Demokratie ..., etwas völlig Neues ..., gegenüber der untergegangenen Hitlerdiktatur" waren.[2] Hermann Lübbe spricht von der „asymmetrischen ... Diskretion" zwischen Ex-Nazis und NS-Gegnern, die sich wesentlich im Schweigen über die NS-Vergangenheit ausdrücke, das zur Gründungstugend der jungen Republik erklärt wird.[3]

Freis Untersuchung stellt die Entproblematisierung der Hypothek des NS-Regimes für die Bundesrepublik systematisch in Frage. Seine Arbeit unterscheidet sich fundamental von empiriearmen Schnellessays. Ausgewertet wird eine umfassende Fülle veröffentlichter und unveröffentlichter Quellen der Alliierten, der Akten des Justizministeriums, der Protokolle des Rechtsausschusses, des Bundestags, des Bundeskabinetts, des Rates der EKD, der Nachlässe von Konrad Adenauer, Thomas Dehler, Adolf Arndt, Carlo Schmid und vieler anderer. Diese profunde Materialbasis strukturiert Frei mit einem scharfsichtigen analytischen

---

1 Hans Peter Schwarz, Die Ära Adenauer 1949–1957, Stuttgart 1981, S. 411.

2 Richard Löwenthal, Prolog: Dauer und Verwandlung, in: ders., Hans Peter Schwarz, die zweite Republik, Stuttgart 1974, S. 10 f.

3 Hermann Lübbe, Es ist nichts vergessen, aber einiges ausgeteilt. Der Nationalsozialismus vom Bewußtsein der Gegenwart, FAZ v. 24. Januar 1983; zur Kritik v. Hellmut Dubiel, Günter Frankenberg, Entsorgung der Vergangenheit, Die Zeit v. 18. März 1983.

Instrumentarium, das den Umgang mit der NS-Vergangenheit in der frühen Bundesrepublik als konfliktorischen Gesamtprozeß begreift, in dem sich die Politik der weitgehenden Verdrängung der NS-Despotie durchsetzt, die von der Regierung Adenauer, überwiegend sekundiert von der Sozialdemokratie, betrieben wird. Die noch zu Beginn der 50er Jahre vielfach festgehaltene Position der westlichen Siegermächte, der versprengten Opposition und einer Minderheit der Publizistik, die Ahndung der Großverbrechen des NS-Regimes als ein Konstituens der neuen rechtsstaatlich-demokratischen Ordnung anzusehen, gerät mehr und mehr ins Abseits. Die bisher stärker auf die Justizgeschichte gerichtete Forschung erweitert Frei durch eine eingehende Analyse des politischen Prozesses, wie er sich in der Formierung der vergangenheitsbezogenen Gesetzgebung und der Entscheidungsbildung der Regierung Adenauer insbesondere in Sachen der Kriegsverbrecher darstellt. Als Leitbegriff verwendet Frei den der „Vergangenheitspolitik." Damit sind vor allem „Strafaufhebungen und Integrationsleistungen zugunsten eines Millionenheers ehemaliger Parteigenossen" (S. 13) in der frühen Bundesrepublik gemeint. Die Vergangenheitspolitik hat eine klare Stoßrichtung: „Nicht die Opfer des Nationalsozialismus waren ihre Adressaten, sondern … die ‚Opfer' seiner Bewältigung" (S. 14). Die Blickverschiebung von den Gegnern zu den Trägern des NS-Regimes prägt die frühe Bundesrepublik. Die durch die Alliierten weitgehend bestimmte Ahndungs- und Säuberungspraxis der ersten, etwa bis 1948 andauernden Nachkriegsperiode sollte beendet, ja umgekehrt werden. Dies zeigt sich an zentralen Fragen, die einen Schwerpunkt des Buches bilden: der Amnestie von NS-Tätern und der schrittweisen bzw. generellen Begnadigung von Repräsentanten der Funktionseliten des Dritten Reiches, die vor allem in den zwölf Nürnberger Nachfolgeprozessen u.a. wegen Verbrechen gegen die Menschlichkeit verurteilt worden waren. Minuziös wird – zumal durch die Einbeziehung der Kommentare der großen Zeitungen – das gesellschaftliche Klima bestimmt, in dem die beiden großen Amnestien für NS-Täter von 1949 und 1954 durchgesetzt werden konnten. Auch wenn Frei zu Recht zwischen einer legitimen Amnestie für Bagatelldelikte und einer fragwürdigen Amnestie für Kriminalvergehen unterscheidet, ist das Ergebnis der frühen Gesetzgebung bemerkenswert. Sie besitzt eine unübersehbare Einäugigkeit. Die für das Straffreiheitsgesetz von 1949, das u.a. diejenigen amnestierte, die Körperverletzungen begangen hatten oder die, als Exnazis, für ihre Handlungen sog. politische Gründe anführten, drückt den fast einhelligen Gründungskonsens der Bundesrepublik aus. Nicht nur die Regierung Adenauer und ihre rechtsnationalistischen Flügelparteien der FDP und der DP, sondern auch profilierte Vertreter der SPD unterstützten die Amnestie. Konrad Adenauer, der die Verantwortung für die nationalsozialistischen Verbrechen einschränkte und die „wirklich Schuldigen" (S. 27), zu denen in seinen Augen der größte Teil der NS-Täter nicht gehörte, bestraft sehen wollte, gab in seiner ersten Regierungserklärung vom 20. September 1949 die richtungweisende Formel aus, „Vergangenes vergangen sein zu lassen“ (S. 27). So war es kein Wunder, daß er in dieser Regierungserklärung kein Wort über die Shoa, die Millionen jüdischen Mordopfer jenes Staates verlor, dessen Nachfolge die Bundesrepublik antrat. Adolf Arndt tat es Adenauer gleich. Er qualifizierte das erste Amnestiegesetz zugunsten bestimmter NS-Täter als ein Signal für ein Aufhören der „Menschenjagd“ (S. 49), es diene der „Wiederherstellung des Rechtsfriedens“ (S. 47). Die erste Amnestie führte etwa dazu, daß ein politischer Leiter der NSDAP, der einen oppositionellen Katholiken im Gefolge des Novemberpogroms von 1938 bei der Gestapo denunziert hatte, in den Genuß der Straffreiheit kam, weil seine Handlung keiner ehrlosen Gesinnung entsprungen sei, sondern aus dem Affekt der Zeit resultiere. Die Bilanz der Amnestie, die Frei zieht, ist bemerkenswert: Mehr als 3000 Personen wurden amnestiert, „die wegen Verbrechen oder Vergehen ‚wider die persönliche Freiheit‘ verurteilt oder angeklagt worden waren … Man wird annehmen können, daß es sich … vielfach … um SA-, SS- und Parteifunktionäre handelte, die ihre Opfer in Konzentrationslager und ‚Bunker‘ verschleppt hatten. Auch bei den mehr als 20000 wegen Taten ‚wider das Leben‘ und bei den rund 30000 wegen Körperverletzung straffrei gestellten Personen sowie bei den 200 Amnestierten, denen ‚Verbrechen und Vergehen im Amte‘ zur Last gelegt wurden, dürfte es sich zu Teilen um NS-Täter gehandelt haben“ (S. 52). Gegenpositionen gegen die Begnadigungen bestimmter NS-Täter wurden bemerkenswerterweise nicht von der Sozialdemokratie als von rechtsstaatlich denkenden Vertretern der CSU (Josef Müller, Hans Ehard) und der württembergischen CDU (Gebhard Müller) vertreten. Der bayerische Justizminister Müller, der am Widerstand gegen Hitler beteiligt war, erklärte es für „rechtlich und politisch untragbar“, „schwerwiegende nazistische Gewalttaten, insbesondere … aus Anlaß der Ausschreitungen gegen Juden im Jahre 1938“ straffrei zu stellen (S. 32 f.). Diese Einwände blieben wirkungslos.

Das Straffreiheitsgesetz von 1954 geht einen erheblichen Schritt weiter als das Amnestiegesetz von 1949. Der problematische Kern des Gesetzes war der sogenannte Zusammenbruchsparagraph, durch den Tötungshandlungen, die in der Zeit vom 1. Oktober 1944 bis 31. Juli 1945 in der Annahme einer amtlichen Anordnung oder eines dienstlichen Befehls begangen worden sind, amnestiert wurden, sofern die Strafe nicht mehr als drei Jahre Gefängnis betrug. Die Struktur dieser Normierung wurde durch eine Exkulpationskonstruktion für sämtliche NS-Gewalttaten mitbestimmt, die ein an den NS-Großverbrechen unmittelbar Beteiligter, Werner Best, Theoretiker der fessellosen Exekutivgewalt, Stellvertreter Heydrichs im Reichssicherheitshauptamt, Organisator der Judendeportationen aus Frankreich und Reichsbevollmächtigter für Dänemark[4], zu Beginn der 50er Jahre in einer Denkschrift entwickelt hatte. Best führt die folgenreiche Unterscheidung zwischen sog. politischen Straftaten, die nicht aus persönlichen Motiven begangen wurden, und individueller Einzelkriminalität ein. Das Ziel der Unterscheidung besteht darin, die gesamten staatlich angeordneten Massenverbrechen als politische Delikte einer untergegangenen Epoche durch eine Generalamnestie der Sanktion zu entziehen. Best, promovierter Jurist, arbeitete in der Anwaltskanzlei des ebenso nationalistischen wie einflußreichen, mit dem Stinnes-Konzern verbundenen FDP-Abgeordneten Achenbach. Durch seine Eingaben an das von Thomas Dehler (FDP) geleitete Justizministerium beeinflußte Best als einer der führenden Schreibtischtäter die Amnestiekonzeption der Bundesregierung. Der zuständige Referent im Justizministerium, Ministerialrat Ernst Kanter, zuvor oberster Heeresrichter in Bests Machtbereich in Dänemark, nahm das Exkulpationsschema des einstigen Justiziars der SS auf. In seinem Entwurf eines Amnestiegesetzes von 1953 verhieß er jenen Tätern Straffreiheit, die, „durch nationalsozialistische Lehren irregeleitet oder durch amtliche Anordnung oder einen dienstlichen Befehl veranlaßt, Handlungen begangen hatten, denen sie sich nicht ohne Gefahr entziehen konnten“ (S. 115 Anm. 46). Der rechtstechnisch konkretisierte Begriff der sanktionsfreien, sog. politischen Straftat wurde im Amnestiegesetz von 1954 praktisch wirksam. Er wurde von einem breiten Konsens von den Rechtsparteien über die CDU/CSU bis zur ganz überwiegenden Mehrheit der Sozialdemokratie getragen. Das Ungeschehenmachen bestimmter NS-Gewaltdelikte durch Amnestie spielt sich im administrativen und politischen Zentrum des neuen demokratischen Staates ab. Isoliert in seiner Partei bezeichnet der SPD-Abgeordnete Otto-Heinrich Greve, anders als Adolf Arndt, der die nationalsozialistischen Verhältnisse mit den Worten zum unüberschreitbaren Bezugspunkt machte. Arndt erklärte, es sei „schlecht“, „etwas aburteilen zu wollen ..., ohne daß man die damalige Mentalität rekonstruieren könne“ (S. 122). Die Konsequenzen der Zusammenbruchsparagraphen bezeichnete dagegen der Abgeordnete Greve so: „Ich möchte den Richter sehen, der ..., nicht in der Lage ist, innerhalb des Rahmens von drei Jahren Freiheitsstrafe alles unterzubringen, was nach seiner Auffassung amnestiewürdig ist“ (S. 120). Und das hieß: „Tötung und Mißhandlung von Kriegsgefangenen, von Angehörigen der Ostvölker, von Juden, von Soldaten und von Zivilpersonen, gesetzwidrige Standgerichte usw.“ (S. 120).

Von dem zweiten Amnestiegesetz profitieren etwa 400000 Menschen. Der Zusammenbruchsparagraph wird 77 mal, 44 mal in Fällen von Totschlag ange-

4 Vgl. die Untersuchung von Ulrich Herbert Best. Biographische Studien über Radikalismus, Weltanschauung und Vernunft 1903 bis 1989, Bonn 1996.

wandt. Die großen Amnestiegesetze haben einen zentralen Nebeneffekt. Von ihnen geht eine die gesamte Gesellschaft ergreifende Signalwirkung für die generelle Zurückdrängung und Blockierung der Ahndung von NS-Verbrechen aus. In dem Jahr der Verabschiedung des Straffreiheitsgesetzes erreicht – gewiß nicht zufällig – die Verfolgung von NS-Verbrechen einen absoluten Tiefpunkt, der fast einem Stillstand der Strafrechtspflege in Sachen nationalsozialistischer Staatskriminalität gleichkommt.

In dem Klima der Aushöhlung der Erkenntnis des NS-Terrorsystems, wie sie zuvor vor allem in den Prozessen der USA gegen die ökonomischen, administrativen, medizinischen, militärischen und SS-Eliten ausgebildet war, findet die über mehrere Jahre sich erstreckende Auseinandersetzung zwischen der Bundesregierung und den Westalliierten um die Freilassung der Kriegsverbrecher statt. Auch hier bildet sich ein starkes Engagement der traditionellen Eliten, der Repräsentanten der evangelischen und katholischen Kirche, der Ministerialbürokratie, der Spitzenvertreter fast aller Parteien und der Bundesregierung für die einstigen Täter heraus. Dabei werden die Opfer, die in den Urteilen der Alliierten gegen die NS-Verbrecher kenntlich wurden, kaum mehr wahrgenommen.

Zwei Tatbestände sind symptomatisch: Während die Bundesregierung und die Kirchen eine 1949 vor allem von führenden Verteidigern in den Nürnberger Prozessen geschaffene Zentrale Rechtsschutzstelle für die Vertretung der verurteilten NS-Täter sogleich unterstützen, wird erst 1958, neun Jahre später – keineswegs rechtspolitisch geplant, sondern durch einen äußeren Anlaß bedingt – die Zentrale Stelle zur Aufklärung von NS-Verbrechen eingerichtet und der strafrechtliche Blick für die Opfer geschärft. Der schon vor Gründung der Bundesrepublik einsetzenden Kampagne zugunsten der von den Westalliierten vor Gericht gestellten Funktionsträger der NS-Diktatur treten die Militärregierungen entschieden mit dem Hinweis auf das Mord-und Repressionsgeschehen des Hitler-Regimes entgegen. Die Verteidigung des Rechtsstaats gegen die nach 1945 fortexistierende Logik des normfreien Maßnahmenstaates ist bei den Westalliierten besser aufgehoben als in den politischen und rechtlichen Institutionen der frühen Bundesrepublik. Der Angriff auf die Urteile der Alliierten kulminiert in einer grundsätzlichen, nur wenig eingeschränkten Infragestellung der gesamten Nürnberger Verfahren. Der Ratsvorsitzende der EKD, Bischof Dibelius, erklärt 1950 „alles, was vor den Militärgerichten geschehen“ sei, für „ungerecht“ (S. 170). Der Sprecher der katholischen Kirche, Bischof Neuhäusler, setzt, im geistigen Gleichklang, das Wort Kriegsverbrecher distanzierend in Anführungszeichen. Ein Abgeordneter der Regierungsfraktionen, Hans Ewers von der DP, fordert im Bundestag dazu auf, „das Wort ‚Kriegsverbrecher‘ zu vermeiden“; es sind, behauptete er, „im wesentlichen keine Verbrecher, sondern unschuldig Verurteilte“ (S. 280). Und der zuständige Justizminister Dehler erklärt angesichts des in Frankreich vorbereiteten Prozesses gegen Angehörige der 2. SS-Panzerdivision wegen des Massakers an 642 Menschen in Oradour: „Alle Gewalttaten“ sollten in einem „ewigen Vergessen“ begraben werden (S. 185). Gegenüber der Konfrontation mit den Alliierten vertritt Adenauer eine taktisch geschicktere Position. Er unterscheidet – wie die Fachbeamten im Justizministerium – zwischen den wenigen, angeblich aus asozialem Milieu stammenden Verbrechern und der überwiegenden Mehrheit der Nicht-Schuldigen. Der Staatssekretär im Justizministerium, Walter Strauß, unterstellt, munitioniert durch Verteidiger in Nürnberger Prozessen, daß lediglich 10 Prozent der Entscheidungen der Alliierten rechtlich vertretbar seien. Auf die Einzelurteile der Alliierten – etwa im Blick auf die Rolle der Justiz, des Oberkommandos des Heeres und der Einsatzgruppen im NS-Regime – geht Strauß mit keinem Wort ein.[5] So werden die NS-Verbrechen zu einem bloßen Randphänomen. Einer derartigen Umdeutung der alliierten Urteile stellt sich der britische Hochkommissar Kirkpatrik entschieden entgegen: „(F)ast alle Männer und Frauen, die hier in Frage stehen, sind überführt worden, entweder an der Ermordung hilfloser Kriegsgefangener oder der Ermordung oder Mißhandlung alliierter Staatsangehöriger in Sklaven-Arbeitslagern oder in Konzentrationslagern beteiligt gewesen zu sein“ (S. 286). Ähnlich engagiert und konkret verteidigt der amerikanische Hochkommissar McCloy nach einer Lektüre der Akten die dem staatlichen Schrecken angemessene Struktur der Nürnberger Nachfolgeprozesse. Das gleiche gilt für die von den USA ins Leben gerufene „Neue Zeitung“, die sich von den Exkulpationsartikeln, die sich in der Süddeutschen Zeitung nicht weniger als in der FAZ finden, in der konkreten Vergegenwärtigung der Großverbrechen des NS-Regimes unterscheidet.

Die Auseinandersetzung um die sog. Kriegsverbrecherfrage hätte Frei stringenter einordnen können, wenn er die Nürnberger Verfahren in ihren Ergebnissen nicht vorausgesetzt, sondern ihre materiellen Entscheidungsgründe herangezogen hätte. Damit hätte er die These von den überwiegend zu Unrecht Verurteilten direkt widerlegen können. Die soziale Funktion der Kampagne für die bürgerlichen NS-Täter wird von Frei treffend bestimmt: „Für die NS-Verbrechen sollten, soweit von den Alliierten dingfest gemacht, die unmittelbaren Mörder und Schläger büßen, die dem eingängigen Wunschbild zu Folge aus den Unterschichten kamen, daneben vielleicht noch ein paar Aufsteiger“, die sich die Hände schmutzig gemacht hatten. Die bürgerlichen Schreibtischtäter aber, die Ange-

5 Vgl. Joachim Perels, Verpaßte Chancen. Zur Bedeutung der Nürnberger Nachfolgeprozesse vor dem Hintergrund der ungenügenden Strafverfolgung von NS-Tätern in der Bundesrepublik Deutschland, Beitrage zur Geschichte der nationalsozialistischen Verfolgung in Norddeutschland H. 3/1997, S. 30 ff.

hörigen der Funktionseliten und natürlich ganz generell die Soldaten „sollten nun endlich vom Makel der Mitverantwortung befreit werden“ (S. 247). Die Legimitation der alliierten Verurteilungen der Vertreter der funktionellen NS-Eliten nimmt in dem Maße ab, in dem die Wiederbewaffnung vorangetrieben wird. Zur Herstellung der Wehrbereitschaft und der Gewinnung des militärischen Führungskorps sind die Alliierten – trotz einiger vollstreckter Todesurteile – immer mehr bereit, jene zu bloßen Kriegsverurteilten umdefinierten NS-Täter zu amnestieren. 1958, zwei Jahre nach dem Nato-Beitritt der Bundesrepublik, ist dieser Prozeß mit der Freilassung des Einsatzgruppenmörders Pohle abgeschlossen. Daß die zudeckende Form der Vergangenheitspolitik sich am Ende reibungslos durchsetzen kann, beruht nicht unwesentlich auf einer – durch die kurze Aufbruchsphase nach 1945 nur vordergründig zerfallene – Massenbasis, die den Nationalsozialismus überdauert. In ihr sind die Wahrnehmungsstörungen mit Blick auf die NS-Staatsverbrechen fest verankert. Dies belegen schon Meinungsumfragen: 1952 mißbilligen 59 Prozent die Behandlung des Kriegsverbrecherproblems durch die Westalliierten, gerade 10 Prozent sind damit einverstanden.

Der Rückhalt von NS-Tätern zeigt sich an einem exemplarischen Fall. Als der Fraktionsvorsitzende der SPD im Senat der Stadt Aurich, Wolfgang Heidepeter, die Polizei über einen aus der Werler Strafanstalt geflohenen Kriegsverbrecher, der von den Briten wegen der Erschießung eines sowjetischen Kriegsgefangenen zu lebenslanger Haft verurteilt worden war, informiert, löst er eine hysterische Kampagne aus. Der Sozialdemokrat wird zum Vaterlandsfeind gestempelt. Seine eigene Partei enthebt ihn aller Ämter und beantragt ein Parteiausschlußverfahren, die CDU-Fraktion bezichtigt ihn des „Verrats an einem deutschen Menschen“ (S. 285). Vor seinem Haus hängt ein Transparent mit der Inschrift: „Hier wohnt der Verräter“ (S. 285). Die Massenstimmung zugunsten von NS-Tätern – Adorno nennt dies den „Mangel an Affekt gegenüber dem Ernstesten“[6] – zeitigt auch bei führenden Politikern, die das NS-Regime unzweideutig negieren, eine fatale Wirkung. Carlo Schmid, Mitschöpfer des Grundgesetzes, humanistisch gebildeter Repräsentant der Sozialdemokratie, setzt sich für den Einsatzgruppentäter Dr. Martin Sandberger ein, der für die Ermordung von 963 Juden, 4070 Kommunisten und 400 Partisanen im Winter 1941/42 in Estland verantwortlich war. Auch wenn Schmid eine Strafbarkeit von NS-Taten bejaht, plädiert er in diesem Fall mit einer eigentümlichen Begründung – ähnlich wie der zunächst zögernde Theodor Heuss – für die Freilassung des Einsatzgruppenverbrechers. Als sei ihm Bests exkulpierende Unterscheidung von politischer und per-

6 Theodor W. Adorno, Was bedeutet: Aufarbeitung der Vergangenheit (1959), in: ders., Eingriffe, Frankfurt/M. 1963, S. 126.

sönlicher Straftat geläufig, meint Schmid, daß Sandberger kein „blindwütiger Fanatiker“, sondern ein „fleißiger, intelligenter und begabter Jurist“ sei, dem man die Chance geben solle, „sich im Leben neu (!) zu bewähren“ (S. 299 f.). Ein Gedanke an die zahllosen Opfer des Massenmörders Sandberger findet sich bei Carlo Schmid nicht.

Der ungleichen Behandlung der kriminellen Trägerschichten der nationalsozialistischen Staatsgewalt und ihrer Opfer entspricht der Umgang mit der Beamtenschaft des NS-Regimes und den Widerstandskämpfern. Die Rehabilitierung und Inkorporation des nationalsozialistischen Staatsapparats geht im Zuge der Gesetzgebung zu Art. 131 GG so weit, daß selbst Beamte der Geheimen Staatspolizei, die das Räderwerk des Maßnahmenstaates in Gang gehalten hatten, in den öffentlichen Dienst übernommen werden, sofern sie von Amts wegen in ihre Stellungen gelangt waren. Umgekehrt wird eine von der SPD geforderte Gesetzgebung zum Schutz der moralischen und rechtlichen Integrität der Widerstandskämpfer von Justizminister Dehler abgelehnt. In dem SPD-Entwurf eines Gesetzes „zur Wiedergutmachung nationalsozialistischen Unrechts in der Strafrechtspflege“ von 1950, der den Widerstand gegen die NS-Gewaltherrschaft als rechtmäßiges Handeln qualifiziert und alle Strafurteile, die auf politisch oder rassisch diskriminierenden Gesetzen beruhen, für nichtig erklärt, sieht Dehler eine Gefahr für das „ganze Gefüge der Rechtsordnung“ (S. 319 f.). Diese Haltung der Bundesregierung ist von bestürzender Paradoxie, die aber der Logik der Vergangenheitspolitik entspricht: Die Entlegitimierung der nationalsozialistischen Rechtsordnung gilt als Gefahr für die liberaldemokratische Rechtsordnung. Wäre – so ließe sich auf der Basis von Freis Befund sagen – der Entwurf der SPD Gesetz geworden, wäre normativ die zweite Verurteilung der Widerstandskämpfer durch die bundesdeutsche Justiz, die die Gültigkeit der NS-Repressionsurteile fast ausnahmslos bestätigte,[7] rechtlich ausgeschlossen gewesen.

Auch wenn Freis resümierende Einleitung eine prononciertere Kritik am herrschenden Umgang mit der NS-Vergangenheit enthält als seine Schlußbemerkungen, in denen z.T. das Moment der Erklärung – etwa im Blick auf die Massenbasis der herrschenden Politik der Verdrängung des NS-Terrors – von dem der Bewertung nicht scharf genug unterschieden wird, liegt das Ergebnis dieser wichtigen Studie offen zu Tage: Sie schlägt eine empirisch gehaltvolle Schneise

7 Günter Frankenberg/Franz Josef Müller, Juristische Vergangenheitsbewältigung, Kritische Justiz H. 2/1983, S. 145 ff.; G. Spendel, Rechtsbeugung durch Rechtsprechung, Berlin 1984; Joachim Perels, Die schrittweise Rechtfertigung der NS-Justiz, in: Peter Nahamowitz/Stefan Breuer (Hg.), Politik – Verfassung – Gesellschaft, Baden-Baden 1995, S. 51 ff.; Christoph Schminck-Gustavus, Der Prozeß gegen Dietrich Bonhoeffer und die Freilassung seiner Mörder, Bonn 1995.

in die verkürzte affirmative Geschichtsdarstellung der frühen Bundesrepublik. Wenn Kurt Sontheimer in seiner Kritik an Freis Untersuchung, deren Befunde er gar nicht in Zweifel zieht, meint, daß es zu den Pflichten des Rechtsstaats gehöre, „sich für seine beschuldigten Staatsangehörigen zu verwenden und auf die Stimmung in der Bevölkerung zu achten,"[8] so zeigt dies, wie schwer es auch kritischen Autoren aus der Gründergeneration der Bundesrepublik fällt, die Fragwürdigkeit der Vergangenheitspolitik der Ära Adenauer zu erkennen. Es ist eine Binsenwahrheit, daß es nicht zur Aufgabe eines Rechtsstaats gehört, sich für tatsächliche NS-Verbrecher zu „verwenden"; sie haben Anspruch auf ein korrektes Verfahren, in dem es aber auch darum geht, die Wiederherstellung der Integrität der Opfer durch eine Sanktion möglich zu machen. Die Bevölkerungsstimmung hat mit dem Geltungsanspruch rechtsstaatlicher Normen nichts zu tun. Wenn diese Stimmung gar im Widerspruch zum Gebot der Ahndung staatlicher Verbrechen steht, darf sie rechtlich keine Rolle spielen. Freis Untersuchung legt dies Resümee nahe: Die rechtsstaatlich-demokratische Ordnung spielt bei der Aufarbeitung der NS-Verbrechen vielfach keine Rolle. Die Durchbrechung strafrechtlicher Sanktionsprinzipien zugunsten bestimmter Gruppen von NS-Tätern ist in die Gründungsurkunde der Bundesrepublik eingezeichnet. Ihre gerühmte Stabilität beruht nicht zuletzt darauf, daß sich der Maßnahmenstaat zugunsten der Täter und zu Lasten der Opfer trotz der Bindung des neuen Staates an die Grundrechte in bestimmten Bereichen fortsetzt: wie beim Freispruch eines SS-Mörders von der Rob durch den Bundesgerichtshof, der dem NS-Staat ein „Recht auf Selbstbehauptung" zuerkannte wie bei der Verwandlung des der SS angehörenden Adjutanten des Konzentrationslagers, dem das Landgericht Frankfurt/M. attestiert, er habe seine Taten – wie die Heranschaffung von Zyklon B zur systematischen Tötung der Juden – nicht als eigene gewollt (s. hierzu, Joachim Perels, Die schrittweise Rechtfertigung der NS-Justiz, in: Politik – Verfassung – Gesellschaft. Otwin Massing zum 60. Geburtstag, hrsg. v. Peter Nahamowitz und Stefan Breuer, Baden-Baden 1995, S. 51 ff., Joachim Perels, Der Auschwitz-Prozess zwischen Aufklärung und Erkenntnisabwehr, in: ders., Entsorgung der NS-Herrschaft?, Hannover 2014, S. 206 ff.). So ist die frühe Bundesrepublik nur ein halbierter demokratischer Rechtsstaat, der im privaten und öffentlichen Normalbereich funktioniert, der aber gegenüber der außerordentlichen Staatskriminalität der NS-Zeit oftmals leerläuft. Freis Studie liest sich spannend – nicht zuletzt, weil er sich nicht in den Elfenbeinturm bloßer Beschreibung zurückzieht, sondern pointiert und begründet urteilt. An dieser exzellenten Untersuchung zum Sieg der „vitalen Vergeßlichkeit" nach einer „kurzen

8 Kurt Sontheimer, Ausgebliebene Sühne, Die Zeit v. 4.10.1996.

Phase der moralischen Dünnhäutigkeit" (Sternberger, S. 15) kann keine Rechtsgeschichte der Bundesrepublik vorbeigehen.

Henry Friedlander, Der Weg zum NS-Genozid. Von der Euthanasie zur Endlösung, Berlin Verlag, Berlin 1997, 640 Seiten

Als 1955 im Suhrkamp Verlag ausgewählte Schriften von Walter Benjamin in zwei Bänden, herausgegeben von Theodor W. Adorno und Gershom Scholem, erscheinen, ist die Resonanz gering. Etwa 200 Exemplare werden verkauft. Eine ähnliche Erfahrung macht Raul Hilberg. Als sein Werk „Die Vernichtung der europäischen Juden“ über 20 Jahre nach der amerikanischen Erstausgabe von 1961 in einem kleinen Berliner Verlag (Olle und Wolter) auf Deutsch erscheint, wird das Buch nur begrenzt wahrgenommen; dies geschieht erst 1990 durch die Veröffentlichung im S. Fischer Verlag. Dass Bücher von großer analytischer Bedeutung zuweilen ihr Publikum nicht wirklich erreichen, gilt in gewisser Beziehung auch für die große Untersuchung von Henry Friedlander, die historischen Fachleuten zwar bekannt ist, aber in der Öffentlichkeit nur unzureichend wahrgenommen wurde – anders als marktgängig geschriebene, halbkritische Bücher über den Nationalsozialismus.[1] Vergleichbar nur mit den Studien Hilbergs hellt Friedlander die Funktionsmechanismen und personellen Verantwortlichkeiten der nationalsozialistischen Politik des Massenmords umfassend auf.

Friedlander widmet sein Buch seiner Mutter: „In memoriam Ruth Friedländer, geb. Löwenthal, Brandenburg 1902, Birkenau 1944.“ Er überlebt, 15 Jahre alt, das Konzentrationslager Auschwitz. Seine Analyse bekommt dadurch ein besonderes Gewicht, dass sich in ihr die eigenen Erfahrungen mit den rechtszerstörenden Institutionen des NS-Regimes mit dem Anspruch sachlich genauer Darstellung verbinden. Damit besitzt Friedlanders Werk die gleiche, durch eigene Anschauung verstärkte Objektivität, die jene großen Arbeiten über die NS-Herrschaft charakterisiert, die, durch den Prozess der Verfolgung geschärft, von Franz L. Neumann, Ernst Fraenkel und Eugen Kogon verfasst wurden, um nur einige zu nennen. Friedlanders Sprache, über deren Angemessenheit er in einem Einleitungsabschnitt nähere Reflexionen anstellt, zeichnet sich durch eine analytische Diktion aus, die bewusst auf die Einfügung wertender Adjektive verzichtet, um die Formen und Wirkungen des staatlichen Mordprogramms in unmittelbarer Deutlichkeit in den Blick zu rücken. So ist das Urteil über das gesamte Geschehen angemessener gefasst als in punktuellen moralischen Qualifikationen.

---

1 Vgl. Joachim Perels, Die NS-Despotie als „Volksstaat“? Erkenntnisgewinn und ideologische Tendenzen bei Götz Aly, oben, S. 15 ff.

Seinen Ansatz hat Friedlander selber beschrieben: „Etwa Mitte der achtziger Jahre hatte mein Quellenstudium mich zu der Überzeugung gebracht, dass zwischen dem Euthanasieprogramm und dem Genozid des NS-Regimes ein enger Zusammenhang bestand; mir war klargeworden, dass die Ideologie, der Entscheidungsprozess, das Personal und die Tötungstechnik die Euthanasie mit der ‚Endlösung' verbanden" (S. 11). Die Quellen für Friedlanders Untersuchung, die zum größten Teil in Justizakten von Staatsanwaltschaften und der Zentralen Stelle der Landesjustizverwaltungen zur Aufklärung von NS-Verbrechen bestehen, sind von Historikern oftmals kaum ausgewertet worden, weil die juristische Darstellungsweise in mancher Beziehung als terra incognita behandelt wird. Diese Erkenntnisschranken finden sich bei Friedlander nicht – wiederum in gewisser Parallele zu Raul Hilberg, der sich in starkem Maße auf die Nürnberger Prozesse stützt.[2] Friedlander transzendiert die oftmals künstlichen Unterscheidungen von juristischer und historischer Methodik, die mit unterschiedlichen Kategorien auf den gleichen Sachverhalt – der Mordaktionen des NS-Regimes – bezogen sind. So ist es konsequent, dass er den früheren juristischen Leitern der Ludwigsburger Stelle, Adalbert Rückerl, Alfred Streim und Willi Dreßen, die selber wegweisende Untersuchungen zur Aufarbeitung von NS-Verbrechen vorgelegt haben, für ihre Hilfe dankt.

Den Anstaltsmord analysiert Friedlander als einen arbeitsteiligen, gesellschaftlich-politischen Gesamtprozess, in dem die Funktionseliten des Regimes – von der Ministerialbürokratie des Innenministeriums über den administrativen Euthanasie-Apparat in der Berliner Tiergartenstrasse 4 bis zur Justizverwaltung, Teilen der Kirchen, völkisch orientierten Wissenschaftlern und den Gruppen der Tötungsärzte vor Ort – praktisch und legitimatorisch zusammenwirken. Zugleich werden die Handlungsgründe derjenigen, die an der staatlich organisierten Zerstörung des Rechts auf Leben beteiligt sind, empirisch untersucht, vor allem am Beispiel der Rolle der Ärzte. Friedlander zeigt, dass die medizinischen NS-Täter wesentlich durch zwei aufeinander bezogene Antriebsmomente bestimmt waren. Die Täter folgten ihrer nationalsozialistischen Überzeugung, aus der ihre Identifikation mit den Zielen der NS-Führung resultierte. So konnten sie diejenigen, deren Leben für unwert erklärt wurde, ohne jeden inneren Vorbehalt töten. Die Übereinstimmung mit den weltanschaulichen Positionen des Regimes verband sich mit einer Karriereorientierung, in der die Erfüllung des Mordauftrags mit der Gratifikation eines machtsteigernden, auch finanziell vorteilhaften Aufstiegs im NS-Staat verbunden war. In der Anklageschrift der von Fritz Bauer geleiteten hessischen Generalstaatsanwaltschaft gegen die administrativen Leiter der NS-Euthanasie vom 15. Februar 1966 werden deren Motive, die auch für die betei-

2 Raul Hilberg, Die Vernichtung der europäischen Juden (1961), 3 Bde, Frankfurt/M. 1990.

ligten Ärzte Gültigkeit besitzen, folgendermaßen charakterisiert: „Auf Grund der nationalsozialistischen Gesinnung, die in ihrem frühen Eintritt und ihren führenden Stellungen in der NSDAP und ihren Gliederungen zum Ausdruck kam, ihrer ‚positiven' Einstellung zur ‚Euthanasie' und ihres unbedingten Gehorsams zu ihrem ‚Führer' machten sie bereitwillig mit und benutzten – trotz fehlender eigener Kenntnisse und Erfahrungen – ihren Einfluss und ihre Stellungen, um den Tötungsaktionen zum Erfolg zu verhelfen, zumal sie durch ihre Mitarbeit persönliche Vorteile – Beförderung, Zuwendungen, Freistellung vom Frontdienst und nicht zuletzt persönliche Macht und Einfluss – einhandelten" (S. 320).

In welchem Maße die Morde an psychisch Behinderten von den Beteiligten nicht nur gebilligt, sondern mit großem Eifer zur eigenen Sache gemacht werden, zeigt ein Vorfall in der Tötungsanstalt Hadamar, über den Friedlander berichtet: „Das Personal von Hadamar veranstaltete eine Feier anlässlich des zehntausendsten ermordeten Kranken. Auf Befehl der Ärzte versammelten sich alle Mitarbeiter in dem im Keller gelegenen Krematorium, um an der Einäscherung dieses Jubiläumsopfers teilzunehmen. Der nackte Leichnam lag auf einer mit Blumen geschmückten Bahre. Der Aufseher hielt eine Ansprache, und ein als Pfarrer verkleideter Mitarbeiter vollzog eine Zeremonie. Alle Teilnehmer erhielten eine Flasche Bier." (S. 189)

Die von den Verantwortlichen organisierte Vorbereitung und Ausführung des Tötungsprozesses waren mit flankierenden Legitimationsformen verbunden, die eine Voraussetzung für den reibungslosen Ablauf waren. Die ideologische Begriffsbildung der zeitgenössischen Psychiatrie begünstigte es, dass der Anstaltsmord in Gang gesetzt werden konnte. Friedlander konstatiert: „Die Psychiatrie lag in den Hände von Ärzten, die dazu ausgebildet waren, die Ursachen und Behandlungsmöglichkeiten geistiger Störungen ausschließlich aus biologischer und chemischer Sicht zu betrachten. Als Fachärzte auf einem oder beiden der eng verwandten Gebiete Psychiatrie und Neurologie fürchteten sie die Einmischung von Psychotherapeuten, denn die Psychotherapie galt als eine Beschäftigung ohne wissenschaftlichen und weltanschaulichen Wert. Ein führender Psychiatrieprofessor, der sich an den Tötungsaktionen von T 4 beteiligte, stellte diese feindliche Haltung folgendermaßen dar: ‚Auch die moderne Psychotherapie … ist durch Einflüsse von Freud und Adler noch stark mit jüdisch gefärbtem Gedankengut durchsetzt. Sie ist weitgehend individualistisch ausgerichtet und ihre Psychagogik durchaus nicht biologisch angemessen." (S. 142 f.)

Der biologistischen Auflösung des gleichen Rechts auf Leben entsprach die juristische Absicherung des Mordprogramms durch den amtierenden Justizminister Schlegelberger, der die Oberlandesgerichtspräsidenten und Generalstaatsanwälte 1941 darauf verpflichtet, das Legalitätsprinzip im Blick auf die Tötungen psychisch Behinderter – unter Hinweis auf eine geheime Ermächtigung Hitlers –

außer Kraft zu setzen. Die Spitzen der Justiz erhoben dagegen keinen rechtlichen Einwand und sicherten damit die staatliche Aufhebung der Normen zum Schutz des Lebens, wie sie im Strafgesetzbuch niedergelegt sind, umfassend ab (S. 207 ff.).[3]

Die Frage, ob es im NS-Regime Möglichkeiten gab, sich zu weigern, am Anstaltsmord mitzuwirken, wird besonders mit zwei Exempeln aus dem Bereich der Tötungszentren und der Justiz beantwortet. Der Krankenpfleger Franz Sitter, der im Oktober 1940 seine Tätigkeit in der Tötungsanstalt Hartheim aufnahm, bat, als er mit den Mordvorgängen konfrontiert wurde, um seine Entlassung. Die Leitung der Anstalt versuchte, ihn zu halten, indem sie „auf die ‚finanziellen Vorteile' und die Freistellung vom Wehrdienst hinwies. Sitter blieb bei seinem Wunsch nach Entlassung und wurde nach Ybbs (seinem Heimatort) zurückgeschickt" (S. 379). Die Ablehnung der Beteiligung an der NS-Euthanasie zog keine Sanktionen nach sich. Als der Amtsrichter Lothar Kreissig sich weigerte, seine Mündel an Tötungsanstalten auszuliefern und gleichzeitig gegen die Verantwortlichen bei der Staatsanwaltschaft Potsdam eine Anzeige wegen Mord einreichte, wurde er vom Reichsjustizminister in den vorzeitigen Ruhestand versetzt. Er behielt seine Bezüge und konnte sich weiter in der Bekennenden Kirche betätigen. Die Auslegung des fünften Gebots – Du sollst nicht töten – durch die Bekenntnissynode der altpreussischen Union vom 16./17. Oktober 1943 trägt seine Handschrift. Öffentlich erklärte die Synode: „Begriffe wie ‚Ausmerzen', ‚Liquidieren' und ‚Unwertes Leben' kennt die göttliche Ordnung nicht. Vernichtung von Menschen, lediglich, weil sie Angehörige eines Verbrechers, alt oder geisteskrank sind oder einer anderen Rasse angehören, ist keine Führung des Schwerts, das der Obrigkeit von Gott gegeben ist."[4]

Minuziös zeigt Friedlander, in welchem Maße die Ermordung der Juden von dem im rechtswidrigen Töten erfahrenen Personal der Euthanasie-Aktion durchgeführt wurde. Als SS- und Parteiführer „von Lublin war Globocnik der militärische Vorgesetzte des T 4-Personals; sein Büro leitete die Deportationen … In jeder Hinsicht blieb das Personal eine T4-Einheit. Die KdF (Kanzlei des Führers) gab ihre Zuständigkeit in Personalfragen nicht ab … T4 bezahlte weiterhin Gehalt und Zulagen der Mitarbeiter und schickte diese auch in das T 4-Ferienheim in Österreich" (S. 470 f.). Die Übernahme großer Teile des Personals der Euthanasie-Aktion beruhte auf der Intention, ideologisch bewährte Kräfte einzusetzen,

---

3 S. hierzu Helmut Kramer, Oberlandesgerichtspräsidenten und Generalstaatsanwälte als Gehilfen der NS-"Euthanasie", Kritische Justiz H. 1/1984, S. 25 ff.

4 Kirchliches Jahrbuch 1933–1944, hrsg. v. Joachim Beckmann, Gütersloh 1948, S. 401; Konrad Weiß, Prophet der Versöhnung, Stuttgart 1983, S. 182 ff.

die „der Glaube an die menschliche Ungleichheit und die Entschlossenheit zur Reinigung des Erbguts des deutschen Volkes“ (S. 466 f.) verband.

Die Arbeit von Friedlander bekommt noch eine zusätzliche Bedeutung. Sie steht im Kontrast zur vielfach verzerrten Wahrnehmung des Anstaltsmords durch die Justiz der Bundesrepublik.[5] Hatten die westdeutschen Strafgerichte in der unmittelbaren Nachkriegszeit die massenhaften Tötungen psychisch Behinderter ohne jede Einschränkung als rechtswidrige Handlungen der verantwortlichen Täter geahndet, so bildeten sich seit Ende der 40er Jahre über Jahrzehnte hinweg eine Fülle juristischer Mechanismen aus, mit denen die Justiz die Mitwirkung an der Beseitigung des Rechts auf Leben von psychisch Behinderten nur begrenzt sanktionierte und gegebenenfalls auch der Strafbarkeit entzog. Die wichtigste Weichenstellung der Judikatur, die in der gesamten Rechtsprechung zu den nationalsozialistischen Gewaltverbrechen dominierte,[6] bestand darin, Täter, die, ihrer nationalsozialistischen Überzeugung folgend, die jeweiligen Mordhandlungen begingen, durch Umdeutung in Gehilfen zu verwandeln, die angeblich kein eigenes Interesse am Taterfolg hatten. Damit wurden die Täter von ihrem weltanschaulichen Motivationszusammenhang, der insbesondere in der Mitgliedschaft in der SS zum Ausdruck kam, abgetrennt und zu willenlosen Marionetten der NS-Führung gemacht. Durch diese Beihilfe-Konstruktion konnten eine Fülle ostentativ milder Urteile ergehen, deren Sanktionen zu bloßen „Streichelstrafen für Mördernazis“ (Ernst Bloch) wurden. Die administrativen Leiter der NS-Euthanasie, die den Massenmord organisierten, wurden durch die Justiz ebenso zu Gehilfen zurückgestuft wie Ärzte, die die Tötungen befohlen und ausgeführt hatten. Durch die Untersuchung von Friedlander wird das ganze Ausmaß der in der Justiz inflationär verwendeten Gehilfenkonstruktion deutlich. Mit ihrer Hilfe wird die persönliche Verantwortung für den Anstaltsmord negiert. In empirischer Dichte und analytischer Genauigkeit wird bei Friedlander deutlich, dass die Behauptungen der Strafjustiz der Bundesrepublik, dass die Meisten am Anstaltsmord Beteiligten durch eine fehlende Identifikation mit der NS-Euthanasie bestimmt waren und nicht ihrem, sondern einem fremden, durch das Hitlerregime bestimmten Willen folgten, im Widerspruch zu den historischen Tatsachen der politischen Identifikation des Leitungspersonals mit der Vernichtung „Lebensunwerten Lebens“ stehen.

Am Ende wird die Frage, ob die massenhaften Tötungsverbrechen sich einem Verstehen erschließen, erörtert.

---

5 S. hierzu detailliert Susanne Benzler, Justiz und Anstaltsmord nach 1945, Kritische Justiz H. 2/1988, S. 137 ff.

6 Vgl. dazu Kerstin Freudiger, Die juristische Aufarbeitung von NS-Verbrechen, Tübingen 2002, S. 143 ff.

Übereinstimmend mit H. G. Adler und Raul Hilberg, die davon sprechen, dass die Vernichtung der europäischen Juden zwar erkannt, vielleicht auch begriffen, aber bestimmt nicht verstanden werden kann,[7] konstatiert Friedlander: „Trotz aller Bemühungen können wir noch immer nicht begreifen, warum scheinbar normale Männer und Frauen fähig waren, solche außerordentlichen Verbrechen zu begehen. Weder Ideologie noch Eigeninteresse sind eine zureichende Erklärung für ein derartiges Verhalten. Die Mörder von T4 hatten wirkliche Opfer vor sich, sahen ihren Todeskampf, wurden Zeugen des blutigen Mordvorgangs ... Den Nazimördern konnte nicht verborgen bleiben, was sie taten, selbst wenn ihnen die Vorstellungskraft fehlte. Sie konnten sehen, wie ihre Handlungen sich auf reale Menschen auswirkten. Sie verstanden die Folgen ihres Tuns." (S. 392)

Diese Form des Umgangs mit den nationalsozialistischen Mordverbrechen, die die Grenze rationaler Analyse benennt, ohne sie etwa beiseite zu schieben und durch den anthropologischen Substanzbegriff des Bösen zu ersetzen, ist äußerst angemessen. Damit wird die Dimension der vom NS-Staat initiierten und verübten Verbrechen zutreffender bezeichnet als in einer verkürzt rationalistischen Kennzeichnung der Täter.[8]

In den Vereinigten Staaten ist mittlerweile eine Paperback-Ausgabe von Friedlanders Buch erschienen. Es ist zu wünschen, dass zur Verbreitung des Buchs auch in der Bundesrepublik eine solche Ausgabe verfügbar wird.

---

7 Raul Hilberg, Unerbetene Erinnerung, Frankfurt/M. 1994, S. 175.

8 Zur Kritik an dem Ideologem einer sog. Normalität der Täter s. Nele Reuleaux, Nationalsozialistische Täter, Giessen 2006. Normalität der NS-Täter? Eine kritische Auseinandersetzung, hrsg. v. Rolf Pohl und Joachim Perels, Hannover 2011.

Harald Welzer, Verweilen beim Grauen. Essays zum wissenschaftlichen Umgang mit dem Holocaust, edition Diskord, Tübingen 1997, 115 Seiten

Harald Welzer hat in den letzten Jahren eine Reihe wichtiger Arbeiten zu den inneren Mechanismen des NS-Systems vorgelegt. Sein methodisches Prinzip bestimmt er so: „(D)er interpretativen Sozialforschung (kann es) … nur um die Entschlüsselung der Wahrnehmungsweise der Akteure gehen, wie sie ist, und nicht um deren Bewertung“ (S. 54). Durch diese methodische Weichenstellung wird die sogenannte Bewertung des Systems von Auschwitz, Treblinka, Majdanek und der Vernichtungsverbände des Reichssicherheitshauptamtes aus der Analyse ausgeklammert. Erst „jenseits zweckdienlicher moralischer Rigorismen“ könne „über die deutsche Geschichte dieses Jahrhunderts“ (S. 26) zureichend reflektiert werden. Welzer spricht gegenüber bisherigen Wahrnehmungs-und Erkenntnisformen des Holocaust vom „Dualismus von moralischem Rigorismus und interpretativem Leerlauf“ (S. 67). So verschwindet die im Verwaltungsmassenmord sichtbare anti-normative Realität der Zerstörung des Rechts auf Leben „wissenschaftlich“ weitgehend aus dem Blick. Auf der Basis der einfachen Trennung technischer und normativer Fragestellungen entwickelt Welzer die zentrale These, daß die Ermordung der europäischen Juden auf den verschiedenen Stufen der Befehlshierarchie durch die verantwortlichen Täter sich in einer Sphäre der Normalität vollzog. Welzer geht, unter Berufung auf Goldhagen, davon aus, daß der „Massenmord tatsächlich von Menschen vollzogen worden ist, die damit allem Anschein nach keine schwerwiegenden Probleme hatten“ (S. 11). Welzer meint, „daß der Vorgang des Massenmords sich nicht im Rahmen außenweltlicher Amoralität und einer historischen Auszeit vollzog, sondern im Kontext einer Normalität, die sich von der gegenwärtigen in vielerlei Belangen so sehr nicht unterscheidet“ (S. 20). Welzer arbeitet die deskriptiv erkennbare Handlungsmotivation der Täter schärfer heraus, als dies bisher geschehen ist. Auf dieses Moment des Vernichtungsprozesses ist sein Begriff von Normalität bezogen. Ähnlich wie bei Hannah Arendt bezeichnet Normalität sowohl das nicht-kriminelle, kleinbürgerliche und bürgerliche Herkunftsmilieu der administrativen und exekutierenden Mörder als auch die Folgebereitschaft der verschiedenen Tätergruppen.[1]

Mit der Hypostasierung dieser Sichtweise entgeht Welzer jedoch die für die Shoah bestimmende Dialektik der technischen „Normalität" der Täter und der millionenfachen Zerstörung der Normalexistenz der Opfer. Bei Hannah Arendt, der Welzer den Titel der Aufsatzsammlung entlehnt, wird dagegen die berufsmäßige Rolle der Tötungsstrategen stets mit der Frage moralischer und rechtlicher Verantwortung gegenüber den Ermordeten zusammengedacht.[2]

Die a-moralische Verwendung des Begriffs der Normalität für jene, die die Juden zu Tode brachten, führt dazu, daß die Teilnahme am staatlichen Massenmord wesentlich in alltagssprachlichen, aus der Binnenperspektive der Täter gewonnenen Kategorien dargestellt wird. Die konstitutiven Beziehungen zwischen den Tätern und den einzelnen Opfern treten in den Hintergrund. Allein bei der Beschreibung der Juden, die in einem Sonderkommando in Auschwitz in die Rolle von Gehilfen bei der Ermordung ihrer Mit-Juden gezwungen werden, rückt das Verhältnis zwischen ihnen und ihren menschlichen Objekten anschaulich und nicht ohne Empathie in den Blick – bis zu den lebenslangen Verstörungen, welche die durch die Mitwirkung an der Tötung ihrer Leidensgenossen noch weiter erniedrigten Juden in sich tragen.

Ansonsten bleiben die psychischen Kosten der Tat für die Täter unbeleuchtet. Historisch konkrete Untersuchungen, die die unterschiedlichen Reaktionsformen in den Ausrottungskommandos analysieren, die sich in Entsetzen, Gewöhnung oder Ablehnung des Mordauftrags äußerten, werden nicht für die Frage der psychischen Verfaßtheit der Täter herangezogen.[3] Auch die großen Prozesse in der Bundesrepublik gegen Verantwortliche von Auschwitz und von Majdanek, aus denen sich die psychische Struktur der Täter in erheblichem Maße erschließen läßt, werden nicht ausgewertet.

Studien zu den Mechanismen der Täterpsychologie, die etwa Erich Fromm und Ernst Simmel vorgelegt haben, finden nicht einmal Eingang in das Literaturverzeichnis.[4] Dabei wäre eine Auseinandersetzung mit Fromms Analyse der

---

1 Hannah Arendt, Organisierte Schuld (1946), in: dies., Sechs Essays, Heidelberg 1948, S. 33; Hannah Arendt, Fernsehgespräch mit Thilo Koch (1964), in: dies., Ich will verstehen, hrsg. v. Ursula Ludz, München 1996, S. 40 f.

2 Ebd., S. 42 f.; Hannah Arendt, Was heißt Verantwortung unter einer Diktatur? (1964), in: dies., Nach Auschwitz, hrsg. v. Eike Geisel und Klaus Bittermann. 1989, S. 81 ff.

3 Christopher Browning, Ganz normale Männer. Das Reservepolizeibataillon 101 und die „Endlösung" in Polen (1992), Reinbek 1993; zur Analyse eines fungiblen, nicht aber „normalen" Auschwitz-Selbsts, das die Normen zivilisierten Zusammenlebens negiert, vgl. eingehend Roben Jay Lifton, Ärzte im Dritten Reich (1986), Berlin 1998, S·477 ff.

4 Erich Fromm, Anatomie der menschlichen Destruktivität (1973), Stuttgart 1974, insbes. S. 27 ff.; Ernst Simmel, Antisemitismus und Massenpsychopathologie, in: ders. (Hg.), Anti-

psychischen Struktur von Himmler – als eines durch Sadismus als umfassendes Herrschaftsverlangen aus Ich-Schwäche bestimmten NS-Funktionärs, der eine gerade nicht normale seelische Verfassung besitzt – angezeigt gewesen, zumal der Auschwitz-Kommandant Höß und andere Organisatoren des Massenmords in diesen Kategorien möglicherweise zu begreifen sind. Simmels 1946 in unmittelbarem Blick auf die Shoah geschriebene Untersuchung „Antisemitismus und Massenpsychopathologie“ bleibt ebenfalls ungelesen, obgleich in ihr die Frage nach der Normalität bzw. der Nicht-Normalität der Mörder im Staatsauftrag systematisch behandelt wird. Simmel zeigt, daß bei den Tätern Normalität und Pathologie eigentümlich verschränkt waren. Im Alltag, außerhalb der gegen die Juden gerichteten Projektionsmechanismen, wirkten die Menschen normal, während eine psychoseähnliche, a-normale Auflösung des Ichs zur Herstellung einer antisemitischen Gruppenidentität führte, die die Auslöschungsbereitschaft der Mordkommandos bedingte. Die Massenmörder waren von einem selbstreflexiven Ich vollständig getrennt.

Ein analytischer Blick auf den Antisemitismus als einem System „pathischer Projektion“ (Horkheimer/Adorno)[5] hätte es unmöglich gemacht, die grobeinfache These von der Normalität der Täter aufrecht zu erhalten.

Der Antisemitismus aber, der als eine Antriebskraft für die Täter, die Kommandeure der Vernichtungslager, die Einsatzgruppen, die Bürokratie nur um den Preis der Wirklichkeitszerstörung wegzudenken ist, spielt für Welzer keine wesentliche Rolle.

Die Frage einer – wie immer zu gewichtenden – Konstituierung der Täter durch den Judenhaß bleibt ungestellt. Dabei kann die Disposition derer, die den Vernichtungsprozeß lenkten, von dem amtlich hergestellten, entwürdigenden Bild der Opfer nicht getrennt werden. Ohne die vorherige Ent-Menschlichung der Juden, die zu Feinden gemacht, nur noch Objekte von Tötungshandlungen waren, wäre die Shoah nicht möglich gewesen.

An die These der tendenziellen Normalität der NS-Täter schließt sich Welzers Bestimmung der Rolle der Wissenschaft im Prozeß der Vernichtung der Juden in

---

semitismus (1946), Frankfurt/M. 1993, S. 58 ff.; s. hierzu Rolf Pohl, Normalität und Massenpathologie – Ernst Simmel, in: Judentum und politische Existenz. Siebzehn Portraits deutsch-jüdischer Intellektueller, hrsg. v. Michael Buckmiller, Dietrich Heilmann und Joachim Perels, Hannover 2000, S. 231 ff.

5 Max Horkheimer/Theodor Adorno, Dialektik der Aufklärung (1944), Amsterdam 1947, S. 220 ff.; zur Gesamtgeschichte des staatlich gelenkten Antisemitismus vgl. Detlev Clausen, Grenzen der Aufklärung. Zur gesellschaftlichen Geschichte des modernen Antisemitismus, Frankfurt/M. 1987; Saul Friedländer, Das Dritte Reich und die Juden. Die Jahre der Verfolgung 1933 bis 1939, München 1998; Saul Friedländer, Die Jahre der Vernichtung. Das Dritte Reich und die Juden 1939–1945, München 2006.

gewissem Sinne an. Es heißt, daß sich der bürokratisierte Genozid „der fortgeschrittensten Wissenschaft jener Zeit“ (S. 21) bediente. Ohne jedes Erkennen der aus unterschiedlichen reaktionären Versatzstücken zusammengesetzten Irrationalismen der NS-Ideologie meint Welzer, daß die NS-Utopie „eine vollkommen rational organisierte Ordnung zum Gegenstand habe“ (S. 96). Welzer spricht daher auch von einer „rationalen Entscheidung zum Mord“ (S. 13). Geblendet vom Selbstbild des NS-Systems entgeht Welzer die Unterscheidung zwischen der technischen Rationalität von Wissenschaft, die vor allem in der Medizin, in der Rechtswissenschaft, in der Natur- und Ingenieurswissenschaft für beliebige, insbesondere verbrecherische Ziele der Ausrottung von Menschen eingesetzt wurde und einer, die gesellschaftlichen Ziele intersubjektiv begründenden Wissenschaft, die die demokratische Festlegung gesellschaftlicher Zwecke zum Gegenstand hat.[6] Die NS-Tötungsstrategen folgten den Prinzipien der technischen Rationalität, die in einem Gesamtsystem „geregelten Wahnsinns“ (Schelling) fungierten.

Der instrumentelle Wissenschaftsbegriff der NS-Herrschaft kann mit Blick auf die Ermordung der Juden nur übernommen werden, wenn von der konstitutiven Wucht „bürokratisierter Rechtlosigkeit“ (Fraenkel) abgesehen wird. So aber schrumpft der Holocaust zu einem gleichsam technischen Vorgang, der von „wissenschaftlich“ determinierten Tätern gelenkt wird.

Das Selbstverständnis der Täter wird in bestimmtem Maße mit dem wirklichen Geschehen der Shoah identifiziert. Welzer schreibt: „Auch die Installierung des Sinnspruchs ‚Arbeit macht frei‘ über dem Lagereingang von Auschwitz geht auf eine Initiative von Höß zurück und beinhaltet in dessen Perspektive keineswegs jenen Zynismus, den jeder Kommentator ihm seither (offenbar zu Unrecht, J.P.) unterstellt (!) hat. Höß begründet die Installierung dieses Schriftzugs nämlich ganz naiv mit der wichtigen Rolle, die Arbeit nach seiner Erfahrung als sinngebende Instanz für eine erträgliche Existenz in der Haft spielt“ (S. 100). Höß’ Rechtfertigung des Leitspruchs von Auschwitz wird von Welzer, der die Darstellung des KZ-Kommandanten vom Januar/Februar 1947, die im polnischen Gefängnis zu Zwecken der Verteidigung geschrieben wurde, historisch nicht situiert. Was der Satz ‚Arbeit macht frei‘, diese „mörderische Ironie“ (Klüger), wirklich bedeutet, ergibt sich nicht aus der Reproduktion dessen, was sich im legitimatorischen Kopf des Administrators von Auschwitz abspielt, sondern aus der Realität des Lagers. Das hieß, daß diejenigen, die nicht mehr arbeiten konnten, „frei“ für die Vergasung wurden, während die Arbeitenden, alles andere als frei, in die Sklaverei der Industrie in Auschwitz gezwungen wurden.

6 Vgl. Max Horkheimer, Zur Kritik der instrumentellen Vernunft (1947), Frankfurt/M. 1967.

Einem anderen Täter, dem Arzt Romberg, der Experimente an Menschen mit tödlichem Ausgang durchgeführt hatte, und der im Nürnberger Ärzte-Prozeß vor Gericht stand, attestiert Welzer, daß er „in seiner Perspektive … von höchster (!) Rationalität geprägt“ (S. 66) gewesen sei. Die „damalige Rahmung der Situation“ (S. 66), die nur einer „nachträglichen Wertung“ (S. 67) zugänglich sei, fungiert als entscheidender Bezugspunkt. Die zeitgenössische normative, auch unter dem NS-Regime fortexistierende Position einer Geltung des Tötungsverbots, die nicht nur im politischen Widerstand, sondern auch von einzelnen Vertretern der Oberschichten – wie Bischof Wurm – eingefordert wurde, blendet Welzer aus. Daß der tötende Arzt den hypokratischen Eid und den Mordparagraphen systematisch verletzt, bleibt beim „wissenschaftlichen Umgang mit dem Holocaust“, wie es im Untertitel des Buches heißt, außer Betracht.

Durch die unreflektierte Übernahme der Täterperspektive – mit Blick auf den Kommandanten der größten Massenvernichtungsstätte der deutschen Geschichte heißt es, daß man Höß' „Schwierigkeiten meist ohne Probleme nachvollziehen und verstehen kann“ (S. 13)[7] – verschwindet das wichtigste Moment der Reflexion über die Ermordung der Juden: das von Raul Hilberg, dem scharfsichtigsten Analytiker des gesellschaftlich-politischen Bedingungsgefüges der Shoah, am Ende ins Zentrum gerückte Nicht-Verstehen.[8] Es bringt auch die Achtung vor den Ermordeten zum Ausdruck.

Bei Welzer nimmt das Verstehen irritierende Formen an. Höß erscheint wie ein vom antisemitischen System unterscheidbarer Manager eines Großunternehmens: „Das Handeln eines Täters wie Höß schrumpft vor dem Hintergrund eines solchen Konzepts (der Rollendistanz, J.P.), das eine Ausgangsbedingung für wissenschaftliches Handeln beschreibt, auf ein Normalmaß ein, und das beinhaltet zweifellos mehr Schrecken, als die insgeheime Hoffnung, er möge doch ein pathologischer Täter sein … Höß' Pathologie ist nichts anderes als die grundlegende Handlungsbedingung für Akteure in hochprofessionalisierten Funktionszusammenhängen.“ (S. 107). Die anschauungsferne technisch-soziologische Begrifflichkeit, die sich in der Formel vom hochprofessionalisierten Handeln der Mordkommandos niederschlägt, verfehlt die Signatur von Auschwitz: die Routinisierung des Grauens. In den Grundbüchern über den Nationalsozialismus – von Neumanns „Behemoth“ bis Kogons „SS-Staat“ – ist dagegen der wissenschaft-

7 Zur historischen Einordnung s. Martin Broszat, Einleitung zu Rudolf Höß, Kommandant in Auschwitz. Autobiographische Aufzeichnungen, München 1963, S. 1 ff.

8 Raul Hilberg, Unerbetene Erinnerung, Frankfurt/M. 1994, S. 175; ders., Täter, Opfer, Zuschauer, Frankfurt/M. 1992; ders., Die Vernichtung der Juden 1933–1945 (1961), 3 Bde., Frankfurt/M. 1990.

liche Gehalt vom Entsetzen über die staatliche Zurichtung und Tötung von Menschen nicht getrennt – beispielgebend bis heute.[9]

Die Sprache Welzers hat mit seiner Sichtweise zu tun. Obgleich er vor einiger Zeit in einer differenzierten Sammelrezension neuerer Arbeiten über den Holocaust objektive Zynismen, etwa von Sofsky, ebenso sensibel wie kritisch bezeichnet hatte[9], ist die Sprache in dieser Studie vielfach technokratisch verdinglicht. Da hat, als sei dies eine vernünftige Erwägung, der Plan, die Juden nach Madagaskar zu deportieren, eine „bestechende Rationalität" (S. 80); da wird der Kommandant des Vernichtungslagers Auschwitz als ein wertfreier Techniker dargestellt, der „Auschwitz im besonderen auch als wissenschaftliches Setting wahrgenommen hat" (S. 99), da wird ebenso schlicht wie kühl die Einführung von Zyklon B als „technologisch(er) Fortschritt" (S. 100) qualifiziert; da gelten in einem eigentümlichen Euphemismus Vernichtungslager als „Schattenseite" (S. 62) des NS-Regimes.

Im Umgang mit der bisherigen Forschung begnügt sich Welzer nicht selten mit wenig ausgewiesenen Schnellurteilen über andere, zumal gedankenreiche Autoren. Über die „Dialektik der Aufklärung" von Horkheimer und Adorno, deren Antisemitismus-Kapitel die ideologischen und sozialpsychologischen Mechanismen zu erhellen sucht, die im Prozeß der Ermordung der Juden wirksam wurden, fällt Welzer in einem Halbsatz das Urteil, daß deren Sicht in ihren „historischen Ursprungskonstruktionen" „höchst konventionell" (S. 77) sei, ohne ein Argument von Horkheimer und Adorno zu referieren, geschweige denn zu diskutieren.

Der Nationalsozialismus verliert durch Welzers methodisches Instrumentarium weitgehend seinen konkret-historischen Charakter. Er wird zu einem außer-normativ zu betrachtenden, technisch verstehbaren System, abgetrennt von seinen gesellschaftlichen und politischen Wurzeln. Die ermordeten Juden geraten in den Schatten einer sog. Normalität, die – nota bene – durch die systematische Negation des Tötungsverbots definiert ist.

---

9 Harald Welzer, Rezension von James E. Young, Beschreiben des Holocaust, Frankurt/M. 1992; Raul Hilberg, Täter, Opfer, Zuschauer (Anm. 8); Wolfgang Sofsky, Die Ordnung des Terrors, Frankfurt/M. 1993, in: Kritische Justiz H.7/1994, S. 381 ff. Kritisch heißt es in der Rezension: „Dieser fatale Hang, eine Realität, deren Überlieferung nicht zum wenigsten durch die Täter selbst geprägt ist, aus eben dieser Täterperspektive zu re-imaginieren ... durchzieht das ganze Buch. In einer solchen Darstellung fällt schmerzlich auf, wie schief eine Auseinandersetzung mit Phänomenen werden kann, wenn sie sich nur auf den immanenten Bereich der Vollzüge kapriziert ..." (S. 386). Schließlich konstatiert Welzer: „Sofskys Auseinandersetzung mit dem System der Konzentrationslager (steht, J.P.) ihrerseits in einem Kontext von Annäherungsversuchen an eine letztlich in einem genauen Sinne nicht nachvollziehbaren Realität ..." (S. 187).

Horst Dreiers Studien über die Struktur des Dritten Reichs 2002–2004

Die Erforschung der juristischen Lehre der NS-Diktatur war lange Jahre in der Rechtswissenschaft der Bundesrepublik ein Nicht-Thema. Die großen, in der Emigration auf Englisch veröffentlichten, leicht zugänglichen Analysen der juristischen Struktur des Dritten Reiches von sozialdemokratischen Juristen wie Ernst Fraenkel, Franz L. Neumann und Otto Kirchheimer[1] wurden bis Mitte der sechziger Jahre von der universitären Rechtslehre – bis auf wenige Ausnahmen – nicht zur Kenntnis genommen. Das hatte einen einfachen Grund. Die Arbeiten der Emigration bezogen sich wesentlich auf die autoritären und rassistischen Konstruktionen jener Professoren des Nationalsozialismus, die in der Bundesrepublik unter den Bedingungen einer rechtsstaatlich demokratischen Verfassung eine führende Rolle spielten. Um ihren rechtsstaatlichen Anspruch, den sie im Dritten Reich negiert hatten, zu wahren, belegten sie ihre einstige ideologische Unterstützung der Diktatur mit einem umfassenden Reflexionsverbot.

Angestoßen durch die bahnbrechende Untersuchung von Bernd Rüthers von 1968 über die „Unbegrenzte Auslegung"[2] in der NS-Diktatur, die die These, daß die Justiz des Dritten Reiches positivistischen Maßstäben folgte, widerlegt, hat sich seit den siebziger Jahren eine umfangreiche kritische Forschung sowohl zur Rolle der universitären Jurisprudenz wie der an politischen Vorgaben orientierten Justiz entwickelt, die in vielbesuchten Ausstellungen des Bundesjustizministeriums und des Niedersächsischen Justizministeriums einen konzentrierten Niederschlag gefunden hat.[3]

Gleichwohl wirkte auch, insbesondere im öffentlichen Recht, das überkommene Schweigen über die Rechtslehre des Hitler-Regimes fort. Als Michael Stolleis 1993 einen Aufsatz über die regimetreue Rolle des späteren Grundgesetzkommentators, Theodor Maunz, veröffentlichte und hierfür von führenden Staatsrechtlern angegriffen wurde, war es nicht möglich, die Frage der Ausfor-

---

1 Ernst Fraenkel, Der Doppelstaat (1941), Frankfurt/Main 1974; Franz L. Neumann, Behemoth. Struktur und Praxis des Nationalsozialismus (1942/44), Köln 1977; Otto Kirchheimer, Die Rechtsordnung des Nationalsozialismus (1941), Kritische Justiz H. 4/1997, S. 356 ff.

2 Bernd Rüthers, Die unbegrenzte Auslegung. Zum Wandel der Privatrechtsordnung im Nationalsozialismus Frankfurt/Main 1973.

3 Im Namen Deutschen Volkes. Justiz im Nationalsozialismus. Katalog zur Ausstellung des Bundesministers der Justiz, Köln 1989; Justiz im Nationalsozialismus. Über Verbrechen im Namen des Deutschen Volkes. Beiträge und Katalog zur Ausstellung. Redaktion: Susanne Benzler, Monika Gödecke, Baden-Baden 2002.

mung der juristischen NS-Doktrin auf einer Tagung der Staatsrechtslehrer zum Gegenstand wissenschaftlicher Analyse und Diskussion zu machen.

Erst 55 Jahre nach dem Zerbrechen der NS-Herrschaft sah sich die Vereinigung Deutscher Staatsrechtslehrer dazu in der Lage. Der Referent, Horst Dreier, Jahrgang 1954, Professor für Öffentliches Recht und Rechtsphilosophie an der Universität Würzburg, hatte schon lebensgeschichtlich keinerlei Beziehung zum NS-System. Sein Vortrag über „Die deutsche Staatsrechtslehre in der Zeit des Nationalsozialismus“[4] und einige seiner anderen Arbeiten wie „Wirtschaftsraum – Großraum – Lebensraum und Rechtszerfall“[5] und „Kontinuität zu juristischen Problemen der NS-Herrschaft“[6] sind ein Zeichen dafür, dass mittlerweile der Nationalsozialismus auch innerhalb der rechtswissenschaftlichen Zunft umfassend kritisch analysiert wird. Die Wahrnehmungsabwehr der Generation der einstigen regimetreuen Juristen ist überwunden. Dreier legt die innere Logik der nationalsozialistischen Staatsrechtslehre, ihre Stoßrichtung und ihre Struktur systematisch bloß. Dabei reduzieren sich Positionen von diktaturtreuen Juristen nicht auf individuelle Verfehlungen, sie werden als legitimatorischer Teil des gesamten Herrschaftssystems kenntlich. Die juristischen Formen des NS-Regimes werden in ausgreifenden, durchweg genau belegten Kategorisierungen von Dreier an der Negation der wesentlichen Grundrechte, der rechtstechnischen Formierung des Antisemitismus und der machtzentralisierenden Aufhebung des Föderalismus kenntlich gemacht. Auf diese drei Bereiche sind die zentralen juristischen Herrschaftstechniken der Diktatur bezogen, die vor allem in den Arbeiten von Ernst Forsthoff, Ernst Rudolf Huber, Hans Peter Ipsen und Ulrich Scheuner – allesamt später Verfassungsrechtler der Bundesrepublik – auf den ideologischen Begriff der Hitler-Diktatur gebracht werden. Sie sprechen die juristische Sprache des Regimes. Bei Forsthoff heißt es: „Grundrechte gehören der Geschichte an.“[7] Hans Peter Ipsen bringt in den Fußnoten bei Stahl, Laband und Nawiasky „hinter den Autorennamen in Klammern den Zusatz ‚Jude‘ an.“[8] Für die rechtsstaatsfeindliche Systemstruktur des Nationalsozialismus findet Huber prägnante Formeln: „Die Führergewalt ist umfassend und total … Die Führergewalt ist nicht durch Sicherungen und Kontrollen, durch autonome

4 Horst Dreier, Die deutsche Staatsrechtslehre in der Zeit des Nationalsozialismus, Veröffentlichungen der Vereinigung der Deutschen Staatsrechtslehrer, 60, Berlin 2001, S. 10 ff. (Dreier I). Vgl. auch Michael Stolleis, Theodor Maunz – Ein Staatsrechtslehrerleben, Kritische Justiz H. 4/1993, S. 393 ff.

5 Horst Dreier, Wirtschaftsraum – Großraum – Lebensraum, in: ders. u.a. (Hrsg.), Raum und Recht, Festschrift 600 Jahre Würzburger Juristenfakultät, Berlin 2002, S. 47 ff. (Dreier II).

6 Horst Dreier, Rechtszerfall und Kontinuität, Der Staat, H. 2/2004, S. 235 (Dreier III).

7 Dreier I, S. 25, Anm. 77.

8 Dreier I, S. 32, Anm. 109.

Schutzbereiche und wohlerworbene Einzelrechte gehemmt, sondern sie ist frei und unabhängig, ausschließlich und unbeschränkt."[9]

Die Untersuchung Dreiers zeichnet sich dadurch aus, dass sie die in das juristische Denken transformierte Doktrin des Dritten Reiches nicht unmittelbar moralisch-politisch wertend kritisiert (wenngleich dies selbstredend keinesfalls illegitim wäre), sondern in ihrer Bedeutung für die Formierung des neuen Regimes sichtbar werden lässt. Dieser rechtstheoretische Blick erfasst die Zerstörung des rechtsstaatlich-liberalen Rechtssystems durch die gegenaufklärerische Rechtslehre in umfassender Weise.

Allerdings wird die am Ende der Untersuchung in einem Satz zusammengedrängte Behauptung, dass es keine „substanziellen Fortwirkungen nationalsozialistischer Denkweisen in der Staatsrechtslehre" gäbe und dass sich „etatistische Positionen im normalen Spektrum funktionierender Verfassungsstaaten" hielten,[10] nicht begründet. Dreier übersieht die vielfache Affirmation der nationalsozialistischen Rechtsordnung in der Justiz und die Negation der diktaturkritischen Judikatur des Bundesverfassungsgerichts durch die erdrückende Mehrheit der Staatsrechtslehrer in den fünfziger Jahren. Dreier verweist darauf, daß Elemente der Rechtsdoktrin des Dritten Reiches unter den Bedingungen des demokratischen Verfassungsstaates weiter wirksam sind. Dies zeigt auch die Rechtsprechung, die die Verfolgung der Widerstandskämpfer, der Juden, der Roma und Sinti für rechtmäßig erklärt.[11] Auch die Reduktion der Gestaltungsfreiheit des demokratischen Gesetzgebers auf die Reproduktion der bürgerlichen Gesellschaft ist bedingt durch die Interpretationsmacht der früheren juristischen Stützen der Diktatur, die sich weiter an Elementen des einstigen – die Klassengegensätze angeblich überwindenden – Sozialmodells orientieren. Das gleiche gilt für die Einschränkung des Streikrechts, dessen Schutzbereich auf das Verhältnis von Arbeitgebern und Arbeitnehmern reduziert wird, obgleich Art. 9 Abs. 3 GG die Koalitionsfreiheit auch auf die Wirtschaftsbedingungen erstreckt. Dadurch wird die Beziehung der Gewerkschaften zum Staat, einschließlich der Einflußnahme auf das Parlament, in den Schutzbereich der Koalitionsfreiheit einbezogen.[12]

---

9 Dreier I, S. 49 f.

10 Dreier I, S. 69.

11 Vgl. Joachim Perels, Die Nachwirkungen der NS-Diktatur im demokratischen Rechtsstaat, in: ders., Das juristische Erbe des „Dritten Reiches". Beschädigungen der demokratischen Rechtsordnung, Frankfurt/Main 1999, S. 11 ff.; Joachim Perels, Das Grundgesetz zwischen historischen Erfahrungen und tradierter Interpretationsmacht, in: ders., Entsorgung der NS-Herrschaft?, Hannover 2004, S. 19 ff.

12 Joachim Perels, Wolfgang Abendroth und die Rechtslehre der Ära Adenauer Verteidigung des Grundgesetzes gegen konservative Interpretationsmacht, in: Zukunft der Demokratie in

Das Ende des Vortrags von Dreier enthält dadurch eine besondere Pointe, dass er auf das Erkenntnisniveau der Emigrationsarbeiten von Fraenkel und Neumann hinweist, um an deren Kerngedanken mit dem letzten Satz seines Referats anzuschließen: „1933 ersehnten sich viele Bürger und weite Teile der Staatsrechtslehre einen starken, autoritären Staat – den Leviathan, doch der Oberwolf bescherte ihnen den Behemoth – den Un-Staat."[13]

In einem weiteren Beitrag Dreiers steht das Verhältnis von Staatsrecht und Wirtschaftssystem im Nationalsozialismus im Mittelpunkt. Dieser Frage, die in der Sozial- und Geschichtswissenschaft schon vielfach, auch kontrovers, behandelt worden ist, gibt Dreier durch die eingehende Rezeption der zeitgenössischen juristischen Literatur und durch die Heranziehung historischer Forschungen eine besondere Wendung. Er zeigt, dass das Wirtschaftssystem des Dritten Reiches bei allen staatlichen Eingriffen prinzipiell an den Regeln des Privatrechtsverkehrs, selbst in der Kriegsökonomie, festhielt. Dreier resümiert: „Das Institut des Privateigentums (blieb) ebenso unangetastet wie die Struktur des Bürgerlichen Gesetzbuchs. Die ‚Arisierungen' von Betrieben wiederum bedeuteten Personenaustausch, nicht Systemveränderung … So beruhte die wirtschaftliche Produktion, … in allerdings stets enger werdenden Grenzen auf privatwirtschaftlicher Unternehmerinitiative; von allgemeiner Missachtung des Erfolgs individuellen Gewinnstrebens … konnte nicht die Rede sein."[14]

Die Entschlüsselung der juristischen Funktionsweise des NS-Systems enthält jedoch einige Bruchstellen, die im Widerspruch zu Dreiers eigener kritischer Vorgehensweise stehen und die die Distanz zur NS-Rechtsdoktrin zum Teil relativieren. Bei der Erörterung der Bedeutung des Antisemitismus in der Staatsrechtslehre des Dritten Reiches ist davon die Rede, „… dass es einen erheblichen Unterschied" ausmache, ob in den Texten „allgemein gehaltene Formeln von der Art und Rassegebundenheit des Rechts begegnen oder mit – zum Teil personenbezogenen – antijüdischen Äußerungen gearbeitet wird."[15] Diese Unterscheidung ist fragwürdig. Auch wenn sie im Blick auf bestimmte allgemeiner gehaltene, aber nicht weniger antisemitische Formulierungen, etwa von Ulrich Scheuner und Carl Schmitt, nicht unzutreffend ist,[16] bleibt unbeachtet, was die beiden

Deutschland, hrsg. von Andrea Gourd/Thomas Nötzel, Marburg 2001, S. 131 ff.; Fritz Bauer. Politischer Streik und Strafrecht, in: ders., Die Humanität der Rechtsordnung, hrsg. v. Joachim Perels und Irmtrud Wojak, Frankfurt/Main 1998, S. 377 ff.

13 Dreier I, S. 67.

14 Dreier II, S. 259.

15 Dreier I, S. 29, Anm. 2.

16 Ulrich Scheuner, Der Gleichheitsgedanke in der völkischen Verfassungsordnung, Zeitschrift für die gesamte Staatswissenschaft, Bd. 99, 1939, S. 245 ff.; Carl Schmitt, Die deutsche Rechtswis-

Antisemitismen miteinander verbindet: die den Gleichheitssatz negierende Aussonderung der Juden mit juristischen Mitteln. Die Differenz zwischen einem so genannten Radau-Antisemitismus und der kühl-administrativen Judenfeindschaft, die gerade von den Spitzen der SS gefordert wurde,[17] ist nur ein Unterschied in der Methode, nicht im Ziel, die Juden aus dem gesellschaftlichen und staatlichen Leben auszustoßen.

Bei Ernst Rudolf Huber[18], den Dreier als Vertreter einer nicht personalpolitisch gerichteten, allgemeinen juristischen Rassendoktrin charakterisiert, wird gerade die individuelle, personenbezogene Erniedrigung und Entrechtung der Juden – bis hin zu dem staatlich erzwungenen Verzicht auf Entschädigungszahlungen nach der Reichspogromnacht vom 9. November 1938 – als geltendes Recht eingefordert.[19]

In dem Aufsatz zur rechtlichen Organisationsform des Raums findet sich eine Interpretation der zeitgenössischen Völkerrechtstheorie von Carl Schmitt von 1939, die zum Widerspruch herausfordert. Dreier vertritt die These, dass Schmitts auf dem Hintergrund der Expansionsziele des NS-Regimes entwickelte Doktrin, der zufolge an die Stelle der rechtlich geschützten Souveränität der Staaten ein insbesondere von Deutschland dominierter Großraum trete, der den Einfluss auf zuvor unabhängige Staaten sichere,[20] ihre sachliche Berechtigung besitze. Schmitts Ausführungen besäßen eine „subjektive Plausibilität", ja einen „innovativen und vorwärts weisenden Gehalt."[21] Sein Verdienst bestehe darin, dass „zentrale Elemente der klassischen Völkerrechtslehre (Gleichheit der Staaten, Souveränität etc.) auf den Prüfstand gestellt werden, um neue begriffliche Instrumente zur Erfassung, wenn auch nicht zwingend Hegung, notwendig"[22] zu machen. Mit dieser Bemerkung verkennt Dreier, dass Schmitts Lehre, die sich ausdrucklieh auf die Politik des Reichskanzlers Hitler berief,[23] nicht eine wertfreie Erkenntnis einer neuen völkerrechtlichen Lage zum Inhalt hatte. Sie war strategisch bedingt, denn sie versah die imperialistische Politik des NS-Regimes mit einer rechtlich drapierten Ideologie. Sie zielte ausdrücklich auf die Niederreißung der Prinzipien des existierenden Völkerrechts, die den Interessen Nazi-

---

senschaft im Kampf gegen den jüdischen Geist, Deutsche Juristen-Zeitung H. 20/1936, S. 1157 ff.

17 Ulrich Herbert, Best. Biographische Studien über Radikalismus, Weltanschauung und Vernunft, 1903–1989, Bonn 1996, S. 249.

18 Ernst Rudolf Huber, Verfassungsrecht des Großdeutschen Reiches, Hamburg 1937/39, S. 82 ff.

19 Carl Schmitt, Positionen und Begriffe im Kampf mit Weimar – Genf – Versailles (1940), Berlin 1995, S. 335 ff., 344 ff.

20 Dreier III, S. 67, 69.

21 Dreier III, S. 69.

22 Schmitt (Anm. 19), S. 342 f.

23 Schmitt (Anm. 19).

Deutschlands entgegenstanden. Die Wahrnehmung des empirisch feststellbaren Unterschieds des Gewichts von Großmächten und kleineren Mächten, die Dreier als Erkenntnisleistung Schmitts wertet, ist, wenn das Völkerrecht in der Tradition von Immanuel Kant und des Völkerbundes seine Bedeutung behalten soll, nicht in eine rechtliche Prärogative der Großmächte zu transformieren. Mit Schmitts Großraum-Theorem ließe sich auch die militärische Intervention der Sowjetunion in der CSSR vom 21. August 1968, gestützt auf Breschnews Doktrin der begrenzten Souveränität der Länder im sowjetischen Einflussbereich, rechtfertigen. Wenn Großmachtinteressen und internationales Recht fusioniert werden, bleibt das Völkerrecht auf der Strecke.

Eine Analyse der NS-Doktrin gelingt offenbar nur dann in vollem Maße, wenn – wie bei Ernst Fraenkel, der sein Buch seiner Frau „in Erinnerung an die gemeinsam erlebten schweren Jahre der bürokratisierten Rechtlosigkeit"[24] widmete – die existentielle Distanz zum System planmäßiger Willkür sich mit rechtsstaatlichen Kategorien der Analyse verbindet.

24 Fraenkel (Anm. 1).

Manfred Messerschmidt, Die Wehrmachtsjustiz 1933–1945. Schöningh, Paderborn 2005, 511 Seiten

Das Werk von Manfred Messerschmidt über die Militärjustiz des Hitlerregimes ist durch die Auseinandersetzung mit der Interpretationsmacht der Wehrmachtsjuristen bestimmt, die in den Universitäten der Bundesrepublik weiter tätig waren. Die judikativen Institutionen des Militärs der NS-Diktatur wurden als prinzipiell rechtsstaatlich qualifiziert, da sie sich von den diktatorischen Herrschaftsformen des Hitler-Regimes unterschieden hätten. Diese These entsprach der generellen, lange Zeit wirksamen Vorstellung, dass zwischen der NS-Führung und den administrativen und gesellschaftlichen Funktionsträgern – von der Beamtenschaft bis zu den Kirchen – eine grundsätzliche Differenz bestanden habe. Messerschmidts Arbeit, die sich auf manche seiner früheren Untersuchungen stützen kann, widerlegt diese unkritische Sichtweise in vollem Maße. Dies beruht darauf, dass – neben der umfassenden Rezeption der Literatur – eine Fülle nicht gedruckter Quellen den Grundstock der Analyse bilden. Die Wirkungsweise der Justiz tritt an konkreten, die Leiden der Opfer sichtbar machenden Fällen in den Blick, etwa den christlich motivierten Wehrdienstverweigerern, die sich – nicht unterstützt von ihren Kirchen – einer Mitwirkung in Hitlers Krieg widersetzten.

Die Justiz der Wehrmacht wird nicht lediglich beschrieben, sondern an rechtsstaatlichen und völkerrechtlichen Maßstäben gemessen. Tatsächlich war die Militärjustiz, bis auf wenige Ausnahmen, ein Herrschaftsinstrument der nationalsozialistischen Despotie. Im Unterschied zu den westlichen Demokratien Großbritanniens und der USA, die im Zweiten Weltkrieg 186 Todesurteile gegen Soldaten verhängten, wurden im Dritten Reich 19 600 Uniformträger in den Tod geschickt (S. 172). Dass NS-Deutschland für diese exorbitante Zahl von vollstreckten Todesurteilen – im wilhelminischen Obrigkeitsstaat des ersten Weltkriegs betrug deren Zahl 48 (S. 172) – verantwortlich war, verweist auf den extrem repressiven Charakter der Judikatur, für die das Leben des Einzelnen bedeutungslos war. Dies hing mit dem Selbstverständnis des Militärs zusammen, das, wie es in einem Erlass heißt, seine „Wiedergeburt in erster Linie dem Führer und der NSDAP" verdankte. 65 Prozent der Offiziere des Heeres gehörten der NSDAP an, die übrigen waren im Stahlhelm und in der SA-Reserve organisiert (S. 31). Die Durchsetzung der unbegrenzten Führergewalt, die Doktrin des Judenhasses und das Ideologem der Ausmerzung der sogenannten Minderwertigen bildeten die Grundlage der Militärjustiz, deren Funktionsträger von führenden Juristen und Ideologen der SS – wie Werner Best, dem späteren Justiziar des

Reichssicherheitshauptamts und Heinrich Himmler, dem Chef der deutschen Polizei, geschult worden waren (S. 36).

Die rechtsstaatlichen Schranken, die den Soldaten einen gewissen Schutz gegenüber der Strafgewalt boten, wurden beseitigt. Das Prinzip des gesetzlichen Richters wurde ins Gegenteil verwandelt. Die Gestaltung des Verfahrens lag in den Händen des Gerichtsherren, der auch die jeweilige Kommandogewalt besaß. Das führte dazu, dass der Gerichtsherr oftmals vor Beginn des Prozesses, an dem er in diesem Stadium gar nicht beteiligt war, ein Votum abgab, das dessen Ergebnis determinierte (S. 100). Zentrale Rechtsbegriffe wie Öffentlichkeit, Fahnenflucht und Personenkreis wurden durch Umdeutung so ausgehöhlt, dass die Zugriffskapazität der Justiz über die Normen hinaus systematisch erweitert wurde. Dies entsprach der in der Zeitschrift für Wehrrecht proklamierten, rechtsauflösenden Doktrin, „sich […] von dem Gefühl der Paragraphenabhängigkeit" zugunsten der Durchsetzung der Staatsräson freizumachen (S. 221), eine Position, die General Eugen Müller in die Worte faßte, das „Rechtsempfinden hinter den Kriegsnotwendigkeiten zurücktreten" zu lassen (S. 286). Eine private Mitteilung, etwa an den Ehegatten, galt bereits als öffentlich (S. 92, 203 f.); der Wunsch an anderer Stelle zu kämpfen, wurde als Fahnenflucht qualifiziert, ein unbestimmter Personenkreis, der per definitionem mehrere Menschen umfasst, wurde bereits in einer Person gesehen (S. 90). Die fundamentale, gesetzlich bestimmte Unterscheidung von Freiheits- und Todesstrafe wurde immer häufiger beiseite geschoben, um den jeweiligen militärischen Zielvorstellungen contra legem zum Durchbruch zu verhelfen (S. 198). Schließlich wurde die zentrale, gegen die Verübung staatlicher Verbrechen gerichtete Regelung des gültigen Militärstrafgesetzbuchs (§ 47 Abs. 2), dass ein verbrecherischer Befehl denjenigen, der ihn ausführt nicht exkulpiert, durch den Barbarossa-Gerichtserlass von 1941, der Verbrechen und Vergehen der Wehrmacht für nicht strafbar erklärte, beseitigt und der Terror zur schrankenlosen Handlungsmaxime (S. 280). Das hieß: „Straffreiheit für Mord war ein Spezifikum der Wehrmachtjustiz" (S. 277).

Der Auflösung der Bindung an das Gesetz entsprach in der Wissenschaft und in der Militärjustiz die Tendenz zum vorauseilenden Gehorsam, welche die Vorgaben Hitlers noch überschritt. Die Jugendlichkeit eines Täters, welche die zwingende Verhängung der Todesstrafe nach den Richtlinien des Oberkommandierenden Hitler von 1940 ausschloss, wurde von Erich Schwinge, Kriegsgerichtsrat und als Professor für Strafrecht maßgebender Kommentator des in sechs Auflagen veröffentlichten Militärgesetzbuchs – später in der Bundesrepublik einflussreicher Verteidiger der Militärjustiz des NS-Regimes – für irrelevant erklärt: „Auf das Alter kann bei militärischen Straftaten keine Rücksicht genommen werden" (S. 180).

Die Umwandlung der Justiz in eine antinormative, exekutivstaatliche Institution erfuhr ihre Steigerung darin, dass die Justiz mit der Geheimen Staatspolizei und dem SD kooperierte und Gefangene den Sicherheitsbehörden, insbesondere zur Einweisung in Konzentrationslager, übergab (S. 247, 254, 260, 319, 453).

Da sämtliche Handlungen des Sicherheitsapparats und der Herrschaftsträger der Lager keiner rechtlichen Kontrolle unterlagen, gab die Militärjustiz auch auf diese Weise ihre Gefangenen direkter Willkür preis.

Die Tendenz, Recht in ein unkontrollierbares Instrument der Machtsicherung zu verwandeln, erreichte im Krieg gegen Polen und die Sowjetunion, aber auch in der Besatzungspolitik auf dem Balkan, in Griechenland und Italien eine neue Dimension. Sie war dadurch bestimmt, dass selbst die repressive, allerdings an Einzelentscheidungen in bestimmten Verfahren orientierte Militärjustiz Schritt für Schritt, ohne jeden Widerstand, nahezu vollständig ausgeschaltet wurde (S. 279 f.). Das bedeutet, dass die Militärführung gegenüber der unterworfenen Bevölkerung ein neues Herrschaftsverhältnis, das durch die Negation des Völkerrechts und bestimmt wurde, konstituierte (S. 281). Juden, Kriegsgefangene und andere wurden zu hundertausendfachen Opfern einer drakonischen Ausrottungspolitik, welche die Wehrmacht und die mit ihr kooperierenden mobilen Tötungskommandos der SS durchsetzten. Übereinstimmend mit der Allgewalt des Diktators waren die Tötungshandlungen generell sanktionsfrei.

Die Militärführung und die ihr unterstehende Militärgerichtsbarkeit entwickelten, allerdings nur punktuell, rechtsstaatliche Alternativen zu dem sich steigernden System umfassender Repressionsgewalt. Dies war bei einer entsprechenden rechtlich-moralischen Einstellung der einzelnen militärischen Leitung möglich. Der Oberkriegsgerichtsrat Hans-Wolf Coenen widersetzte sich als Gutachter 1944 mit Erfolg einem Todesurteil wegen Wehrkraftzersetzung, das unter Ausschaltung der Normen darauf zielte, „einen Mann, dessen Erziehung offenbar Schwierigkeiten machte, auf dem Gerichtswege loszuwerden“ (S. 215). Während des Polenfeldzugs intervenierte der Oberbefehlshaber der 3. Armee, Georg von Küchler, gegen Judenerschießungen und versuchte eine gerichtliche Überprüfung der Tötungsaktionen durchzusetzen (S. 235); er verlangte die Entwaffnung der für die Morde verantwortlichen Polizeieinheit und deren kriegsgerichtliche Verfolgung.

General Joachim Lemelsen, Kommandeur der 29. Division, ließ einen SS-Führer der Leibstandarte Adolf Hitler, der jüdische Zivilisten erschossen hatte, vorläufig festnehmen (S. 235). Der Kommandeur der 207. Sicherungsdivision, General Karl von Tiedemann, untersagte, übereinstimmend mit dem völkerrechtlichen Schutz von Nichtkombattanten, entgegen der Vereinbarung von militärischer Führung und Reichssicherheitshauptamt über die Koordinierung der Tötung der Juden, seinen Kommandeuren die Kooperation mit dem SD bei der

Begehung der Verbrechen (S. 290). General Frido von Senger und Etterlin widersetzte sich dem Befehl von Generalfeldmarschall Kesselring in der Endphase des Krieges, italienische Offiziere ohne Standgerichtverfahren zu erschießen. Er berief sich darauf, dass die Offiziere die rechtmäßigen Befehle ihrer Regierung befolgt hätten und dem Völkerrecht entsprechend nicht für vogelfrei erklärt werden dürften (S. 309). Die Gerichte von sechs Gebirgsdivisionen orientierten sich an dem gesetzlich vorgegebenen Strafrahmen und verhängten bei Fahnenflucht, im Gegensatz zur Haupttendenz der Judikatur, keine Todesstrafen, sondern Freiheitsstrafen (S. 192).

Diese Beispiele zeigen, dass auch in der NS-Diktatur für die Militärführung und ihre Justiz eine andere Handlungsmöglichkeit bestand, die aber mit den völkisch-politischen Einstellungen der ganz überwiegenden Mehrheit der Wehrmacht nicht vereinbar war. In gewissem Sinne entsprachen die – isolierten – Versuche der Wahrung von Rechtspositionen in der Wehrmacht der Sicht des politischen Widerstands, dessen militärische Sprecher 1941 von einer „systematischen Umwandlung der Militärjustiz gegenüber der Bevölkerung in eine auf jedes Gesetz spottende Karikatur" sprachen (S. 287).

Messerschmidts Buch, das durch einen sachlich-analytischen Duktus, gerade auch in der Kritik an den in der Bundesrepublik publizistisch einflussreichen Adepten der Wehrmachtsjustiz, hervorsticht, ist von enzyklopädischer Qualität. Es ist die maßgebende Studie zur Inkorporation des Militärs in das System des nationalsozialistischen „Maßnahmenstaats" (Fraenkel), der die noch verbliebenen Rechtsgarantien zur Durchsetzung terroristischer Herrschaftszwecke beseitigt.

Kurz nach Kriegsende hat der Chef der Wehrmachtrechtsabteilung und Generaloberstabsrichter Rudolf Lehmann eine Exkulpationslinie formiert, die den Maßnahmenstaat durch den legitimatorischen Rückgriff auf die juristische Verbindlichkeit der Führergewalt rechtsstaatlicher Überprüfung und Sanktion entzieht.

Am 16. Mai 1945 konstatiert Lehmann in einem Vermerk für die Militärführung der Regierung Dönitz: „Jeder Befehl, gleich welchen Inhalts, war [...] bindendes Gesetz. Seine Ausführung durften sie [die Soldaten] auch dann nicht verweigern, wenn sie glaubten, dadurch ein allgemeines oder militärisches Verbrechen oder Vergehen zu begehen. Der Führerbefehl enthob sie jeder strafrechtlichen Verantwortung, da durch ihn entgegenstehende gesetzliche Normen ihre Wirksamkeit verloren" (S. 442). Dieser Rechtfertigung der nationalsozialistischen Despotie, die lange Jahre in der Bundesrepublik Umgang mit den Verbrechen der Wehrmacht in Memoiren, in der Justiz und in der Wissenschaft Gewicht besaß, ist durch die Arbeit von Messerschmidt endgültig der Boden entzogen worden.

III. Zwei Vorträge

Aushöhlung des Grundgesetzes in der Rechtsprechung zu den NS-Verbrechen. Vortrag anlässlich der Verleihung des Fritz Bauer Preises durch die Humanistische Union in Kassel am 22. September 2012

I.

Im Jahr des Auschwitz-Prozesses in Frankfurt/M. konstatiert Fritz Bauer, dass die Strafen für nationalsozialistische Gewalttäter „mitunter einer Verhöhnung der Opfer recht nahe kam(en)." Die Mißachtung des rechtstaatlich gebotenen Verhältnisses von Mordtat und Strafsanktion im Blick auf die außerordentlichen Untaten im Hitler-Regime bedeutet, dass für die Ahndung der Staatsverbrechen des Dritten Reiches die geltende Rechtsordnung systematisch ausgehöhlt wurde. In der Exekutive, in Gesetzgebung und vor allem in der Justiz bildete sich die – trotz einzelner rechtsstaatlicher Entscheidungen wie der Verurteilungen von KZ-Tätern und Einsatzgruppenverbrechern zu einer lebenslangen Haftstrafe – Tendenz heraus, nationalsozialistische Gewaltverbrechen zur bagatellisieren oder auch nicht zu ahnden.

Die Statistik spricht eine klare Sprache. Nachdem sechs Millionen Juden, 500 000 Roma und Sinti ermordet wurden, 200 000 behinderte Menschen dem Anstaltsmord zum Opfer fielen, drei Millionen sowjetische Kriegsgefangene zu Tode gebracht wurden, 32 000 Oppositionelle von den Militärgerichten und der politischen Strafjustiz aufs Schafott geschickt wurden, werden nach der Erhebung der Ludwigsburger Stelle zur Aufklärung von NS-Verbrechen 6201 Personen als sog. Gehilfen zu einer Zeitstrafe verurteilt. Lediglich 167 Personen erhielten als überzeugte nationalsozialistische Täter eine lebenslange Freiheitsstrafe.

II.

Das Missverhältnis von Staatsverbrechen und ihrer Ahndung liegt offen zu Tage. Es beruht darauf, dass in der frühen Bundesrepublik zentrale Normen des Grundgesetzes und des Strafgesetzbuchs, die für die rechtliche Qualifikation der NS-Verbrechen relevant sind, vielfach um ihre Wirksamkeit gebracht wurden. Die „Verfassungsurkunde" (Fraenkel) der NS-Diktatur war die Reichtagsbrandverordnung vom 28. Februar 1933, die die persönlichen und politischen Freiheitsrechte zur Disposition des Hitler-Regimes stellte und als Bezugsgrundlage für die Einweisung in die Konzentrationslager fungierte. Diese despotische Ermächtigung, die insbesondere Mordhandlungen des NS-Regimes juristisch absicherte, wurde durch das Grundgesetz überwunden. Die Aufgabe des Staats besteht nunmehr in der Achtung und dem Schutz – der zuvor millionenfach zerstörten – Menschenwürde (Art. 1 Abs. 1 GG). Die Disposition der staatlichen Gewalt über die Grundrechte wurde durch die Bindung aller Zweige der öffentlichen Gewalt an die Freiheitsrechte aufgehoben(Art. 1 Abs. 3 GG). Die Negation der Reichstagsbrandverordnung konstituiert die Verfassung der Bundesrepublik. Diese verfassungsgestaltende Grundentscheidung kann auch von einem verfassungsändernden Gesetzgeber nicht aufgehoben werden(Art. 79 Abs. 3 GG).

Das Grundgesetz enthält eine Reihe von Einzelbestimmungen, die die Überwindung des nationalsozialistischen Normensystems zum Inhalt haben. Art. 25 GG inkorporiert die allgemeinen Regeln des Völkerrechts in das Grundgesetz, im Gegensatz zur Aufhebung des Völkerrechts im Nationalsozialismus, insbesondere durch die Lehre Carl Schmitts, die – in Übereinstimmung mit den imperialistischen Zielen Hitlers – die Souveränität der Staaten zugunsten des sog. Großraums des Deutschen Reichs zur Disposition stellte. Eine zentrale völkervertragrechtliche Norm Nachkriegseuropas, nämlich Art. 7 Abs. 2 der Konvention zum Schutze der Menschenrechte und Grundfreiheiten vom 4. November 1950 konnte nach Art. 59 Abs. 2 GG in die Rechtsordnung inkorporiert werden. Der Artikel enthielt in Abs. 2 eine Bestimmung, die, übereinstimmend mit den Arbeiten der sozialdemokratischen Juristen der Emigration – Franz Neumann, Ernst Fraenkel, Fritz Bauer und Otto Kirchheimer – den repressivexekutivischen Normen des NS-Staats die Rechtsgültigkeit absprach, weil sie gegen rechtsstaatliche Prinzipien wie den Gleichheitssatz verstießen. In der Menschenrechtskonvention heisst es: „Dieser Artikel," der den Grundsatz keine Strafe ohne Gesetz enthält, „schließt nicht aus, dass jemand wegen einer Handlung oder Unterlassung verurteilt oder bestraft wird, die zur Zeit ihrer Begehung nach den von den zivilisierten Völkern anerkannten allgemeinen Rechtsgrundsätzen strafbar war." Diese Entlegitimierung des despotischen Normengefüges des Hitler-Regimes, fand ihre Entsprechung in Art. 139 GG, der die Gesetzgebung der Alliierten anerkannte, die die rechtsstaatswidrigen NS-Praktiken –von der Verfolgung aus politischen und rassischen Gründen bis zur Folterung und Ausrottung – für strafbar erklärte.

III.

Die Bindung an die Geltung der Grundrechte wird bei der Ahndung nationalsozialistischer Staatskriminalität in der frühen Bundesrepublik von der Regierung Adenauer, dem demokratischen Gesetzgeber und von Gerichten systematisch ausgehöhlt. Zum einen wird die auf der Beseitigung der Grundrechte beruhende nationalsozialistische Rechtsordnung entgegen der durch das Grundgesetz überwundenen Reichstagsbrandverordnung vom 28. Februar 1933, der „Verfassungsmerkmale des Dritten Reichs" (Fraenkel), zur Bezugsgrundlage zur Beurteilung von NS-Verbrechen gemacht, zum anderen wird ein mit dem Gleichheitssatz des Grundgesetzes(Art. 3 Abs. 1 GG) unvereinbares Sonderrecht geschaffen, das NS-Täter zu bloßen Gehilfen zurückstuft. Das Grundgesetz, das eine Anknüpfung an die juristische Struktur der NS-Diktatur ausschloß, wurde von staatlichen Institutionen der jungen Bundesrepublik so unterminiert, dass der verfassungsrechtliche Damm gegen eine juristische Fortwirkung von Herrschaftsprinzipien des Hitler-Regimes durchbrochen wurde.

In einer Phase, in der die Prozesse der Alliierten gegen die Träger der NS-Herrschaft, die von der evangelischen und katholischen Kirche, von der „Zeit", von Staatsrechtlern und Strafrechtlern und von der Regierung Adenauer in Frage gestellt wurden, trifft die Bundesregierung 1952 die Entscheidung, die schon erwähnte Bestimmung der Europäischen Menschenrechtskonvention, nämlich Art. 7 Abs. 2, nicht in die Rechtsordnung der Bundesrepublik zu übernehmen. Das hieß, dass die Entlegitimierung von NS-Recht durch europäisches Völkerrecht mittels eines exekutivischen Vorbehalts, der das Rückwirkungsverbot – keinen Strafe ohne Gesetz – auf die Gültigkeit der NS-Rechtsordnung bezog und so dessen Willkürstruktur sanktionierte, in der Bundesrepublik blockiert wurde. Durch diese 1954 im Bundesgesetzblatt veröffentlichte Entscheidung der Regierung Adenauer wurden die juristische Machtprinzipien der NS-Diktatur in der rechtsstaatlichen Demokratie weiter in Geltung gesetzt. Dafür wurde das Hitler-Regimes in einen Rechtstaat umgedeutet. So konnten die Träger der jungen Staatsgewalt, die mit der des Dritten Reiches mittlerweile weitgehend identisch waren –drei Viertel der NS-Richter waren in der Justiz tätig –, als juristische Funktionsträger des Hitler-Regimes legitimiert werden. Ein Beispiel für die Tendenz, den juristischen Formen der NS-Herrschaft Geltungsmacht zu sichern, ist die seit 1953 dem Auswärtigen Amt unterstellte sog. Rechtsschutzstelle, deren wesentliche Aufgabe darin bestand, durch die Warnung von NS-Tätern, die im Ausland lebten und denen die Strafverfolgung drohte, die Strafvereitelung für nationalsozialistische Staatsverbrecher zu organisieren.

Der Straffreiheit für NS-Verbrechen wurde vielfach wirksam. Hierfür bildete sich eine politisch-juristische Konzeption aus, die sich in der Gesetzgebung, vor allem aber in der Rechtsprechung niederschlug. Dies kann an dieser Stelle nur exemplarisch umrissen werden.

IV.

Das auch von der Mehrheit der SPD-Fraktion verabschiedete Amnestiegesetz für NS-Tötungsdelikte von 1954, das Tötungsdelikte auf Befehl des NS-Staates vom 1. Oktober 1944 bis zum 31. Juli 1945 zwar nicht für rechtmässig erklärte, aber amnestierte und so die Strafsanktionen aufhob, sofern einen Strafe von bis zu drei Jahren Gefängnis zu erwarten war, widersprach dem Grundgesetz mit seiner Bindung des Staates an die Freiheitsrechte und insbesondere dem Recht auf Leben (Art. 1 Abs. 3, Art. 2 GG). Tatsächlich beruht die Konstruktion der Amnestie auf der nationalsozialistischen Doktrin, die Durchbrechung rechtlicher Schranken zu völkisch-politischen Zwecken zu rechtfertigen – wie bei der Unterbindung der Verfolgung von Straftaten der SA in der Reichspogromnacht von 1938 durch das Reichjustizministerium und der Ausschaltung der Ahndung des Anstaltsmords durch die hohe Justizbürokratie des Hitler-Regimes.

Es war bezeichnend, dass die Begründung der Amnestie im wesentlichen von Werner Best, dem einstigen Justitiar des Reichsicherheitshauptamts und SS-Obergruppenführer stammt, der keine rechtsradikale Sonderposition vertrat, sondern über den FDP-Bundestagsabgeordneten Achenbach politischen Einfluss ausübte. Für den zuständigen Ministerialrat im Justizministerium, Ernst Kanter, den Best aus seiner Zeit als Reichsbevollmächtigter im besetzten Dänemark als obersten Militärrichter kannte, entwickelte er seine aus der NS-Zeit in die Bundesrepublik transferierte Doktrin der Straffreiheit für staatliche Verbrechen. Best behauptete, dass staatliche Straftaten nicht aus persönlichen, vielmehr „sachlichen" Motiven erfolgten, die auf der Übernahme eines Befehls beruhten. Abgesehen davon, dass ein rechtswidriger Befehl nach § 47 des auch im Dritten Reich geltenden Militärstrafgesetzbuchs nicht die Begehung eines Verbrechens legitimiert, sondern die Strafverfolgung gebietet, besteht die sog. Sachlichkeit und Mitleidlosigkeit des nationalsozialistischen Täters, die von der SS gefordert wurde, gerade in der Erfüllung des jeweiligen objektiven Tatbestands der Körperverletzung, der Tötung und des Mords. In einem von Ministerialrat Kanter in Übereinstimmung mit Best formulierten Entwurf des Amnestiegesetzes, heisst es: „Straffreiheit solle denjenigen Tätern gewährt werden, „die durch eine amtliche Anordnung oder einen dienstlichen Befehl veranlasst,“ Handlungen begangen hatten, denen sie sich nicht „ohne ernste Gefahr“ entziehen konnten.

Die Folgen des Amnestiegesetze waren weitreichend. Es legitimierte den einstigen, Freiheitsrechte negierenden „Maßnahmenstaats“ (Fraenkel), dessen besondere Funktion, Widerstandskämpfer unter Ausschaltung der Rechtsgarantien zu beseitigen, Geltung zugesprochen wurde. Am 22./23. April 1945 wurden auf Befehl des stellvertretenden Leiters des Reichssicherheitshauptamts, SS-Gruppenführer Heinrich Müller, unter der Leitung des SS-Sturmführers Stawitzki, der an der Ermordung von 160000 Juden in Lemberg beteiligt war, die Widerstandskämpfer des 20. Juli 1944 Klaus Bonhoeffer, Hans John, Rüdiger Schleicher, Wilhelm zur Nieden, Friedrich Justus Perels mit Genickschuß getötet. Da die verantwortlichen SS-Täter als Mitglieder des völkischen Weltanschauungscorps den Kampf gegen die von Himmler für „vogelfrei“ erklärten Gegner der NS-Diktatur führten, ist die zur Rechtfertigung des Amnestiegesetzes vom Ministerialrat Kanter aufgestellte Behauptung eines Dissens zwischen den Befehlenden der SS und den Tötenden der SS eine Fiktion, die allein der Exkulpation der rechtswidrigen Tötungen der Opponenten Hitlers diente. Die Auslöschung der Existenz der Widerstandskämpfer, deren Intention in der geplanten Regierungserklärung des 20. Juli mit den Worten zum Ausdruck kam, „die Majestät des Rechts“ wiederherzustellen, wurde durch das – auch von der SPD überwiegend mitgetragene – Gesetz von 1954 dem sanktionslosen Vergessen überantwortet.

V.

Nach anfänglichen Versuchen des Obersten Gerichtshofs der britischen Zone, des frühen Bundesgerichtshofs und des Landgerichts Braunschweig die Erkenntnis der despotischen Struktur des juristischen Systems des Dritten Reiches zur Grundlage der Bewertung der nationalsozialistischen Justiz zu machen, bricht die Entwicklung ab. Das wohl bekannteste Exempel ist das Verfahren gegen den SS-Richter Dr. Thorbeck, der Anfang April 1945 Dietrich Bonhoeffer und andere Widerstandskämpfer, unter ihnen Admiral Canaris, der gegenüber der militärischen Führung Hitlers die Einhaltung völkerrechtlicher Schutznormen für sowjetische Soldaten eingefordert hatte, im Konzentrationslager Flossenbürg zum Tode verurteilt hatte. Der Bundesgerichtshof sprach den SS-Richter 1956 frei. Gerechtfertigt wird die KZ-Justiz, die Oppositionelle in einem Vernichtungsverfahren auslöscht. Die rechtsstaatlichen Schutzgarantien waren außer Kraft gesetzt: Die Angeklagten hatten keinen Verteidiger, es wurde kein Protokoll geführt, der Kommandant des Konzentrationslagers fungiert als „Beisitzer". Ernst Mantel, der Berichterstatter des Bundesgerichtshofs, war ein früherer antisemitischer Sonder-und Militärrichter. Ohne die Bindung der Justiz an die Garantie der Freiheitsrechte der Grundgesetzes und der damit verbundenen Negation des grundrechtsfeindlichen NS-Rechts zu erwägen, geschweige denn zu beachten, übernahm das Gericht die Nazi-Doktrin der rechtlich schrankenlosen Staatsgewalt. In der Entscheidung heisst es: „Für die Frage, ob sich Dr. T. durch die Teilnahme als Vorsitzender an der Sondergerichtsverhandlung der Beihilfe zum Mord oder sonstiger strafbarer Handlungen schuldig gemacht hat, ist nicht entscheidend, wie sich die Ereignisse vom April 1945 nach heutiger Erkenntnis darstellen. Eine solch rückschauende Betrachtung würde dem Angeklagten nicht gerecht. Bei der Beurteilung der strafrechtlichen Schuld …ist vielmehr ins Auge zu fassen, wie sich seine Aufgabe nach der Gesetzeslage und den sonstigen Gegebenheiten der Tatzeit darstellte, mit der Unerbittlichkeit der damals geltenden Gesetze, denen er unterworfen war und gegen die sich die in Flossenbürg vor das Standgericht gestellten Widerstandskämpfer aufgelehnt hatten." Der Bundesgerichtshof übernimmt die schon im Hauptkriegsverbrecherprozess von 1945/46 von den Verteidigern der Funktionsträger des Hitler-Regimes vertretene These, dass das NS-Systems nach dem Maßstab seiner eigenen despotischen Exekutivrechts beurteilt werden müsste. Das Grundgesetz verlor sieben Jahre nach seiner Konstituierung durch den erkennenden Senat des Bundesgerichtshofs seine Geltung: zur Legitimierung der Tötung der Widerstandskämpfer durch die Justiz der SS wurde, ohne dass sie formell zitiert wurde, die Reichtagsbrandverordnung vom 28. Februar 1933, die die Freiheit der Person und die Meinungsfreiheit beseitigte, realiter erneut in Geltung gesetzt. Die Zerstörung der Grundrechte durch den NS-Staat – vom Recht auf Leben bis zur Achtung der körperlichen Integrität – wurde mit der juristischen Entlegitimierung der Widerstandskämpfer erneut wirksam.

In der Entscheidung, die sich mit ostentativer Parteilichkeit bemüht, dem SS-Richter im KZ-Flossenbürg „gerecht" zu werden, aber den Gerechtigkeitsanspruch der Widerstandskämpfer unter den Tisch fallenläßt, die gegen die NS-Diktatur für die Wiederherstellung des Rechts kämpften, heißt es: „Ausgangspunkt…ist das Recht des Staates auf Selbstbehauptung. Auch dem nationalsozialistischen Staat kann man nicht ohne weiteres das Recht absprechen, dass er solche Gesetze erlassen hat." Das „gesetzliche Unrecht"(Radbruch), das in dem Vernichtungsverfahren im Konzentrationslager durch die justitielle Umwandlung von Menschen in schutzlose Objekte der Staatsgewalt praktiziert wurde, wird Recht und Grundlage von Nachfolgeentscheidungen. Der für über 200 Todesurteile mitverantwortliche Beisitzers am Volksgerichtshof, Hans Joachim Rehse, wird auf der Linie des Bundesgerichtshofs vom Landgericht

Berlin 1968 freigesprochen. Das Gericht maß dem vom Volksgerichtshof auf den katholischen Widerstandskämpfer Max Joseph Metzger gemünzten Wort, er sei eine „Pestbeule," keine Unrechtsbedeutung zu. Die Antastbarkeit der Würde des Menschen, die das Grundgesetz beenden wollte, wird zur Leitschnur in der Justiz.

VI.

In der Rechtsprechung zu den NS-Verbrechen in der Bundesrepublik, die in über 50 Bänden in der von dem niederländischen Strafrechtler Christiaan F. Rüter herausgegebenen, in Amsterdam publizierten Sammlung dokumentiert sind – kein deutscher Verlag war bereit, einen derartige Entscheidungssammlung zu veröffentlichen – dominiert die Tendenz, nationalsozialistische Staatsverbrecher nicht als verantwortliche Täter anzusehen, sondern zu Gehilfen zu erklären, die die Mordtaten angeblich nicht als eigene wollten.

Die Statistik ergibt folgendes Bild: Bei Verbrechen in Konzentrationslagern wurden 80 Prozent der Verantwortlichen als Gehilfen und 20 Prozent als Täter angesehen. Für die Ahndung der Morde der Einsatzgruppen im Osten ergibt sich ein vergleichbares Verhältnis: über 90 Prozent wurden als Gehilfen und knapp 10 Prozent als Täter qualifiziert. Bei Schreibtischverbrechen zeigte sich die gleiche Relation: 90 Prozent der Planer der Straftaten wurden als Gehilfen, 10 Prozent als Täter betrachtet.

Die Problematik der Entscheidungen, die in den Büchern von Kerstin Freudiger (Die juristische Aufarbeitung von NS-Verbrechen, Tübingen 2002) und Michael Greve (Der justitielle und rechtspolitische Umgang mit den NS-Gewaltverbrechern in den 60er Jahren, Frankfurt/M. 2001) umfassend analysiert worden sind, ergibt sich aus einem exemplarischen Blick auf einzelne rechtskräftige Entscheidungen zum Anstaltsmord und zur Vernichtung der europäischen Juden.

Dietrich Allers war vor 1933 Mitglied der NSDAP und Mitglied der SA. Als Anhänger der Doktrin der NS-Euthanasie fungierte er seit 1941 als Geschäftsführer der NS-Euthanasie-Zentrale in Berlin. Allers, der der administrative Chefplaner des Vernichtungsprogramms war, unterstanden sämtliche Anstalten des landesweiten Tötungsapparats, den er noch perfektionierte, beispielsweise durch die Tarnungen von Krankentötungen. Am 20. Dezember 1968 wurde Allers vom Landgericht Frankfurt/M wegen Beihilfe zum Mord in 34.549 Fällen zu sechs Jahren Zuchthaus verurteilt. Es habe sich nicht feststellen lassen, dass Allers „den Opfern gegenüber feindlich gesinnt gewesen sei," als ob die Organisation der rechtswidrigen Tötung von Menschen nicht die stärkste Form der Feindschaft ist, weil sie den Individuen das Recht auf Existenz nimmt.

Im Blick auf die mobilen Tötungskommandos der Einsatzgruppen und Funktionsträger der Konzentrationslager dominiert in der Justiz die Behauptung, dass diejenigen, die den Massenmord anordneten, überwiegend keine Täter, sondern lediglich Gehilfen der sog. Haupttäter Hitler, Himmler und Heydrich waren. Das Landgericht München I erklärt in einem Urteil vom 21. Juli 1961, dass Dr. Otto Bradfisch, SS-Sturmbannführer und Leiter der Einsatzgruppe 8, der 15000 Juden ermorden ließ und selber mitgeschossen hat, nur Gehilfe war. Das Gericht behauptete, dass Bradfischs Mordtaten nicht der Ausdruck seines persönlichen Interesses und damit seines eigenen, von der Befehlsgebung unabhängigen Täterwillens waren. Das Gericht übernahm die Selbstbeschreibung von Bradfisch. Es fehle, heisst es in dem Urteil, bei ihm „an Anhaltspunkten für die eigene feindselige Einstellung oder Äußerung zur Judenfrage“, als habe Bradfisch nicht der SS angehört, deren Ideologie in der tödlichen Feindschaft gegen die Juden bestand.

Auch in dem Urteil des Landgerichts Köln vom 12. Mai 1964 gegen Gustav Münzenberg, Mitglied der NSDAP und SS-Rottenführer im Konzentrationslager Treblinka. wird dessen in der Mitgliedschaft in der SS wurzelnde Judenfeindschaft verdrängt: Münzenberg wird wegen Beihilfe zum Mord verurteilt. Täterschaft wurde ausgeschlossen. Münzenberg, Anhänger der Regierung Hitler, sei nicht nachzuweisen, „dass er die Massenvernichtung der Juden sich innerlich voll(!) zueigen gemacht“ habe. Münzenberger beherrschte das objektive Tatgeschehen. Er presste, wie das Gericht feststellte, „die Opfer in die Gaskammern“, so dass „die einzelnen Kammern bis zum letzten Quadratzentimeter ausgenutzt wurden.“ Juden, für die kein Platz in der Gaskammer war, erschoss er mit der Pistole. Die Tatherrschaft Münzenbergers, die mit seiner Funktion in der SS konvergierte, wurde mit den Worten, er sei lediglich eines der „zahllosen Rädchen in der Tötungsmaschinerie“ gewesen, zum Verschwinden gebracht.

Fritz Bauer hat die ideologische Grundlage der Gehilfenentscheidungen zugunsten von NS-Verbrechern, durch die, wie es in der Königsteiner Resolution liberal-rechtsstaatlicher Juristen von 1966 heisst, „in einem wesentlichen Teil der Fälle … Täter des Mords als Gehilfen verurteilt wurden,“ auf den Begriff gebracht. Er schrieb: „Hinter der bei den Gerichten bis hinauf zum Bundesgerichtshof beliebten Annahme blosser Beihilfe steht die nachträgliche Wunschvorstellung, im totalitären Staat der Nazizeit habe es nur wenige Verantwortliche gegeben, es seien nur Hitler und ein paar seiner Allernächsten gewesen, während alle übrigen lediglich vergewaltigte, terrorisierte Mitläufer oder depersonalisierte … Existenzen waren, die veranlasst wurden, Dinge zu tun, die ihnen völlig wesensfremd waren. Vieles (aber), was an Verbrechen geschah, wurde durch Täter getan, die die Nazis und ihr Unrecht bejahten, sei es aus ideologischer Verblendung, sei es aus Machthunger, aus Lust am Fortkommen und an der Karriere, aus Habsucht, aus Sadismus zwecks Befriedigung von Instinkten und Affekten, aus Bequemlichkeit und was es sonst noch an kriminellen Motiven geben mag."

Durch die Umwandlung von nationalsozialistischen Tätern in Gehilfen wird die Garantie der Gleichheit vor dem Gesetz (Art. 3 GG), die im Nationalsozialismus beseitigt wurde, um eine „differentielle Behandlung" (Scheuner) – von den Juden bis zu den sowjetischen Kriegsgefangenen – zu ermöglichen, unter dem Vorzeichen der Sanktionsminderung für NS-Massenverbrechen negiert: Naziverbrecher werden vielfach besser gestellt als sog. einfache Kriminelle. Die gegenüber der Weimarer Verfassung veränderte Regelung, die die Abkoppelung der Justiz von den Grundrechten ausschließen soll (Art. 1 Abs. 3 GG), wurde ausgerechnet im Umgang mit den größten Verbrechen der deutschen Geschichte durch die weitgehende Sistierung des Gleichheitssatzes unterlaufen. Die neue, in der Justiz nicht formulierte, aber vielfach praktizierte Regel lautet: alle Menschen sind vor dem Gesetz gleich, Täter des Mordes werden zu lebenslanger Freiheitsstrafe verurteilt, Massenmörder des Hitler-Regimes sind zu bevorzugen. Der Strafrechtler Jürgen Baumann, der maßgebende Beiträge zu Problemen der strafrechtlichen Ahndung von NS-Verbrechen veröffentlicht hat und eine zeitlang Berliner Justizsenator für die FDP war, veranschaulicht die Tendenz zur Privilegierung von NS-Tätern an einer Karikatur: Da „sagt einer zu einem anderen, der gerade zu lebenslang verdonnert worden ist, Juden hättest Du umbringen sollen. Dann wärst Du in zwei Jahren wieder draußen."

VII.

Die Sanktionsaufhebungen und Sanktionsminderungen gegenüber den Verbrechern des Hitlerregimes wurden ungeachtet einiger minoritärer Tendenzen von der Justiz durch die Rechtsprechung weitgehend zu gültigem Recht. Die Außerkraftsetzung der Unrechtsurteile des Nationalsozialismus durch den Deutschen Bundestag im Jahre 1998 und die nachfolgende gesetzliche Entlegitimierung der NS-Normen der Desertion und des Kriegsverrats lässt, so wichtig dies für eine rechtsstaatliche Wahrnehmung das NS-System durch dessen Nachfolgestaat ist, berührte die Privilegierungen von nationalsozialistischen Gewaltverbrechern durch die Außerkraftsetzung des rechtsstaatlichen Strafanspruchs und durch „Streichelstrafen" (Bloch) nicht. Durch die These von der Erfolgsgeschichte der Bundesrepublik, die in der Behauptung gipfelt, „die ehemaligen Nationalsozialisten" seien wie Kurt Sontheimer schrieb, in „der neuen Bundesrepublik zu keinem gravierenden Problem geworden, weil sie sich willig in die neue Ordnung einfügten," wird die systematische Aushöhlung des Verfassungsrechts und des Strafrechts im Umgang mit den NS-Verbrechen aus der Wahrnehmung verbannt. Das aber bedeutet: Die Geschichte der Bundesrepublik muss erst noch geschrieben werden.

Nach dem 20. Juli 1944 – Friedrich Justus Perels im Gefängnis Lehrterstraße in Berlin. Vortrag in der Gedenkstätte Deutscher Widerstand am 25. Oktober 2012[1]

I.

Es ist für mich eine besondere Situation, dass mein Vater in der Ausstellung der Gedenkstätte Deutscher Widerstand über die Gestapo-Abteilung des Gefängnisses Lehrterstraße – „Von allem Leid, das diesen Bau erfüllt“ – zu sehen ist und dass ich als Wissenschaftler über ihn rede. Ich habe viel Zeit gebraucht, bis dies möglich wurde. Aber jetzt bin ich siebzig Jahre alt, und da ist es nicht mehr so, wie vielleicht vor 20 Jahren.

Ich beginne mit dem 20. Juli 1944. Ich war etwas über zwei Jahre alt. Ich habe also an diese Zeit keine Erinnerung. Meine Eltern – das weiß ich aus den Erzählungen meiner Mutter – waren auf das Gut von Paul Graf York in Klein Oels eingeladen und verbrachten dort ihre Ferien. Meine Mutter hatte keine Kenntnis davon, wie ihr Mann an der Verschwörung konkret beteiligt war. Sie erzählte, dass er an diesem Tag aufgeregt hin und her lief, weil er wusste, dass etwas Wichtiges passiert. Am Abend kam dann durch den Rundfunk, dass das Attentat gescheitert war. Mein Vater und meine Mutter hatten in Klein Oels mit mir zusammen eine kleine Wohnung. Am Abend kam schon die Gestapo und wollte meinen Vater verhaften. Sie wusste, welche Rolle er in der zweiten Reihe der Verschwörung gespielt hatte. Meine Mutter reagierte geistesgegenwärtig und sagte zu ihrem Mann: Geh ins Bad. Wir machen die Tür zu. Wenn die Gestapobeamten kommen, sage ich, sie sollen nicht ins Bad gehen. So wurde mein Vater am 20. Juli 1944 nicht verhaftet.

In der Zeit vor seiner Verhaftung hat er –ich weiß das wiederum wesentlich aus Erzählungen meiner Mutter –vielfache Aktivitäten entfaltet. Er hat Leute, die gefährdet waren, gewarnt, hat sie besucht, hat Gespräche geführt, besonders mit seinem Bruder, Otto Perels, Pfarrer der Bekennenden Kirche in Rehfelde bei Berlin. Er war wohl – nach Erzählungen auch anderer – ein sehr verschlossener, von seinem Inneren bestimmter Mensch. Er sagte im August 1944 zu seinem Bruder Otto in Rehfelde auf dessen Frage – Warum hast Du Dich an der Verschwörung beteiligt? – den Satz, der zu Recht oft zitiert wird: „Es fallen jetzt so

---

1 Der Vortrag wurde frei gehalten. Für die Drucklegung ist er überarbeitet worden. Der Duktus wurde beibehalten.

viele im Kampf für dieses System. Ich finde es besser, man fällt im Kampf gegen dieses System." Ein zweiter Satz meines Vaters hat eine vergleichbare Bedeutung. Ich war 1961 in der Unterprima auf Klassenfahrt in Berlin. Wir gingen in die Jesus Christus Kirche zu Gollwitzer in den Gottesdienst. Nach dem Gottesdienst traf ich vor der Kirche Propst Grüber. Er leitete, unterstützt auch von meinem Vater, das Büro für Judenchristen, die auswanden wollten. Grüber verwikkelte mich in ein Gespräch und erzählte mir, dass mein Vater und er nach dem 20. Juli eine Vereinbarung trafen: Wer von uns beiden überlebt (daß das Überleben fraglich war, wussten sie), der kämpft gegen die Restauration – im Sommer 1944 ein bemerkenswertes Wort.

Die Erwägung zu emigrieren, hat mein Vater von sich gewiesen. Er hätte dazu die Möglichkeit gehabt, auch auf Grund der Verbindungen, die er besaß. Paul Schulze zur Wische, ein Freund von ihm, Rechtsanwalt der Bekennenden Kirche, der Hans von Dohnanyi verteidigt hat, berichtet, dass er mit meinem Vater die Frage erörterte, ob sie über die Grenze gehen sollten, wenn sie „Anzeichen dafür hätten, dass man auch uns suchte. Da erklärte Perels ohne Überlegung, er dächte nicht an Flucht, da er damit rechnen müsste, dass man sonst seine Frau in Sippenhaft nähme."

II.

Ich will die Rolle, die mein Vater im Widerstand gespielt hat, die zu seiner Verhaftung führte, nicht im Einzelnen darlegen. Ich beleuchte nur exemplarisch seine Motivation. Wie man aus der Bonhoeffer-Biographie von Eberhard Bethge, der mein Patenonkel ist, entnehmen kann, war mein Vater ein enger Freund von Dietrich Bonhoeffer. In der Biographie spricht Bethge vom „Freundschaftspaar Bonhoeffer-Perels." Tatsächlich intervenierten beide gegen Verbrechen des Regimes: gegen den Anstaltsmord und gegen die Deportation der Juden, denen die Rechtssubjektivität, das Recht auf Freizügigkeit, vom Staat genommen wurde. Ich zitiere aus zwei Texten, die sie im Herbst 1941 gemeinsam verfassten und an oppositionelle Militärs wie Generaloberst Beck adressiertem. Eine kurze Denkschrift betrifft die Deportation der Juden aus Berlin: „Im Laufe der Woche (vom 5. Oktober bis 12. Oktober 1941) erhielten eine Anzahl jüdischer Familien ein Schreiben der jüdischen Gemeinde, dass ihre Wohnung zur Räumung vorgesehen sei. Es wurde ihnen gleich mitgeteilt, dass sie keine neue Wohnung suchen dürfen. Sinn und Zweck der Maßnahme werden geheimgehalten, insgesamt 4000 bis 5000 Menschen sollen allein aus Berlin fortgeschafft werden… Die Verzweiflung ist beispiellos." Diese Intervention gegen Maßnahmen zur Vorbereitung der Deportation löste bei den regimekritischen Militärs keine Reaktion aus, während die Ermordung der Juden bestimmte Offiziere – wie Henning von Tresckow – veranlasste, Hitler als Hauptverantwortlichen auszuschalten.

Zur NS-Euthanasie, gegen die Kardinal Graf Gahlen in einer Predigt in Münster 1941 protestierte und Strafantrag wegen Mord stellte, während der evangelische Bischof August Marahrens, Mitglied des Geistlichen Vertrauenrats, des Leitungsgremiums der evangelischen Kirche, seinen Pastoren untersagte, die vervielfältige Predigt von Galen zu verteilen, nahmen Bonhoeffer und mein Vater in einem ebenfalls an oppositionelle Militärs gerichteten Schreiben Stellung: „Die Tötung sogenannten lebensunwerten Lebens, die nun breiter in den Gemeinden bekannt geworden ist und ihre Opfer gefordert hat, wird von den Christen aller Konfessionen im Zusammenhang mit der allgemeinen Auflösung der Zehn Gebote und jeder Rechtssicherheit gesehen und damit als Zeichen der antichristlichen Haltung leitender Stellen im Reich mit tiefster Beunruhigung und mit Abscheu aufgenommen.“

Bonhoeffer schrieb zu jener Zeit an seiner Ethik. In ihr geht er der Frage nach, ob der Staat theologisch eine ohne weiteres positive Grösse ist oder ob er das unter bestimmten Bedingungen nicht ist. Bonhoeffer schrieb: „Da Jesus alle Gewalt im Himmel und auf Erden hat, ist er auch Herr der Obrigkeit…Jesus ist unter Zulassung der Obrigkeit gekreuzigt worden. Die Obrigkeit, die die Unschuld Jesu erkannte und offen bezeugte, hat damit ihr eigentliches Wesen bekundet.“ Das heisst: Des Justizmords an dem Sohne Gottes schuldig, hat die Obrigkeit keinen Anspruch auf bedingungslosen Gehorsam. Das heisst für Bonhoeffer: Der in Römer 13 geforderte Gehorsam gegenüber der Obrigkeit, die auch in den Brief von Paulus daran gebunden ist, dass sich der Staat an das Recht hält und die Guten belohnt und die Bösen bestraft, bindet die Menschen nur solange, „bis die Obrigkeit ihn direkt zum Verstoß gegen das göttliche Gebot zwingt…“ Dieser Gedanke verband Dietrich Bonhoeffer und Friedrich Justus Perels.

III.

Die Anklageschrift vom 20. Dezember 1944 bringt das Vorgehen der Diktatur gegen ihre Gegner in grundrechtsvernichtender Härte zum Ausdruck. Zunächst wird der Sachverhalt aus der Perspektiv des Regimes beschrieben: „In Unterhaltungen mit Dr. Bauer, der aus dem Goerdeler-Kreis kam, gab Perels diesem von seinen weiteren Eindrücken dahingehend Kenntnis, dass unter den Generälen eine stärkere Aktivität zur Herbeiführung von Änderungen in der Führung zu beobachten sei. Hierbei nannte Perels möglicherweise den Namen Beck mit der Hinzufügung, dass dieser zu den Leuten gehöre, die eine Änderung herbeiführen sollten. Im April oder Mai 1944 unterhielt sich Perels mit von Haeften über diese Angelegenheiten, wobei dieser bemerkte, es müssten sich eben ein paar beherzte Männer finden. Perels verstand diese Äußerung dahin, dass diese Männer eine gewaltsame Veränderung der bestehenden politischen Verhältnisse herbeiführen sollten…“ Die juristische Wertung der Verschwörung gegen Hitler stützte sich auf die Reichstagsbrandverordnung vom 28. Febraur 1933, die die Garantie der Freiheitsrechte beseitigte. Sie war die „Verfassungsurkunde“ (Fraenkel) des Dritten Reiches. Es gab für die Individuen keinerlei rechtlichen Schutz mehr, Wer von der Diktatur zum Feind erklärt wurde – die politisch Oppositionellen, die psychisch Behinderten, die Juden, die Roma und Sinti und viele andere – wurden zum Freiwild, mit dem der NS-Staat machen konnte, was er wollte. In der Anklageschrift kommt dies im Rekurs auf jene Verfassungsurkunde des Hitlerregimes direkt zum Ausdruck: „Die Angeschuldigten Dr. John, Perels und Kloß haben von den hoch- und landesverräterischen Plänen der Verschwörerclique glaubhafte Kenntnis erlangt und gleichwohl die ihnen obliegende Anzeige dieses Vorhabens bei der zuständigen Behörde unterlassen…durch pflichtwidrige Unterlassung der Anzeige (haben sich die Angeschuldigten) in diesem besonders schweren Falle außerhalb der deutschen Volksgemeinschaft gestellt. Sie sind somit des Verbrechens gegen § 5 Nr. 1 der Verordnung des Reichspräsidenten zum Schutz von Volks und Staat § 80 Abs. 2 … StGB hinreichend verdächtig.“

Hierzu einen Zwischenbemerkung: Oberreichsanwalt Lautz, der die Anklageschrift gegen meinen Vater unterzeichnet hatte und 1947 im Nürnberger Juristenprozeß der Vereinigten Staaten wegen Verbrechen gegen die Menschlichkeit verurteilt wurde, avancierte in der Bundesrepublik zum „sachlich denkenden Juristen.“ Diese Worte finden sich 1968 im Urteil des Landgerichts Berlin zur Rolle des Beisitzers des Volksgerichtshofs Hans Joachim Rehse, der an vielen Todesurteilen beteiligt war, insbesondere gegen den katholischen Widerstandskämpfer Max Joseph Metzger, den Freisler wegen eines Memorandums für ein Europa gleichberechtigter Staaten zur „Pestbeule“ erklärt hatte. Das Landgericht Berlin, das die NS-Diktatur in einen Rechtstaat umgedeutete, sprach Rehse unter Bezugnahme auf das Urteil des Bundesgerichtshofs von 1956 frei, in dem der SS-Richter des KZs Flossenbürg, der Widerstandskämpfer zum Tode verurteilt hatte, freigesprochen wurde.

Meine Mutter kommt am 5. Oktober 1944 nach Hause und findet am Spiegel einen Zettel mit der Aufschrift: „Musste schnell fort. Friedrich Justus.“ Da wusste sie, dass er in den Händen der Gestapo ist. Aber sie wusste nicht, an welchen Ort er war und was man ihm vorwarf. Sie berichtet: „Ich bin auf eigene Faust nach Berlin reingefahren ... und habe eine Woche lang die verschiedenen Gefängnisse abgeklappert... Ich weiß nicht, bei welchem Gefängnis es war..., da kam mein Mann die Treppe herunter. Wir konnten nicht miteinander reden. Ihm zitterten die Hände. Er sah schlecht aus. Dann haben sie ihn abgeführt. Wir haben uns nur anschauen können."

Der terroristische Umgang mit Verhafteten beruhte auf der despotischen Struktur des NS-Regimes. Es wird mit einem theologischen Fremdwort am besten charakterisiert, nämlich mit dem Wort „Behemoth". Das ist der Titel des 1942 zuerst in den USA erschienenen Buchs von Franz Neumann, das den Untertitel trägt „Struktur und Praxis des Nationalsozialismus." Neumann war 1932/33 Justitiar des Parteivorstands der SPD, ehe er in die Vereinigten Staaten emigrierte und sich an der Deutschlandplanung der Regierung Roosevelt beteiligte. Behemoth ist das Landungeheuer im Alte Testament, für das es keinen Grenzen seiner Macht gibt. Tatsächlich bezeichnet Behemoth das Herrschaftsprinzip des Nationalsozialismus, das nicht einfach ein autoritäres System war, in dem – wie im Obrigkeitsstaat – auch eine bestimmte rechtlich gesicherte Freiheitssphäre existiert. Im Hitlerregimes wurde, wie in der Reichstagsbrandverordnung vom 28. Februar 1933 vorgezeichnet, die gesamte Sphäre der persönlichen und politischen Freiheitsrechte beseitigt und durch ein staatliches System „bürokratisierter Rechtlosigkeit" (Fraenkel) ersetzt, in dem das Leben von Millionen von Menschen durch Funktionsträger des Hitler-Regimes zerstört wurde.

IV.

Mein Vater unterliegt im Gefängnis vielen Repressalien. Durch ein Schreibverbot wird der Kontakt mit seiner Frau blockiert. Es dauert drei Monate bis Anfang Januar 1945 dieses Verbot etwas gelockert wird. Mein Vater hatte sich an das Schreibverbot nicht gehalten. Daraufhin teilt der Gestapobeamte Baumer, der für die Vernehmungen meines Vaters verantwortlich war, meiner Mutter mit: „Frau Perels! Ich mache darauf aufmerksam, dass Ihr Mann keine Schreiberlaubnis hat und ich den Brief nur ausnahmsweise weiterleiten kann. Eine Beantwortung ist also nicht erwünscht."

Die Garantie der Freiheit der Person wird zu Herrschaftszwecken beliebig beseitigt. In den Vernehmungen wurden die strafprozessualen Garantien, vor allem das Verbot der Folter, außer Kraft gesetzt und Aussagenerpressungen praktiziert. Mein Vater konnte meiner Mutter mitteilen, was ihm angetan wurde. Sie hat auch gesehen, in welchem Zustand er war. Bei einem Besuch sagte er zu meiner Mutter, ohne dass ein Aufseher etwas merkte: „Das sind wirkliche Verbrecher."

Es gibt einen Zeugenaussage in dem vor dem Landgericht Hamburg 1957 geführten Prozeß gegen den Vernehmungsbeamten meines Vaters. Meine Mutter war in dem Prozeß eine Zeugin. In der Sachverhaltschilderung des Gerichts werden die –auch auf meinen Vater angewandten – Vernehmungsmethoden beschrieben, denen ein anderer, auch in der Anklageschrift erwähnter, dem Goerdeler Kreis angehörender Häftling, Dr. Bauer, unterworfen wurde: „Als im weiteren Verlauf der Zeuge immer noch leugnete…, ordnete Günter (der Vorgesetzte des angeklagten Gestapobeamten Baumer) an, dass dem Zeugen zwanzig Schläge mit dem Gummiknüppel auf das Gesäß zu verabreichen seien… Inzwischen hatte Günter ein Grammophon aus seinem Schreibtisch herausgeholt und ließ eine Platte mit dem Kinderlied (der Zeuge bekundet, es habe sich wahrscheinlich um das Lied – Fuchs, Du hast die Gans gestohlen – gehandelt) abspielen. Nachdem Günter den Zeugen Dr. Bauer zugerufen hatte: Wehe, wenn sie schreien! begann der eine SD-Angehörige, die einzelnen Schläge laut zählend, mit einem Gummiknüppel auf den Zeugen Dr. Bauer einzuschlagen, während der Angeklagte – also Baumer – den Zeugen an den Händen festhielt…“ Zur Rechtfertigung seines Vorgehens erklärte Baumer, „dass man nicht mehr in einem liberalen Rechtstaat lebe.“

V.

Die Existenzweise meines Vaters im Gefängnis zu beschreiben, ist ein schwacher Versuch, das in Worte zu fassen, was wirklich geschah. Ich stütze mich auf eine Fülle von Kassibern, auf Briefe und kleine Zettel, die mein Vater und meine Mutter heimlich meist mit der Wäsche austauschten.

Existentiellen Halt gab meinem Vater und meiner Mutter ihre Liebe, die in der Bibel so beschrieben wird: „Die Liebe ist stark wie der Tod“ (Hohelied Salomos 8,6), „die Liebe suchet nicht das ihre“ (1. Kor. 13,5). Sie geht über die menschliche Erkenntnis hinaus: „Wenn…ich wüsste … alle Erkenntnis…, so dass ich Berge versetzte, und hätte der Liebe nicht, so wäre ich nichts“ (1. Kor. 13,2). Die Anteilnahme am Leben des anderen machte es beiden etwas leichter. In ihrem schriftlichen Austausch findet sich eine Formel, die immer wieder variiert wurde. Am 5. März 1945 schrieb mein Vater auf einen kleinen Zettel, in dem er um Taschentücher, Pappbecher und Salz bat: „Bin getrost, bleibt ihr es auch. Gott verlässt uns nicht.“

Über praktische Fragen tauschten sie sich ebenfalls aus. Am 30. März 1945 schrieb mein Vater an seine Frau: „Hoffentlich kommt ihr allmählich mit dem Bombenschaden zurecht und die Fenster werden wieder gemacht. Ich würde mich vielleicht doch nach einem besseren Keller umsehen. Natürlich bin ich immer etwas in Sorge um Euch. Wenn Du schwere Stunden hast..., mach doch abends etwas Musik. Vielleicht singt ihr ein geistliches Lied." Seiner Frau rät er, die Gothaer Versicherung abzuschließen. Er schlägt ihr vor, ein Zimmer ihrer Wohnung aus finanziellen Gründen zu vermieten. Am 4. November 1944 stellt er meiner Mutter die Vollmacht aus, für ihn Rechtsgeschäfte abzuschließen. Der letzte Satz der Vollmacht lautet: „Dies gilt auch über den Tod hinaus."

Christlicher Glaube von biblischer Kraft verband meinen Vater und meine Mutter. Sein Christsein ist vielfach beschrieben worden, auch von Martin Fischer, seinem Freund aus der Studentengemeinde der Weimarer Republik und späteren Professor für praktische Theologie an der Kirchlichen Hochschule in Berlin. In einem Beitrag von 1946 schreibt er, dass das Christsein meines Vater durch die Auseinandersetzung mit der „radikale(n) Weltlichkeit von Zeit und Kirche" bestimmt war. Den Protagonisten dieser weltlichen Tendenz, den hannoverschen Bischof August Marahrens, der, einst Sprecher der Bekennenden Kirche, 1935 deren direkte Unterwerfung unter die Diktatur mittels der die Ideologie von Blut und Boden propagierenden Kirchenausschüsse herbeiführte, charakterisierte mein Vater in einem Brief vom 12. Dezember 1935 als charakterlos. Die Begründung hierfür findet sich in seinem juristischen Gutachten zur fehlenden theologischen Legitimation der Kirchenausschüsse: „Eine kirchliche Gesetzgebung (ist) ist in Fragen dieser Ausschüsse nicht tätig geworden...Die Ausschüsse sind staatlicher Herkunft... Eine kirchliche Legitimierung besitzen sie nicht."

Der christlichen Verwerfung der Machtprinzipien der Welt entspricht bei meinem Vater ein Verständnis Gottes, das in den Weisungen Jesu (Mt. 25,31 ff.), an die Seite der geringsten Brüder zu treten, niedergelegt ist. Gott ist in den Leidenden, den ins Elend Gestürzten anwesend. In den Briefen des reformierten holländischen Theologen Kohlbrügge streicht er sich diese Passage an: „Wo wir kämpfen, da ist Gott; wo das Tal des Todes ist, da ist Gott; wo der Teufel mit seinem ganzen Aufgebot auf uns losstürmt, da ist Gott, wo die Welt grinst...und lästert und hasst und verfolgt, da ist Gott." Im Glauben, der in der Zuwendung zu den Ohnmächtigen wurzelt, ist – wie in Hans Jonas' Studie zum „Gottesbegriff nach Auschwitz" (1987) – kein Raum mehr für die Vorstellung vom allmächtigen Gott. Wenn Jesus, ans Kreuz genagelt, schreit: „Mein Gott, mein Gott, warum hast Du mich verlassen" (Mk. 15,34), kommt die Abwesenheit des allmächtigen Gottes in dessen leidender irdischer Exstenz zum Ausdruck.

Der Glaube meines Vaters verband sich mit einer im letzten Kapitel der Bibel zum Ausdruck kommenden Hoffnung. In der Offenbarung, die die grossen Erwartungsbilder der von den römischen Kaisern verfolgten ersten Christen enthält, heisst es: „Ich sah einen neuen Himmel und eine neue Erde... Sieh da, die

Hütte Gottes bei den Menschen…Gott wird abwischen alle Tränen von ihren Augen, und der Tod wird nicht mehr sein…, denn das Erste ist vergangen“ (21,1,3,4). Diese urchristliche Hoffnung drückt mein Vater in einem Brief an meine Mutter vom 11. Februar 1945 aus: „Ich glaube …auch, dass wir uns anders und besser in Ewigkeit wiedersehen werden. Sei ganz getrost.“

Gegenüber dem Gestapobeamten Baumer erklärt mein Vater: „Auch Sie müssen sich, Herr Kommissar, ob sie es glauben oder nicht, im letzten Gericht verantworten für Ihr Taten.“ Diese von Rechtsanwalt Schulze zur Wiesche überlieferten Worte finden ihre Entsprechung in einer Auseinandersetzung mit Roland Freisler, dem Präsidenten des Volksgerichtshofs. Freisler hatte im Prozess gegenüber meinem Vater, den er mit der Bemerkung vom „Justiziar der Bekennenden Kirche“ verächtlich zu machen versuchte, erklärt: „Nach dem Krieg wird die Kirche abgeschafft“. Mein Vater antwortete: „Die Kirche wird bleiben.“

VI.

Nach dem Todesurteil des Volksgerichtshofs vom 2. Februar 1945 versucht mein Vater, sein Leben zu retten. Mit seinem Pflichtverteidiger, Dr. Meder, vereinbarte er, beim Justizministerium eine Wiederaufnahme des Verfahrens zu beantragen. Im Gefängnis hatte er einen Entwurf verfasst. In ihm hieß es: „Ich erhielt die ziemlich umfangreiche Anklageschrift erst am Nachmittag vor der Hauptverhandlung zugestellt und zwar erst nach dem Besuch meines Pflichtverteidigers…Hätte ich die Anklageschrift rechtzeitig in der Hand gehabt, so hätte ich mich eingehender verteidigen … können. Außerdem geben die Vernehmungsprotokolle kein richtiges Bild meiner Persönlichkeit und Einstellung wider. Bei polizeilichen Verhören bin ich mit dem Gummiknüppel auf das heftigste geschlagen worden und bin darüber völlig zusammengebrochen… Ich habe mich, um den genannten Maßnahmen zu entgehen, absichtlich selbst belastet.“

Es war ausgeschlossen, dass meine Mutter den Antrag auf Wiederaufnahme des Verfahrens im Reichjustizministerium übergibt. Sie bat eine Freundin, Frau Rotermund, das Ministerium aufzusuchen. Sie übergab Erich Schmidt-Leichner das Gnadengesuch, der in seiner Zeit als Beamter des Reichsjustizministeriums regimetreue Positionen vertreten hatte. Schmidt-Leichner hatte mit meinem Vater studiert. Sie kannten sich. Für den Umgang mit dem Wiederaufnahmeantrag hatte dies keine Bedeutung. So hatte der Antrag keinen Erfolg. In der Bundesrepublik war Schmidt-Leichner ein bekannter Anwalt, der schon das erste Amnestiegesetz zugunsten von NS-Tätern von 1949 extensiv interpretierte und NS-Verbrecher mit z.T. fatalen Mitteln der Prozessverschleppung verteidigte.

Mein Vater wurde mit anderen Verschwörern des 20. Juli 1944, zu denen Rüdiger Schleicher, Klaus Bonhoeffer, Hans John, Wilhelm zur Nieden gehörten, in der Nacht vom 22. auf 23. April 1945 auf Befehl des stellvertretenden Leiters des Reichssicherheitshauptamts, Heinrich Müller, von einem etwa dreißig Mann starken Kommando unter der Leitung des SS-Sturmbannführers Kurt Stawizki erschossen. Stawizki war als Gestapochef in Lemberg für den Massenmord an 160000 Juden verantwortlich. Für die Tötung gab es keinen auch in der NS-Justiz erforderlichen Vollstreckungsbefehl. So war die Ermordung meines Vaters und seiner Mitverschwörer aus dem Widerstand ein Akt des „Maßnahmenstaats“ (Fraenkel), der auch das Recht NS-Staats beliebig durchbricht. Kurt Stawizki, der Leiter der Mordaktion, arbeitet seit 1953 unter falschem Namen als Angestellter in der Deutschen Forschungsgemeinschaft, während ihn die Justiz wegen der Morde von Lemberg sucht. Es kommt zu keiner Anklageerhebung, unbehelligt von einem Gerichtsverfahren stirbt Stawizki 1959.

VII.

Obgleich das Vermächtnis der Ende April 1945 ermordeten Widerstandskämpfer durch die von Annedore Leber herausgegeben Sammmelbände „Das Gewissen steht auf“ (1954) und das „Gewissen entscheidet“ (1957) bewahrt wurde, hatte dies für die evangelische Kirche und den Gesetzgeber des neuen demokratischen Staats keine Bedeutung.

In der Evangelischen Kirche von Berlin-Brandenburg, in den Landeskirchen Bayerns und Hannovers wurde das Vermächtnis der christlichen Verschwörer gegen die tyrannische Herrschaft Hitlers nicht aufgenommen. Dabei hatte Luther, anders als in manchen seiner Schriften, 1531 davon gesprochen, dass die gewaltsame Beseitigung eines tyrannischen Regiments und seiner Bluthunde gerechtfertigt sei, wenn sie dazu dient, die Herrschaft des Rechts wiederherzustellen. Den auf dieser Erkenntnis beruhenden, gegenüber Freisler gesprochenen Satz Hans-Bernd von Haeftens, des mit meinem Vater befreundeten, dem Kreisauer Kreis angehörenden Mitverschwörers aus der Dahlemer Gemeinde, dass „Hitler ein grosser Vollstrecker des Bösen ist,“ machten sich die Bischöfe Dibelius, Meiser und Marahrens nicht zu eigen. Die biblische Verwerfung der Tyrannis, die in dem Wort von dem „Tier aus dem Abgrund“ (Offenbarung 11,7) zum Ausdruck kommt, blieb den Bischöfen fremd. Eberhard Bethge, ein Freund und Mithäftling meines Vaters, der ihm wenige Tage vor seiner Ermordung das Abendmahl reichte, notierte, es sei erstaunlich, dass die Berliner Kirchenleitung, zu der

Dibelius gehörte, „eine Kanzelabkündigung zum ersten Jahrestag des 20. Juli an die Gemeinden ausgehen ließ, in welcher – genannt wird nur der ‚wahre' Märtyrer um Christi willen, Paul Schneider – eine strikte Distanz zu den politischen Opfern betont wird." Wolf Dieter Zimmermann – er gehörte dem Predigerseminar Bonhoeffers an – berichtet, dass es Landesbischof Meiser ablehnte, eine von der bayrischen Pfarrbruderschaft angebrachte an Dietrich Bonhoeffer erinnernde Tafel in der Kirche von Flossenbürg einzuweihen. Bonhoeffer, der im Konzentrationslager, nachdem er gebetet hatte, Anfang April 1945 gehängt wurde, sei „ein politische Fall, aber kein christlicher Märtyrer."

In die gleiche Richtung ging eine Denkschrift der Kirchenleitung der Hannoverschen Landeskirche von 1946: „Was den 20. Juli betrifft, so können wir auch heute noch nicht zugeben, dass es die Sache der Kirche gewesen wäre, den politischen Umsturz organisatorisch mit vorzubereiten und einen politischen Mordanschlag zu rechtfertigen. Wir glauben, dass es der Lehre der Heiligen Schrift entspricht, wenn die Kirche das Wort Gottes bezeugt, die Gemeinschaft der Gemeinden zu bauen und zu festigen sucht und im übrigen dem Gericht Gottes, das die Tyrannen dieser Welt immer noch zur rechten Zeit ereilt hat, nicht vorgreift." Die Bemerkung zum 20. Juli, in der das Wort Mord nicht auf die Regierungspraxis Hitlers, sondern auf dessen Gegner bezogen wird, denen damit in der Sprache des Mordparagraphen des Strafgesetzbuchs niedrige Beweggründe unterstellt werden, ist eine theologisch getarnte Blasphemie. Die Weisungen der Nachfolge Jesu, das Eintreten für die Beleidigten, Verfolgten und rechtlos Gemachten, deren Leiden viele Verschwörer des 20. Juli in ihrem Handeln motivierten, werden amtlich negiert. Die menschliche Verantwortung für christliches Handeln in der Diktatur wird Gott zugeschoben.

Die Ablehnung des christlich motivierten Widerstands der Verschwörer des 20. Juli durch führende Repräsentanten der Evangelischen Kirche beruht offenbar darauf, dass sie damit auch ihr eigenes vielfach regimekonformes Verhalten im NS-Regime vor einer Thematisierung bewahrten. Dibelius hatte den Boykott jüdischer Geschäfte am 1. April 1933 legitimiert, Meiser machte sich – wie andere evangelische Bischöfe – 1939 die antisemitische Staatsdoktrin des Hitler-Regimes mit den Worten zueigen, daß „im Bereich des völkischen Lebens" „eine … verantwortungsbewußte Rassenpolitik zur Reinhaltung unseres Volkes erforderlich" ist. Und Marahrens qualifizierte 1942 in der Zeit der Deportation der Juden und ihrer Ermordung die Juden als „Feindvolk."

Zur kirchlichen Verwerfung Widerstands gegen Hitler findet sich in der Gesetzgebung der frühen Bundesrepublik eine Entsprechung. Durch das auch von der Mehrheit der SPD-Fraktion unterstützte Amnestiegesetz von 1954, dessen geistiger Urheber Werner Best war, der, Mitarbeiter des FDP-Abgeordneten Achenbach und früherer Justitiar des Reichssicherheitshauptamts, der die Generalamnestie von NS-Verbrechern propagierte, wurden befehlsausführende Gewalttäter, die vom 1. Oktober 1944 bis zum 31. Juli 1945 Tötungsdelikte begangen hatten, strafrechtlich nicht belangt, sofern ihre Strafe nicht mehr als drei Jahre Gefängnis betragen würde. Damit wurden auch die SS-Täter, die auf Befehl politische Oppositionelle getötet hatten, amnestiert, nämlich jene SS-Leute, die christliche Widerstandskämpfer wie Rüdiger Schleicher, Wilhelm zur Nieden und meinen Vater im April 1945 erschossen. Die Tötung der Widerstandskämpfer, die für die Widerherstellung des Rechts eingetreten waren, wurde durch die Amnestie dem sanktionslosen Vergessen überantwortet.

VIII.

Nach der Unterbindung der Strafverfolgung der SS-Täter durch den deutschen Bundestag, verurteilte das Landgericht Hamburg im Urteil vom 15. November 1957 den Gestapobeamten Baumer, der schon im Verfassungsschutz gearbeitet hatte und im Verfahren als „Kriminalkommissar zur Wiederverwendung" firmiert, wegen Aussagenerpressung zu anderthalb Jahren Zuchthaus. Ich war damals 15 Jahre alt. Meine Mutter und ich lebten in Oberhöchstadt am Taunusrand in einem Haus, das wir dank der Zahlungen nach dem Bundesentschädigungsgesetz von 1953 finanzieren konnten. Dr. Bauer, den ich schon erwähnt habe, hatte, um über das strafbare Vorgehen eines Gestapo-Beamten gegen Widerstandskämpfer aufzuklären, meine Mutter gedrängt, als Zeugin in dem Prozeß auszusagen. Sie wollte das nicht, weil die Erinnerung an das Schreckliche, das ihrem Mann in den langen Wochen im Gefängnis Lehrterstraße zugefügt wurde, wieder lebendig wurde. Und so war es auch. Meine Mutter war sicher sechs Wochen nicht ansprechbar. Sie wusste sehr viel.

Das Urteil ist z.T. eine bemerkenswert rechtsstaatliche Entscheidung. Die Rechtfertigung Baumers, es habe eine Geheimnorm gegeben, die Folterungen legitimiert habe, wurde mit der Begründung verworfen, dass despotische Normen kein rechtsstaatlich gültiges Recht begründeten. Derartige Normen nannte Radbruch „gesetzliches Unrecht." Baumer ist nicht, wie dies in den späteren Prozessen gegen NS-Gewaltverbrecher vielfach geschah, zum Gehilfen zurückgestuft worden, der die Tat angeblich nicht als eigene wollte. Baumer ist als eigenverantwortlicher, nationalsozialistisch motivierter Täter, der die Tatherrschaft besaß, verurteilt worden.

Bei der Strafzumessung bezieht das Gericht eine andere Position. Der Strafrahmen hätte ein Verurteilung bis zu 5 Jahren Zuchthaus zugelassen. Auf der einen Seite heisst es in dem Urteil, dass es rechtlich inakzeptabel ist, dass

Baumer aus Karrieregründen im NS-Staat das Instrument der Aussagenerpressung einsetzt. Im Widerspruch dazu ist in dem Urteil später davon die Rede, man könne Baumer nicht vorwerfen, dass er, um in der Bundesrepublik weiter Karriere zu machen, keine Aussage zu dem Vorwurf der Ausssagenerpressung im Dienst gemacht habe. So wird das Wiederaufstiegsinteresse eines Gestapobeamten, der die körperliche Integrität von Gefangenen der NS-Diktatur systematisch verletzte, für unproblematisch erklärt – im Einklang mit dem 131er-Gesetz zur Wiedereingliederung von NS-Beamten von 1951, das auch Gestapoangehörigen unter bestimmten Voraussetzungen einen Wiedereinstellungsanspruch gewährte.

Auf die Kassiber legte meine Mutter einen handgeschriebenen Zettel. Auf ihm stand: „Sorgt dafür, dass die Menschenverachtung, Menschenquälerei und Rechtlosigkeit, wie wir sie – und der apa (mein Vater) im Besonderen – erlebt haben, niemals wiederkehrt."

Nachweise

I. Aufsätze

Die NS-Despotie – ein Volkstaat? Erfolgsgeschichte Bundesrepublik? Die Nachkriegsgesellschaft im langen Schatten des Nationalsozialismus, hrsg. von Stephan Alexander Glienke, Volker Paulmann und Joachim Perels, Göttingen 2008, S. 347 ff.

Der SS-Staat und die sozialistische Antwort, Engagierte Demokraten. Vergangenheitspolitik in kritischer Absicht, hrsg. v. Claudia Fröhlich und Michael Kohlstruck, Münster 1999, S. 31 ff.

Abkehr vom Europagedanken des politischen Widerstands gegen Hitler, Kritik eines technokratischen Europas. Der Politische Widerstand und die Konzeption einer europäischen Verfassung, hrsg. v. Clarita Müller-Plantenberg und Joachim Perels, Kassel 2008, S. 93 ff.

Der heutige Protestantismus und das weltkritische Erbe der Bekennenden Kirche, Das verdrängte Erbe der Bekennenden Kirche, hrsg. von Reinhard Höppner und Joachim Perels, Stuttgart 2012, S. 131ff.

Die Zerstörung von Erinnerung als Herrschaftstechnik, Leviathan Sonderheft 18/1998, hrsg. v. Helmut König, Michael Kohlstruck und Andreas Wöll, Opladen 1998, S. 53 ff.

Der Teufel weint nicht. Zur Entwirklichung der NS-Herrschaft, Normalität der NS-Täter? Eine kritische Auseinandersetzung, hrsg. v. Rolf Pohl und Joachim Perels, Hannover 2011, S. 47 ff.

Menschliche Nähe zu NS-Gewaltverbrechern. Die Berichte des Gefängnisarztes von Nürnberg, Auschwitz in der deutschen Geschichte, hrsg. v. Joachim Perels, Hannover 2010, S. 218 ff.

Ein nationalsozialistischer Stadtbaurat – Namensgeber für eine Allee in Hannover, Kritische Justiz H. 1/2008, S. 95 ff.

Lebensgeschichte und wissenschaftliche Forschung. Theodor Eschenburgs Umdeutung der Rolle der Beamtenschaft des NS-Staats, Schwierige Erinnerung. Politwissenschaft und Nationalsozialismus. Beiträge zur Kontroverse um Kontinuitäten nach 1945, hrsg. v. Horst-Alfred Heinrich, Susanne Ehrlich, Nina Leonhard und Harald Schmid, Baden-Baden 2014

Gegenaufklärung in der Gedenkstättenarbeit in Niedersachsen, unveröffentlicht

Die Ausschaltung des Justizapparats der NS-Diktatur. Voraussetzung eines rechtsstaatlichen Neubeginns, Mit reinem Gewissen. Wehrmachtrichter und ihre Opfer in der Bundesrepublik, hrsg. v. Joachim Perels und Wolfram Wette, Berlin 2011, S. 22 ff.

Die „Kritische Justiz" und der juristische Umgang mit dem Hitler-Regime, Politische Protestbewegungen und Perspektiven nach 1968, hrsg. v. Marcus Hawel, Helmut Heit, Gregor Kritidis und Utz Anhalt, Hannover 2009, S. 114 ff.

NS-Täter als Marionetten? Zur Einschränkung der Verantwortung für Untaten des Dritten Reich, Blätter für deutsche und internationale Politik H. 1/2009, S. 101 ff.

Zur rechtlichen Bedeutung des Auschwitzprozesses. Eine kritische Intervention, Gesellschaft und Gerechtigkeit. Festschrift für Hubert Rottleuthner, hrsg. v. Mathias Mahlmann, Baden-Baden 2011, S. 492 ff.

II. Forschungen zum Dritten Reich und seinen Folgen. Rezensionen

Fritz Bauer, Kriegsverbrecher vor Gericht. Zürich 1945, Vorgänge H. 4/2011, S. 136 ff.

Ingeborg Maus, Bürgerliche Rechtstheorie und Faschismus. Zur sozialen Funktion und aktuellen Wirkung Carl Schmitts, München 1976, Kritische Justiz H. 4/1978, S. 441 ff.

Zur Archäologie der Demokratie in Deutschland. Analysen politischer Emigranten im amerikanischen Geheimdienst, Bd. 1 1943–1945, Bd. 2 1946–1949, hrsg. v. Alfons Söllner, Frankfurt/M. 1982/1986, Vorgänge H. 3/1999, S. 107 ff

Ulrich Herbert, Best. Biographische Studien über Radikalismus, Weltanschauung und Vernunft, Bonn 1996, Die neue Gesellschaft/Frankfurter Hefte H. 3/1997, S. 267 ff.

Norbert Frei, Vergangenheitspolitik. Die Anfänge der Bundesrepublik und die NS-Vergangenheit, München 1996, Kritische Justiz H. 2/1997, S. 244 ff.

Henry Friedlander, Der Weg zum NS-Genozid. Von der Euthanasie zum Genozid, Berlin 1997, Kritische Justiz H. 2/2008, S. 228 ff.

Harald Welzer, Verweilen beim Grauen. Essays zum wissenschaftlichen Umgang mit dem Holocaust, Tübingen 1997, Kritische Justiz H. 1/2000, S. 127 ff.

Horst Dreiers Studien über die juristische Struktur des Dritten Reich,. Kritische Justiz H. 1/2006, S. 86 ff.

Manfred Messerschmidt, Die Militärjustiz 1933–1945, Paderborn 2005, Militärgeschichtliche Zeitschrift H. 1/2008, S. 264 ff.

III. Vorträge

Aushöhlung des Grundgesetzes in der Rechtsprechung zu den NS-Verbrechen. Vortrag anlässlich der Verleihung des Fritz Bauer Preises der Humanistischen Union am 22. September 2012, unveröffentlicht, ein Auszug aus dem Vortrag erschien in der „Zeit" vom 24.1.2013.

Nach dem 20. Juli – Friedrich Justus Perels im Gefängnis Lehrterstraße in Berlin. Vortrag in der Gedenkstätte Deutscher Widerstand am 25. Oktober 2012, unveröffentlicht.

Beiträge zur Aufarbeitung der NS-Herrschaft

Herausgegeben von Joachim Perels

Band 1 Dirk Schmaler: Die Bundespräsidenten und die NS-Vergangenheit – zwischen Aufklärung und Verdrängung. 2013.

Band 2 Clea Laage: Gesetzliches Unrecht: Die Bedeutung des Begriffs für die Aufarbeitung von NS-Verbrechen. Die Rezeption der Radbruchschen Formel in Rechtsprechung und Rechtslehre nach 1945. 2014.

Band 3 Joachim Perels: Der Nationalsozialismus als Problem der Gegenwart. 2015.

www.peterlang.com